新能源材料与器件教学丛书

科学出版社"十四五"普通高等教育本科规划教材

新能源材料测试原理与表征技术

陈人杰　赵　腾　陈　楠　李　丽　李月姣　编著

科学出版社

北　京

内 容 简 介

本书主要介绍新能源材料所涉及的先进表征技术的基本原理、测试装置，并结合新能源器件研究领域的前沿案例辅助说明。全书由两部分组成，共10章：第一部分（第1～5章）为基础篇，主要阐述电极材料微观结构与组成表征技术、电解质与隔膜物理化学性质测试、活性材料的综合性能测试、电化学原位测试技术；第二部分（第6～10章）为应用篇，侧重新能源材料测试原理与技术主要应用场景的介绍，包括锂离子电池、锂电池、非锂电池、燃料电池和太阳电池等新能源器件的材料与表征。

本书可供高等学校新能源材料与器件专业的高年级本科生和研究生使用，也可供从事新能源材料与器件相关工作的教学人员、科研工作者及专业技术人员参考。

图书在版编目（CIP）数据

新能源材料测试原理与表征技术 / 陈人杰等编著. --北京 : 科学出版社, 2024. 10. --(新能源材料与器件教学丛书)（科学出版社“十四五”普通高等教育本科规划教材）. -- ISBN 978-7-03-080037-4

Ⅰ. TK01

中国国家版本馆CIP数据核字第202432U2Y6号

责任编辑：侯晓敏　陈雅娴　李丽娇 / 责任校对：杨　赛
责任印制：张　伟 / 封面设计：无极书装

科学出版社 出版
北京东黄城根北街16号
邮政编码：100717
http://www.sciencep.com

北京中科印刷有限公司印刷
科学出版社发行　各地新华书店经销

*

2024年10月第　一　版　开本：787×1092　1/16
2024年10月第一次印刷　印张：19 1/2
字数：487 000

定价：78.00 元

（如有印装质量问题，我社负责调换）

作 者 简 介

陈人杰 北京理工大学教授、博士生导师，前沿技术研究院首席专家（先进能源材料及智能电池创新中心主任），材料科学与工程学科责任教授，理学与材料学部副主任委员。现任国家部委能源专业组委员、中国材料研究学会副秘书长（能源转换及存储材料分会秘书长）、中国硅酸盐学会固态离子学分会理事、国际电化学能源科学院（IAOEES）理事、中国有色金属学会常务理事、中国化工学会化工新材料专业委员会副主任委员和储能工程专业委员会委员、中国电池工业协会全国电池行业专家。主要从事新型电池及关键能源材料的研究，开展多电子高比能电池新体系及关键材料、新型离子液体及功能复合电解质材料、特种电源与结构器件、绿色电池资源化再生、智能电池及信息能源融合交叉技术等方面的教学和科研工作。作为项目负责人，承担了国家自然科学基金项目、科技部重点研发计划项目、科技部863计划项目、科技部国际科技合作项目、中央在京高校重大成果转化项目、北京市重大科技项目等课题，研制出不同规格和性能特征的锂二次电池样品，先后在高容量通信装备、无人机、机器人、新能源汽车等方面获得应用。发表SCI收录论文400余篇，获授权发明专利70余项，获批软件著作权10余项，出版学术专著3部（《先进电池功能电解质材料》《多电子高比能锂硫二次电池》《离子液体电解质》）。获得国家技术发明二等奖1项、部级科学技术一等奖6项。入选教育部长江学者特聘教授、北京高等学校卓越青年科学家、中国工程前沿杰出青年学者和英国皇家化学学会会士、科睿唯安“全球高被引科学家”、爱思唯尔“中国高被引学者”。

赵　腾 北京理工大学材料学院副研究员、硕士生导师，2018年于英国剑桥大学材料与冶金系获得博士学位，2019年任职于北京理工大学材料学院，从事多电子高比能锂电池关键材料基础研究。以通讯作者在学术期刊发表论文16篇，授权国家发明专利4项；讲授本科生课程4门，作为项目负责人承担国家自然科学基金青年基金项目和博士后国际交流引进项目；参与国家重点研发计划项目2项、北京市重点研发计划项目1项、北京理工大学教学教改项目3项；获得省部级科技一等奖2项。

陈　楠　北京理工大学副教授、博士生导师。于南开大学获得学士学位，于北京理工大学获得博士学位，师从吴锋院士，曾在北京大学进行博士后研究。从事储能锂离子电池液态电解液和固态电解质材料的基础研究，发表论文 60 余篇，授权发明专利 10 项。作为项目负责人，主持国家自然科学基金面上项目、国家自然科学基金青年项目、山东省重点研发项目、北京市自然科学基金项目，获得中国博士后基金特别资助和中国博士后面上一等资助等；讲授本科生课程 6 门，讲授“中国大学 MOOC”课程 1 门，获批教学教改项目 3 项；获 2018 年颗粒学会优秀博士论文奖、2020 年北京市科学技术一等奖、2021 年北京理工大学学术创新表彰、2023 年中国材料研究学会科学技术一等奖、2023 年中国产学研合作创新与促进奖。

李　丽　北京理工大学教授、博士生导师、英国皇家化学会会士。主要从事废旧电池绿色高效回收与资源循环、电池衰减机理与失效分析、新型钾/钠/锌离子电池、能源材料结构理论分析等。作为项目负责人，先后主持了国家高技术研究发展计划(863 计划)、国家重点基础研究发展计划(973 计划)、国家自然科学基金、北京市重大成果转化、国家重点研发计划等 20 余项。发表 SCI 论文 200 余篇，申请国家发明专利 30 余项，获授权发明专利 18 项、软件著作 5 项。主编《动力电池梯次利用与回收技术》《锂离子电池回收与资源化技术》《可再生能源导论》；参编 6 项中国汽车行业标准和动力电池团体标准。入选教育部长江学者特聘教授、教育部新世纪优秀人才、北京市优秀人才和北京市科技新星；作为第一完成人，获 2022 年度中国有色金属工业协会科学技术一等奖、2022 年度青山科技奖；作为主要完成人，获省部级一等奖 4 项。

李月姣　北京理工大学副教授、博士生导师。主要从事安全性电解质的设计合成及其在二次电池中的应用研究。作为项目负责人，承担国家自然科学基金等多项科研项目。以第一作者或通讯作者发表 SCI 论文 30 余篇，授权发明专利多项。获中国有色金属工业协会科学技术一等奖、第八届中国国际“互联网+”大学生创新创业大赛铜奖。

序

随着人类社会对清洁能源需求的持续增长，新能源材料得到了迅猛发展，先进的能源材料分析和表征技术不断涌现。这本《新能源材料测试原理与表征技术》的编写无疑是满足新能源材料技术发展需求的重要举措。

该书是作者及其科研团队基于二十多年在新能源材料及储能器件领域教学、研究经验的积淀，并结合国内外新能源材料测试技术和新能源器件应用领域发展现状和趋势撰写而成的。在章节编排上，采取了“由先进表征技术基本原理到新能源器件应用”的写作思路。一方面，详细阐述和归纳了当今先进表征测试技术的基本原理、测试装置，并结合前沿应用案例辅以说明；另一方面，全面梳理了锂离子电池、锂电池、非锂电池、燃料电池、太阳电池等热点新能源器件的发展历程及在我国的现状，并介绍了新能源器件关键材料的结构和物理化学特性，以及最新研究中科研工作者所使用的先进测试表征手段。

该书集结了当下热点新能源材料和先进测试技术，基本概念清楚、思路清晰、内容全面、理论与案例分析相结合，易于读者理解。同时，为服务新工科人才培养，该书融合了多个学科的内容，包括材料专业基础知识、电化学、信息材料、生物材料、纳米材料等专业知识。该书“求同存异”，采用“广”与“专”相结合的方法，通过串联知识点，将分散知识点和不易掌握的内容归纳整合。

该书既含有新能源材料与器件的知识，也包括人文内涵、慕课教学方式，其每个单元以主题为线索，将人文知识学习、理论知识学习和思维能力训练贯穿其中，建立集“人文、知识、能力”培养于一体的综合学习内容。

通过阅读该书，读者可以纵观新能源材料发展史，了解锂电池、燃料电池和太阳电池在科学家手中被赋予的强大功能，并基于先进材料表征技术，探索新能源材料的微观秘境。

吴锋

中国工程院院士　北京理工大学教授

2024 年 6 月

序

前 言

大力发展新能源已成为全球能源转型、应对气候变化、保障能源安全的重大战略方向。为满足我国大力发展新能源产业的需求，教育部增设了“新能源材料与器件”专业，着力培养新能源产业高技术人才。然而，新能源材料与器件专业涉及物理、化学、材料、电工电子等多个学科，学科交叉特色明显。国内各高校在课程体系设置方面尚未达成共识，有必要对教学体系及教学内容进行大幅改革。北京理工大学提出“新能源材料与器件”人才培养的新模式，将拓展专业知识和追踪最新学科技术发展相结合，制定了适应“三全”育人培养模式的教学计划和教学大纲，并组织相关教师编写了本书。

新能源技术的发展日新月异，其核心在于材料的竞争。而开发先进材料的核心环节是合理地选择测试表征方法。近年来，新的分析和测试方法不断涌现，应用领域也在不断扩展。这些新的技术和方法在现有的教材上基本没有相关的介绍，如冷冻电子显微镜技术在金属锂电极中的应用及高能同步辐射光谱技术在电极材料中的应用等。本书兼顾基础理论知识和最新研究进展，融入了材料发展史、最前沿的测试表征技术、经典案例介绍，使得理论知识易于理解。

本书以新能源材料和测试表征技术为主要内容，分为两部分。第一部分基础篇，介绍测试表征技术，包括电极材料微观结构与组成表征技术、电解质与隔膜物理化学性质测试、活性材料的综合性能测试与电化学原位测试技术。第二部分应用篇，介绍新能源器件基本原理和关键材料表征，包括锂离子电池材料与表征、锂电池材料与表征、非锂电池材料与表征、燃料电池材料与表征、太阳电池材料与表征。

本书具有以下编写思想：

（1）重基础，重应用。用严密、精准的语言阐述知识和逻辑推理，引入大量案例和应用，利于理论知识的理解。

（2）精练内容，突出重点。本教材采用“广”与“专”相结合的方法，归纳知识点，精练内容，将内容进行整合，突出重点。

（3）习题多样化。本书设置选择题、填空题和简答题，针对初学者、考研或需深入学习的学生，强化理论知识的活学活用。

本书由北京理工大学材料学院组织编写，其中陈人杰、赵腾负责基础篇的编写工作，陈楠、李丽和李月姣负责应用篇的编写工作，赵腾和陈楠负责校阅原稿。在撰写过程中，编者的研究生王珂、于天阳、李一凡、胡正强、刘涵霄、陈俊、瞿泽羲、陈国帅、桂博顺、唐望明、李博华、封迈、杨斌斌、虎欣荣、陈奘、隗屿涵、杨宁宁、李锐做了大量的文献搜集、数据整理等辅助工作。特别感谢科学出版社编辑在本书出版过程中给予的大力帮助。在编写本书时参考和引用了一些学者的书籍、论文和图片，在此一并致以谢意。

在本书出版之际，感谢国家重点研发计划项目、国家自然科学基金项目和北京高等学校卓越青年科学家计划项目的支持。

由于编者学识水平有限，书中疏漏之处在所难免，敬请读者批评指正。

2024 年 6 月

目 录

第二部分 应 用 篇

第一部分 基 础 篇

第1章 绪 论

1.1 新能源与新能源材料

能源在人类发展的不同时期均占有举足轻重的地位，是人类生存、科技进步和社会文明发展的基础。回顾人类能源利用发展史，新型能源的利用与开发极大地推动了人类科技和文化的飞跃。在“碳中和”的时代背景下，人类社会正在经历由化石能源向新能源转变的关键时期[1-2]。

新能源是以新技术和新材料从地球甚至宇宙中获取人类生存的可再生能源。科技水平不断进步，故新能源的定义也是相对的，不同时期人类所利用的新能源也应该是不断更替的[3]。从能源是否直接取自地球的角度，新能源可分为一次能源和二次能源。其中，一次能源又可分为三类：①开发地球本身蕴含的能源，如风能、地热能、海洋能、生物质能等；②从地球外部获取的能量，从太阳乃至宇宙中获取的能量；③由太阳、月球对地球的引力作用而引发的潮汐能。二次能源与人们日常生活密切相关，大多为化学能源，如锂离子电池、燃料电池、锂电池、非锂电池等，如图 1.1 所示。随着能源日渐枯竭、气候变暖、环境污染等问题日益突出，控制碳排放、能源利用/分配重整是当下国际社会新能源发展的主题，故以新技术发展为基础、以新能源广泛利用为目标的新一轮能源革命势在必行[4-5]。

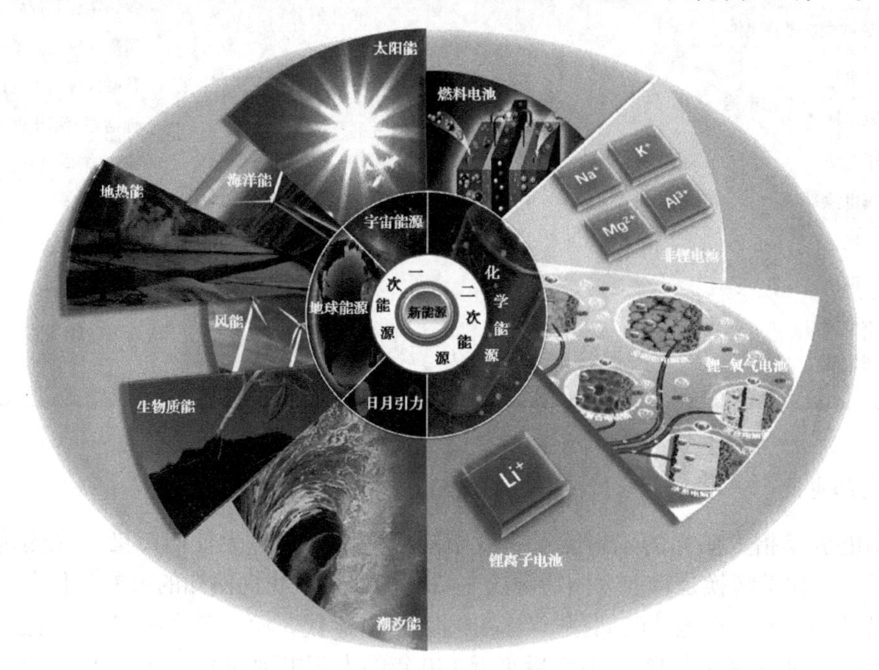

图 1.1 新能源分类

新能源材料的开发作为新能源技术的核心，是将新能源的利用从理论推向现实的基础，国内外学者也通过不同角度对新能源材料进行了具体定义，我们将新能源在获取—储存—再利用的过程中所使用的关键材料统称为新能源材料。目前已开发的新能源材料包括镍氢电池材料、新型储氢材料、锂/钠/钾/镁电池材料、燃料电池材料、新型太阳电池材料、绿色生物质转化材料等[6-7]。深刻钻研材料、物理、化学等基础学科的原理，大力发展新能源材料及相关新技术是让新能源大规模应用于人们日常生活的必行之路。随着人类科技文明的不断进步，人们对地球和宇宙的了解更加深刻，新能源的发展也会与时俱进，最终彻底改变目前高碳排放的能源格局[8-9]。

1.2 新能源材料的应用场景

目前已开发的新能源器件及技术产品涉及面广，覆盖工业生产、交通动力、服务业、航空航天、公共设施、家庭日常生活等几乎所有领域，囊括能源转换、材料研发与应用、装备制造与设计、日用消费与生产整个产业链，极大地促进了传统产业改革和新兴产业的形成[10-11]。图 1.2 罗列了目前已经发展的各类电池储能/转换器件，部分新能源电池已实现规模应用，具体分类概括如下。

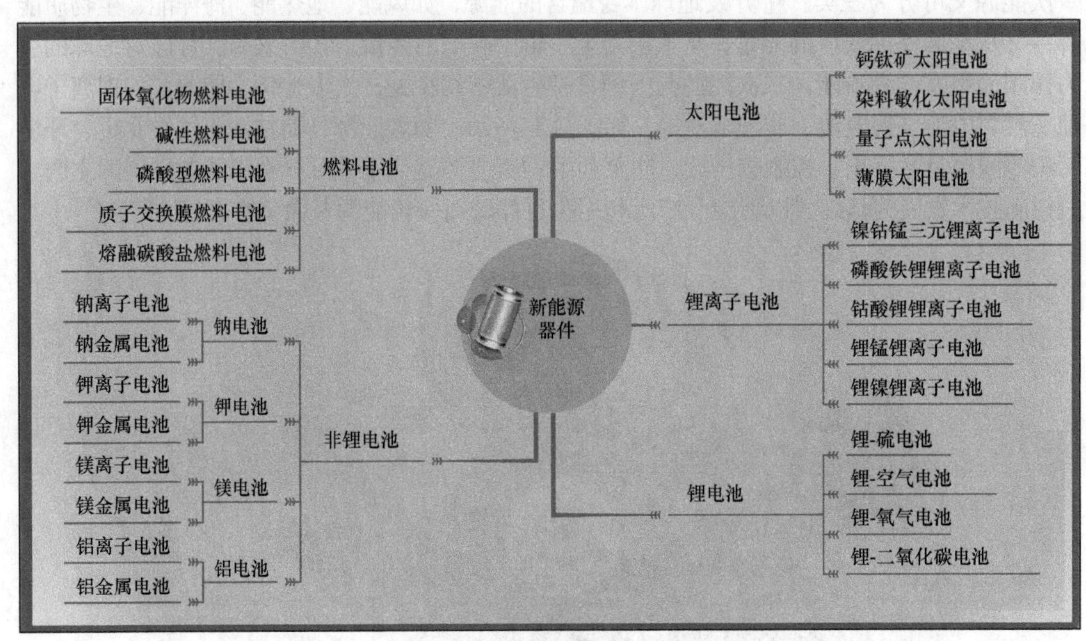

图 1.2 典型新能源电池器件

1. 太阳电池

太阳能源是指太阳光的辐射能量，太阳能源清洁环保、无任何污染。光热转换、光电转换以及光化学转换是目前太阳能源的主要利用形式，我们熟知的风能和化学能都是太阳能源以另一种形式在地球的储存[12-14]。19 世纪 80 年代，第一款金-硒太阳电池问世，尽管电池能量转换效率仅为 1%，但为后来近 140 年的太阳电池研究打下了基础。半导体 PN 结的光生伏特效应是太阳电池能源转换的核心原理，即太阳光与半导体的 PN 结相互作用并改变其内部的电荷分布状态，进而在其两侧出现光生电压。目前第三代太阳电池向具备高的理论转换效率、低成本的钙钛矿、染料敏化、量子点敏化、无机/有机薄膜太阳电池等方向发展。未来太阳电池可以应用于家庭电源、交通提示灯、通信电源、光伏电站、卫星、航天器、空间太阳能电站等[15-16]。

2. 燃料电池

19 世纪 30 年代燃料电池问世，在经历了近 200 年的不断发展后，燃料电池已经应用于很多领域。燃料电池本质上是一种将燃料中的化学能快速高效地转化为电能的能量转换器件，更像是一台需要燃料的发电机。与火力发电方式相比，燃料电池发电是化学转换过程，低碳无污染，其能量转换效率不受卡诺循环限制，故被誉为新能源时代的第四代发电技术[17-18]。燃料电池具有燃料选择多样、低噪、维护方便等优点，使其在车载能源、便携式电源系统等应用领域有很大的发展空间。目前，开发高效非贵金属催化剂、高安全性/高效的储氢材料是燃料电池较为明确的发展方向。

3. 锂离子电池

锂离子电池的研究始于20世纪60年代，1992年实现商业化并推向市场，锂离子作为载流子在电池正负极之间嵌入/脱嵌的运行模式赋予其较高的能量密度和较长的循环寿命，目前已经广泛应用于移动便携设备和电动汽车中[19-20]。尽管锂离子电池目前的能量密度只有 200～300Wh · kg^{-1}，远低于汽油（12000Wh · kg^{-1}），但充电效率（>90%）远高于内燃机，避免了严重的资源损耗，且碳排放低，与“碳中和”目标十分契合[21-22]。相信未来锂离子电池电动车将逐步取代传统燃油车。就锂离子电池材料而言，高镍/高压正极、硅负极、固体电解质是主要发展方向。

4. 锂电池

20 世纪初，路易斯（G. N. Lewis）首次提出以锂金属作为电池负极的概念，并展开了相关研究。锂电池是以锂金属或含锂合金为电池负极材料、匹配各类正极开发的新一代高比能电池，其工作原理因匹配不同的电极材料而有所差异。锂-硫（Li-S）电池、锂-空气（$Li\text{-}O_2$）电池是目前主要研究的锂电池，未来有希望成为移动便携设备、新能源电动车的主要供能器件。金属锂具有高理论能量密度（3860mAh · g^{-1}）和低电化学电位（–3.04V，相对标准氢电极），是未来高比能电池最理想的负极材料[23-24]。但由于金属锂活泼的化学性质，其在加工、保存和使用过程中对环境要求极高，且在电池运行过程中锂枝晶的无序生长对电池的安全性能提出了极大的挑战。开发能抑制锂枝晶生长、更好匹配金属锂的新型电极、电解质是今后主要的研究方向。

5. 非锂电池

非锂电池包含众多二次电池种类，可以分为基于一价阳离子的钾/钠离子电池和基于多价的镁/铝离子电池等。以钠离子为例，若电池负极为钠金属或钠合金，也可以称其为钠金属电池。具有资源丰富和较低的氧化还原电位等优点的非锂电池作为一种极具吸引力的新兴电池技术，有潜力以更低的成本提供更大的能量密度，被认为是锂离子电池在移动便携能源、新能源电动车等应用领域的潜在替代品。目前发展较快的主要有钠-硫电池、

水系钠离子电池、有机钠离子电池和固体钠离子电池[25-26]。不同类型的钠离子电池在性能特点、材料体系上有较大的区别。总体而言，非锂电池未来的研究还是集中在高能量密度正极材料、新型液体/固体电解质材料和高稳定性负极方面。

1.3 新能源材料测试技术

新能源器件在能量的收集、转换、供能过程中都伴随着电子、离子在不同物相与界面的转运、反应、沉积等复杂的物理化学过程，会直接或间接地改变电池内部的宏观、微观结构，最终影响其能量转换效率[20,27]。故综合多种表征技术可以更加透彻地了解新能源材料在不同状态下的电子分布、晶型、微观形貌和物理性能的演化，对深刻理解新能源电池中各类科学关系至关重要。

新能源材料的结构、物理化学性质会随着器件的运行而发生一系列的变化，收集并分析这些信息对理解不同新能源器件的能源转换方式是十分重要的，这需要多角度、全方位地对材料进行详尽表征。图 1.3 系统总结了收集新能源材料的成分、微观形貌、物相转变、热性能等信息时所需要的各类表征方法，并展示了各自的适用范围。从新能源器件是否正在运行的角度划分，材料表征方法可分为原位测试和非原位测试。非原位测试可以对新能源材料进行直接的、非原始的、非综合条件下的拆分检测，可以帮助人们获得新能源

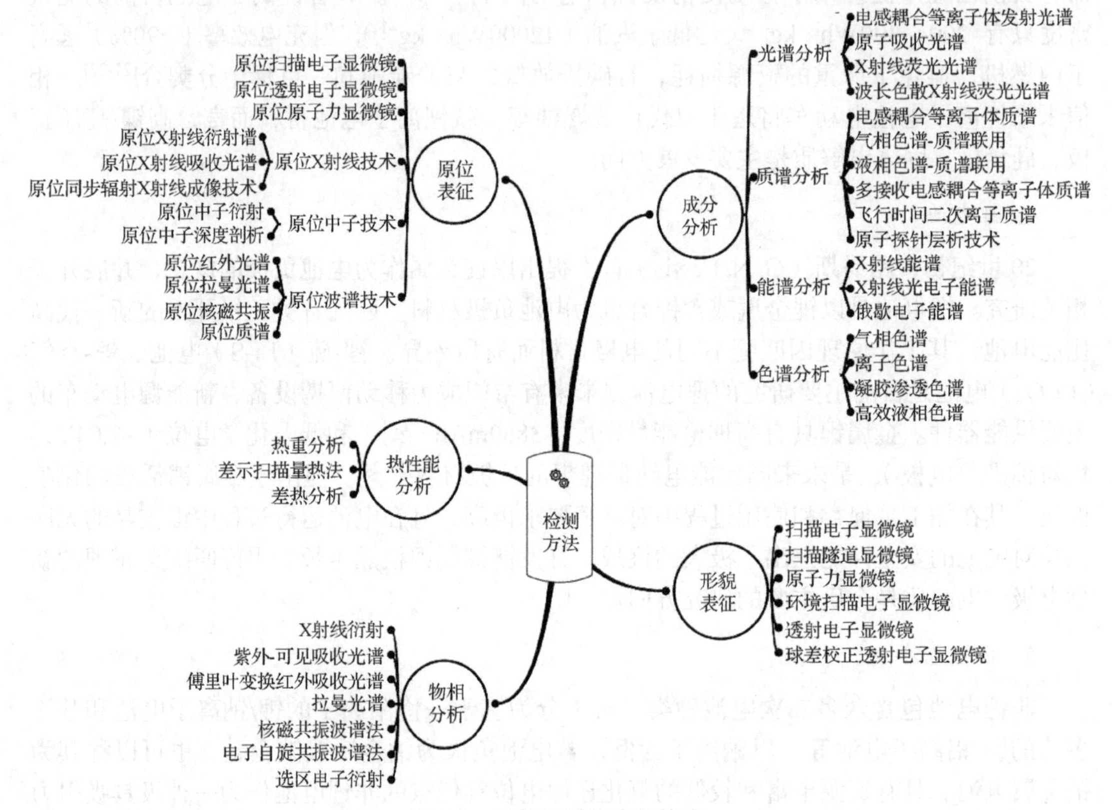

图 1.3 新能源材料表征技术

材料在能量转换前、后的各类物理化学信息；而原位测试可以帮助人们获得新能源器件在运行过程中的连续检测信息，也可以将原位测试定义为单个测试的实时叠加分析，是获得材料的相变、瞬态反应、氧化还原机制等信息的便捷手段。同时，原位测试还避免了测试环境的变化对检测结果的影响，有助于人们更好地理解不同新能源器件在能量储存、转换过程中的科学现象。

参考文献

[1] 朱继平, 罗派风, 徐晨曦. 新能源材料技术[M]. 北京: 化学工业出版社, 2014.

[2] 《新能源材料科学与应用技术》编委会. 新能源材料科学与应用技术[M]. 北京: 科学出版社, 2016.

[3] 吴其胜. 新能源材料[M]. 上海: 华东理工大学出版社, 2017.

[4] 王新东, 王萌. 新能源材料与器件[M]. 北京: 化学工业出版社, 2019.

[5] 中国材料研究学会. 新材料与未来世界[M]. 北京: 中国科学技术出版社, 2020.

[6] Rastgar M, Moradi K, Burroughs C, et al. Harvesting blue energy based on salinity and temperature gradient: challenges, solutions, and opportunities[J]. Chemical Reviews, 2023, 123(16): 10156-10205.

[7] Grinter R, Kropp A, Venugopal H, et al. Structural basis for bacterial energy extraction from atmospheric hydrogen[J]. Nature , 2023, 615(7952): 541-547.

[8] Kirkegaard J K, Rudolph D P, Nyborg S, et al. Tackling grand challenges in wind energy through a socio-technical perspective[J]. Nature Energy, 2023, 8(7): 655-664.

[9] Zhao Z M, Liu X H, Zhang M Q, et al. Development of flow battery technologies using the principles of sustainable chemistry[J]. Chemical Society Reviews, Royal Society of Chemistry, 2023, 52(17): 6031-6074.

[10] Kim D, Pandey J, Jeong J, et al. Phase engineering of 2D materials[J]. Chemical Reviews, 2023, 123(19): 11230-11268.

[11] Won D, Bang J, Choi S H, et al. Transparent electronics for wearable electronics application[J]. Chemical Reviews, 2023, 123(16): 9982-10078.

[12] Flores D N, de Rossi F, Das A, et al. Progress of photocapacitors[J]. Chemical Reviews, 2023, 123(15): 9327-9355.

[13] Duan L, Walter D, Chang N, et al. Stability challenges for the commercialization of perovskite-silicon tandem solar cells[J]. Nature Reviews Materials, 2023, 8(4): 261-281.

[14] Metcalf I, Sidhik S, Zhang H, et al. Synergy of 3D and 2D perovskites for durable, efficient solar cells and beyond[J]. Chemical Reviews, 2023, 123(15): 9565-9652.

[15] Zhu H, Teale S, Lintangpradipto M N, et al. Long-term operating stability in perovskite photovoltaics[J]. Nature Reviews Materials, 2023, 8(9): 569-586.

[16] Green M A. Silicon solar cells step up[J]. Nature Energy, 2023, 8(8): 783-784.

[17] Zhang B, Biswal B K, Zhang J, et al. Hydrothermal treatment of biomass feedstocks for sustainable production of chemicals, fuels, and materials: progress and perspectives[J]. Chemical Reviews, 2023, 123(11): 7193-7294.

[18] Ashraf M, Ullah N, Khan I, et al. Photoreforming of waste polymers for sustainable hydrogen fuel and chemicals feedstock: waste to energy[J]. Chemical Reviews, 2023, 123(8): 4443-4509.

[19] Li M, Hicks R P, Chen Z, et al. Electrolytes in organic batteries[J]. Chemical Reviews, 2023, 123(4): 1712-1773.

[20] Quilty C D, Wu D, Li W, et al. Electron and ion transport in lithium and lithium-ion battery negative and positive composite electrodes[J]. Chemical Reviews, 2023, 123(4): 1327-1363.

[21] Chen B, Sui S, He F, et al. Interfacial engineering of transition metal dichalcogenide/carbon heterostructures for electrochemical energy applications[J]. Chemical Society Reviews, Royal Society of Chemistry, 2023, 52(22): 7802-7847.

[22] Kohse-Höinghaus K. Combustion, chemistry, and carbon neutrality[J]. Chemical Reviews, 2023, 123(8): 5139-5219.

[23] Xiao J, Shi F, Glossmann T, et al. From laboratory innovations to materials manufacturing for lithium-based batteries[J]. Nature Energy, 2023, 8(4): 329-339.

[24] Kim S C, Wang J, Xu R, et al. High-entropy electrolytes for practical lithium metal batteries[J]. Nature Energy, 2023, 8(8): 814-826.

[25] Allard C. Li-air batteries hitting the road[J]. Nature Reviews Materials, 2023, 8(3): 145.

[26] Vartanian A. A battery electrolyte adapts to the cold[J]. Nature Reviews Materials, 2023, 8(8): 496.

[27] Sang P F, Chen Q L, Wang D Y, et al. Organosulfur materials for rechargeable batteries: structure, mechanism, and application[J]. Chemical Reviews, 2023, 123(4): 1262-1132.

第2章

电极材料微观结构与组成表征技术

2.1 先进显微镜技术

2.1.1 光学显微镜

光学显微镜是利用光学原理，把人眼所不能分辨的微小物体放大成像，以供人们获取微细结构信息的光学仪器。图 2.1 为 DM6 M LIBS 型光学显微镜。

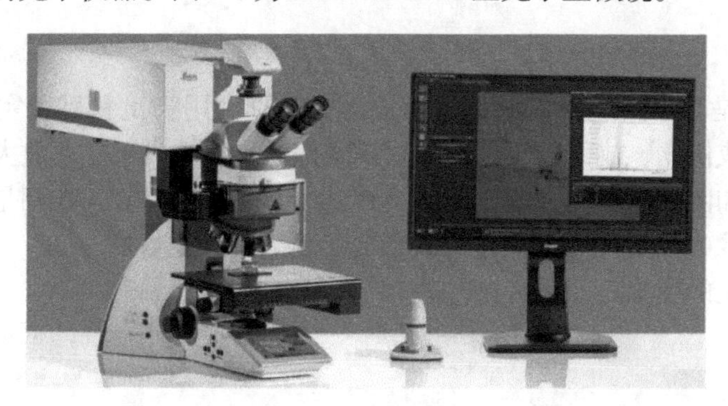

图 2.1 DM6 M LIBS 型光学显微镜

1. 构造原理

光学显微镜通过光学元件镜头生成物体的图像，其主要由三部分组成：机械部分、照明部分和光学部分。

1）机械部分

光学显微镜的机械部分主要包括镜座、镜柱、镜臂、镜筒、物镜转换器、载物台和调节器等部件，用于固定、调节光学镜头及移动样品。

（1）镜座：由底座和镜壁组成，稳定和支持整个显微镜。

（2）镜柱：镜座上面直立的部分，连接镜座和镜臂。

（3）镜臂：一端连于镜柱，一端连于镜筒，支撑镜筒和载物台。

（4）镜筒：连在镜臂前上方，上端装有目镜，下端装有物镜转换器。镜筒的长度影响放大倍率与成像质量，分为固定式和可调节式两种。

（5）物镜转换器：接于棱镜壳的下方，有 3～4 个物镜旋转口，可自由转动调换不同倍数的物镜（低倍镜、高倍镜、油镜）。

（6）载物台：在镜筒下方用以固定和移动玻片标本，通常有圆形和方形两种形状且中央有一通光孔，形成光线通路。

（7）调节器：使载物台沿上下方向移动，分为粗准焦螺旋和细准焦螺旋。粗准焦螺

旋适合低倍镜下迅速找到物像；细准焦螺旋多用于高倍镜下，通过缓慢升降载物台得到更清晰的物像。

2）照明部分

（1）反光镜：装在镜座上面，由平、凹两面镜子组成，可通过转动将光线反射到聚光器中央，经通光孔照明标本。一般采用平面镜反射光线，当光线较弱时，采用凹面镜会聚光线。

（2）集光器：装于载物台下方，由一组聚光透镜和光圈组成，用于将经反光镜反射的光线会聚到标本上。

3）光学部分

（1）目镜：装在镜筒上端。目镜长度越短，放大倍数越大。

（2）物镜：装在镜筒下方的转换器上。物镜的放大倍数与其长度成正比，放大倍数越大，物镜越长。显微镜的放大倍数是物镜放大倍数与目镜放大倍数的乘积，如物镜为10×，目镜为10×，其放大倍数为100×。

2. 工作原理

光学显微镜是基于凸透镜的放大成像原理，分别利用物镜和目镜实现二级放大。标本首先通过物镜成倒立、放大的实像。然后该实像通过目镜成正立、放大的虚像。光学显微镜的成像原理如图 2.2 所示。假设图中 AB 为待观察的物体，A′B′则是通过物镜形成的倒立、放大的实像，然后实像又通过目镜形成了更大的正立虚像 A″B″，即可在目镜位置观察到正立、放大的图像。

3. 应用案例

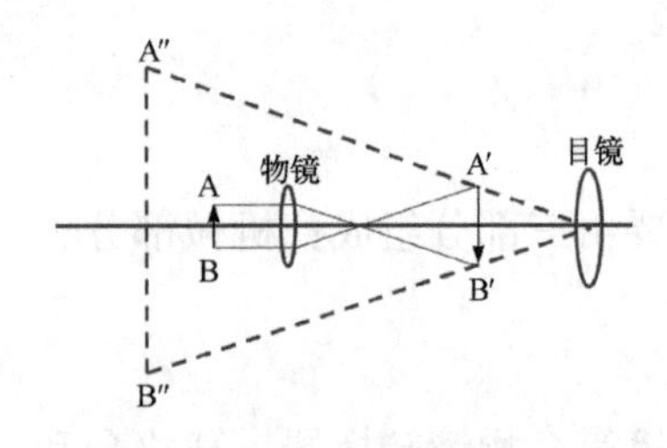

图 2.2 光学显微镜成像原理

1）原位光学显微镜观测石墨电极放电过程

美国密歇根大学 N. P. Dasgupta 等[1]采用原位光学显微镜观察锂离子电池石墨电极锂化过程。图 2.3 是锂离子电池石墨负极的光学显微镜图像，展示了锂离子电池在放电过程中石墨负极材料的颜色变化。在石墨电极锂化的早期阶段（0.2～0.8mAh · cm^{-2}），石墨颜色由深灰色变成深蓝色。当放电容量达到 1.4mAh · cm^{-2} 时，颜色由深蓝色变成暗红色。继续放电，最终变成金黄色。根据电池不同放电容量下获得的石墨表面的光学显微镜图像，可以得到电极反应的均匀程度。

2）原位光学显微镜观测锂沉积行为

锂枝晶生长是制约锂金属电池（lithium metal battery，LMB）发展、造成其短路和容量损失的关键问题。美国麻省理工学院 M. Z. Bazant 等[2]使用原位光学显微镜观察了锂对称电池中锂枝晶的生长过程。为了更好地原位跟踪锂枝晶的生长，设计了一个便于光学显微镜观测的特殊毛细管电池，如图 2.4（a）所示。将一小块锂金属推入毛细管中，直到它进入锥形部分，同时密封电池，进行锂沉积的形貌观测。当施加恒定电流时，苔藓状锂开始沉积，如图 2.4（b）所示。一段时间后，细小的枝晶开始在尖端生长。随着锂沉积的逐渐进行，锂枝晶逐渐生长延伸。

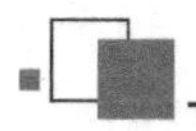

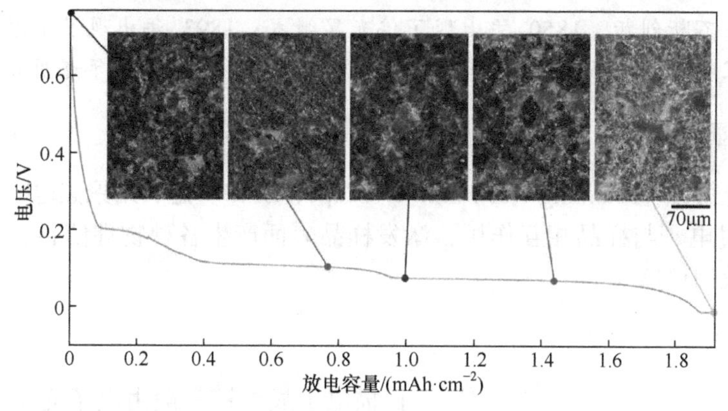

图 2.3　石墨电极锂化过程光学图像[1]

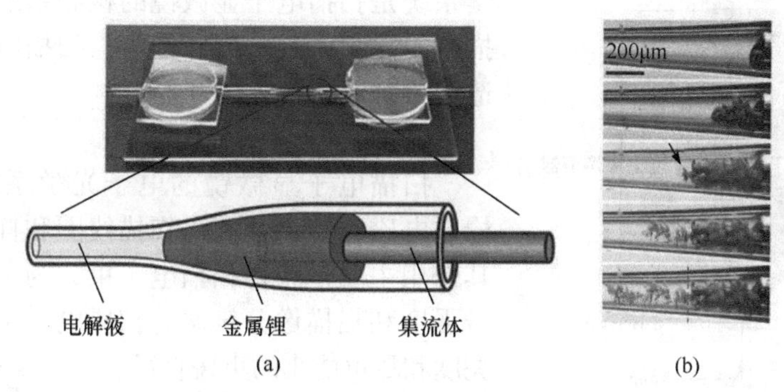

图 2.4　锂沉积过程：（a）毛细管电池；（b）锂生长的原位快照[2]

拓展阅读

17 世纪晚期，荷兰布匹商人 A. V. Leeuwenhoek 磨制出世界上第一台实用显微镜，对显微镜的发展做出了卓越的贡献。他利用自制的显微镜观测细菌、血液细胞和水中的浮游生物，在动、植物机体微观结构的研究方面取得了杰出的成就。1673～1677 年间，A. V. Leeuwenhoek 制成单组元放大镜式的高倍显微镜，其中九台保存至今。19 世纪 70 年代，德国人 E. Abbe 开展了光学定律的理论研究，奠定了显微镜成像的理论基础，促进了显微镜制造和显微观察技术的迅速发展，并为 19 世纪后半叶包括 R. Koch、L. Pasteur 等在内的生物学家和医学家发现细菌和微生物提供了有力的工具。在显微镜结构发展的同时，显

A.V. Leeuwenhoek

第一台实用显微镜

E. Abbe

F. Zernike

微观察技术也在不断创新。1850 年出现了偏光显微术；1893 年出现了干涉显微术；1935 年荷兰物理学家 F. Zernike 创造了相衬显微术，他因此获得了 1953 年诺贝尔物理学奖。

2.1.2 扫描电子显微镜

扫描电子显微镜（scanning electron microscope，SEM）是利用聚焦电子束在样品表面逐点扫描，通过电子与样品相互作用，激发样品表面产生各种物理信息，反映样品的形貌、结构和组成的仪器。

1. 构造原理

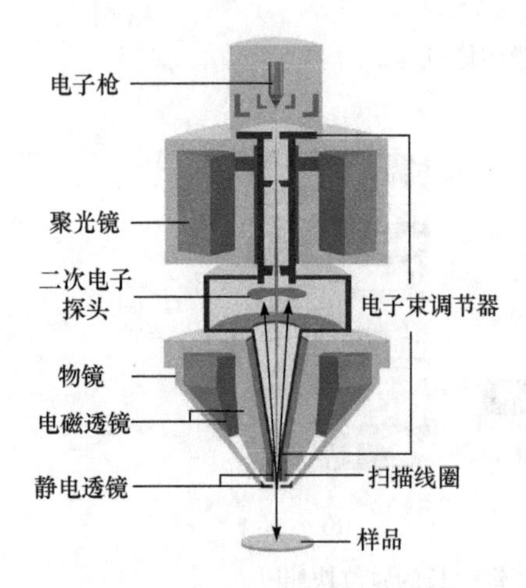

图 2.5 扫描电子显微镜构造图

扫描电子显微镜一般由电子光学系统、信号收集和图像显示系统及真空系统组成。其中，电子光学系统是扫描电子显微镜的核心系统，它决定了扫描电子显微镜的类型和性能。扫描电子显微镜的构造如图 2.5 所示。

1）电子光学系统

扫描电子显微镜的电子光学系统一般由电子枪、电磁透镜、光阑、扫描线圈和样品室等组成。其作用主要是获得扫描电子束，为了获得较高的信号强度和扫描像分辨率，扫描电子束应具有较高的亮度和尽可能小的束斑直径。

（1）电子枪。扫描电子显微镜的电子枪加速电压一般在 0.5～30kV。电子枪主要有两大类：一类是热游离式电子枪，主要有钨灯丝和六硼化镧灯电子枪；另一类是场发射电子枪，有冷场发射式和热场发射式，如图 2.6 所示。

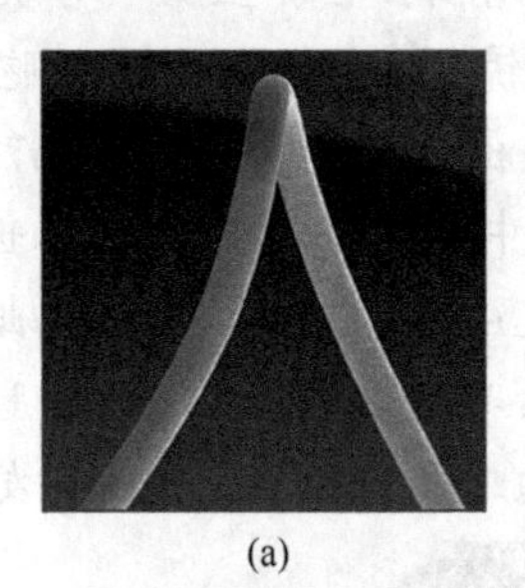

(a)

(b)

(c)

图 2.6 电子枪：（a）钨灯丝；（b）六硼化镧灯；（c）场发射

（2）电磁透镜。电磁透镜由一个金属体（称为铁磁电路）组成，磁场由位于铁磁电路顶部的线圈所产生，如图 2.7 所示。电磁透镜的强度通过磁场来改变，电磁透镜使用洛伦兹力，它与电子的电荷和速度成正比，以偏转电子。电子枪发出的电子束会聚集成一个直径很细的交叉点，电子束的直径通过电磁透镜使交叉点缩小到几十分之一，故扫描电子显微镜中的电磁透镜功能不是成像用的，而是将电子枪中的束斑逐级聚焦缩小。

扫描电子显微镜中的电磁透镜主要包括聚光镜和物镜，其中靠近电子枪的透镜为聚光镜，能使电子束强烈聚焦缩小，为强透镜。而靠近试样的是物镜，除了会聚电子束外，还能将电子束聚焦于样品表面，为弱透镜。

（3）光阑。光阑一般装于电磁透镜上，其作用是遮挡大散射角的杂散电子，避免轴外电子对焦形成不良的电子束斑，使电子光学系统免受污染，从而提高电子束的质量。扫描电子显微镜中的光阑和很多光学器件中的孔径光阑或狭缝非常类似，一般大小在几十微米左右，可以根据不同的需要选择不同大小的光阑。

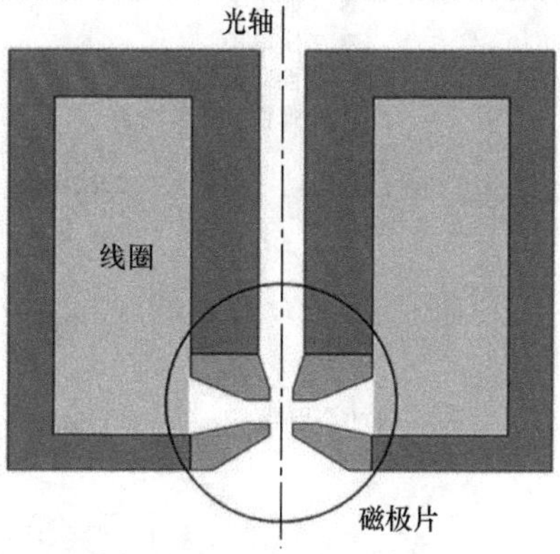

图 2.7　电磁透镜结构

（4）扫描线圈。扫描线圈的作用是使电子束发生偏转，并在样品表面进行有规则的扫描。为保证方向一致的电子束都能通过末级透镜的中心射到样品表面，扫描电子显微镜一般采用双偏转扫描线圈。当电子束进入上偏转线圈时，方向发生转折，随后又由下偏转线圈使它的方向发生第二次转折，电子束将会在试样表面进行光栅式扫描。如果电子束经上偏转线圈转折后未经下偏转线圈改变方向，而直接由末级透镜折射到入射点位置，这种扫描方式称为角光栅扫描或摇摆扫描。

（5）样品室。样品室是试样的检测场所，同时放置各种信号探测器和附件。样品室中的样品台是一个复杂的组件，能夹持一定尺寸的样品，并能使样品平移、倾斜和转动，以利于对样品上每一个特定位置进行各种分析。目前，新式扫描电子显微镜的样品室实际上是一个微型实验室，它带有多种附件，并可使样品在样品台上加热、冷却或进行机械性能试验。

2）信号收集和图像显示系统

信号收集系统的作用是收集入射电子与样品作用所产生的各种信号，然后经过视频放大器放大，输送到显示系统作为调制信号。不同的物理信号需使用不同类型的收集系统。图像显示系统是将调制信号转换到阴极射线管的荧光屏上，显示出样品表面的图像，以便观察和照相。目前电子计算机在此领域的应用非常深入广泛，扫描图像的记录已多样化，除照相外还可以进行复制、存储以及利用各种专业软件对图像进行所需的分析处理。

3）真空系统

真空系统为电子光学系统提供必需的真空度，高真空度能减少电子能量损失并延长灯丝寿命，防止样品受到污染。真空系统中真空度一般为 0.001～0.01Pa，通常使用机械泵-油扩散泵抽真空。

2. 工作原理

电子束与固体样品表面的原子核及核外电子相互作用会产生各种信号，包括二次电子、背散射电子、特征 X 射线、俄歇电子、吸收电子、阴极荧光和透射电子等，扫描电子显微镜中的“图像”是通过在光栅中扫描聚焦电子探针穿过样品表面获得的，然后收集各种表面图像信号，经适当的放大和处理后显示出来，扫描电子显微镜成像示意图如图 2.8 所示。

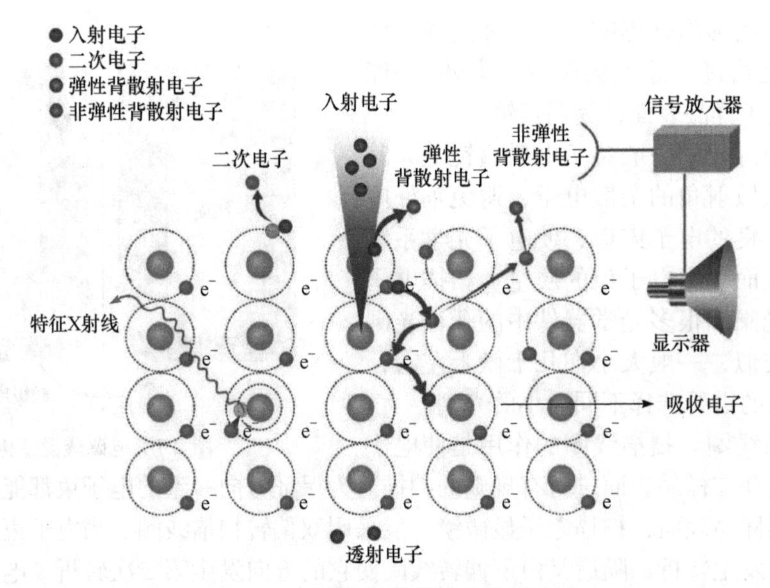

图 2.8　扫描电子显微镜成像原理图

1）二次电子

二次电子是样品原子被入射电子轰击释放出的核外电子，是主要的成像信号。它们的能量相对较低，小于 50eV，仅在样品表面 5～10nm 深度内的电子才能逃逸，因此其提供的信息皆为材料表面所蕴含的信息，且对表面形貌十分敏感，提供了强有力的表面形成像。

2）背散射电子

背散射电子是入射电子与原子核或核外电子作用后反弹出样品表面的电子。经由原子核反弹出的电子数远大于与核外电子作用后逸出的电子数，而电子返回到表面的强度很大程度上取决于原子序数。因此，背散射电子信号可以用来显示形貌衬度和成分衬度。

3）特征 X 射线

入射电子与样品中的原子作用后会使原子处于激发状态，在电子跃迁过程中发出的特征 X 射线波长与原子序数相关，可以利用莫塞莱定律进行成分分析。

4）俄歇电子

高能级电子向低能级跃迁过程中不以光子的形式释放能量，而是用于产生自由电子的现象称为俄歇效应，激发出的电子称为俄歇电子。因为原子都有特定的能级，且俄歇电子只能由表面原子层发出，所以蕴含特征能量的俄歇电子可以用作表层成分分析的依据。

3. 应用案例

1）SEM 观察硅纳米线锂化前后形态变化

硅纳米线是一种性能优异的锂离子电池负极材料，它不仅能够适应在充放电过程中电极的体积变化，而且可以提供良好的电子接触和传导，展现出高容量和良好的循环性能。美国斯坦福大学崔屹等[3]采用扫描电子显微镜研究了硅纳米线锂化过程中的形态变化。原始硅纳米线侧壁光滑，扫描电子显微镜图像显示硅纳米线从基底上生长出来，并且与集流体具有良好接触，如图 2.9（a）所示。锂化后，硅纳米线具有粗糙的侧壁，且平均直径增加到约 141nm，如图 2.9（b）所示。尽管体积变化很大，但硅纳米线仍保持完整。

(a)

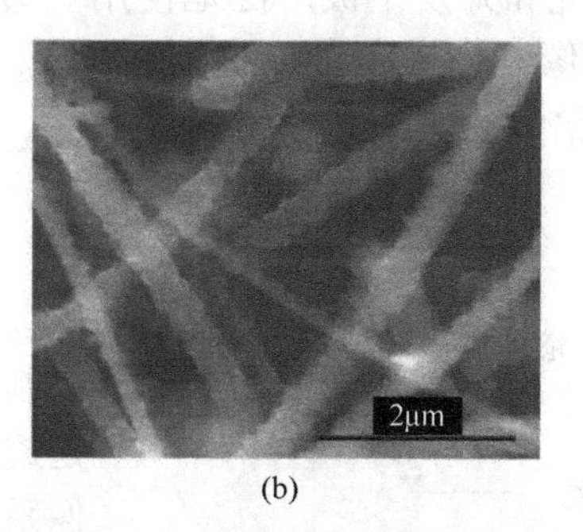

(b)

图 2.9　扫描电子显微镜图像：（a）原始硅纳米线；（b）锂化后的硅纳米线[3]

2）SEM 观察柔性锂离子电池微观结构

“纤维锂离子电池”是柔性电源的典型代表，它们可以编织成纺织品，为未来的可穿戴电子设备供电。然而，传统纤维电池的长度很难超过 10cm。复旦大学彭慧胜等[4]发现纤维锂离子电池的内阻与纤维长度呈双曲余切函数关系。当长度增加时，内阻首先减小，然后逐步趋于稳定。因此，可通过优化工业流程生产数米高性能纤维锂离子电池。通过一台配有 15kV 能量色散 X 射线（energy-dispersion X-ray，EDX）光谱系统的 TESCAN EGA 3 XMU 扫描电子显微镜证实在 2mm 的最佳扭曲间距下，钴和碳元素均匀分布在电极表面上，扭曲未对活性材料造成明显的结构损伤，如图 2.10 所示，进而验证了高性能纤维锂离子电池连续化制备的可行性。

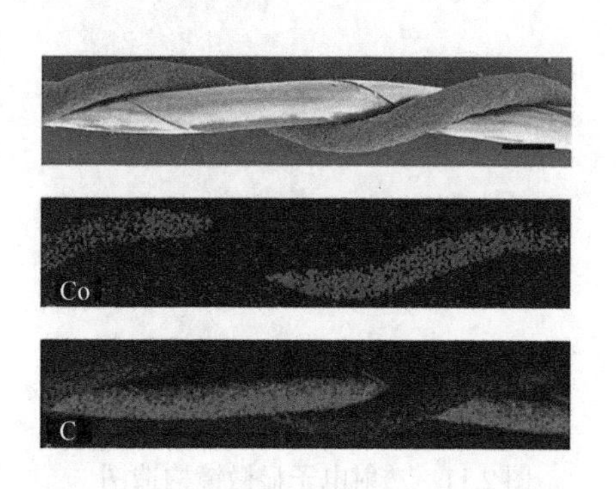

图 2.10　纤维锂离子电池的连续化制备[4]

 **拓展阅读**

扫描电子显微镜是 20 世纪最重要的发明之一。1935 年，德国的 M. Knoll 提出扫描电子显微镜概念，第二次世界大战后英国剑桥大学工程系的 C. Oatley 教授和他的学生 D. McMullan 研制了第一台实用化扫描电子显微镜，分辨率达 50nm，极大地推动了扫描电子显微镜的商业化进程，C. Oatley 也被誉为“现代扫描电子显微镜之父”。2004 年，在 C. Oatley 100 诞辰周年之际，*Sir Charles Oatley and the Scanning Electron Microscope* 一书由美国学术出版社发行于 *Advances in Imaging and Electron Physics* 系列中。书中提到：“C. Oatley 先生是一个谦逊的人，他悄悄地为他人铺平道路，他的建议，他的鼓励，他提供的资源以及对商业 SEM 的推动，我相信 C. Oatley 先生的确应得到这个荣誉——‘现代扫描电子显微镜之父’”。

C. Oatley

2.1.3 透射电子显微镜

透射电子显微镜（transmission electron microscope，TEM）是大型分析仪器，在新能源材料的研究和开发中被广泛地使用。透射电子显微镜使用电子束作为光源，用电磁透镜聚焦成像，分辨率可以达到埃（Å，1Å=10^{-10}m）的水平，是一种具有高分辨能力、高放大倍数的电子光学仪器。

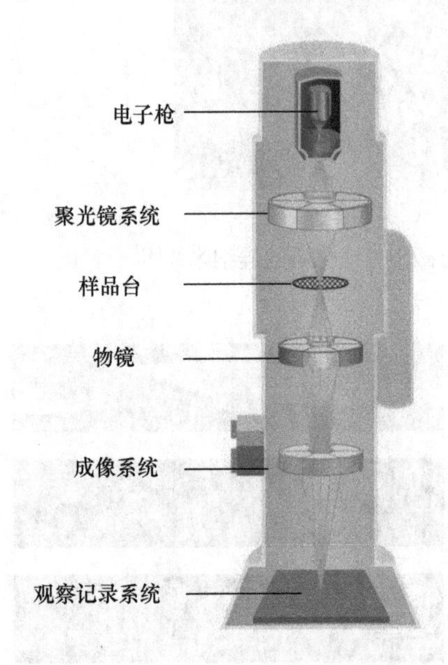

图 2.11 透射电子显微镜构造图

1. 构造原理

透射电子显微镜主要由电子光学系统、电源与控制系统和真空系统组成。电子光学系统（镜筒）是透射电子显微镜的核心组件，包括照明系统、成像系统和观察记录系统三大部分。透射电子显微镜构造如图 2.11 所示。

1）照明系统

照明系统由电子枪、聚光镜系统以及调节装置（偏转器）组成，它可提供亮度高、照明孔径半角小、平行度好、束流稳定的电子束。

（1）电子枪。透射电子显微镜和扫描电子显微镜电子枪的构造基本一致，作为电子源，电子枪可以发射并加速电子，分为热阴极电子枪和场发射电子枪。热阴极电子枪的材料主要有钨丝和六硼化镧，而场发射电子枪又可以分为热场发射式和冷场发射式。

（2）聚光镜。聚光镜位于电子枪下方，用于将电子枪发射出的电子束会聚成亮度均匀且照明强度、孔径半角和束斑大小可调的光斑，以最小的损失投射在样品上。

2）成像系统

成像系统主要由物镜、中间镜和投影镜组成，起到电子束聚焦成像的作用，且样品的成像经过物镜、中间镜和投影镜逐级放大。

（1）物镜。物镜位于样品台下方，是短焦距强磁透镜。其作用是初步成像放大，决定透射电子显微镜分辨率的高低。目前高质量的物镜分辨率可达 0.1nm。

（2）中间镜。中间镜位于物镜下方，是长焦距弱力磁的变倍透镜，其作用是对物镜成像的进一步放大。中间镜可控制成像模式。将中间镜的物平面和物镜的像平面重合，为图像成像模式。将中间镜的物平面和物镜的背焦面重合，为电子衍射模式。

（3）投影镜。投影镜位于中间镜下方，也是一个短焦距的强磁透镜，其作用是将经中间镜放大的像（或电子衍射花样）三次放大，并投影到荧光屏上。

3）观察记录系统

观察记录系统包括荧光屏和照相装置。荧光屏将电子信号转化为可见光，供操作者观察；照相装置可以是传统的底片相机或先进的电子相机。

2. 工作原理

透射电子显微镜的成像原理是经过电子枪加速，由聚光镜聚集的电子束撞击到非常薄的样品上，大部分电子可透射过样品，但电子与样品中原子碰撞而改变方向，产生立体角散射。电子束由物镜聚焦，之后通过中间镜和投影镜放大，最终通过撞击电荷耦合元件表面形成图像，如图 2.12 所示。

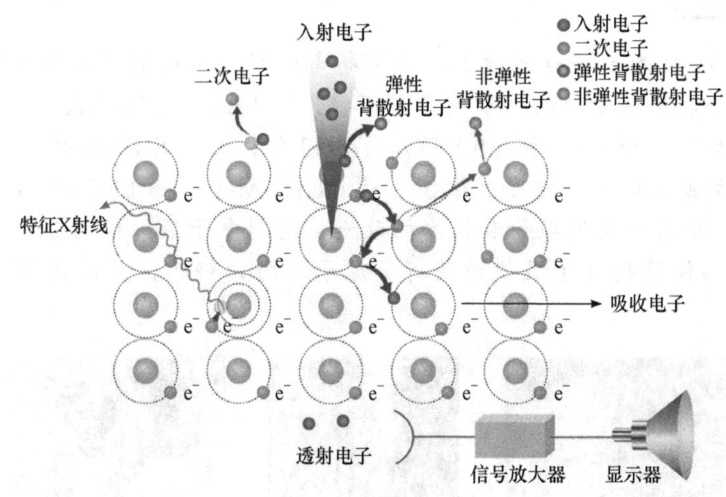

图 2.12　透射电子显微镜成像原理图

3. 应用案例

1）TEM 观察硫复合正极材料表面包覆层结构

利用 TEM 对聚合物/硫/碳复合颗粒多层核壳结构进行表征[5]。原始的介孔碳/硫（CMK-3/S）颗粒表面光滑，如图 2.13（a）所示。在表面进行硫化聚丙烯腈（PANS）包覆后，可以明显看出厚度约 40nm 的 PANS 包覆层，如图 2.13（b）所示。研究表明三苯基膦（TPP）与包括 S_8 和硫化物等的硫类物质自发反应，生成三苯基亚磷酸硫（TPS）。将 CMK-3/S@PANS 颗粒加入 TPP 的电解液中浸泡后，可以观察到 PANS 表面厚度约 15nm 的 TPS 包覆层，如图 2.13（c）所示。

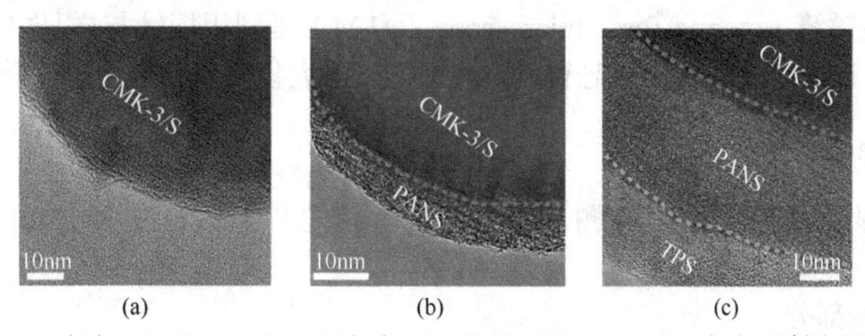

图 2.13　CMK-3/S（a）、CMK-3/S@PANS（b）、CMK-3/S@PANS@TPS（c）透射电子显微镜图像[5]

2）TEM 观察预锂化钴酸锂正极微观结构

针对锂离子电池电极材料首周活性物质损失的问题，华中科技大学孙永明等[6]采用简单、低成本的溶液化学方法，在钴酸锂（$LiCoO_2$，LCO）正极材料表面原位引入氧化锂

预锂化纳米层（CS-$LiCoO_2$）。通过透射电子显微镜对CS-$LiCoO_2$的形貌和结构进行研究。预锂化后，在$LiCoO_2$颗粒表面形成一层约20nm的薄层，如图2.14所示。

图 2.14 CS-$LiCoO_2$的透射电子显微镜图像[6]

拓展阅读

1931年，E. Ruska等通过改装一台可拆卸的高速阴极射线管示波器而制成世界上第一台采用冷阴极电子源的透射电子显微镜，E. Ruska也因此获得了1986年诺贝尔物理学奖，如图2.15（a）和（b）所示。1933年，德国SIEMENS公司制造了人类历史上第一台商业化的透射电子显微镜（Siemens EM-1），如图2.15（c）所示，分辨率达到10nm。随着一系列理论和技术的改进，透射电子显微镜的分辨率不断提高，目前球差校正器使透射电子显微镜获得了原子级的分辨率，可以实现对单个原子的观察。

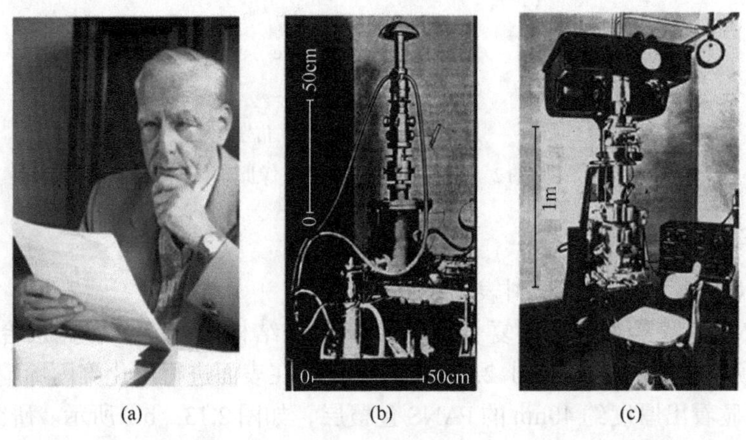

图 2.15 （a）E. Ruska；（b）第一台透射电子显微镜；（c）Siemens EM-1

2.1.4 原子力显微镜

原子力显微镜（atomic force microscope，AFM）是利用探针与样品之间的相互作用力，通过检测扫描过程中探针微悬臂的弯曲形变来研究物质表面结构及性质的分析仪器。

1. 构造原理

原子力显微镜主要由力检测、位置检测和信息控制处理三部分组成，其结构如图2.16所示。

1）力检测部分

力检测部分主要由探针架、微米尺度的微悬臂和曲率半径为纳米量级的探针组成，力检测部分是原子力显微镜的关键组成部分。悬臂的一端固定而另一端装有探针，探针用来检测针尖和样品间的相互作用力。微悬臂通常由硅片或氮化硅片制成。探针具有不同的规格，可以根据样品的特性以及原子力显微镜的操作模式选择不同规格的探针。

2）位置检测部分

位置检测部分由步进电机、压电陶瓷、激光器和光电探测器构成，其作用是控制样品表面与探针针尖之间保持一定距离，并且其可以检测因针尖和样品间的相互作用力而导致悬臂产生的微小偏转（变形）。位置检测器将偏移量记录下来并转换成电信号，以便控制器的进一步信号处理。

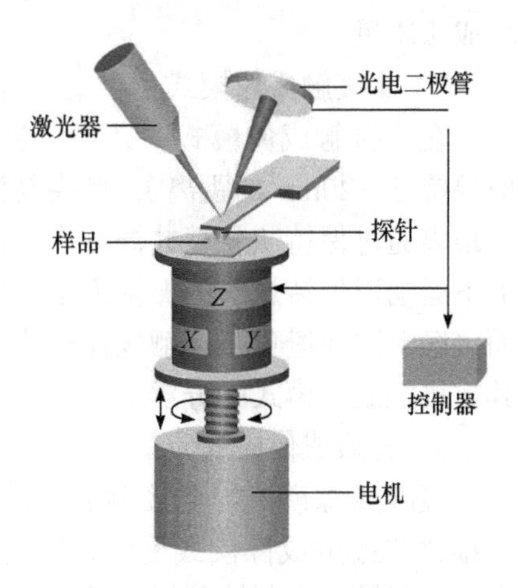

图 2.16　原子力显微镜结构图

3）信息控制处理部分

由位置检测部分产生的电信号通过控制器进行信号处理，控制器驱动电机进行位置调节，处理后的结果反馈给系统，驱动压电陶瓷扫描器移动，以保持样品与探针针尖一定的作用力，通过成像算法即可得到样品表面形貌及力学特性。

2. 工作原理

原子力显微镜是利用探针与样品之间的相互作用力，通过检测扫描过程中探针微悬臂的弯曲形变，实现样品表面三维微观形貌成像，如图 2.17 所示。将微悬臂的一端固定，另一端安装探针，探针针尖的曲率半径非常小（纳米量级），当探针针尖与样品表面轻轻接触时，针尖尖端的原子与样品表面的原子间存在极微弱的力，扫描时控制针尖与样品之间的作用力保持恒定，则微悬臂会在垂直于样品表面的方向做上下起伏运动，利用光学检测法检测微悬臂对应于扫描各点的位置变化，即可获得样品表面的形貌和力学性能信息。原子力显微镜的成像模式包括接触成像模式、非接触成像模式和轻敲成像模式。

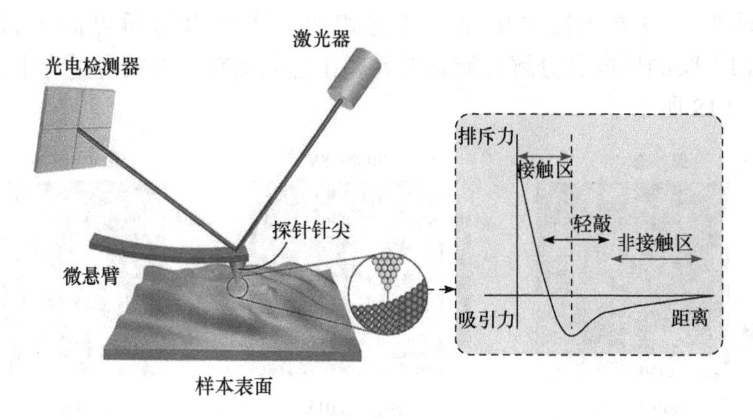

图 2.17　原子力显微镜工作原理示意图

1）接触成像模式

接触成像模式中针尖在扫描过程中始终与样品表面接触，针尖和样品间的相互作用力为接触原子间电子的库仑排斥力（其大小为 10^{-8}～10^{-6}N）。通过反馈系统上下移动样品保持针尖与样品间库仑排斥力恒定，可以得到此斥力模式样品的表面原子力显微镜图像。接触成像模式的优点为图像稳定、分辨率高，缺点为针尖和样品间黏附力的作用等因素影

响成像质量。

2）非接触成像模式

在非接触成像模式中，当针尖在样品表面扫描时，始终保持不与样品表面接触（一般保持 5～20nm 的距离），针尖与样品间的作用力是长程力——范德华力。针尖与样品间的距离通过保持微悬臂共振频率或振幅恒定来控制。如果在扫描过程中反馈系统驱使样品上下运动以保持悬臂的振幅恒定，便能获得样品表面形貌图像。由于针尖始终不与样品表面接触，因而避免了接触成像模式中遇到的一些问题。缺点是由于范德华力非常小，因此其比接触成像模式的分辨率低，并且不适合于液体中成像。

3）轻敲成像模式

轻敲成像模式与非接触成像模式相似，在针尖扫描过程中，微悬臂也是振荡的，其振幅比非接触成像模式更大，同时针尖在振荡时与样品间断地接触。在微悬臂振荡过程中，由于针尖间断地与样品接触，因此其振幅不断改变。反馈系统根据检测到这个变化的振幅，不断调整针尖与样品的间距，以便控制微悬臂振幅，进而控制针尖作用在样品表面上力的恒定，从而获得原子力显微镜图像。轻敲成像模式分辨率高（近乎等同于接触成像模式），可应用于柔软、易碎和黏附性样品。由于作用力是垂直的，材料表面受横向摩擦力、压缩力、剪切力的影响较小。

3. 应用案例

1）AFM 表征氧化锰负极表面形貌

中国科学院苏州纳米技术与纳米仿生研究所陈立桅等[7]通过 AFM 表征了氧化锰负极薄膜在首周不同充放电状态下的表面形貌。原始状态氧化锰表面晶粒较小，在电压从 0.8V 逐步降到 0.1V 的过程中，表面晶粒尺寸明显增大。当电压进一步降到 0.01V 时，可观察到表面有粒径约 200nm 的颗粒沉积。充电过程中，当电极电压充至 3V 后，表面大粒径沉积颗粒消失，与氧化锰电极原始状态相似。固体电解质界面（solid electrolyte interphase，SEI）膜的形成和分解可能是引起氧化锰电极首周充放电过程中表面形貌变化的原因，如图 2.18 所示。

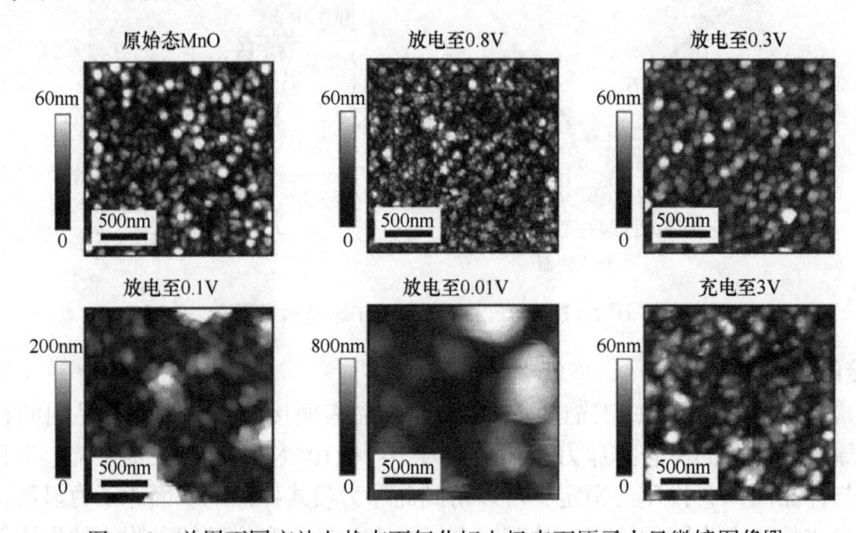

图 2.18 首周不同充放电状态下氧化锰电极表面原子力显微镜图像[7]

2）AFM 表征剥离 SEI 膜形貌

电极/固体电解质界面不稳定是目前固体金属锂电池的关键难题。中国科学院分子纳米结构与纳米技术重点实验室万立骏等[8]采用 AFM 表征完整剥离的 SEI 膜形貌结构。图 2.19（a）显示了原始凝胶电解质的 AFM 图像。循环后将 Cu 电极上的 SEI 层从 Cu || Li 电化学电池上剥离。SEI 层的 AFM 表征表明球形壳状颗粒的直径为（4.07±0.72）μm，壳厚度为（0.53±0.11）μm，如图 2.19（b）所示。这种规则的球壳状 SEI 几何形状与均匀球形沉积的锂金属形态有关。在脱锂过程中，内部锂溶解，球形颗粒逐渐收缩，在界面保持球状壳形的 SEI 层。

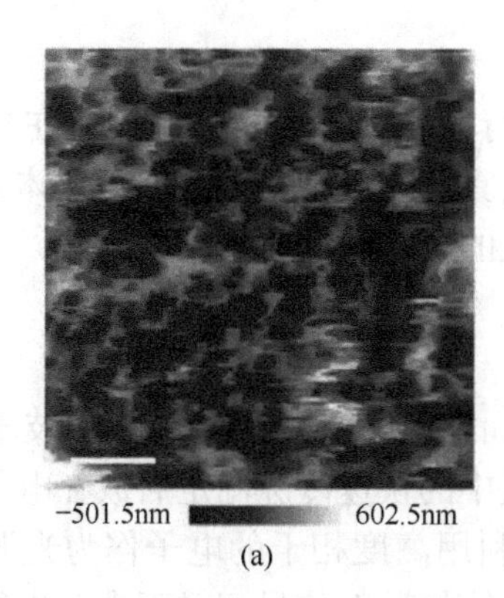

图 2.19 AFM 图像：（a）原始凝胶电解质；（b）凝胶电解质界面 SEI 层[8]

 **拓展阅读**

无论是光学显微镜还是电子显微镜，它们都像人们的双眼一样，用来观测微纳米世界的样貌，却无法像人们的手指一样来感知其中的材料物性和相互作用力。1985 年的一天，瑞士科学家 G. Binning 躺在沙发上看着凹凸不平的天花板陷入了沉思。他忽然想到了一个细细的针尖接触并扫过天花板的情景，就如一根灵巧的手指抚过表面感受天花板的纹理，于是兴奋地记录下了这个想法。他在实验设计中，用一根固体探针真实地接触材料表面，并通过探针的弯曲起伏来反映表面形貌。在实验室同事的协助下，1986 年，原子力显微镜诞生了，由此开创出一种全新的观测方式。世界上第一台原子力显微镜是由 IBM 苏黎世研究实验室的 G. Binning、C. Quate 和 C. Gerber 于 1986 年发明的。1988 年底，白春礼院士领导的科研小组研制出我国第一台原子力显微镜，可达原子级分辨率，使我国成为当时少数拥有原子级分辨率的原子力显微镜的国家之一。

G. Binning

2.1.5 冷冻电子显微镜

冷冻电子显微镜（cryo-electron microscope，cryo-EM）是基于超低温冷冻制样及传输技术，利用电子显微镜观察对电子束敏感的样品，再通过重构技术获得样品三维结构。冷冻电子显微镜可以分为冷冻透射电子显微镜、冷冻扫描电子显微镜和冷冻蚀刻电子显微镜。

1. 构造原理

1）冷冻透射电子显微镜

在普通透射电子显微镜上加装样品冷冻装置，将样品冷却到液氮温度来观测蛋白、生物切片等对温度敏感的样品。

2）冷冻扫描电子显微镜

在普通扫描电子显微镜上加装低温冷冻传输系统和冷冻样品台装置，可以直接观察液体、半液体的样品，不需要对样品进行干燥处理，最大限度地减少了常规的干燥过程对高度含水样品的影响。

3）冷冻蚀刻电子显微镜

它的原理是将样品置于干冰或液氮中进行冰冻，用冷刀劈开后，在真空中将温度回升，使断裂面的冰升华，暴露出断面结构。它具有使微细结构接近于活体状态、能够观察到不同劈裂面的微细结构、能使样品具有很强的立体感的特点。

2. 工作原理

冷冻电子显微镜是基于电子显微镜发展而来的一项新型测试表征技术。它的成像原理本质上还是电子散射机制，样品经过在液氮中的快速冷冻固定后放在电子显微镜内的样品室中，使得水分子以玻璃态的形式存在。利用高度相干的电子作为光源从上面照射下来，透过样品和冰层而散射，探测器和透镜系统将散射信号记录下来并进行处理，最后利用三维重构技术得到样品的三维结构。

3. 应用案例

1）冷冻电子显微镜观察锂枝晶

冷冻电子显微镜可以观察锂枝晶的生长过程，也可以看到SEI膜的形成过程，对揭示锂电池反应机理具有重要意义。斯坦福大学崔屹等[9]利用冷冻电子显微镜观察锂金属枝晶，如图 2.20（a）所示。枝晶形貌完整，且枝晶表面存在一层厚度约为 10nm 的光滑薄膜，推测是锂金属在电池循环过程中形成的 SEI 膜。相比之下，在室温下进行 TEM 观察的锂金属很快就因暴露在环境中受到破坏，这些暴露的枝晶聚合形成多晶，其表面比冷冻电子显微镜观测到的锂枝晶粗糙得多，如图 2.20（b）所示。

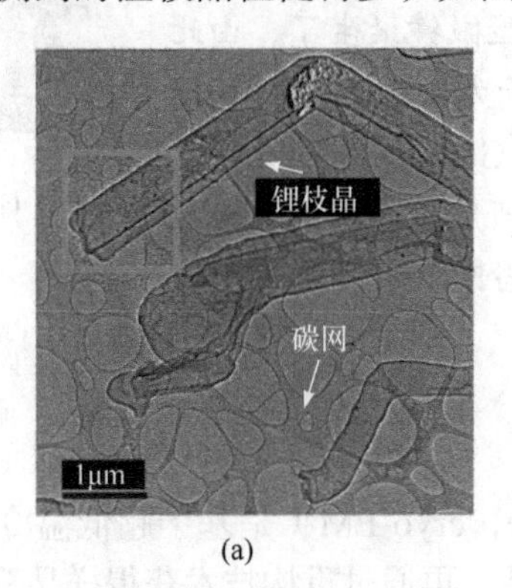

(a)

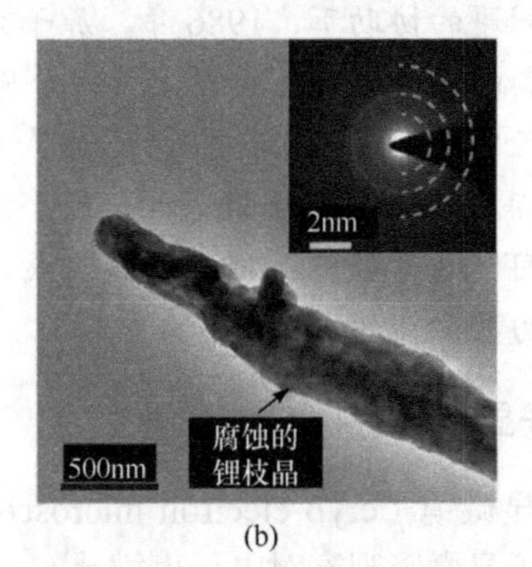

(b)

图 2.20　锂金属枝晶图像：（a）冷冻电子显微镜；（b）透射电子显微镜[9]

2）冷冻电子显微镜观察钠电极表面 SEI 膜结构

冷冻电子显微镜应用于钠金属电池，可以揭示钠金属电极在不同非水液体电解质溶液中的表面化学组成和形貌特征。南方科技大学谷猛等[10]利用冷冻电子显微镜研究发现，碳酸乙烯酯-碳酸二甲酯电解液中加入添加剂后，钠电极表面形貌会发生显著变化。在第一次电化学沉积过程中，钠枝晶的透射电子显微镜图像显示钠金属表面 SEI 厚度为约 30nm，且 SEI 膜呈现分层结构，包括无定形外层和无机内层，如图 2.21 所示。在无定形层内，发现一些随机分布的 NaF 岛。在高分辨透射电子显微镜成像显示下，可观察到无机层中 Na_3PO_4 多晶结构。

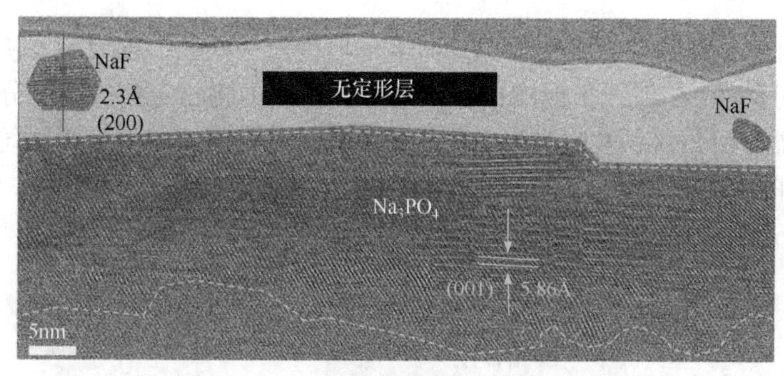

图 2.21　SEI 膜高分辨透射电子显微镜图[10]

拓展阅读

1974 年，R. Glaeser 首次发现冷冻于低温下的生物样品可以在真空的透射电子显微镜内耐受高能电子束辐射。1975 年，R. Henderson 最早应用冷冻电子显微镜和电子晶体学解析出了一个膜蛋白结构。1981 年，J. Frank 完成了单颗粒三维重构算法，利用计算机识别图像将相同蛋白质的不同影子收集起来，将轮廓相似的图像进行分类对比，通过分析不同的重复模式将图片拟合成更加清晰的 2D 图像，并在此基础上通过数学方法，在同一种蛋白质的不同 2D 图像之间建立联系，以此为基础拟合出 3D 结构图像。1982 年，J. Dubochet 发明了将生物样品速冻于玻璃态冰中的方法和装置，使生物分子即使在真空中也能维持天然形态。1990 年，R. Henderson 成功地使用电子显微镜拍摄到原子级分辨率的蛋白质三维图像，并提出了实现原子级分辨率冷冻电子显微镜技术的可行性理论。2017 年诺贝尔化学奖授予对冷冻电子显微镜技术发展做出原创性贡献的三位科学家，他们分别是瑞士洛桑大学的 J. Dubochet、美国哥伦比亚大学的 J. Frank 和英国剑桥大学 MRC 分子生物学实验室的 R. Henderson。

J. Dubochet

J. Frank

R. Henderson

2.2 X射线技术

2.2.1 X射线衍射

X射线衍射（X-ray diffraction，XRD）是利用X射线通过晶体时产生的衍射现象从而对晶体的内部结构进行检测的方法。

1. 构造原理

X射线衍射仪是利用X射线衍射原理研究物质内部结构的一种大型分析仪器。运用它可以获得分析对象的 X 射线衍射图谱，从而进行样品的物相定性或定量分析。其主要包括X射线发生器、测角仪、X射线衍射信号检测系统和计算机控制处理系统四部分，X射线衍射仪构造如图 2.22 所示。

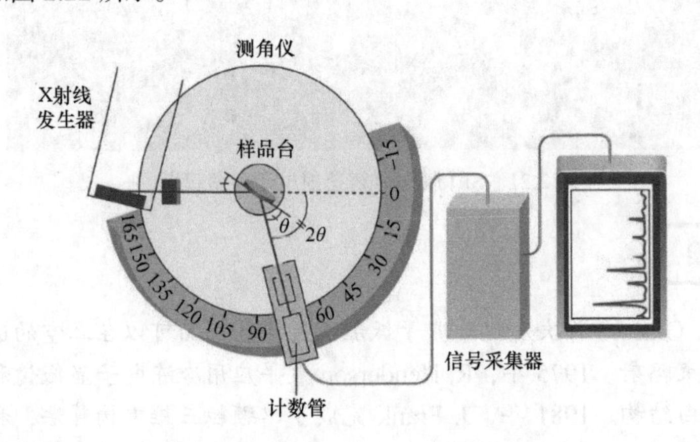

图 2.22　X射线衍射仪构造示意图

1）X射线发生器

X射线发生器由X射线管和高压发生器两部分组成。

（1）X射线管。X射线管是由玻璃外罩将发射X射线的阴极和阳极靶密封在高真空中的管状装置。阴极由绕成螺线形的钨丝组成，用高压电缆接负高压，并负载灯丝电流产生电子，电子与靶撞击产生X射线；阳极又称靶，是使电子突然减速和发射X射线的地方。

（2）高压发生器。可以产生高达几万伏特的电压，用以加速电子撞击靶镜。

2）测角仪

测角仪是 X 射线衍射仪的核心部件，用 X 射线管的线焦斑工作，用于测量样品产生衍射的布拉格角。

3）X射线衍射信号检测系统

X 射线衍射信号检测系统为计数器，主要作用是将 X 射线信号变成电信号，根据 X 射线光子的计数来探测衍射线存在与否以及它们的强度。

4）计算机控制处理系统

数字化 X 射线衍射仪的运行控制以及衍射数据的采集分析等过程都可以通过计算机系统控制完成。

2. 工作原理

X射线衍射是当今研究物质微观结构的主要方法，是基于X射线与物质的相互作用产生一种衍射图案，从而生成有关晶体结构的信息。当 X 射线射入目标晶体中时，会与晶体中的原子发生相互作用而发生散射，从大范围内观察时散射波就像从原子中心发出，每个原子中心发出的散射波与源球面波相似。由于晶体往往具有周期性，因此散射波会由于周期性而具有相同的相位关系，使得某些散射方向的球面波相互加强，而在某些方向上相互抵消，从而出现明显的衍射现象。这些衍射现象是由目标晶体的晶体规律所决定的，所以在分析其图像时可以获得许多重要信息。每种晶体内部的原子排列方式是唯一的，因此对应的衍射花样也是唯一的，类似于人的指纹，据此可以进行物相分析。其中，衍射花样中衍射线的分布规律是由晶胞的大小、形状和位向决定的。衍射线的强度由原子的种类和它们在晶胞中的位置决定。

关于衍射图样与材料结构的关系，有许多理论和方程。布拉格定律是描述晶体对 X 射线衍射的一种简单方法，如图 2.23 所示。布拉格方程的表达式为

$$2d\sin\theta = n\lambda\ (n = 0,1,2,\cdots)$$

式中，λ 为波长；d 为每个相邻晶体平面之间的距离；θ 为观察衍射峰的布拉格角；n 为反射级数。布拉格方程是 X 射线衍射分析的根本依据。

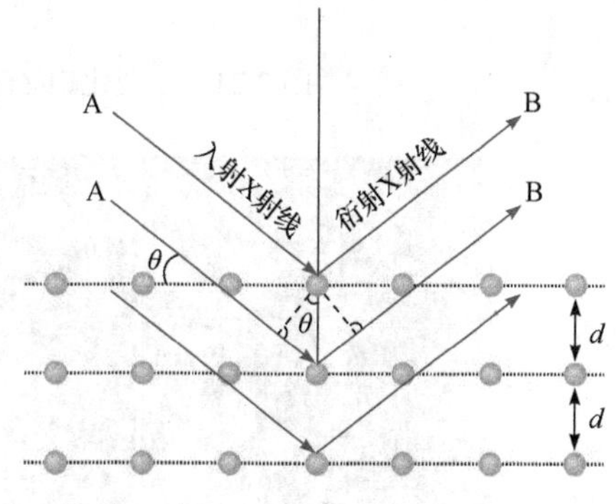

图 2.23 X 射线衍射的工作原理示意图

3. 应用案例

1）XRD 表征二硫化钼/石墨烯复合材料

在电极活性材料中加入导电物质制备复合电极，能够极大地改善电极电化学性能。浙江大学陈卫祥等[11]采用 XRD 表征了不同比例复合电极的结构差异。如图 2.24 所示，纯二硫化钼（MoS_2）的(002)晶面衍射峰出现在 2θ =14.2°，表明在退火过程中，层状 MoS_2 沿 c 轴生长良好。从图 2.24 中还可以观察到，MoS_2/石墨烯（G）复合材料基本保持了层状结晶度和 MoS_2 不同的衍射峰位置。但随着石墨烯在复合材料中所占比例的增加，MoS_2 的所有衍射峰的强度均降低，尤其是(002)面衍射峰，这表明石墨烯的加入极大地抑制了复合材料中 MoS_2 晶体的(002)面生长。

2）XRD 揭示钙离子电池工作机制

钙离子电池具有能量密度高和成本低廉等优点，但其电极稳定性差。以色列巴伊兰大学 D. Aurbach 等[12]采用 X 射线衍射揭示钙离子-电子间的相互作用。研究发现，苝四甲酸二酐电极钙化后，其(011)峰向低角度移动，如图 2.25（a）所示。晶胞参数 b 和 c 分别提高了 0.66%和 1.3%，如图 2.25（b）所示。此外，(102)峰移动到更高的角度，表明晶胞

参数 a 下降了 4.4%，如图 2.25（c）所示。晶胞参数的变化证明了放电过程中与 π 电子相互作用的钙离子存储机制。

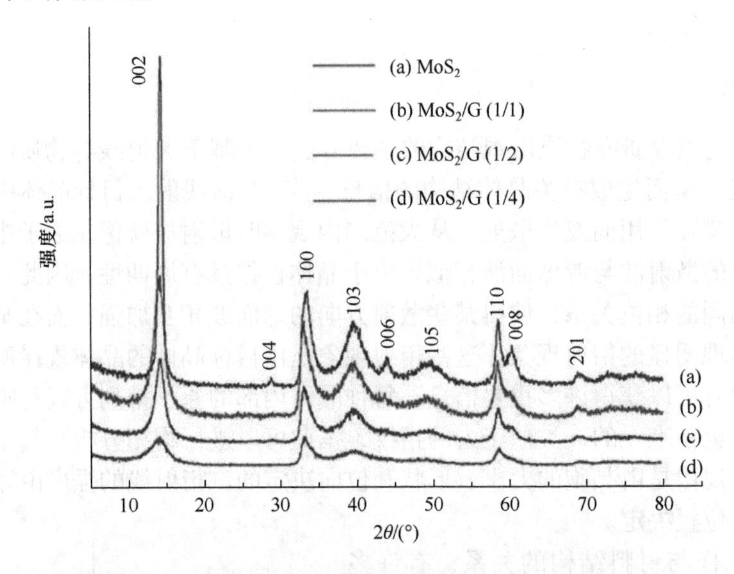

图 2.24　二硫化钼/石墨烯复合材料的 X 射线衍射谱图[11]

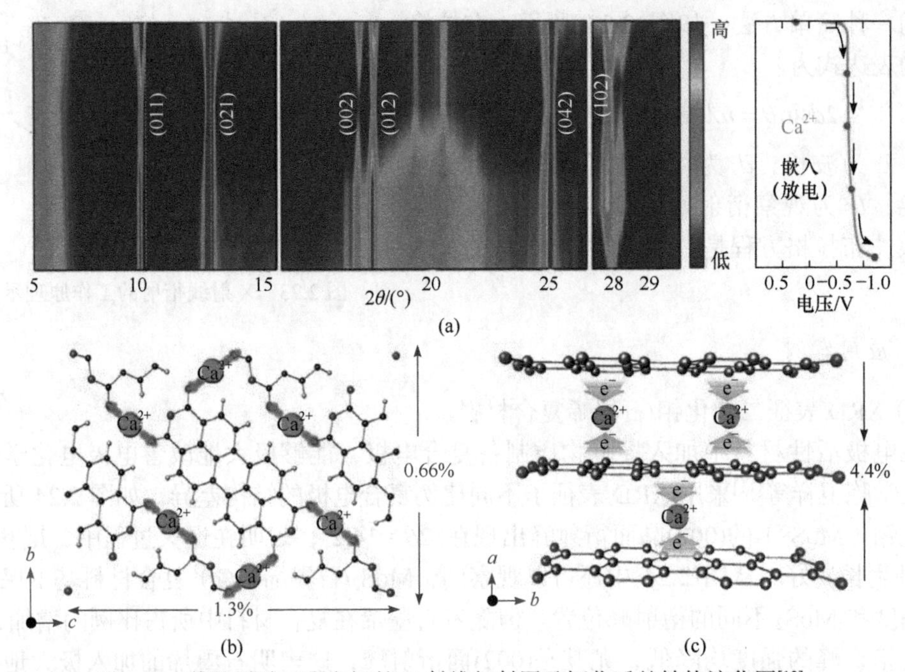

图 2.25　苝四甲酸二酐电极的 X 射线衍射图及钙化后的结构演化图[12]

拓展阅读

X 射线技术有 100 多年的历史，它的发现和发展使现代科学技术的许多领域发生了革命性的变化。1895 年，德国物理学家 W. C. Rontgen 发现了 X 射线，并于 1901 年获得诺贝尔物理学奖。晶体的 X 射线衍射现象是在 1912 年由 M. V. Laue 发现的。1913

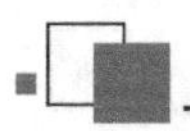

年，英国物理学家 W. H. Bragg 和 W. L. Bragg 不仅成功地测定了 NaCl、KCl 等的晶体结构，还提出了作为晶体衍射基础的著名公式——布拉格方程。M. V. Laue 和 Bragg 父子因为发现并解释了 X 射线衍射现象，分别获得了 1914 年和 1915 年诺贝尔物理学奖。

M. V. Laue

2.2.2　X 射线光电子能谱

X 射线光电子能谱（X-ray photoelectron spectroscopy，XPS）是一种利用材料表面逸出电子的动能和数量测定材料中元素构成以及其中所含元素化学态和电子态的定量能谱技术。

1. 构造原理

X 射线光电子能谱仪由 X 射线源、单色器、能量分析器、检测器系统及计算机数据采集和处理系统等组成，其中 X 射线源是整个仪器的关键组成部分，一般用高能电子轰击阳极靶时发出的特征 X 射线。通常采用 Al K_α（光子能量为 1486.6eV）和 Mg K_α（光子能量为 1253.8eV）阳极靶，它们具有自然宽度小、强度高的特点。但是产生的 X 射线并非单一频率的射线。为了提高仪器的分辨效果，实验中常使用石英晶体单色器（利用其对固定波长的色散效果）分离不同波长的 X 射线，选出所需的 X 射线。图 2.26 为 X 射线光电子能谱仪的结构图。

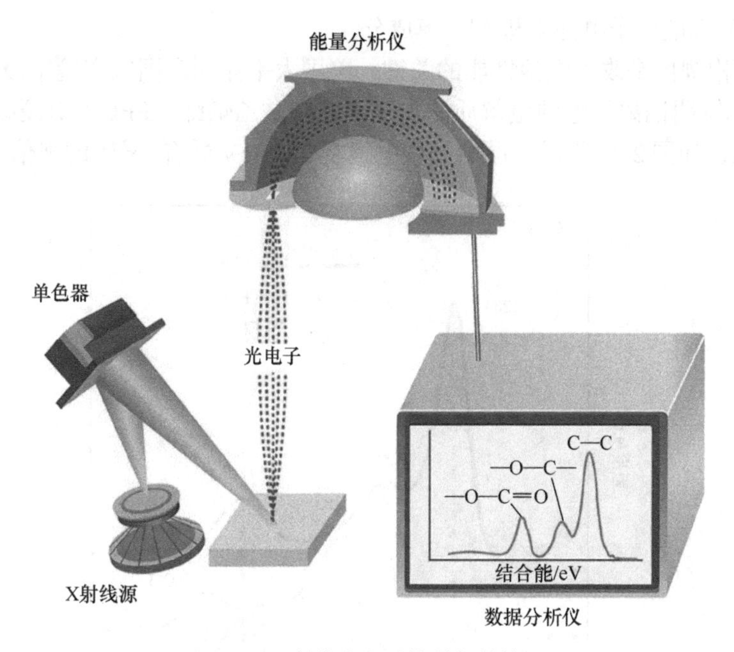

图 2.26　X 射线光电子能谱仪结构图

2. 工作原理

X 射线光电子能谱仪的基本原理是用单色的 X 射线照射样品，具有一定能量的入射光子与样品原子相互作用，光导致电离产生光电子，这些光电子从产生之处运输

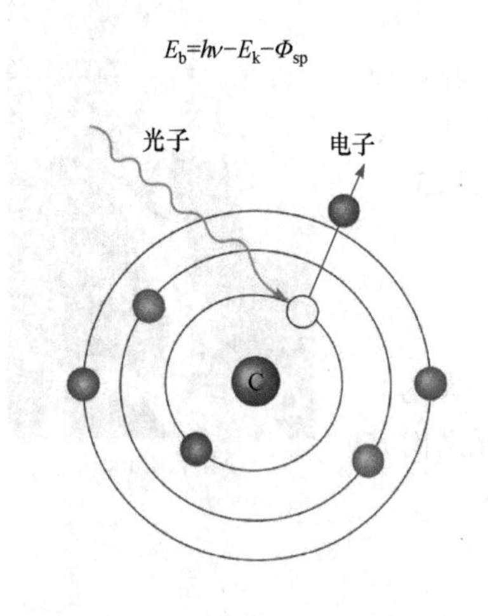

图 2.27 X射线光电子能谱仪基本原理图

到表面，然后克服逸出功而发射，再用能量分析器分析光电子的动能，从而得到X射线光电子能谱，用于研究样品表面组成和结构，如图2.27所示。

X射线光电子的动能具有特征值。设光电子的动能为E_k，入射X射线的能量为$h\nu$，电子与原子核之间的吸引能为E_b，即光电子的结合能，则对于孤立原子，光电子的动能E_k可以表示为

$$E_k = h\nu - E_b$$

考虑光电子运输到样品表面后还需克服样品表面功Φ_s，以及能量检测器与样品相连，两者之间存在接触电位差（$\Phi_{sp}-\Phi_s$），故光电子的动能为

$$E_k = h\nu - E_b - \Phi_{sp}$$

式中，Φ_{sp}为检测器材料的逸出能。通过测量接收到的电子动能，就可以计算出元素的结合能，得到X射线光电子能谱图。原则上，X射线光电子能谱可以用来分析周期表中的所有元素，但由于相互作用的低截面，探测不出氢和氦。

3. 应用案例

1）XPS分析钠离子电池电极SEI膜成分

SEI膜结构调控是改善电池性能的关键。美国太平洋西北国家实验室X. Li等[13]使用XPS表征技术阐明钠离子电池电解质添加剂氟代碳酸乙烯酯（FEC）对硬碳电极表面SEI膜形成的影响，如图2.28所示。原始硬碳电极在284.3eV处有sp^2碳的强信号，在286.7eV

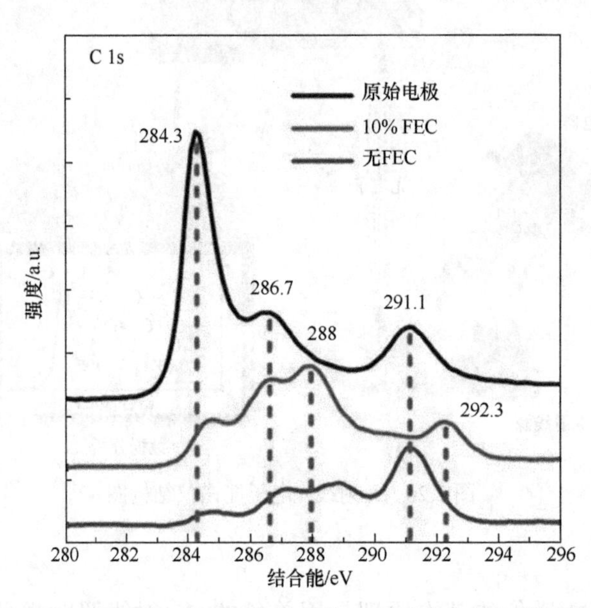

图 2.28 钠离子电池不同电解质的X射线光电子能谱图[13]

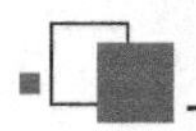

和 291.1eV 处有肩信号，而循环后电极上获得的谱图非常复杂，许多新峰的出现与 SEI 膜中的不同组成相关。在含有 FEC 的电解质中获得的谱图在 286～288eV 处有多个宽而强的峰，并且在 293eV 处有新的 C—F 峰，而在未添加 FEC 的情况下，获得谱图中的最高峰在 291eV 处。

2）XPS 分析锂负极表面 SEI 膜形成机理

锂枝晶生长引发严重的安全问题，降低了锂金属电池的实际应用价值。加拿大国立科学研究院孙书会等[14]使用八苯基聚氧乙烯（OP-10）作为电解质添加剂，使锂负极表面形成稳定的复合层。该复合层不仅促进了锂的均匀沉积，而且有助于形成由交联聚合物组成的坚固的 SEI 膜。为了验证 OP-10 和聚乙二醇二甲醚（PEGDME）电解液添加剂确实参与了 SEI 成膜反应，对三次循环后的空白和添加 OP-10/PEGDME 添加剂的锂负极表面进行了 X 射线光电子能谱分析。如图 2.29 所示，展示了锂箔在不同电解质中循环后的 C 1s、O 1s 和 Li 1s 谱图。在 C 1s-XPS 谱图中，与未经处理的电解液相比，使用 OP-10 或 PEGDME 电解液的锂负极表面含有更多不同的峰，在 286.7eV、284.7eV 和 284eV 处的可见峰分别归因于 OP-10/PEGDME 的环氧基、苯基和 Li—C—O 键。而在 O 1s 中，533.8eV 处的峰被分配到 Li—C—O 的特征峰上，这两个峰都是在使用 OP-10 或 PEGDME 作为添加剂的电池中观察到的，但在使用空白电解质的电池中观察不到。因此，基于以上 X 射线光电子能谱结果，可以证明 OP-10 和 PEGDME 参与了 SEI 膜的成膜反应。

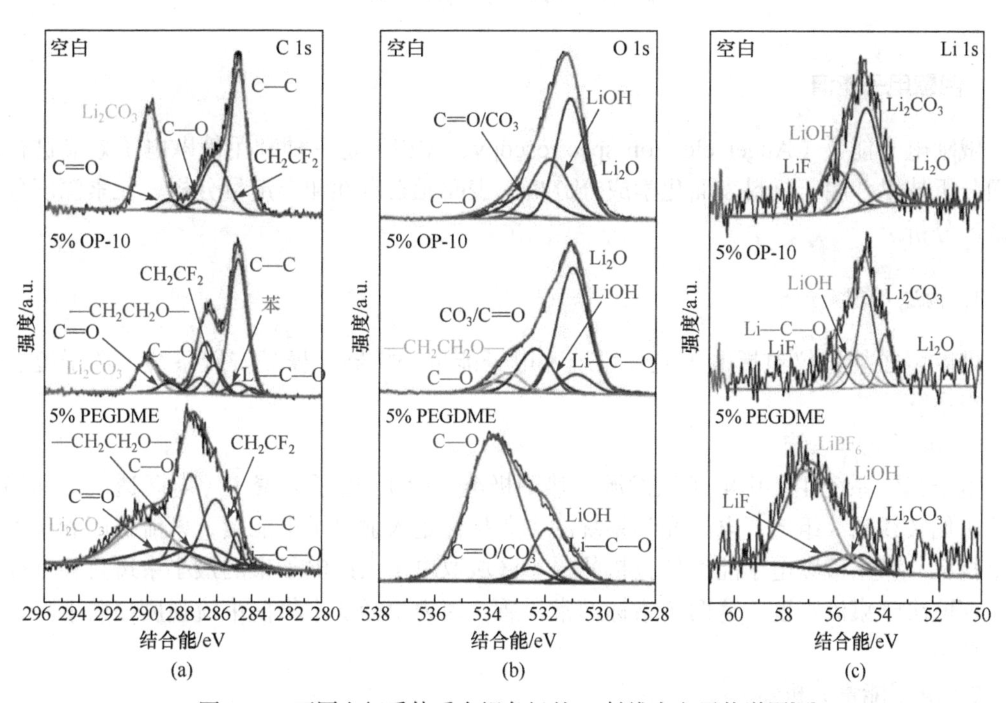

图 2.29 不同电解质体系中锂负极的 X 射线光电子能谱图[14]

拓展阅读

H. Hertz

1887 年，H. Hertz 发现了光电效应；1905 年，A. Einstein 解释了该现象，并因此获得了 1921 年诺贝尔物理学奖。两年后的 1907 年，P. D. Innes 用伦琴管、亥姆霍兹线圈、磁场半球和照相板做实验来记录宽带发射电子和速度的函数关系，他的实验记录了人类第一条 X 射线光电子能谱。

X 射线光电子能谱的研究由于战争而终止，第二次世界大战后瑞典物理学家 K. M. B. Siegbahn 和他的研究小组在研发 X 射线光电子能谱仪设备时获得了多项重大进展，并于 1954 年获得了氯化钠的首条高能高分辨率 X 射线光电子能谱，显示了 X 射线光电子能谱技术的强大潜力。1967 年之后的几年间，K. M. B. Siegbahn 就 X 射线光电子能谱技术发表了一系列学术成果，使 X 射线光电子能谱的应用为世人所公认。美国惠普公司与 K. M. B. Siegbahn 合作，于 1969 年制造了世界上首台商业单色 X 射线光电子能谱仪。1981 年诺贝尔物理学奖授予 K. M. B. Siegbahn，以表彰他将 X 射线光电子能谱发展为一种重要的分析技术所做出的杰出贡献。

2.3 电子能谱

2.3.1 俄歇电子能谱

俄歇电子能谱（Auger electron spectroscopy，AES）是一种利用俄歇电子效应进行的表面分析技术，用于材料表面化学成分分析、表面元素定性和半定量分析、元素深度分布及微区分析。

1. 构造原理

俄歇电子能谱仪包括电子光学系统、电子能量分析器、样品安置系统、离子枪、超高真空系统。

1）电子光学系统

电子光学系统主要由电子激发源（热阴极电子枪）、电子束聚焦（电磁透镜）和偏转系统（偏转线圈）组成。电子光学系统的主要指标是入射电子束能量、束流强度和束直径三个指标。其中俄歇电子能谱仪分析的最小区域取决于入射电子束的最小束斑直径，探测灵敏度取决于束流强度。这两个指标通常矛盾，因为束径变小将使束流强度显著下降，故需要折中。

2）电子能量分析器

电子能量分析器是俄歇电子能谱仪的心脏，其作用是收集并分开不同动能的电子。由于俄歇电子能量极低，必须采用特殊装置才能达到仪器所需的灵敏度。目前几乎所有的俄歇电子能谱仪都使用筒镜分析器装置。

电子能量分析器的主体是两个同心的圆筒。样品和内筒同时接地，在外筒上施加负偏转电压，内筒上开有圆环状的电子入口和出口，激发电子枪放在镜筒分析器的内腔中（也可以放在镜筒分析器外）。由样品上发射的具有一定能量的电子从入口位置进入圆筒夹层，因外筒加有偏转电压，最后使电子从出口进入检测器。若连续地改变外筒上的偏转电压，就能在检测器上依次接收到具有不同能量的俄歇电子，从能量分析器输出的电子经电子倍增器、前置放大器后进入脉冲计数器，最后由 *X-Y* 记录仪或荧光屏显示俄歇谱，即俄歇电子数目随电子能量分布曲线。

3）样品安置系统

样品安置系统一般包括样品导入系统、样品台、加热或冷却附属装置等。为了减少更换样品所需的时间并保持样品室内高真空环境，俄歇电子能谱仪采用旋转式样品台，能同时装 6～12 个样品，根据需要将待分析样品送至检测位置。俄歇电子能谱仪的样品要求能接受真空环境，在电子束照射下不产生严重分解。有机物质和易挥发物质不能进行俄歇分析，粉末样品可压块成型后放入样品室。

4）离子枪

离子枪由离子源和离子束聚焦透镜等部分组成，有如下功能：①清洁试样表面，用于分析的样品要求十分清洁，在分析前常用溅射离子枪对样品进行表面清洗，以除去附着在样品表面的污物。②逐层刻蚀试样表面，进行试样组成的深度剖面分析。一般采用差分式氩离子枪，即利用差压抽气使离子枪中气体压力比分析室高 10 倍左右，这样当离子枪工作时，分析室仍可处于高真空度。离子束能量可在 0.5～5keV 范围内调节，束斑直径在 0.1～5mm 可调。为排除溅射缺口边缘的影响，溅射刻蚀区域应比入射电子束斑的直径大很多，离子束也可在大范围内扫描。

5）超高真空系统

这是俄歇电子能谱仪的一个重要组成部分。因为高的真空度能使样品表面在测量过程中的沾污减少到最低程度，从而得到正确的表面分析结果。目前商用俄歇电子能谱仪的高真空度可达 10^{-10}Torr（1Torr=1mmHg）。如果没有足够的真空度，气体粒子将黏附到表面上，在 10^{-6}Torr 下大约 1s 就可以吸附一个单层。即使在 10^{-10}Torr 的真空中，在 30min 内也会在活性表面上吸附相当数量的碳和氧，几乎接近一个单层。

2. 工作原理

外来的激发源与原子发生相互作用，原子K层电子被击出，L层电子（L_2）向K层跃迁，其能量差可能不是通过产生一个 K 系 X 射线光量子的形式释放，而是被邻近的电子（L_2）所吸收，使这个电子受激发而成为自由电子，这就是俄歇效应，这个自由电子称为俄歇电子。俄歇电子能谱的原理是基于俄歇电子的特性，对其进行信号的捕捉，通过检测俄歇电子的能量和数量来进行定性定量分析。

3. 应用案例

1）AES 表征不同预处理后的合金表面

金属合金的催化性能和反应活性受到表面元素分布和含量影响，因此不同的表面处理方式会对合金的反应活性造成影响。美国阿贡国家实验室 V. R. Stamenkovic 等[15]通过

俄歇电子能谱对 Pt-Co 合金表面化学成分进行半定量分析。俄歇电子能谱表明经过溅射/退火循环后，材料表面没有碳和氧等杂质，溅射表面 Co_{775}/Pt_{237} 的俄歇电子能谱的峰比为 1.4，而退火表面的峰比下降到 1，即溅射表面的 Pt 元素更多，而退火表面 Co 元素更多，如图 2.30 中球棍模型所示。说明表面区域的 Pt 和 Co 原子浓度分布取决于各自的预处理方式。

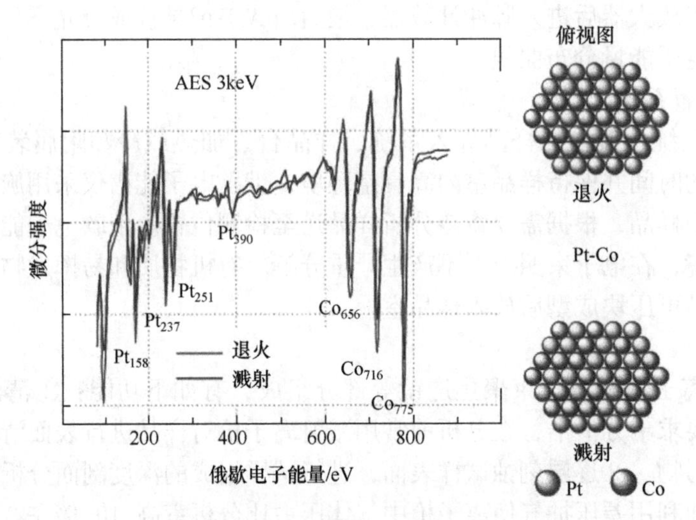

图 2.30 Pt-Co 合金表面的俄歇电子能谱[15]

2）AES 深度剖面分析碳化物涂层结构

美国内布拉斯加大学林肯分校 L. Constantin 等[16]采用俄歇电子能谱深度剖面分析了较低温度下合成的多层碳化物涂层结构，如图 2.31 所示。俄歇电子能谱深度剖面分析显示 TiC 层的化学计量结构介于 $TiC_{0.8}$ 和 $TiC_{0.85}$ 之间，且在 TiC 层中没有检测到 Cr 的痕迹，Cr_3C_2 是多层涂层中唯一的含 Cr 碳化物。

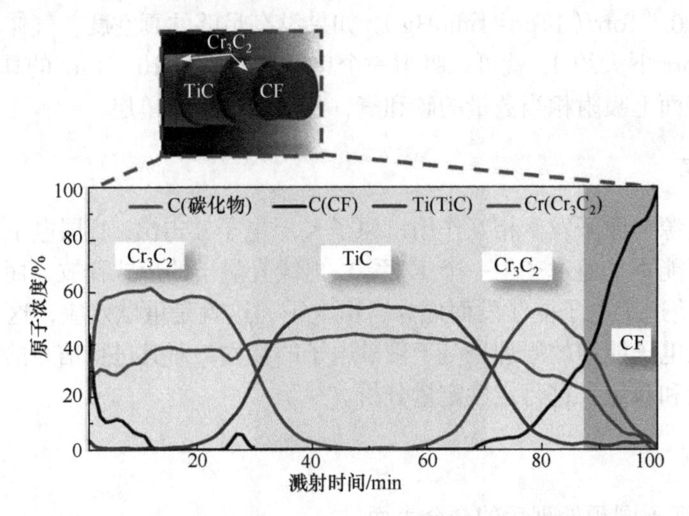

图 2.31 在 CF 包覆 Ti+Cr 盐溶液中的俄歇电子能谱深度曲线[16]

2.3.2　电子能量损失谱

电子能量损失谱（electron energy loss spectroscopy，EELS）是通过测量电子与样品相互作用后的动能变化，以确定样品原子结构和化学特性的测试分析方法。

1. 构造原理

电子能量损失谱仪常与透射电子显微镜联用，电子能量损失谱仪的结构包括电子控制和分析系统、真空系统、探测器和磁场屏蔽系统等，其中电子控制和分析系统是核心部分。

1）电子控制和分析系统

电子控制和分析系统由电子枪、单色器、加速透镜、减速透镜和分析器等组成。电子能量损失谱仪的分辨能力与电子枪息息相关，其作用是产生一定能量分布的电子束。电子枪灯丝发出的电子能量分散较大，达不到高分辨的要求，所以需要专门的电子能量单色器对电子进行单色化。透镜一般使用带孔的金属膜片和圆筒金属电极组成旋转对称性的电极。分析器的结构和原理与单色器相似，都是使用半球形结构将不同能量的电子分散，它们之间的区别是单色器只取窄范围能量的电子，而分析器则是将相对较宽能量范围的电子均匀分散。

2）真空系统和探测器

探测器同时测量对应不同能量电子的位置，再由电子的位置反推得到电子的能量，统计不同能量点的电子计数得到电子能量损失谱。为保证电子控制和分析系统的正常运作，样品不受污染，对仪器内的真空度有一定的要求，真空系统必不可少。

3）磁场屏蔽系统

地磁场的存在会使单色器和分析器中的电子运动受到影响。为了保证仪器的测量精度，需要加装磁场屏蔽系统。磁场屏蔽系统可通过在真空室内表面紧贴一层高磁导率的合金完成，或者将整个谱仪主体部分放置在大的磁屏蔽线圈内部。

2. 工作原理

电子能量损失谱是利用入射电子引起材料表面原子芯级电子电离、价带电子激发、价带电子集体振荡以及电子振荡激发等，发生非弹性散射而损失的能量来获取表面原子的物理和化学信息的一种分析方法。当电子穿过样品时，它们会与固体中的原子相互作用，发生入射电子的背向散射现象，背向散射返回表面的电子由两部分组成，一部分没有发生能量损失，称为弹性散射电子，另一部分有能量损失，称为非弹性散射电子，这会使样品处于激发态，此类入射电子因发出电子能量损失信号可被分光计检测到。同时在非弹性散射电子中，存在一些具有一定特征能量的俄歇电子，其特征能量只与物质的元素有关。另外一些电子，其特征能量不仅与物质的元素组成有关，还与入射电子的能量有关，则称其为特征能量损失电子。如果在试样上检测能量损失电子的数目按能量分布，就可以得到一系列谱峰，称为电子能量损失谱，利用这种特征电子能量损失谱进行分析的技术称为电子能量损失谱分析技术。

3. 应用案例

1）EELS 研究锂化石墨中锂的空间分布

锂的空间分布和化学状态直接反映了电极材料中锂输运的情况。然而，锂作为最轻的金属，由于其微弱的散射功率和易受辐射损伤的特性，难以通过传统 X 射线或电子散射技术探究。美国布鲁克海文国家实验室朱溢眉等[17]研究发现透射电子显微镜中的 EELS 是研究电化学锂化石墨中锂的空间分布的有效方法。锂和锂插层石墨（LiC_6）由于其核质量小，极易受到溅射损伤。通过计算表明，透射电子显微镜加速电压约为 300kV 时，对 LiC_6 的溅射损伤最小，最利于研究锂的空间分布。同时，为了减少各种电离或激发过程产生的辐射对样品的破坏，通常在室温下进行透射电子显微镜操作来进行光谱和锂谱图测试。图 2.32 显示了全锂化石墨（LiC_6）、锂和其他锂化合物的 Li K-边缘谱。Li K-边缘的近边精细结构（如边位置和峰幅度）在不同的化合物之间有很大的差异，反映了中心 Li 原子的不同电子环境。LiC_6 的 Li K-边缘是从完全锂化的石墨中记录的，其动量与 *c* 轴平行。在 Li K-边缘上观察到 LiC_6 相对于 Li 的化学位移约为 2.7eV，这表明了从嵌锂层到石墨烯片的电荷转移。

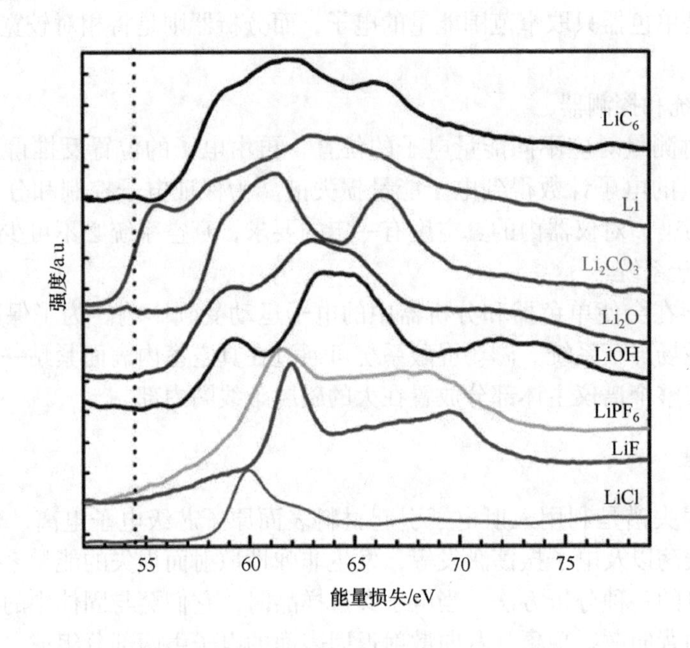

图 2.32 Li K-边缘近边精细结构[17]

2）EELS 测量 $LiCoO_2$ 正极中的元素分布

$LiCoO_2$ 是锂离子电池的主要正极材料，体积能量密度高，且通过高压充电可以进一步提高其体积能量密度。然而，由于 $LiCoO_2$ 在深度脱锂状态下结构不稳定，阻碍了高压充电的实际应用。中国科学院物理研究所李泓等[18]通过微量 Ti-Mg-Al 共掺杂实现了 $LiCoO_2$ 在 4.6 V（相对于 Li^+/Li）下的稳定循环，并使用 ARM200F 显微镜进行 EELS 表征，对样品中的元素分布进行了测量。研究发现 Ti-Mg-Al 共掺 $LiCoO_2$（TMA-LCO）粒子中心区和边缘区元素浓度的差异微小。如图 2.33 所示，电子能量损失谱结果表明，Ti

在颗粒表面的元素浓度高于在颗粒内部的元素浓度。

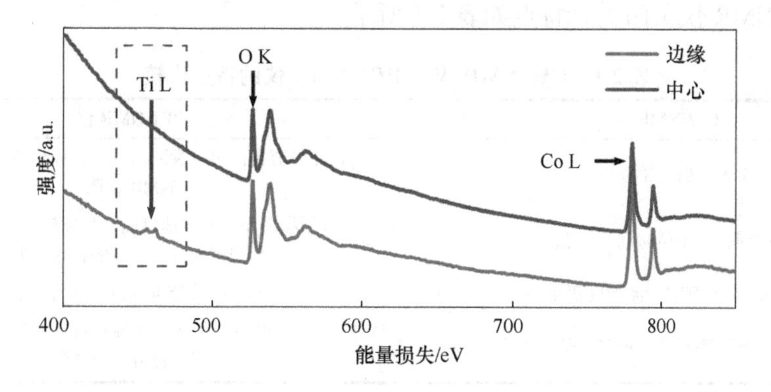

图 2.33　TMA-LCO 的表面和内部区域的电子能量损失谱图[18]

K、L 为电子层

拓展阅读

1929 年，Rudberg 利用一特定能量的电子束施加在欲测量的金属样品上，然后接收非弹性散射（有能量损失）的电子，发现随样品化学成分的不同会有不同的能量损失，因此可以分析不同的能量损失，从而得知材料的元素组成。20 世纪 40 年代中期，J. Hillier 和 R. F. Baker 研发出电子能量损失谱分析技术，其在 50 年代成为材料测试的主要手段之一。在 60 年代末至 70 年代初还发展了高分辨电子能量损失谱（HR-EELS），其对表面和吸附分子具有更高的灵敏性，并且对吸附的氢具有分析能力，更重要的是能辨别表面吸附的原子、分子的结构和化学特性。但电子能量损失谱仪真正得到广泛应用是在 20 世纪 90 年代，在显微仪器和真空技术得到进步后，电子能量损失谱仪才在全世界的实验室中广泛使用。

J. Hillier

2.4　核 磁 共 振

核磁共振（nuclear magnetic resonance，NMR）是处于外磁场中的自旋核接受一定频率的电磁波辐射，当辐射的能量恰好等于自旋核两种不同取向的能量差时，处于低能态的自旋核吸收电磁辐射能跃迁到高能态的现象。根据核磁共振波谱上的化学位移、峰形、峰宽等信息，可以定性确认物质成分和种类，间接得出化学键的键长、键角和空间分布等物质结构信息。

1. 构造原理

核磁共振波谱仪按辐射频源和扫描方式不同可分为连续波（continuous wave，CW）

核磁共振波谱仪（CW-NMR 仪）和脉冲傅里叶变换（pulsed Fourier transform）核磁共振波谱仪（PFT-NMR 仪）两类，特点如表 2.1 所示。

表 2.1 CW-NMR 仪和 PFT-NMR 仪的特点比较

CW-NMR 仪	PFT-NMR 仪
单频发射，单频接收	强脉冲照射自由感应衰减信号，计算机进行傅里叶变换 NMR 谱图
扫描时间长，单位时间内信息量少	光谱背景噪声小，测定速度高，可以较快地自动测定和分辨谱线及所对应的弛豫时间
累加的次数有限，灵敏度仍不高	灵敏度及分辨率高，分析速度快
谱线宽，分辨率不佳，得到的信息不多	固体高分辨 NMR，采用魔角旋转及其他技术，直接得出分辨率良好的窄谱线

2. 工作原理

核磁共振波谱法的基本原理是原子核在外磁场中吸收电磁波产生某种频率的振动，当外加能量与原子核振动频率相同时，原子核吸收能量发生能级跃迁，产生共振吸收信号。原子核具有磁矩，磁矩是指当磁铁或偶极子置于磁场中时施加在其上的扭矩。当存在外磁场时，原子核与外磁场发生相互作用产生附加能量。磁矩与外磁场间相互作用的能量可使外磁场中的原子核能级分裂成 $2I+1$（I 是自旋量子数）个子能级。核吸收合适的射频能量后，由低能级跃迁到高能级，产生共振信号。

3. 应用案例

1）NMR 测量铝离子电池电解液成分

美国斯坦福大学戴宏杰等[19]以富含稀土的铝作为负极、石墨为正极、$AlCl_3$/urea 离子液体（ionic liquid，IL）为电解液，研制出高库仑效率铝电池，并利用 ^{27}Al 的核磁共振波谱图探究了其机理，如图 2.34 所示。$AlCl_3$/EMIC=1.0 电解质的核磁共振波谱图显示出对应

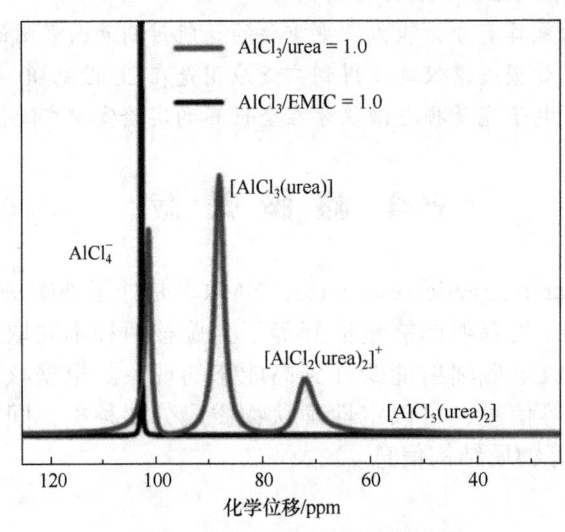

图 2.34 ^{27}Al 核磁共振波谱图[19]

urea 为尿素，EMIC 为 1-乙基-3-甲基咪唑氯铝酸盐

于 $AlCl_4^-$（δ = 101.8ppm）阴离子的单峰。然而，$AlCl_3$/urea=1.0 电解质的核磁共振波谱图显示出四个共振分峰，分别是 52.7ppm {[$AlCl_3(urea)_2$]}、71.8ppm{[$AlCl_2(urea)_2$]$^+$}、88.0ppm {[$AlCl_3$(urea)]}和 101.5ppm（$AlCl_4^-$）。

2）NMR 分析锂电池循环前后电解液成分

浙江大学吴浩斌等[20]发现一种含有氟代磷腈（PFPN）的有机电解液可稳定锂金属电池电极界面，并利用 NMR 技术分析了电池循环过程中 PFPN 电解液成分。研究发现，循环后 PFPN 电解液中，PFO^-和 PF_2^-的 ^{19}F 强度比增加至 1.11/4.0，说明 PFPN 在与锂反应时氟被烷氧基取代，如图 2.35 所示。证明 PFPN 首先在锂负极发生去氟化反应，生成 LiF 参与负极成膜，同时生成烷基氧取代的 PFPN 衍生物，溶于电解液并迁移至正极，在正极表面发生开环和聚合反应，生成的反应产物在正极表面形成均匀致密的保护层，进而保护正极免受破坏。

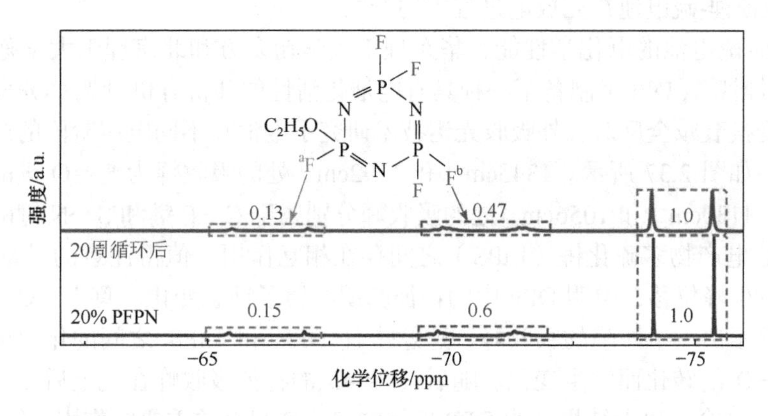

图 2.35 电池循环前后 20% PFPN 电解液的 ^{19}F 核磁共振波谱图[20]

2.5 光谱分析法

2.5.1 红外吸收光谱

红外光谱法（infrared spectroscopy，IR）是通过分子选择性吸收某些波长的红外线，而引起分子中振动能级和转动能级的跃迁，检测红外线被吸收的情况可以得到物质的红外吸收光谱，从而分析分子结构的技术。

1. 构造原理

傅里叶变换红外光谱仪首先把光源发出的光经迈克尔逊干涉仪变成干涉光，再让干涉光照射样品，经检测器（探测器—放大器—滤波器）获得干涉图，由计算机将干涉图进行傅里叶变换得到红外吸收光谱图，其过程如图 2.36 所示。傅里叶变换红外光谱仪的主要构成包括光源、分束器、探测器和数据管理系统。

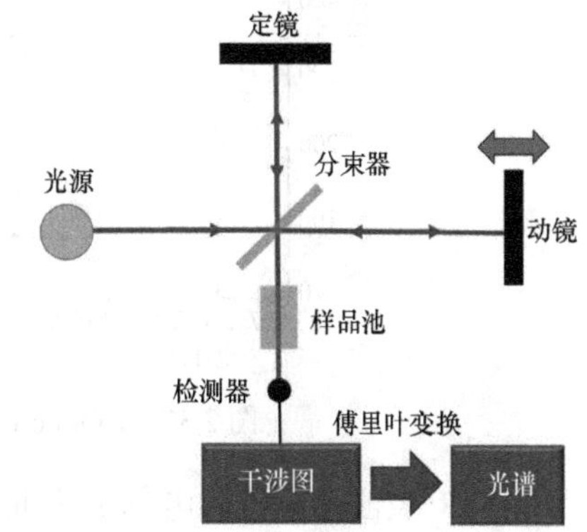

图 2.36 傅里叶变换红外光谱仪工作过程示意图

2. 工作原理

用一束具有连续波长的红外光聚焦照射样品时，样品物质分子中某个基团的振动频率或转动频率与红外光的频率一样时便会产生共振。吸收一定频率的红外线，分子吸收能量后由原来的基态振（转）动能级跃迁到能量较高的振（转）动能级。分子吸收红外辐射后发生振动和转动能级的跃迁，该处波长的光就被物质吸收，将分子吸收红外光的情况用仪器记录下来，便得到全面反映样品成分特征的红外吸收光谱，进而推测化合物的类型和结构。所以，红外光谱法实质上是一种根据分子内部原子间的相对振动和分子转动等信息来确定物质分子结构和鉴别化合物的分析方法。

3. 应用案例

1）IR 表征锂-硫电池在充放电过程中的产物

为改善锂-硫电池的电化学性能，华东理工大学钮东方和北京理工大学陈人杰等[21]基于二酮吡咯并吡咯（DPP）制备了一种具有电催化活性的共价有机骨架 COF66，并利用非原位傅里叶变换衰减全反射红外吸收光谱技术研究了电池在不同电压阶段的产物及电极材料结构演化，如图 2.37 所示。$1345cm^{-1}$ 和 $1192cm^{-1}$ 处的吸收峰为 S═O 键的不对称伸缩和对称伸缩，$1130cm^{-1}$ 和 $1056cm^{-1}$ 处的吸收峰分别属于 C—F 键和 S—N 键的伸缩振动，表明锂盐和放电产物多硫化锂（LiPS）之间存在相互作用。值得注意的是，$1670cm^{-1}$ 处的 C═O 带发生峰位移，说明 DPP 中的特征基团经历了动态变化。首先，C═O 的伸缩振动在放电后显示出一个凹陷的吸收峰，这意味着 DPP 和 LiPS 之间的化学键可能随着从 C═O 到 C—O 的转化而发生变化。随后，C═O 的特征吸收峰在充电后蓝移，表明其与 LiPS 发生可逆结合。以上结果证明 DPP 单元的 C═O 起至关重要的作用，能够对 LiPS 进行化学捕获，有助于抑制穿梭效应。

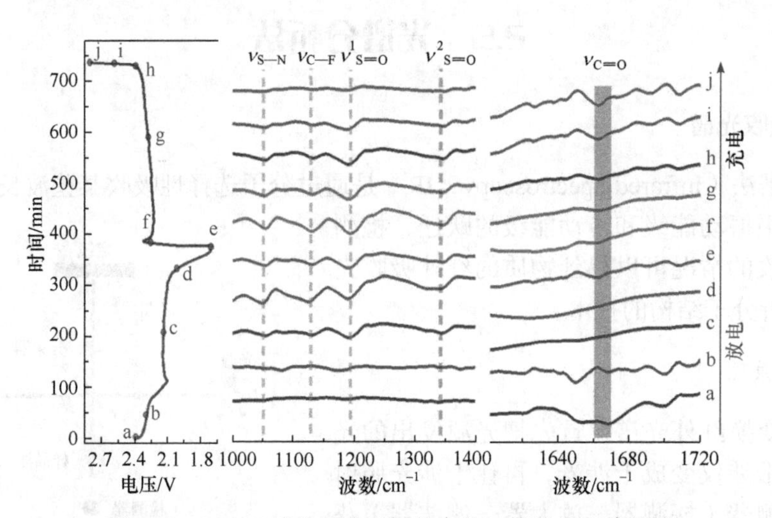

图 2.37 COF66 改性电池不同状态的红外吸收光谱图[21]

2）IR 表征钙电极放电前后表面官能团变化

红外吸收光谱能够体现材料中不同的化学键，通过对化合物官能团的测定，分析反应过程中材料的变化。钙基电池是具有发展前景的电池体系之一，D. Aurbach 等[22]使用傅里叶变换衰减全反射红外吸收光谱分析对比了放电前后钙电极中官能团的变化，证明了电极的钙化也可以发生在烯醇化过程中。放电后，酸酐官能团在 $1760cm^{-1}$ 附近的羰基伸缩振动峰减小，同时在 $1380cm^{-1}$ 附近有一个新的峰上升，如图 2.38 所示。这些变化表明羰基向烯醇的官能团转变。

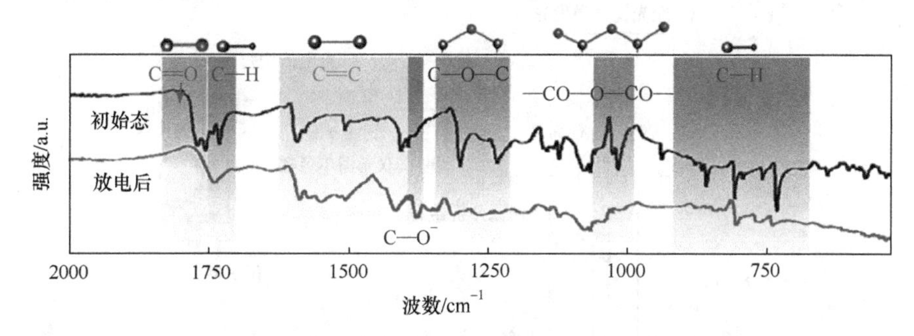

图 2.38 原始和钙化后电极的红外吸收光谱图[22]

拓展阅读

红外光谱仪的研制可追溯至 20 世纪初期。1908 年，W. W. Coblentz 制备和应用了以氯化钠晶体为棱镜的红外光谱仪。作为美国康奈尔大学的一名年轻研究生，W. W. Coblentz 自己组装和校准了红外线测量设备，他归纳了呈特定吸收特性和特征红外波长的某些分子群或官能团，这使科学家能够利用分子红外吸收光谱作为一种分子指纹。1950 年，美国 PE 公司开始商业化生产名为 Perkin-Elmer 21 的双光束红外光谱仪（图 2.39）。与单光束光谱仪相比，双光束红外光谱仪能够很快地得到光谱图，Perkin-Elmer 21 的问世大大地促进了红外光谱仪的普及。

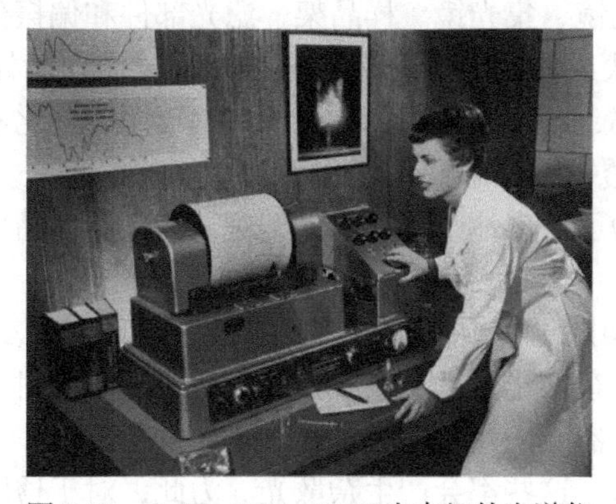

图 2.39 Perkin-Elmer 21 双光束红外光谱仪

2.5.2 拉曼光谱

拉曼光谱（Raman spectroscopy）是通过拉曼散射效应，对与入射光频率不同的散射光谱进行分析以得到分子振动、转动方面的信息，用于研究分子结构的分析方法。

1. 构造原理

拉曼光谱仪主要由光源、外光路、色散系统、接收系统、信息处理与显示系统五部分组成，如图 2.40 所示。

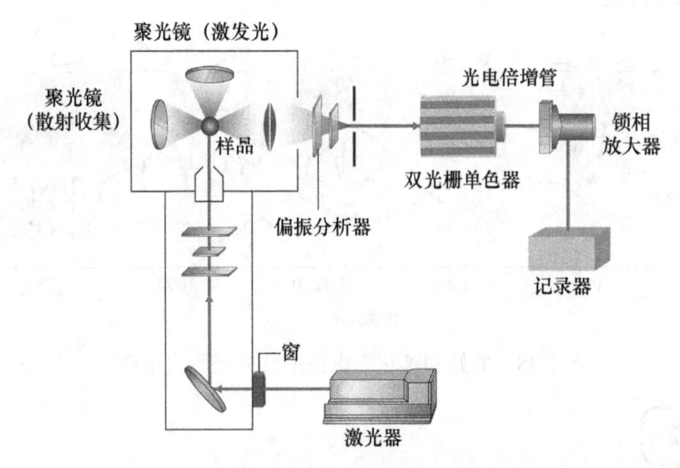

图 2.40 拉曼光谱仪结构示意图

1）光源

光源的功能是提供单色性好、功率大并且能多波长工作的入射光。目前拉曼光谱实验的光源基本为激光器。对于常规的拉曼光谱实验，常见的气体激光器基本上可以满足实验的需要。但在某些拉曼光谱实验中要求入射光强度稳定，这就要求激光器的输出功率稳定。

2）外光路

外光路部分包括聚光镜、集光镜、样品架、滤光部件和偏振分析器等。

（1）聚光镜：用一块或两块焦距合适的会聚透镜，使样品处于会聚激光束的腰部。为提高样品光的辐照功率，可使样品在单位面积上的辐照功率比不用透镜会聚更强。

（2）集光镜：常用透镜或反射凹面镜作为散射光的集光镜。通常是由相对孔径数值在 1 左右的透镜组成。为了更多地收集散射光，对某些实验样品可以在集光镜对面和照明光传播方向上加反射镜。

（3）样品架：样品架的设计要保证照明最有效且杂散光最少，尤其要避免入射激光进入光谱仪的入射狭缝。杂散光指远离吸收光的其他波长的入射光，由于光源发出的光经过单色器时有可能从单色器舱内及其他光学元件表面发生反射，从光学元件表面以及大气中的灰尘也可以发生散射，这些都会产生杂散光。为此，对于透明样品，最佳的样品布置方案是使样品被照明部分呈光谱仪入射狭缝形状的长圆柱体，并使收集光方向垂直于入射光的传播方向。

（4）滤光部件：安置滤光部件的主要目的是抑制杂散光以提高拉曼散射的信噪比。在样品前面，典型的滤光部件是前置单色器或干涉滤光片，它们可以滤去光源中非激光频率的大部分光能。小孔光阑对滤去激光器产生的等离子线有很好的作用。在样品后面，用合适的干涉滤光片或吸收盒可以滤去不需要的瑞利散射，提高拉曼散射的相对强度。

（5）偏振分析器：做偏振谱测量时，必须在外光路中插入偏振元件。加入偏振旋转器可以改变入射光的偏振方向，在光谱仪入射狭缝前加入检偏器，可以改变进入光谱仪的散射光的偏振，在检偏器后设置偏振扰乱器，可以消除光谱仪的退偏干扰。

3）色散系统

色散系统使拉曼散射光按波长在空间分开，通常使用单色仪，单色仪是指光谱仪器中产生单色光的部件。由于拉曼散射强度很弱，因而要求拉曼光谱仪有很好的杂散光水平。各种光学部件的缺陷，尤其是光栅的缺陷，是仪器杂散光的主要来源。当仪器的杂散光小于 10^{-4} 时，只能作气体、透明液体和透明晶体的拉曼光谱。

4）接收系统

接收系统中有检测器，能够接收拉曼散射的信号。拉曼散射信号的接收类型分单通道接收和多通道接收两种。

5）信息处理与显示系统

信息处理与显示系统中含有信号转换和输出设备。为了提取拉曼散射信号，常用的电子学处理方法是直流放大、选频和光子计数，然后用记录仪或计算机接口软件画出图谱。

2. 工作原理

光通过透明溶液时，有一部分光被散射，在散射光谱中，除了有与入射光频率相同的瑞利散射谱线外，在它的两侧还对称地分布着若干条很弱的与入射光频率发生位移的谱线，称为拉曼散射谱线，如图 2.41 所示。拉曼散射光谱线的强度与拉曼位移的关系图即为拉曼光谱图。

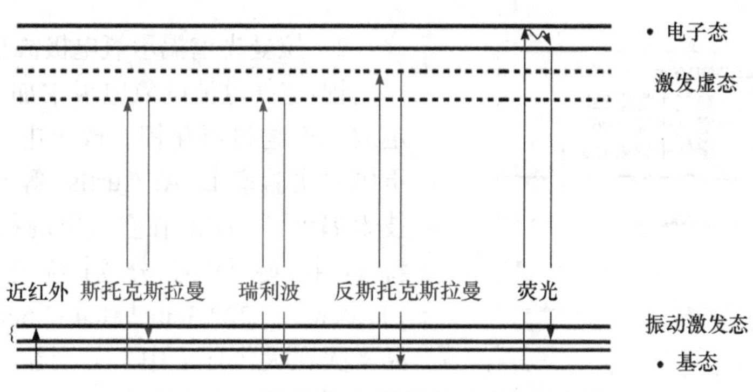

图 2.41　瑞利散射与拉曼散射过程示意图

瑞利散射：与入射光频率相同，弹性碰撞无能量交换，仅改变方向。

拉曼散射：与入射光频率不同的非弹性碰撞，方向改变且有能量交换。

拉曼散射中根据跃迁能量差不同，可分为两类：

斯托克斯线：散射光强度较强，基态分子多，波长大于瑞利散射。

反斯托克斯线：散射光强度较弱，波长小于瑞利散射。

拉曼位移：散射光频率与入射光频率之差。不同物质的散射光频率不同，因此拉曼位移可用于结构分析和晶体物理的研究工作。

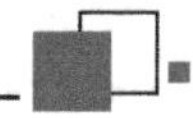

3. 应用案例

1）拉曼光谱揭示固体锂-硫电池机理

固体锂-硫电池正极单质硫的电化学机理研究仍处在研究探索阶段。中国科学院文锐等[23]采用拉曼光谱表征了充放电过程中不同电位下硫的形态演化。图 2.42 是硫正极首周放电和充电过程的原位拉曼光谱。开路电位下可以观察到单质 S_8 的显著特征峰。随着放电至 2.26V 时，S_8 特征峰强度明显降低。当电位接近 2.11V 时，S_8 对应峰完全消失，在 387cm^{-1} 和 442cm^{-1} 处出现额外的峰，证实了 S_4^- 和 S_4^{2-} 的形成。当充电到 2.32V 时，S_8 的拉曼峰再次出现，验证了硫电极电化学反应的可逆性。

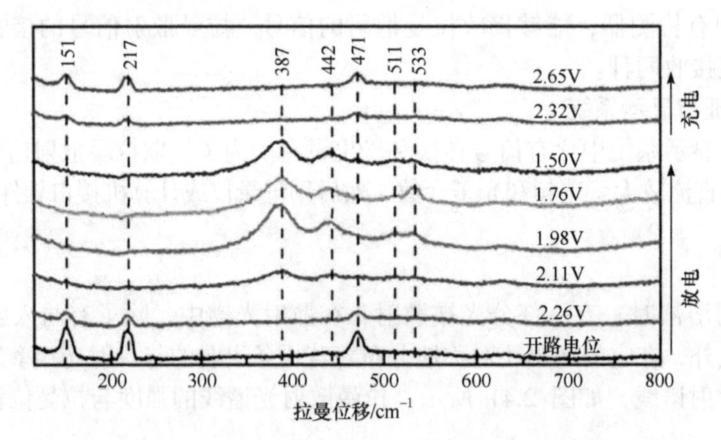

图 2.42 固体锂-硫电池硫正极放电/充电时的原位拉曼光谱图[23]

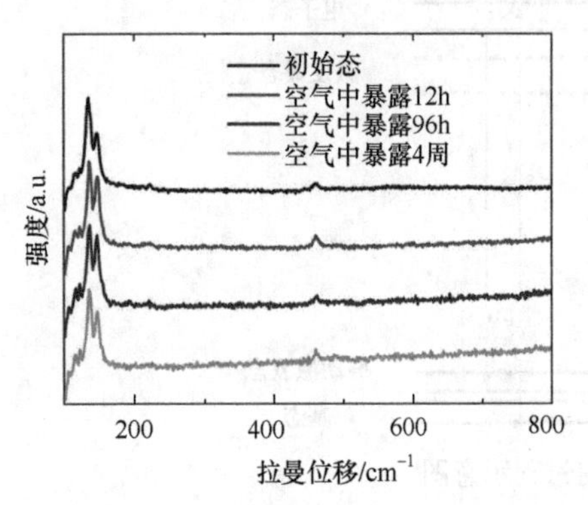

图 2.43 Ir_3Li 在大气环境下不同暴露周期中的拉曼光谱图[24]

2）拉曼光谱揭示氧电极添加剂的稳定性

锂-空气电池的氧电极中加入 Ir_3Li 能够稳定放电产物过氧化锂，改善电极性能。美国阿贡国家实验室 L. A. Curtiss 等[24]利用拉曼光谱技术揭示了 Ir_3Li 在空气中的稳定性。Ir_3Li 的特征拉曼信号分别位于 134.7cm^{-1}、147.0cm^{-1}、222.3cm^{-1} 和 462.6cm^{-1}。将 Ir_3Li 样品暴露在大气环境中，分别在 12h、96h 和 4 周后对样品进行拉曼表征，结果发现所有条件下的拉曼光谱呈现相似的特征峰，如图 2.43 所示，表明 Ir_3Li 能够在空气中保持稳定。

2.6 质谱分析法

质谱（mass spectrum，MS）分析法是一种电离化学物质并根据质荷比（m/z）对其进行排序的分析技术。

1. 构造原理

质谱仪由进样系统、离子源、质量分析器、检测器和记录系统等部分组成，且整个装置必须在高真空条件下运转。

1）进样系统和离子源

进样系统的作用是将待测物质送进离子源，选用不同的离子源，其进样方式可能会有差别，一般分为直接进样和间接进样。离子源的作用是使试样中的原子和分子电离成离子，然后输送至质谱仪各个部位。它的性能与质谱仪的灵敏度和分辨本领等有很大关系。常见的离子源分为电子电离（electron ionization，EI）源、化学电离（chemical ionization，CI）源、电喷雾电离（electrospray ionization，ESI）源和基质辅助激光解吸电离（matrix-assisted laser desorption ionization，MALDI）源。

2）质量分析器

质量分析器也称为质量分离器、过滤器，它的作用是将离子源产生的离子按照质荷比的大小分开，并使符合条件的离子飞过此分析器，而不符合条件的离子被过滤掉。质量分析器种类很多，常用的主要包括单聚焦质量分析器、双聚焦质量分析器、飞行时间质量分析器、四极质量分析器和离子阱质量分析器等。

3）检测器和记录系统

检测器和记录系统用来测量、记录离子流强度，从而得出质谱图。

2. 工作原理

质谱分析法是通过将样品转化为运动的气态离子并按质荷比大小进行分离且记录其信息的分析方法，将所得结果以图谱方式表达，即可得到质谱图。根据质谱图提供的信息可进行有机物和无机物的定性、定量分析，复杂化合物的结构分析，同位素比的测定及固体表面的结构和组成的分析。质谱仪是利用电磁学原理，使带电样品离子按质荷比进行分离的装置。质谱仪的工作过程主要包含四部分——样品离子化、加速、偏转和探测，如图 2.44 所示。

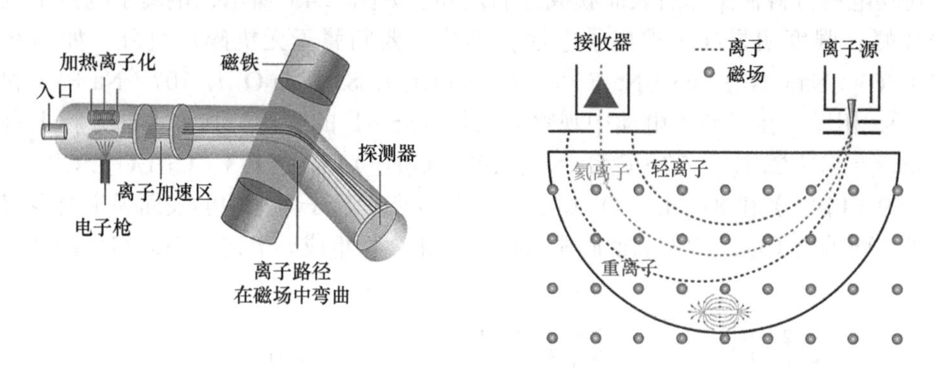

图 2.44　质谱仪工作原理

1）样品离子化

将待测样品分子气化，用具有一定能量的电子束轰击气态分子，使气态分子通过失去一个电子成为带正电的离子。

2）加速

正离子通过电位差加速，所有正离子均被赋予相同的动能，形成一束高度聚焦的离子流。

3）偏转

不同质荷比的离子进入由磁场构成的质量分析器后，离子流在磁场中飞行，在磁场

作用下，飞行轨道发生弯曲。若离子初始能量为 0，在加速电压作用下，离子动能 E 为

$$E = zU = \frac{1}{2}mv^2$$

式中，z 为离子电荷数；U 为加速电压（V）；m 为离子质量；v 为离子被加速后的运动速度。加速后的离子进入质谱仪的电磁场中，离子受磁场力作用，其运动轨迹发生偏转做圆周运动：

$$r = \frac{mv}{zB}, \quad v = \frac{Bzr}{m}$$

$$\frac{m}{z} = \frac{r^2B^2}{2U}$$

式中，B 为磁感应强度。

4）探测

探测器通过记录离子撞击表面或经过时产生的感应电荷或电流来工作，数据被绘制成不同质量的图表或光谱，最终形成质谱图。

3. 应用案例

1）MS 测试硬碳材料表面膜成分

硬碳作为一种常见的电极材料，广泛应用于锂离子及钠离子电池。通常在循环过程中，硬碳表面会形成一层表面膜。日本冈山大学 K. Fujiwara 等[25]利用飞行时间二次离子质谱（time of flight-secondary ion mass spectroscopy，TOF-SIMS）技术，证明了不同电池体系中硬碳电极材料在循环后表面膜成分的差异。如图 2.45 所示，钠离子电池中观察到少量碎片峰，强度明显高于锂离子电池，碎片主要归属于无机碎片组分，如 m/z = 62（Na_2O^+）、63（Na_2OH^+）、65（Na_2F^+）、81（Na_2Cl^+）、85（Na_3O^+）、107（$Na_3F_2^+$）和 129（$Na_3CO_3^+$）。相反，在锂离子电池中观察到大量 m/z =1 的碎片，其中大部分属于有机碎片，如 m/z = 51（$C_4H_3^+$）、77（$C_2H_5O_3^+$）、127（$C_2H_2O_5Li_3^+$）、133（$C_3H_7O_3LiCl^+$），无机物 m/z = 59（$Li_3F_2^+$）和 81（$Li_3CO_3^+$）。这些结果证明锂离子电池中的表面膜主要由有机化合物组成，而钠离子电池中的表面膜主要由无机化合物组成。上述结果证实，钠基电极

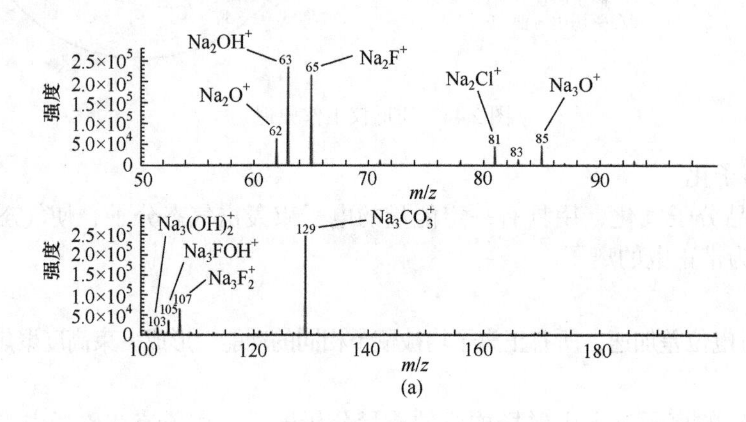

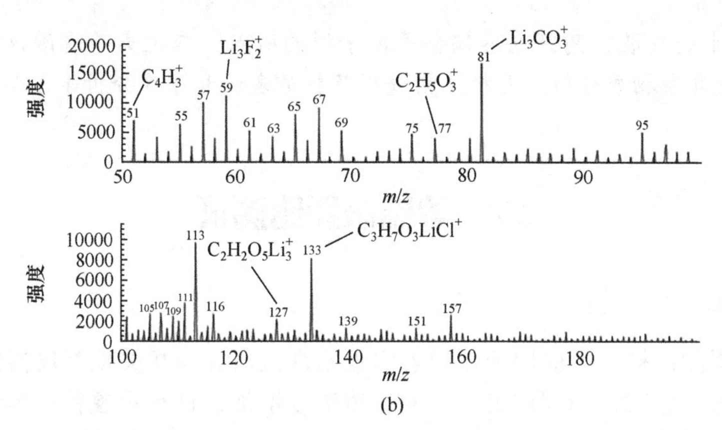

图 2.45 （a）钠离子电极的 TOF-SIMS；（b）锂离子电极的 TOF-SIMS[25]

存在不同于锂基负极的钝化层。这可能与锂和钠的不同性质有关，如离子大小、阳离子溶剂化、反应性、溶解度等。

2）MS 研究电极-电解质界面

设计具有浓度梯度（concentration gradients，CSG）的正极核壳结构是防止富镍层状正极容量衰减的有效策略。核壳结构中的尖锐界面可以用成分梯度代替，从而使壳层内的 Ni 浓度平滑变化。研究发现 Sb 在减缓相互扩散、初级粒子的浓度梯度分布、形貌和结晶度方面具有显著影响。韩国汉阳大学的 Yang-Kook Sun 等[26]为了研究 Sb 掺杂对全电池测试中长期循环稳定性的影响，通过 TOF-SIMS 表征了 1000 次循环后的电极-电解质界面，如图 2.46 所示。Sb-CSG90（770℃）正极的电极电解质界面中的 SbO^-浓度显著高于颗粒内部的浓度。

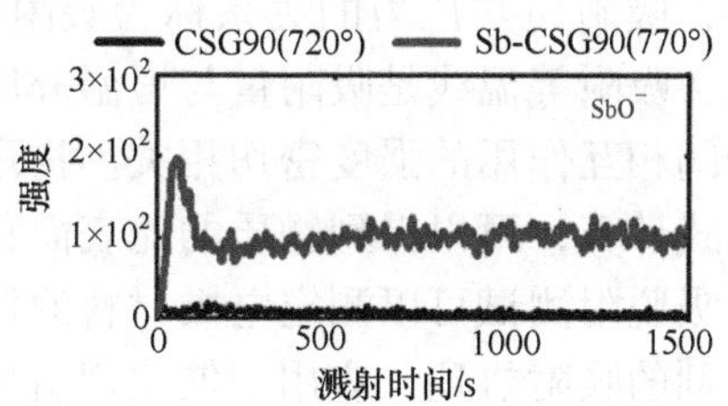

图 2.46 电极循环 1000 次后的 TOF-SIMS 深度分析[26]

拓展阅读

J. J. Thomson

1913 年，J. J. Thomson 制成了第一台质谱装置，利用该装置发现了 ^{20}Ne、^{22}Ne 同位素。随后，1919 年，F. W. Aston 制成了第一台质谱仪，并发现了多种元素的同位素，因此获得 1922 年诺贝尔化学奖。1942 年，第一台商用质谱仪诞生，质谱仪早期应用于原子质量、同位素相对丰度以及研究电子碰撞过程等物理领域。20 世纪 60 年代末，出现了色谱-质谱联用仪，用于对有机混合物的分离和分析，促进了天然有机化合物结构分析的发展，计算机的广泛应用使得质谱分析法发生了飞跃的变化，使得其技术更加成熟。1988 年，开始出现电喷雾电离质谱、基质辅助激光解吸电离飞行时间质谱，而傅里叶变换质谱法开创了有机质谱分析研究生物大分子的新领域，开始进入生命科学的范畴。质谱仪发展非常迅速，色

谱-质谱联用技术的发展、高频电感耦合等离子源的引入、二次离子质谱仪的出现，使质谱技术成为解决复杂物质分析、无机元素分析及物质表面和深度分析等方面问题的有力工具。

2.7 等温吸脱附测试

1. 工作原理

等温吸脱附测试被广泛应用于颗粒表面吸附性能研究及相关检测仪器的数据处理。流体与固体表面接触时，当固体表面上的流体浓度增加，这种现象就称为吸附。反之，当固体表面上的流体浓度减小时，称为脱附，脱附其实就是吸附的逆过程。当吸附速率与脱附速率相等时，达到吸附平衡。在温度和蒸气压恒定时，固体表面只能存在固定的流体吸附量。因此，根据此原理，对于确定的目标材料，当温度保持恒定，达到平衡时，吸附质与压力的关系称为吸附等温式或吸附平衡式，所绘制的曲线称为吸附等温线。吸附等温线是吸附量与恒温分压的函数，所以吸附发生的趋势与蒸气压、温度和分子间相互作用的强度密切相关。物理吸附通过吸附等温线的分析，以及模型模拟分析、公式计算，可以得到物质的比表面积、孔结构形状、孔径分布和孔容量等信息，如氮气的吸脱附测试可以测定电极材料的比表面积等。化学吸附常用于催化机理研究，分析催化剂的吸附机理，应用于催化剂组分表面积测定等。等温吸脱附曲线一般有五种类型，如图 2.47 所示。

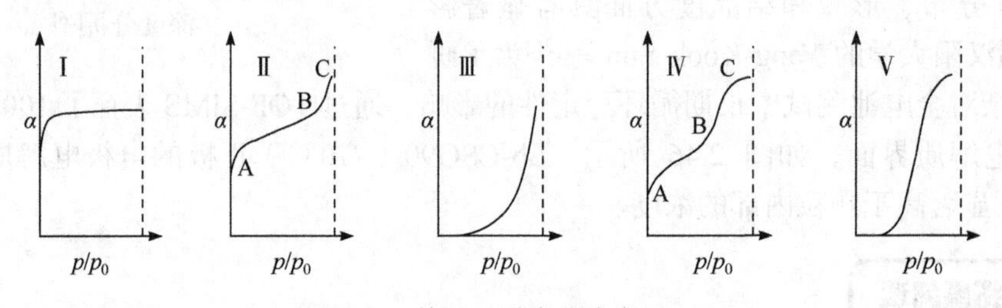

图 2.47 等温吸脱附曲线类型

1）等温吸脱附曲线分析

在大多数情况下，Ⅰ型等温吸脱附曲线往往反映的是微孔吸附剂上的微孔填充现象，饱和吸附值等于微孔的填充体积。该种等温线在接近饱和蒸气压时，由于微粒之间存在缝隙，可能会发生类似于大孔的吸附，等温线会迅速上升。

Ⅱ型等温吸脱附曲线是发生在非多孔性固体表面或大孔固体上自由的单一多层可逆吸附过程。这种等温吸脱附曲线在吸附剂孔径大于 20nm 时经常遇到。在相对低压力区，曲线的凸向上或凹向下代表着吸附质与吸附剂相互作用的强弱。

Ⅲ型等温吸脱附曲线是当在憎水性表面发生多分子层吸附，或者当固体和吸附质的吸附相互作用小于吸附质之间的相互作用时，会出现这种类型的等温吸脱附曲线。Ⅲ型等温线较为典型的是水蒸气在炭黑表面的吸附，因为水分子间会形成氢键，相互作用力较大。

Ⅳ型等温吸脱附曲线是中孔固体最普遍出现的吸附行为，大多数工业催化剂都呈现Ⅳ型等温吸脱附曲线。Ⅳ型等温吸脱附曲线在低相对压力区的曲线是凸向上的，这与Ⅱ型等温吸脱附曲线类似。而当在较高相对压力区时，吸附质会发生毛细管凝聚，导致等温线迅速上升。当所有孔都发生凝聚后，吸附只在远小于内表面积的外表面上发生，曲线出现平坦走势。在相对压力接近时，其在大孔上发生吸附，曲线上升。由于发生毛细管凝聚，在高相对压力区内可观察到滞后现象，即在脱附时得到的等温线与吸附时得到的等温线不重合，脱附等温线在吸附等温线的上方，产生吸附滞后，呈现滞后环（指在发生吸附滞后现象的等温吸脱附曲线上产生的环状曲线）。这种吸附滞后现象与孔的形状及其大小有关，因此通过分析等温吸脱附曲线能知道孔的大小及其分布。

Ⅴ型等温吸脱附曲线较为少见，其与Ⅲ型等温吸脱附曲线类似，当吸附质与固体表面作用力较弱时就会出现Ⅴ型等温线，但由于达到饱和蒸气压时吸附层数有限，饱和吸附量会趋于某个极限值。同时由于毛细凝聚的发生，在中压段等温线上升较快，并伴有滞后环。

等温吸脱附曲线的形状与吸附质和吸附剂的性质密切相关，因此对等温吸脱附曲线的研究可以获取有关吸附剂和吸附质性质的相关信息。

2）比表面积和孔径分布的计算

比表面积的分析一般使用 BET 方法计算，在多分子层吸附的基础上得到单层吸附量 V_m，然后再计算出比表面积。通过直线的斜率和截距可计算得到物质表面第一层铺满时所需气体的体积，进而得到分子数，再通过每个分子的截面积，就可求出物质的总表面积和比表面积。介孔分析通常使用 BJH 模型，通过开尔文方程计算，只需要测量得到气体等温吸脱附曲线，就可以计算得到平均孔径、总孔体积以及孔容-孔径分析等。微孔等尺度的分析可以使用不同的绘图计算方法，如 MP（Micropore）法、HK（Horvath-Kawazoe）法等。

2. 应用案例

1）等温吸脱附曲线表征微孔碳球的孔径分布

南开大学高学平等[27]使用氮气等温吸脱附曲线法对硫碳球复合材料进行了比表面积分析。采用 Horvath-Kawazoe 方法计算了碳球的孔径分布。Ⅰ型等温线（朗缪尔型等温线）如图 2.48 所示，说明了碳球特有的微孔结构。单质硫以高度分散的状态分布在碳球的孔隙中，微孔中的硫电化学反应是电极性能长期稳定的原因。

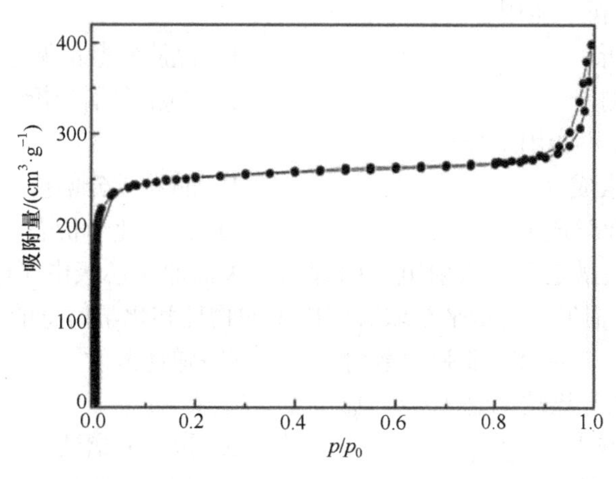

图 2.48　微孔碳球氮气等温吸脱附曲线[27]

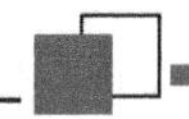

2）等温吸脱附曲线测试不同材料的比表面积和孔结构

多孔复合材料作为锂离子电池负极材料，其独特的多孔结构能够缓解电池循环中的体积变化，提高材料性能。山东理工大学张丽鹏等[28]采用氮气等温吸脱附曲线表征两种材料的孔结构，如图 2.49 所示，两种材料的氮气等温吸脱附曲线均为Ⅳ型，而蛋黄-蛋壳结构（egg shell-yolk NiO/C porous，ESNP）复合材料的曲线有明显的滞后现象，表明材料中存在介孔。

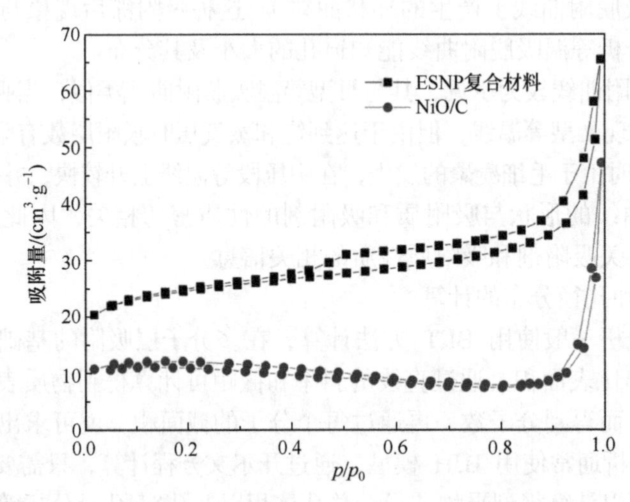

图 2.49 ESNP 复合材料和 NiO/C 的氮气等温吸脱附曲线[28]

习 题

一、选择题

1. 扫描透射电子显微镜是一种用于成像和形态学表征的混合电子显微镜技术，具有(　　)的分辨率。

A. 微米尺度　　B. 纳米尺度　　C. 原子尺度　　D. 分子尺度

2. X 射线衍射分析不能用于(　　)。

A. 化学成分分析　　B. 晶胞常数的测量

C. 晶粒大小的测定　　D. 物相含量分析

3. 俄歇电子能谱不能用来分析(　　)。

A. 磁性样品元素成分　　B. 晶界成分偏析

C. 纳米级深度化学成分　　D. 元素化学价态

4. 电子能量损失谱是利用入射电子引起材料表面原子芯级电子电离、价带电子激发等，发生(　　)而损失的能量来获取表面原子的物理和化学信息的一种分析方法。

A. 透射　　B. 非弹性散射　　C. 弹性散射　　D. 俄歇效应

5. 下列属于吸收光谱法的是(　　)。

A. 原子发射光谱法　　B. 拉曼光谱法

C. 分子荧光光谱法　　D. 红外光谱法

二、填空题

1. 在扫描电子显微镜中，常用_______信号来观察断口形貌。用_______信号来显示成分衬度。

2. 透射电子显微镜的_______决定电子的能量，电子能量越高、波长_______、电子显微镜的分辨本领_______。

3. 冷冻透射电子显微镜将样品冷却到_______来观测_______等对温度敏感的样品。冷冻扫描电子显微镜可以直接观察_______样品，不需要对样品进行_______。

4. 外来的激发源与原子发生相互作用，原子 K 层电子被击出，L 层电子（L_2）向 K 层跃迁，其能量差可能不是通过产生一个K系X射线光量子的形式释放，而是被_______所吸收，使这个电子受激发而成为________，这就是________，这个自由电子称为俄歇电子。

5. 核磁共振是处于外磁场中的______接受一定频率的电磁波辐射，当辐射的能量恰好等于自旋核两种不同取向的能量差时，处于______的自旋核______电磁辐射能跃迁到_______的现象。

6. 红外光谱法是根据分子内部原子间的_______和_______等信息来确定物质的_______从而鉴别化合物。

7. 在散射光谱中，除了有与入射光频率相同的______外，在它的两侧还对称地分布着若干条很弱的与入射光频率发生______的谱线，称为______。

8. Ⅳ型等温吸脱附曲线是______最普遍出现的吸附行为，脱附等温线在吸附等温线的_______，产生_______，在曲线上呈现_______。

三、简答题

1. 简述原子力显微镜的工作原理及三种成像模式。

2. X 射线与物质的相互作用有哪些？这些现象和规律分别可以应用于哪种表征技术？

3. 列表对比连续波谱仪，分析脉冲傅里叶变换核磁共振波谱仪的优点。

4. 简述红外吸收光谱和拉曼光谱的区别。

5. 简述质谱仪工作过程的四个部分。

参考文献

[1] Davis A L, Goel V, Liao D W, et al. Rate limitations in composite solid-state battery electrodes: revealing heterogeneity with operando microscopy[J]. ACS Energy Letters, 2021, 6(8): 2993-3003.

[2] Bai P, Li J, Brushett F R, et al. Transition of lithium growth mechanisms in liquid electrolytes[J]. Energy & Environmental Science, 2016, 9(10): 3221-3229.

[3] Chan C K, Peng H, Gao L, et al. High-performance lithium battery anodes using silicon nanowires[J]. Nature Nanotechnology, 2008, 3(1): 31-35.

[4] He J P, Lu C H, Jiang H B, et al. Scalable production of high-performing woven lithium-ion fibre batteries[J]. Nature, 2021, 597(7874): 57-63.

[5] Hu C J, Chen H W, Shen Y B, et al. *In situ* wrapping of the cathode material in lithium-sulfur batteries[J]. Nature Communications, 2017, 8: 479.

[6] Liu X X, Tan Y C, Wang W Y, et al. Conformal prelithiation nanoshell on $LiCoO_2$ enabling high energy lithium-

ion batteries[J]. Nano Letters, 2020, 20(6): 4558-4565.

[7] Zhang J, Wang R, Yang X C, et al. Direct observation of inhomogeneous solid electrolyte interphase on MnO anode with atomic force microscopy and spectroscopy[J]. Nano Letters, 2012, 12(4): 2153.

[8] Shi Y, Wan J, Liu G X, et al. Interfacial evolution of lithium dendrites and their solid electrolyte interphase shells of quasi-solid-state lithium-metal batteries[J]. Angewandte Chemie-International Edition in English, 2020, 59(41): 18120-18125.

[9] Li Y Z, Li Y B, Pei A， et al. Atomic structure of sensitive battery materials and interfaces revealed by cryo-electron microscopy[J]. Science, 2017, 358(6362): 506-510.

[10] Han B, Zou Y C, Zhang Z, et al. Probing the Na metal solid electrolyte interphase via cryo-transmission electron microscopy[J]. Nature Communications, 2021, 12(1): 1-8.

[11] Chang K, Chen W X. L-cysteine-assisted synthesis of layered MoS_2/graphene composites with excellent electrochemical performances for lithium ion batteries[J]. ACS Nano, 2010, 5(6): 4720-4728.

[12] Chae M S, Nimkar A, Shpigel N, et al. High performance aqueous and nonaqueous Ca-ion cathodes based on fused-ring aromatic carbonyl compounds[J]. ACS Energy Letters, 2021, 6(8): 2659-2665.

[13] Soto F A, Yan P, Engelhard M H, et al. Tuning the solid electrolyte interphase for selective Li-and Na-ion storage in hard carbon[J]. Advanced Materials, 2017, 29(18): 1606860.

[14] Dai H L, Gu X X, Dong J, et al. Stabilizing lithium metal anode by octaphenyl polyoxyethylene-lithium complexation[J]. Nature Communications, 2020, 11(1): 1-11.

[15] Stamenkovic V R, Mun B S, Mayrhofer K J J, et al. Effect of surface composition on electronic structure, stability, and electrocatalytic properties of Pt-transition metal alloys: Pt-skin versus Pt-skeleton surfaces[J]. Journal of the American Chemical Society, 2006, 128(27): 8813-8819.

[16] Constantin L, Fan L, Pouey M, et al. Spontaneous formation of multilayer refractory carbide coatings in a molten salt media[J]. Proceedings of the National Academy of Sciences of the United States of America, 2021, 118(18): 1-5.

[17] Wang F, Graetz J, Moreno M S, et al. Chemical distribution and bonding of lithium in intercalated graphite: identification with optimized electron energy loss spectroscopy[J]. ACS Nano, 2011, 5(2): 1190-1197.

[18] Zhang J N, Li Q, Ouyang C, et al. Trace doping of multiple elements enables stable battery cycling of $LiCoO_2$ at 4.6V[J]. Nature Energy, 2019, 4(7): 594-603.

[19] Angell M, Pan C J, Rong Y, et al. High coulombic efficiency aluminum-ion battery using an $AlCl_3$-urea ionic liquid analog electrolyte[J]. Proceedings of the National Academy of Sciences of the United States of America, 2017, 114(5): 834-839.

[20] Liu Q Q, Chen Z R, Liu Y, et al. Cooperative stabilization of bi-electrodes with robust interphases for high-voltage lithium-metal batteries[J]. Energy Storage Materials, 2021, 37: 521-529.

[21] Xu J, Tang W Q, Yang C, et al. A highly conductive COF@CNT electrocatalyst boosting polysulfide conversion for Li-S chemistry[J]. ACS Energy Letters, 2021, 6(9): 3053-3062.

[22] Chae M S, Nimkar A, Shpigel N, et al. High performance aqueous and nonaqueous Ca-ion cathodes based on fused-ring aromatic carbonyl compounds[J]. ACS Energy Letters, 2021, 6(8): 2659-2665.

[23] Song Y X, Shi Y, Wan J, et al. Dynamic visualization of cathode/electrolyte evolution in quasi-solid-state lithium batteries[J]. Advanced Energy Materials, 2020, 10(25): 2000465.

[24] Plunkett S T, Zhang C, Lau K C, et al. Electronic properties of Ir_3Li and ultra-nanocrystalline lithium superoxide formation[J]. Nano Energy, 2021, 90: 106549.

[25] Komaba S, Murata W, Ishikawa T, et al. Electrochemical Na insertion and solid electrolyte interphase for hard-carbon electrodes and application to Na-ion batteries[J]. Advanced Functional Materials, 2011, 21(20): 3859-3867.

[26] Park N Y, Ryu H H, Kuo L Y, et al. High-energy cathodes via precision microstructure tailoring for next-

generation electric vehicles[J]. ACS Energy Letters, 2021, 6(12): 4195-4202.

[27] Zhang B, Qin X, Li G R, et al. Enhancement of long stability of sulfur cathode by encapsulating sulfur into micropores of carbon spheres[J]. Energy & Environmental Science, 2010, 3(10): 1531-1537.

[28] Li G M, Li Y, Chen J, et al. Synthesis and research of egg shell-yolk NiO/C porous composites as lithium-ion battery anode material[J]. Electrochimica Acta, 2017, 245: 941-948.

第3章 电解质与隔膜物理化学性质测试

3.1 电解质的分类

电解质可以分为液体电解质、固体电解质和凝胶电解质。液体电解质主要包括有机溶剂、无机锂盐、有机锂盐和添加剂。固体电解质可分为氧化物、硫化物、聚合物和复合固体电解质。凝胶电解质由聚合物、有机溶剂和锂盐组成。

3.1.1 液体电解质

液体电解质已广泛应用于商业锂离子电池中，其直接影响电池的倍率性能、容量、循环性能、适用温度等性能，是锂离子电池获得高能量、长循环、大倍率和安全等优点的保证。商品化液体电解质主要由有机溶剂和电解质锂盐组成。

1. 有机溶剂

1）碳酸酯类

目前有机碳酸酯溶剂广泛应用于锂离子电池电解液中。碳酸酯溶剂主要分为环状碳酸酯和线型碳酸酯。环状碳酸酯极性高、介电常数大，对电解质锂盐的溶解能力强，如碳酸丙烯酯（PC）和碳酸乙烯酯（EC）。PC 具有高介电常数、宽液态温度范围。EC 是 PC 的同系物，它们大部分的物理参数相似。EC 的熔点较高，在室温下为透明晶体，须结合其他低黏度、低熔点的有机溶剂共同形成复合溶剂。常用的复合溶剂主要是线型碳酸酯，如碳酸二甲酯（DMC）、碳酸甲乙酯（EMC）和碳酸二乙酯（DEC）等。线型碳酸酯的黏度和熔点低，但极性和介电常数小。因此，将线型碳酸酯与环状碳酸酯复合使用，可以结合各溶剂组分的优点，弥补各组分的缺点，优化电解质成分，提高电解液性能，以此满足锂离子电池的应用需求。常见碳酸酯类溶剂分子结构如图 3.1 所示。

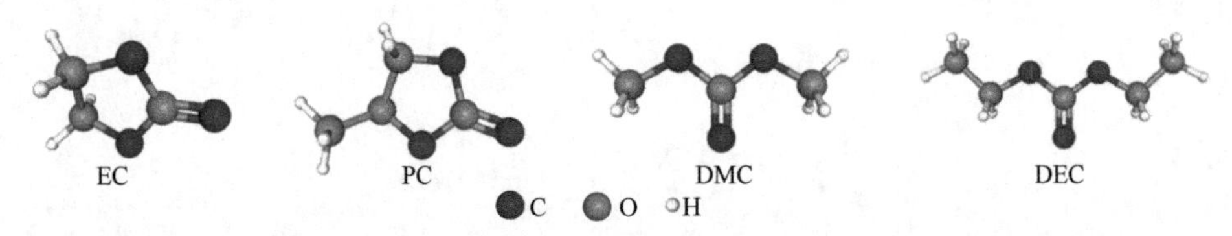

图 3.1 常见碳酸酯类溶剂分子结构

2）羧酸酯类

羧酸酯溶剂主要包括线型羧酸酯和环状羧酸酯。线型羧酸酯主要有甲酸甲酯（MF）、乙酸甲酯（MA）、乙酸乙酯（EA）、丙酸甲酯（MP）、丁酸甲酯（MB）等。线型羧酸酯的熔点较低，且黏度都较小，在有机电解液中加入适量的线型羧酸酯可以显著提高电池的低温性能。环状羧酸酯溶剂中较典型的是 γ-丁内酯（γ-BL）。γ-BL 液态温度范围较宽，其溶液电导率与 EC+PC 相近。常见羧酸酯类溶剂分子结构如图 3.2 所示。

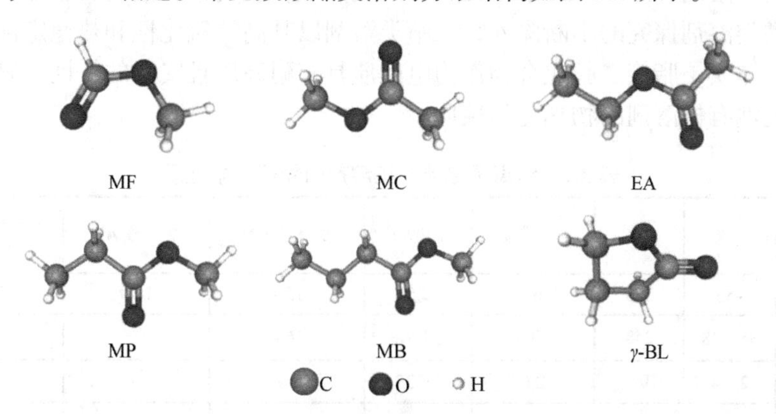

图 3.2　常见羧酸酯类溶剂分子结构

3）醚类

醚类有机溶剂的介电常数和黏度都较小，抗氧化性较差，容易分解。醚类溶剂包括环状醚和链状醚两类。环状醚主要包括四氢呋喃（THF）及 2-甲基四氢呋喃（2-Me-THF）等。链状醚主要包括二甲氧甲烷（DMM）和 1, 2-二甲氧甲烷（DME）等。DME 螯合能力较强，黏度较低，DME 与六氟磷酸锂（$LiPF_6$）结合形成稳定的 $LiPF_6$-2DME 复合物，提高电解液的离子电导率和稳定性。但 DME 分子本身的化学稳定性较差。常见醚类溶剂分子结构如图 3.3 所示。

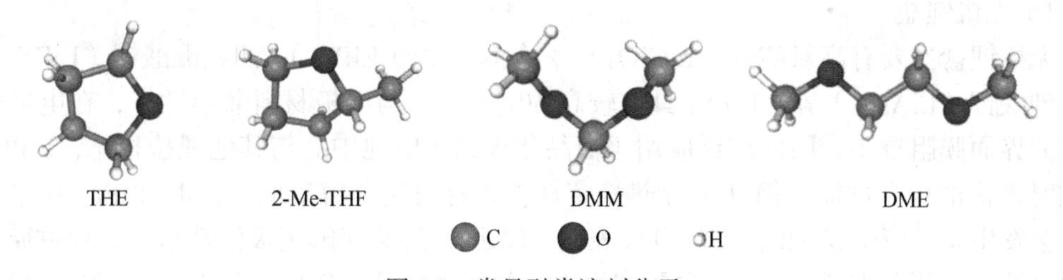

图 3.3　常见醚类溶剂分子

4）砜类

有机砜类和亚砜类这些含硫溶剂因其有优异的抗氧化能力、高介电常数和低闪点等特点成为高电压电解液溶剂的候选之一，且具有较高的氧化分解电压，如二甲基砜（DMS）和四甲基砜（TMS）。但由于黏度大、熔点高、与石墨负极材料兼容性较差，限制了此类电解质的发展，同时闪点低，降低了电解液的安全性。目前合适的砜类溶剂组合仍在研究中，常见砜类溶剂分子结构如图 3.4 所示。

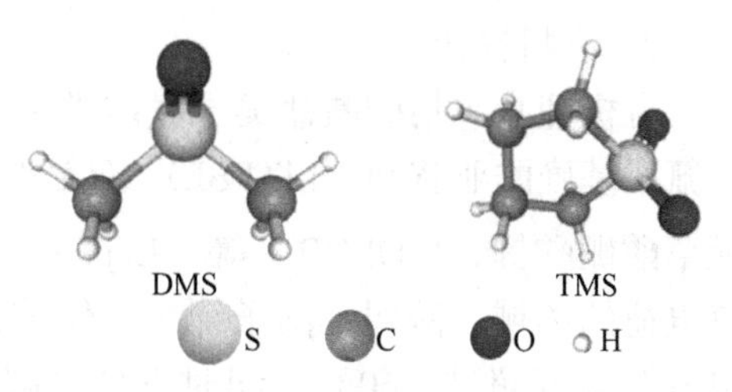

图 3.4　常见砜类溶剂分子结构

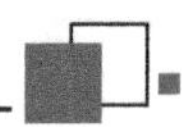

5）腈类

腈类溶剂介电常数高、黏度低且离子电导率高，已经广泛应用于锂离子电池电解液体系中。在腈类溶剂中加入EC或DMC，可以显著改善腈类电解液与石墨电极的兼容性。随着人们对腈类溶剂探究的不断深入，二腈类溶剂以其高抗氧化性和热稳定性受到了研究者们的关注。非质子脂族二腈化合物作为电解质具有耐高压且安全的特性。表 3.1 列举了常用锂离子电池有机溶剂的物理化学性质。

表 3.1 锂离子电池有机溶剂的物理化学性质

溶剂	T_m/℃	T_b/℃	介电常数	黏度/cP	供体数 DN	受体数 AN	氧化电位 E_{ox}/（V *vs.* Li^+/Li）
PC	−55	240	69	2.5	15.1	18.9	5.8
EC	35～38	248	89.6	1.9	16.4	—	5.8
DMC	2～4	90	2.6	0.625	8.7	3.6	5.7
EMC	−14.5	107	2.9	0.65	—	—	—
DEC	−43	126.8	2.82	0.748	8.0	2.6	5.5
γ-BL	−45	204	39	1.7	18	2	—
THF	−126	65	7.4	0.53	20	—	4.3
DME	−69	85	5.5	0.46	20	—	4.9

2. 锂盐

1）无机锂盐

无机锂盐主要有高氯酸锂（$LiClO_4$）、六氟磷酸锂（$LiPF_6$）、四氟硼酸锂（$LiBF_4$）和六氟砷酸锂（$LiAsF_6$）等。$LiPF_6$ 具有较高的电导率，与电极材料兼容性好，在电极表面形成的界面膜阻抗小，因此广泛应用于商品化锂离子电池中。与其他锂盐相比，$LiPF_6$ 具有相对最优的综合性能。但 $LiPF_6$ 热稳定性差，易发生分解反应。同时 $LiPF_6$ 对水分敏感，会发生副反应生成 HF，破坏电极表面 SEI 膜，还会溶解正极活性组分，导致循环过程中电池容量严重衰减。$LiBF_4$ 主要作为添加剂使用，其工作稳定范围宽，高温下稳定性好，低温性能也较优。但是其与碳负极兼容性差，离子电导率也较低，常与电导率较高的锂盐配合使用。$LiClO_4$ 具有较高的氧化性容易出现爆炸等安全性问题，局限于实验研究中。$LiAsF_6$ 离子电导率较高、易纯化且稳定性较好，但含有有毒的砷，使用受到限制。

2）有机锂盐

有机锂盐包括硼酸盐类、磺酸类和酰亚胺类等，如三氟甲基磺酸锂（$LiCF_3SO_3$）、双三氟甲基磺酰亚胺锂（LiTFSI）、双氟磺酰亚胺锂（LiFSI）、二草酸硼酸锂（LiBOB）、二氟草酸硼酸锂（LiDFOB）等。LiTFSI 结构中的 $CF_3SO_2^-$ 基团具有强吸电子作用，加剧了负电荷的离域，减弱了离子缔合，使该盐具有较高的溶解度。LiTFSI 有较高的电导率，热分解温度超过 360℃，同时不易水解。但当电压高于 3.7V 时会严重腐蚀铝集流体。LiFSI 分子中的氟原子具有强吸电子性，能使氮上的负电荷离域，离子缔合配对作用减弱，锂离子容易解离，因而电导率较高。相比 LiTFSI，LiFSI 对 Al 箔的腐蚀电位更高。

此外，还能有效提高低温放电性能，抑制软包电池胀气。LiBOB 具有较高的电导率、较宽的电化学窗口和良好的热稳定性，因而备受关注。其成膜性能优异，参与 SEI 膜的形成，具有较好的循环稳定性。同时，LiBOB 和 $LiPF_6$ 一样对正极 Al 箔集流体具有钝化保护作用。但 LiBOB 存在溶解度较低的问题，在部分低介电常数溶剂中几乎不溶解。$LiCF_3SO_3$ 抗氧化性好、热稳定性高、对水不敏感，但是会腐蚀 Al 集流体。LiDFOB 是由 LiBOB 和 $LiBF_4$ 各自的半分子构成，综合了 LiBOB 成膜性好和 $LiBF_4$ 低温性能好的优点。在线型碳酸酯溶剂中具有较高的溶解度，电解液的电导率高，但售价较高，常作为添加剂使用。表 3.2 列出了几种常见锂盐的物理化学性质。

表 3.2 常见锂盐的物理化学性质

性质	$LiPF_6$	$LiBF_4$	$LiCF_3SO_3$	$LiClO_4$
溶解度	●	○	○	●
离子电导率	●	○	Δ	●
低温性能	○	Δ	Δ	○
热稳定性	×	○	○	×
相对于 Al 的稳定性	○	○	×	○
相对于 Cu 的稳定性	○	○	○	○

注：●表示很好；○表示好；Δ表示一般；×表示差。

3. 添加剂

1）成膜添加剂

成膜添加剂同时分为正极成膜添加剂和负极成膜添加剂。成膜添加剂的主要作用就是帮助形成 SEI 膜、改善物化性能和电化学性能，代替电解液形成 SEI 膜、减少电解液损失，从而提高电池容量或者保护 SEI 膜第一次形成后不会继续被破坏等。因为负极的 SEI 膜影响电池性能，所以研究较多。开发出的添加剂种类繁多，包括不饱和添加剂、卤代有机酯添加剂、含硫添加剂和硼类添加剂等。碳酸亚乙烯酯（VC）是一类不饱和添加剂，能够优先于 EC 电解液得到电子形成化合物覆盖在碳负极表面，保护电极材料，提高电池容量。氟代碳酸乙烯酯（FEC）同样是优先于溶剂分子得到电子形成 SEI 膜，提高电极/电解液兼容性。二草酸硼酸锂可以提高电池的循环性能，抑制电池气体的产生。

2）防过充电保护添加剂

防过充电保护添加剂在正常充放电范围内不参与电极反应，在超过正常的充放电范围能够保护电池，分为氧化还原穿梭电对添加剂和电聚合添加剂。

氧化还原穿梭电对添加剂在电池正常充放电下，添加剂不发生化学或电化学反应。当电池的充电电压超过充电截止电压并达到添加剂的氧化电位时，添加剂分子在正极发生失电子形成自由基分子，自由基分子通过扩散至负极发生得电子还原，由此在正负极之间进行内部循环往复，形成电流回路，消耗外加电流，实现稳定外部电压的作用。金属茂化合物如二茂铁、氟化 1,3,2-苯并硼戊烷是研究较广泛的防过充电保护添加剂。

电聚合添加剂发生氧化聚合反应，在电极表面形成绝缘聚合物膜，增加电池内阻形

成电池内断路，达到保护电池过充电的作用，如邻二甲氧苯、联吡啶、联苯。联苯是目前最常用的电聚合添加剂。

3）阻燃添加剂

阻燃添加剂可以提高电解液的热稳定性，降低锂离子电池的发热量和自燃率。目前阻燃添加剂的研究分为物理阻燃和化学阻燃。

物理阻燃指在电解液中加入无闪点或高闪点的有机分子来部分取代有机电解液中易燃的溶剂，减小电解液的燃烧现象。另一种物理阻燃添加剂是阻燃分子受热发生分解产生不燃性气体，在气/液相间形成隔绝层，抑制电解液的燃烧。

化学阻燃是指阻燃添加剂分子受热分解释放出能捕获氢基自由基或氢氧基自由基的物质，终止燃烧的反应链，达到阻燃的效果。这类阻燃添加剂主要包括有机磷化物、有机氟化物以及两者复合的有机磷卤复合化合物。常用的有机磷化物有磷酸三甲酯、3-丁基磷酸酯、烷基亚磷酸酯等。磷酸酯阻燃效果好，但是大部分磷酸酯的黏度大，电导率低，在石墨负极表面不稳定，与石墨不兼容，影响电池性能，可以在添加剂分子中引入官能团来优化性能。

拓展阅读

阿伦尼乌斯

电解质概念的确定经历了一个世纪的研究讨论。1834年，法拉第在论文中首次提出了电解质、电极、阴离子、阳离子等概念。1880年，法国物理学家拉乌尔发现溶液中的酸、碱、盐分子可能像气体的解离一样，也有某种程度的解离。1884年，阿伦尼乌斯在学位论文中公开提出了电离学说，论文指出溶解于水的电解质自发地在不同程度上解离为带正、负电荷的离子。解离程度取决于物质的本性以及它们在溶液中的浓度，溶液越稀解离程度越大，在极稀的溶液中分子完全解离。论文发表后，激起了科学界的非议，连化学家门捷列夫也都极力反对，化学家克劳修斯认为不可能有带大量电荷的正、负离子同时存在。但是阿伦尼乌斯依然坚定自己的想法，继续深入研究，并且和奥斯特瓦尔德、范特霍夫合作研究。随着他们三个人的共同努力和科学技术的发展，特别是原子内部结构的逐步探明，电离学说最终为人们所接受，并且阿伦尼乌斯于1903年获得诺贝尔化学奖。

3.1.2 固体电解质

固体电解质分为氧化物型、硫化物型、聚合物型以及复合型。理想的固体电解质在室温下应具有较高的离子电导率、足够的机械强度和柔韧性、宽电化学窗口、高离子迁移率和低界面阻抗。

1. 氧化物固体电解质

氧化物固体电解质可以分为晶态电解质和玻璃态（非晶态）电解质。晶态电解质包括石榴石型固体电解质、钙钛矿型固体电解质、钠离子超导体（NASICON）型 $Li_{1+x}Al_xTi_{2-x}(PO_4)_3$（LATP）和 $Li_{1+x}Al_xGe_{2-x}(PO_4)_3$（LAGP）固体电解质等。玻璃态电解质包括反钙钛矿型固体电解质和薄膜固体电解质。

1）石榴石型固体电解质

石榴石型材料具有通式 $Li_{3+x}A_3B_2O_{12}$，其中 A 和 B 阳离子分别具有八倍和六倍的配位阳离子，晶体结构如图 3.5 所示。$Li_7La_3Zr_2O_{12}$（LLZO）是典型的石榴石型氧化物固体电解质，具有高离子电导率、宽电压窗口，且对金属锂化学稳定。LLZO 晶体中 LaO_8 十二面体和 ZrO_6 八面体以共边形式连接。LLZO 具有立方相和四方相 2 种晶体结构，其中，立方相为高温稳定相，立方相结构 LLZO 的离子电导率达到 $10^{-4}S \cdot cm^{-1}$，较四方相结构高 2 个数量级。通过掺杂 Al 或 Ta 元素能获得室温稳定的立方相 LLZO。

2）钙钛矿型固体电解质

钙钛矿型 $Li_{3x}La_{2/3-x}TiO_3$（LLTO）固体电解质，结构稳定，制备工艺简单，在室温下表现出超过 $10^{-3}S \cdot cm^{-1}$ 的锂离子电导率。LLTO 材料有四种不同的晶体结构：立方相、四方相、正交相和六方相。LLTO 室温颗粒电导率达到 $10^{-3}S \cdot cm^{-1}$，但晶界阻抗较大。因此，LLTO 的总电导率主要由晶界电导率控制，通过对 Li/La 位和 Ti 位掺杂，可以提高颗粒电导率，但对晶界电导率影响较小，晶界修饰对材料电导率提高更为有效，LLTO 晶体结构如图 3.6 所示。

图 3.5　石榴石型固体电解质晶体结构示意图

A：La、Ca、Sr、Ba、K 等；B：Zr、Ta、Nb 等

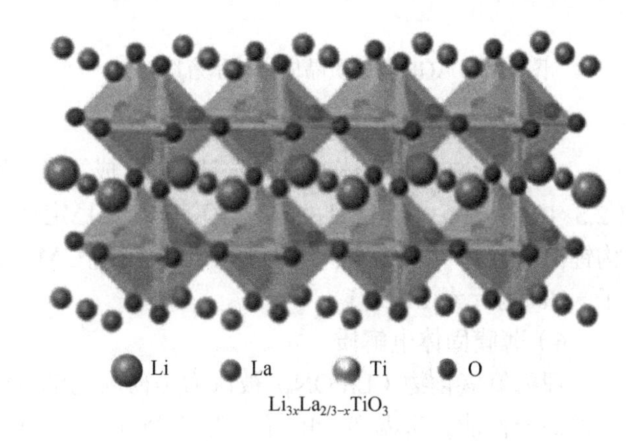

图 3.6　LLTO 电解质晶体结构示意图

3）钠离子超导体（NASICON）固体电解质

对 NASICON 型化合物的研究始于 20 世纪 60 年代。这些材料的结构通式是 $AM_2(PO_4)_3$，其中 A 是 Li、Na 或 K，M 是 Ge、Zr 或 Ti。其中，$LiTi_2(PO_4)_3$ 和 $LiGe_2(PO_4)_3$ 已被广泛研究，但它们的导电性很低。使用三价离子 Al、Cr、Ga 等进行掺杂，得到 $Li_{1+x}M_xTi_{2-x}(PO_4)_3$。

LATP 和 LAGP 固体电解质性能最好。LATP 的晶体结构属 $R3c$ 空间点群，由 TiO_6 八面体与 PO_4 四面体共同形成。每个 TiO_6 八面体与六个 PO_4 四面体相连，每个 PO_4 四面

体与四个 TiO_6 八面体相连，多面体间通过相互接触的顶角氧原子相连，组成三维互连骨架结构，形成平行于 *c* 轴的离子传输通道。该电解质的离子电导率大于 $10^{-4}S\cdot cm^{-1}$。LAGP 具有高的化学稳定性、离子电导率和电化学窗口。通过熔盐淬冷法制备的 LAGP 电解质兼具陶瓷与玻璃的优点，其离子电导率达到 $10^{-3}S\cdot cm^{-1}$，其晶体结构如图 3.7 所示。

4）锂离子超导体（LISICON）型

LISICON 的典型代表是 $Li_{14}Zn(GeO_4)_4$，以 $Li_{11}Zn(GeO_4)_4$ 构成牢固的三维网络结构，而剩下的三个锂离子作为可移动的离子。对 LISICON 类型材料的改性主要是硫代 LISICON（thio-LISICON）固体电解质，通过 S 取代结构中的 O 可以显著提高晶胞尺寸，扩大离子传输瓶颈尺寸，使 LISICON 型固体电解质的离子电导率大幅提高，$Li_{14}Zn(GeO_4)_4$ 的晶体结构如图 3.8 所示。

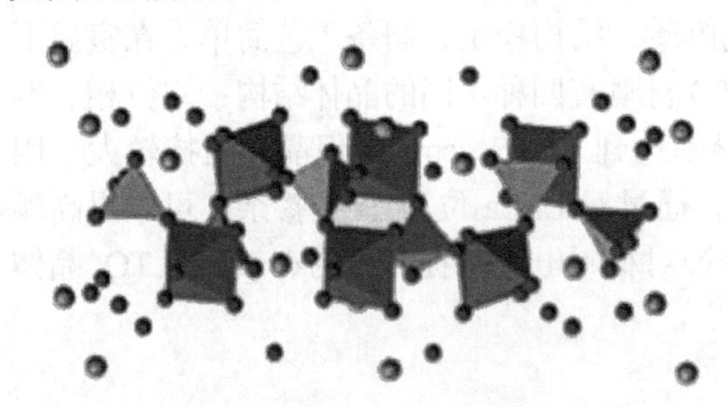

图 3.7 LAGP 电解质晶体结构示意图

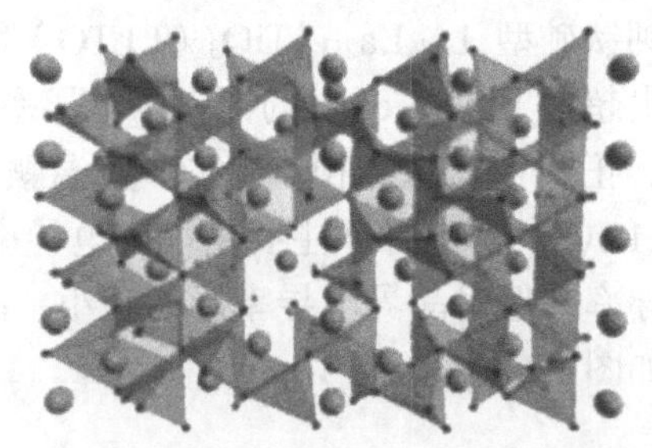

图 3.8 $Li_{14}Zn(GeO_4)_4$ 晶体结构示意图

5）反钙钛矿型固体电解质

反钙钛矿型固体电解质具有低成本、环境友好、高的室温离子电导率（$2.5\times10^{-2}S\cdot cm^{-1}$）、优良的电化学窗口和热稳定性以及与金属锂稳定等特性。反钙钛矿结构锂离子导体可表示为：$Li_{3-2x}M_xHalO$，其中 M 为 Mg^{2+}、Ca^{2+}、Sr^{2+}或 Ba^{2+}等高价阳离子，Hal 为元素 Cl 或 I。

6）薄膜固体电解质

锂磷氮氧化物（LiPON）被认为是薄膜电池电解质的最佳选择。该电解质材料具有良好的综合性能，室温离子电导率为 $2.3\times10^{-6}S\cdot cm^{-1}$，电化学窗口达 5.5V，热稳定性高，且与 $LiMn_2O_4$、$LiCoO_2$ 等常用正极和金属锂负极相容性良好。提高 LiPON 电解质的离子电导率，主要是通过增加薄膜材料中氮（N）含量来实现。随着 N 含量的增加，N 原子部分取代了 Li_3PO_4 结构中的 O 原子，形成氮的二共价键或三共价键结构，导致可与锂离子形成离子键的氧含量降低，从而使得薄膜电解质中的自由锂离子含量升高，薄膜电解质离子电导率增大。此外，在 LiPON 中引入过渡金属元素（Ti、Al、W 等）和非金属元素（Si、S、B 等），也可以提高电解质的离子电导率。

2. 硫化物固体电解质

硫化物固体电解质的研究始于 1986 年。硫化物电解质质地柔软，拥有低的晶界电阻和高的氧化电位，而且具有较高的电导率，甚至高于传统的液体电解质。硫化物固体电解质按结晶形态分为晶态固体电解质、玻璃固体电解质及玻璃陶瓷固体电解质。

在硫化物晶态固体电解质中$Li_{10}GeP_2S_{12}$（LGPS）的室温电导率达到$1.2×10^{-2}S \cdot cm^{-1}$，是一种具有锂离子三维扩散的结构。$Li_{9.54}Si_{1.74}P_{1.44}S_{11.7}C_{10.3}$ 在 27℃时离子电导率达到$2.5×10^{-2}S \cdot cm^{-1}$，是LGPS的2倍。硫化物玻璃固体电解质有$Li_2S$-$SiS_2$和$Li_2S$-$P_2S_5$，其电导率只有$10^{-8}$～$10^{-6}S \cdot cm^{-1}$，通过高温析晶处理得到的玻璃陶瓷固体电解质的离子电导率可达到10^{-4}～$10^{-2}S \cdot cm^{-1}$。

3. 聚合物电解质

聚合物电解质通常是由聚合物和锂盐组成，具有柔韧性、可加工性和安全性。但是聚合物电解质的室温离子电导率较低，一般需要在高于其融化温度以上的温度工作，如聚氧化乙烯（PEO）电解质的工作温度一般高于 60℃。代表性的聚合物电解质包括 PEO、聚碳酸酯基和聚烷氧烷基体系等。

PEO 由重复的—CH_2CH_2O—单元组成，其中氧原子和碱性金属离子形成配位键，传导离子的过程主要是锂离子不断地与PEO链上的醚氧基发生络合-解络合，通过PEO的链段运动实现锂离子迁移。因此，自由锂离子的数量和PEO链段的运动能力决定了PEO基聚合物电解质的离子电导率。通过共混、共聚和交联等方法对 PEO 基体进行改性，降低PEO 基体的结晶区，增加其链段的运动能力，增强锂盐的解离程度，从而提高其离子电导率。

聚碳酸基团具有强极性的—O—（C═O）—O—基团，强极性基团的存在有利于锂盐的溶解。聚碳酸酯电解质的电导率随锂盐浓度的增加呈线性增加，且在加热到 60℃时不会发生明显的相转变。而聚碳酸酯电解质的玻璃化转变温度 T_g 随锂盐浓度的增加而降低。常见聚碳酸酯基电解质主要有：聚碳酸乙烯酯（PEC）、聚三亚甲基碳酸酯（PTMC）、聚碳酸丙烯酯（PPC）等。

聚硅氧烷中的 Si—O—Si 键具有较小的键旋转势能（$0.8kJ \cdot mol^{-1}$），分子链柔软，链段运动能力较强，易于形成无定形结构，能够获得较低的 T_g。该电解质具有高的电化学窗口、优良的热稳定性以及对环境友好的特点。

4. 复合电解质

无机电解质加工成型过程复杂，工艺难度较大，制备的陶瓷片厚且易碎，成膜性差，而聚合物电解质离子电导率低，不能满足工作要求，大多数仍需借助于添加液态电解液才能在室温下工作。复合电解质结合无机陶瓷填料和聚合物载体，可以通过降低聚合物的玻璃化转变温度提高离子电导率。复合固体电解质可以通过无机填料、聚合物与无机填料的界面以及聚合物基体三种通道传递锂离子。含低浓度无机填料的复合固体电解质主要以聚合物与无机填料的界面传递锂离子，而含高浓度无机填料的复合固体电解质主要以无机导电填料网络传递锂离子。复合聚合物电解质的有机聚合物主体通常是聚环氧乙烷（PEO）、聚甲基丙烯酸甲酯（PMMA）、聚氯乙烯（PVC）或聚偏氟乙烯（PVDF），其中PEO 使用最广。根据填料种类分为：惰性填料复合固体电解质、活性填料复合固体电解质和多孔有机填料复合固体电解质。

1）惰性填料复合固体电解质

纳米颗粒能够抑制聚合物的结晶，提高自由链段的数量和加速链段的运动。填料能

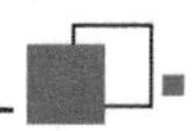

够降低 PEO 的重结晶，增强聚合物链的活动能力。纳米颗粒表面作为 PEO 链段与锂盐阴离子的交联位点，形成锂离子传输通道。填料的酸性表面易于吸附阴离子，增强锂盐的溶解能力，其对应的阳离子则成为可自由移动的导电离子。当纳米颗粒质量分数达到10%～15%时，电解质的离子电导率显著提高。纳米颗粒添加量高于最优添加量时，由于导电聚合物含量减少，离子传输路径受阻，复合固体电解质的离子电导率反而降低。

2）活性填料复合固体电解质

相比于惰性填料，活性填料具有直接提供锂离子的优点，不仅能提高自由锂离子的浓度，还可增强锂离子的表面传输能力。活性填料的离子传输机制主要有以下四种：

（1）活性填料与离子对相互作用，促进离子对的解离，提高导电离子的数量。

（2）复合电解质中，锂盐与纳米填料之间相互作用，纳米填料表面吸附移动的阳离子，增加了离子传输通道。

（3）填料表面吸附阴离子，使得阴离子活动能力降低，促进离子对解离，增加阳离子活动能力。

（4）填料的存在，促进 EO 链段和阴离子交联，改变聚合物链在界面处的结构，为锂离子传输提供更为便捷的通道。

3）多孔有机填料复合固体电解质

有机填料不仅与电解质基体有好的相容性，且其大分子孔结构为锂离子传输提供了天然的通道。因此，添加多孔有机填料也成为当前的研究热点。使用纳米金属有机骨架（metal-organic framework，MOF）制备复合固体电解质，组装的全固体电池具有良好的电化学性能。

3.1.3 凝胶电解质

凝胶电解质由聚合物、有机溶剂（增塑剂）和锂盐组成。凝胶是高分子聚合物在受低分子溶胀后形成的空间网状结构，即将溶剂分散在聚合物基体中。经过溶胀后的聚合物溶液变成了凝胶聚合物，从而不再有液体般的流动性。因此，凝胶是介于固体和液体之间的物质形态，它的性能同样介于固体和液体之间，因其特殊结构，凝胶聚合物兼有液体的传输扩散能力和固体的内聚特性。凝胶电解质具有固体膜的形态，同时将液体电解液分子限制在聚合物网络中，通过微孔结构中的液体电解液实现离子传导，因此凝胶电解质兼具固体聚合物的稳定性和液体电解质较高的离子电导率，可达到 10^{-3}S · cm^{-1}。

与有机液体电解质相比，凝胶电解质不易挥发、热稳定性好、电化学窗口宽、机械性能好，尤其是随着温度升高表现出更优异的电化学性能。与固体电解质相比，离子凝胶电解质与金属锂负极多孔正极润湿性能好、界面兼容性好。这些优点使得离子凝胶电解质非常适用于金属锂电池，代表性的聚合物有 PEO、聚甲基丙烯酸甲酯（PMMA）、聚丙烯腈（PAN）、聚偏氟乙烯（PVDF）和偏氟乙烯-六氟丙烯共聚物[PVDF-HFP]等。同时也根据这些聚合物基体将其分类，其中 PEO 基、PVDF 基凝胶电解质和离子液体凝胶电解质被广泛研究。有机溶剂通常是高介电常数、低挥发性、对聚合物/盐复合物具有可混性和对电极具有稳定性的有机溶剂。常选用的有碳酸酯类，如碳酸乙烯酯、碳酸丙烯酯、碳酸二甲酯、碳酸二乙酯，还有其他极性溶剂如 γ-丁内酯（γ-BL）、乙二醇二甲醚（EGDME）、二甲基亚砜（DMSO）、聚乙二醇二甲醚（PEGDME）和邻苯二甲酸二丁酯（DBP）等。常用的锂盐有 $LiPF_6$、$LiN(CF_3SO_2)_2$、$LiC(CF_3SO_2)_3$、$LiCF_3SO_3$、$LiBF_4$ 和 $LiClO_4$ 等。

3.2 电解质的测试方法

3.2.1 黏度

1. 概念

黏度是指流体抗其不可逆位置变化的能力，是对流体内部流动阻力的一种度量。电解液的黏度由锂盐和溶剂共同决定。溶剂的黏度主要对离子的迁移速率产生影响。

2. 测试方法

测量黏度的方法可以分为两类：①固定剪切应力测剪切速率，常用的方法有毛细管法和落体法；②固定剪切速率测剪切应力，常用的方法有旋转法。

1）毛细管法

毛细管法的基本原理是根据泊松定律，一定体积的液体在一定压力梯度下通过给定细管所需时间正比于层流液体的黏度，因此通过测量液体流速和液体流经细管产生的压力差即可得液体黏度。采用这种原理的黏度计有毛细管黏度计、短管黏度计、细管式连续黏度计、液柱压力可变型毛细管黏度计、倾斜型毛细管黏度计等。毛细管黏度计精度比较高，适用于测量黏度范围为 10^2～10^{10}mPa · s 的流体，剪切应力测量范围宽，适合测量高剪切速率的流体（10^6s^{-1}）。但是，毛细管只能取样测定，测量耗时较长，不适用于低黏度流体的测量。

2）落体法

物体在流体中下落，流体的黏度越高，物体下落的速度越慢，因此可以根据物体下落的速度推算出流体黏度的大小，这种方法称为落体法。落体式黏度计的种类有落球式、落柱式和气泡上升式等几种，最常见的是落球式。落球式黏度计操作方便，可快速提供测定数据，可测较大范围的剪切应力，适用于较高黏度测定，但黏度测量范围有限，大致为 1～10^5mPa · s。对于不透明液体测量，需要有检测球落下的特殊装置。此外，落体式黏度计的测量结果受小球下落轨迹、试样管均匀程度等因素影响，具有一定的不确定性。

3）旋转法

旋转法测量液体黏度是目前最常用，也是应用最广泛的一种方法。旋转黏度计基本原理是由一台同步微型电动机带动转筒以一定的速率在被测流体中旋转，由于受到流体黏滞力的作用，转筒会产生滞后，与转筒连接的弹性元件则会在旋转的反方向上产生一定的扭转，由传感器测得扭转应力的大小，从而得到流体的黏度值。按照力矩传递装置的结构特点，旋转黏度计分为同轴圆筒式黏度计、锥板式黏度计、平行板式黏度计等几类。旋转式黏度计适用于测量牛顿流体和非牛顿流体。它测量速度快，数据准确可靠，测得的黏度值一般为相对值，黏度测量范围广（1～10^7mPa · s），具有连续测量的特点，适用于性质随时间变化的材料的连续测量。但旋转黏度计也存在一些缺点，如测低剪切速率（小于 $10s^{-1}$）下的流体时，对电机和机械要求较高、支撑部分结构容易损坏、重复性较差等。

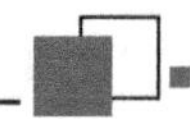

3. 应用案例

1）不同温度下离子液体黏度测试

高浓锂盐的离子液体电解质可以提升锂金属电池的安全性和电化学性能，但存在高黏度和离子输运性差的问题。韩国大邱庆北科学技术院 S. Lee 等[1]使用 SV-10A 黏度计测量电解液黏度，获得不同温度下离子液体的黏度-温度曲线。采用[1-甲基-1-丙基吡咯烷鎓双（氟磺酰基）亚胺]$P_{13}FSI$ 作为离子液体，1,1,2,2-四氟乙基-2,2,3,3-四氟丙基醚（TTE）作为稀释剂，LiTFSI 作为锂盐，分别测试三个比例：DIL（LiTFSI：$P_{13}FSI$=1：4）、CIL（LiTFSI：$P_{13}FSI$=1：2）、LCIL（LiTFSI：$P_{13}FSI$：TTE=1：2：2）。TTE 在 25℃时黏度较低，为 2.15cP。在 LCIL 中加入 TTE 可以促进传质。在温度范围 5～60℃时，LCIL 的黏度最低，而 CIL 的锂盐浓度较高，展示出了最高的黏度，如图 3.9 所示。

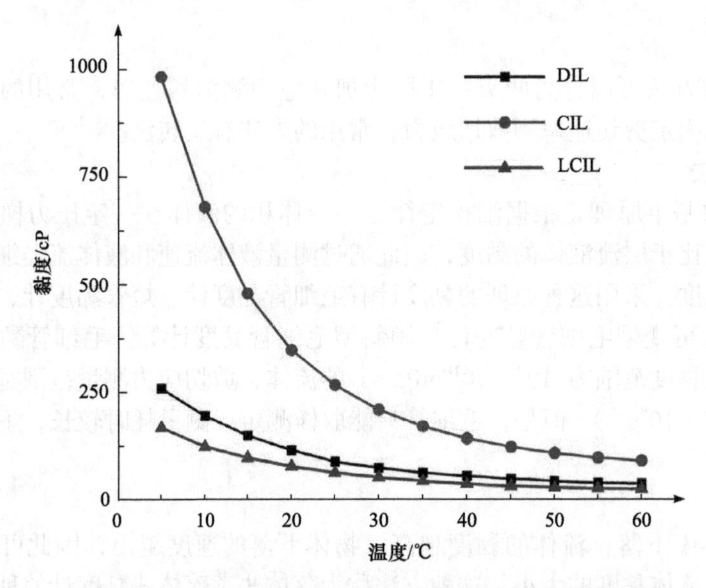

图 3.9 DIL、CIL 和 LCIL 在 0～60℃下温度-黏度曲线[1]

2）不同温度下溶剂化酯类电解液黏度测试

硅基电池只能在较窄的温度范围内工作，电荷转移和离子扩散过程缓慢，严重阻碍了电池的低温工作。苏州大学郑洪河等[2]通过电解液溶剂化工程，打破了锂离子去溶剂势垒，削弱了锂离子与溶剂的结合，有效地降低了电解液的黏度。在 1.0mol · L^{-1} 双氟磺酰亚胺锂（LiFSI）中加入体积比为 2：2：6 的氟代碳酸乙烯酯（FEC）/双（2,2,2-三氟乙基）碳酸酯（BTFC）/三氟乙酸乙酯（EFTA）（LiFSI-FBE），配制出全氟弱溶剂化电解质。如图 3.10 所示，采用 KINXUS Pro MAN0381 旋转流变仪测试了三种电解液的温度黏度。由于 FEC/BTFC（FB）共溶剂的黏度低于 EC/DEC（ED），并且 LiFSI 盐具备高溶解度和导电性，1mol · L^{-1} LiFSI-FB 电解液的黏度明显降低。特别是在低温下，在 −10℃和−20℃下，1mol · L^{-1} LiFSI-FBE 的黏度分别降至 32.8mPa · s 和 51.2mPa · s。由于黏度对离子在体相电解液中的传输有很大影响，因此弥补了氟化溶剂溶解能力较差的缺点。

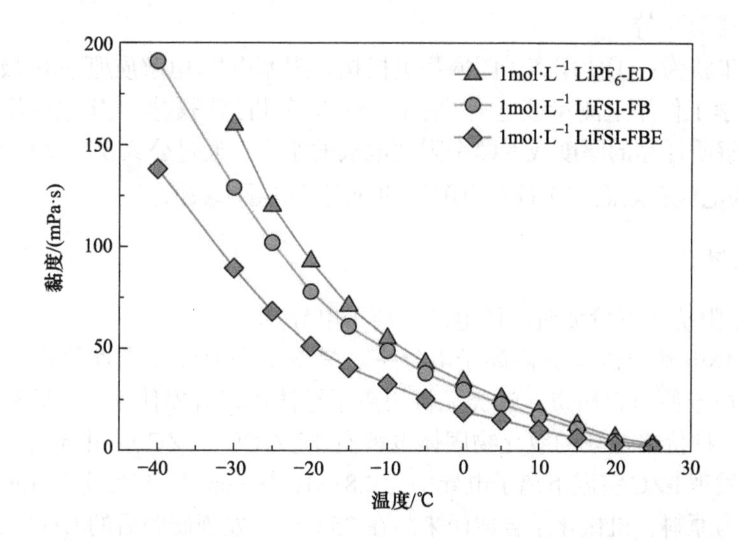

图 3.10　1mol · L^{-1} $LiPF_6$-ED、1mol · L^{-1} LiFSI-FB 和 1mol · L^{-1} LiFSI-FBE 电解质的温度相关黏度[2]

3.2.2　离子电导率

1. 概念

离子电导率是由于离子电荷的运动而产生的电导率，是表示物质传输离子能力强弱的一种测量值，基础科学将这种现象作为液体电解质溶液的一种特性引入。离子电导率（σ）可以分解为三项的乘积：载流子电荷（q）、浓度（每单位体积的粒子数，n）和迁移率（由于单位强度的外加电场，b），因此可以写出离子电导率的表达式：

$$\sigma = qnb$$

在研究离子电导率时，可能会遇到许多不同的载流子，但离子迁移率通常远小于电子迁移率。故离子迁移率在概念上与电化学的等效电导率概念 λ_i 相同，后者可以用比电导率、摩尔浓度（c_i）和电荷数（z_i）表示：

$$\lambda_i = \frac{\sigma_i}{|z_i|c_i} = Fb_i$$

式中，F 为法拉第常量。总离子电导率是样品中所有自由离子作用的总和：

$$\sigma = \sum q_i n_i b_i = \sum |z_i| c_i \lambda_i$$

电导率的单位是西门子每厘米（S · cm^{-1}），常用单位有 μS · cm^{-1}（S · cm^{-1} 的百万分之一）和 mS · cm^{-1}（S · cm^{-1} 的千分之一）。

2. 测试方法

交流阻抗法是在被测体系处于平衡状态（开路状态）或某一稳定的直流极化条件下，通过输入不同频域内（或时域内）的小幅度正弦波电压（或电流）交流信号，对所测量体系响应的频谱信号进行分析，进而得出被测体系在不同频率下的阻抗。交流阻抗法可用于测试锂电池中材料的导电性：包括电极材料（粉末、单颗粒、多孔电极、薄膜电极）、电解质材料（液体电解质和隔膜、氧化物电解质、硫化物电解质、聚合物电解质、

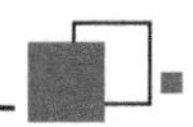

无机薄膜电解质等）等。

具体测试步骤为：①使用离子阻塞型电极构筑阻塞电极/电解质/阻塞电极构型的对称电池；②在电化学工作站上测量该电池的阻抗谱；③分析谱图数据确定电解质贡献的阻抗；④结合测试电解质样品的厚度或者两个阻塞电极的距离，通过公式$\sigma = L/(R \times S)$（式中，L为厚度，S为电极有效面积）计算电解质的锂离子电导率数值。

3. 应用案例

1）电化学阻抗法测量无机固体电解质离子电导率

氯化物固体电解质因具有高离子电导率、易变形和氧化稳定性等物理化学特性而备受关注。然而由于原材料昂贵，这类无机快离子导体难以规模使用。中国科学技术大学马骋等[3]制备了一种价格低廉的氯化物固体电解质 Li_2ZrCl_6（LZC），并通过电化学阻抗法测量其电导率，发现LZC室温下离子电导率为$0.81\times10^{-3}S\cdot cm^{-1}$。LZC是以LiCl和$ZrCl_4$的化学计量混合物为原料，机械化学合成而来。在25℃时，发现研磨后的LZC表现出与高温退火时截然不同的离子电导率。电化学阻抗谱（electrochemical impedance spectroscopy，EIS）测量如图3.11（a）所示，研磨后的LZC在25℃下具有$8.08\times10^{-4}S\cdot cm^{-1}$的离子电导率。然而在350℃下退火5h会将25℃下的离子电导率降低2个数量级至$5.81\times10^{-6}S\cdot cm^{-1}$，如图3.11（b）所示。

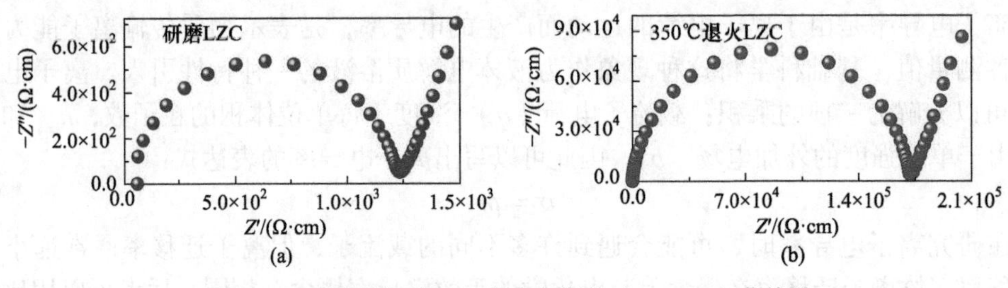

图3.11 不同温度下LZC的奈奎斯特（Nyquist）曲线[3]

2）电化学阻抗法测量聚合物电解质离子电导率

聚合物固体电解质存在离子导电性低和氧化稳定性差的问题。瑞士联邦材料科学与技术研究所的C. Fu等[4]利用离子液体聚合物（PIL）以及离子液体（IL）增塑剂实现了具备高离子电导率的聚合物固体电解质。通过电化学阻抗谱测定PIL-IL电解质的离子电导率，同时还测量了由不含IL增塑剂的纯PIL和LiFSI盐（PIL-LiFSI）组成的聚合物电解质的离子电导率作为对照，如图3.12所示。25℃时，PIL-LiFSI的离子电导率约为$10^{-4}mS\cdot cm^{-1}$。将IL增塑剂添加到PIL-LiFSI后，其离子电导率显著提高，并且PIL-IL电解质的离子电导率随着PIL含量的降低而增加。然而，进一步降低PIL含量会导致较差的机械性能并使电解液难以处理。40PIL-IL电解质在25℃时的最高电导率为$0.8mS\cdot cm^{-1}$。

3.2.3 离子迁移数

1. 概念

在电解液中，某种离子传递的电荷与总电荷的比称为离子迁移数。若q为该离子所带

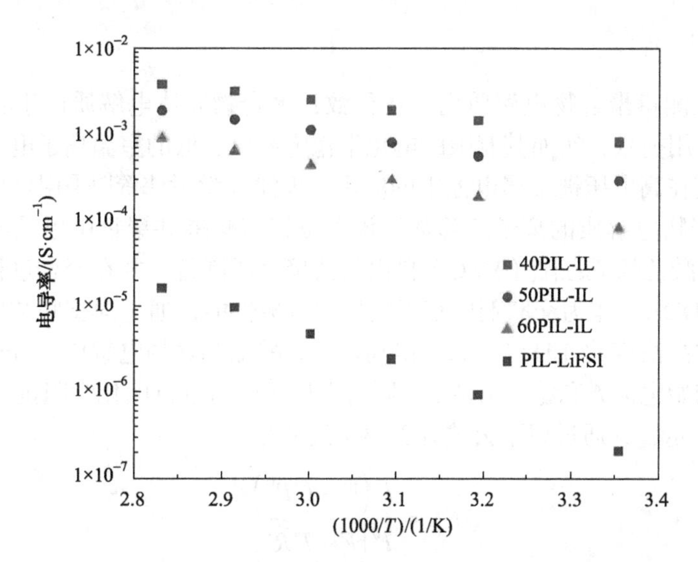

图 3.12 PIL-IL 电解质和 PIL-LiFSI 在不同温度下的离子电导率[4]

电荷，Q 为溶液中总电荷，则离子迁移数 $t=q/Q$。在电解液中正、负离子迁移数总和为 1。

2. 测试方法

在电解质体系中正、负两类离子同时可以运动，负离子迁移数通常要比正离子迁移数大。在电场作用下内部将形成电解质盐的浓度梯度，产生与所加电场反向的浓差极化电势，导致系统的电化学性能下降。如果正离子在电解质中具有高离子迁移数，就可以减小电池在充电过程中的浓差极化电势。因而测定电解质的离子迁移数是一项重要的工作。对于液体电解质分别有希托夫法、界面移动法和电动势法，另有直流极化法、恒压极化法、稳态电流法和 NMR 核磁脉冲场梯度法。其中恒压极化法在实验室中最为常用。

恒压极化法：电解质两侧采用金属锂电极，向电解质施加一定的偏压，离子在电场的作用下运动，同时电极发生锂的溶解及沉积。由于电极反应的发生，锂离子可以通过电解质连续地从电极一侧转移到另一侧；而对于阴离子，锂电极为不可逆电极，阴离子会在电极一侧聚集，在电极另一侧耗尽，同时为了维持电解质局部的电荷平衡，相应的锂离子会在一侧聚集，在另一侧耗尽。浓度梯度的建立会驱动离子的扩散，离子的扩散方向与电势驱动的运动方向相反。经过一定的时间，会建立偏压下电解质内部离子输运的稳态。在此过程中，施加电压的瞬间，正、负离子在电场驱动下共同运动贡献电流，其后，负离子被电极阻塞，载流子的数目逐渐下降，电流逐渐下降，最后只有锂离子运动，电解质体系达到稳态，电流达到一个稳定值。经过 Bruce、Vincent 及 Abraham 的校正后，用下式表示：

$$t_{\mathrm{Li^+}}=\frac{I_{\mathrm{s}}R_{\mathrm{b}}^{0}(\Delta V-I_0R_{\mathrm{l}}^{0})}{I_0R_{\mathrm{b}}^{\mathrm{s}}(\Delta V-I_{\mathrm{s}}R_{\mathrm{l}}^{\mathrm{s}})}$$

式中，ΔV 为极化电压；I_0 和 I_{s}（μA）为恒电位直流极化测试得到的初始电流和稳定电流；R_{b}^{0} 和 $R_{\mathrm{b}}^{\mathrm{s}}$（kΩ）为恒电位直流极化测试前和测试后的电解质本体电阻；R_{l}^{0} 和 $R_{\mathrm{l}}^{\mathrm{s}}$（kΩ）为恒电位直流极化测试前和测试后的界面电阻。

3. 应用案例

恒压极化法测量聚合物电解质离子迁移数：聚合物固体电解质由于其良好的加工性能具有很好的应用前景，然而其有限的电化学稳定窗口、低的室温离子电导率和较大的界面阻抗制约了其在高电压锂金属电池中的应用。天津大学封伟等[5]采用恒压极化法测量含氟聚碳酸酯共聚物电解质的离子迁移数。该含氟聚碳酸酯共聚物由甲基丙烯酸三氟乙酯（TFEMA）和碳酸乙烯亚乙酯（VEC）自由基共聚合所制备，并在聚合过程中添加二丙烯酸丁二醇酯（BDDA）作为交联剂以获得良好的机械性能，通过向交联结构的含氟聚碳酸酯共聚物中添加高浓度的 LiTFSI 制备得到含氟碳酸酯共聚物电解质（FPCSPE）。通过恒压极化法得到初始电流 I^0 和稳态电流 I^s，同时在极化前后进行电化学阻抗测定，得到 R^0 和 R^s，如图 3.13 所示，并通过以下公式计算离子迁移数：

$$t_{Li^+}=\frac{I^s\left(V-I^0R^0\right)}{I^0\left(V-I^sR^s\right)}$$

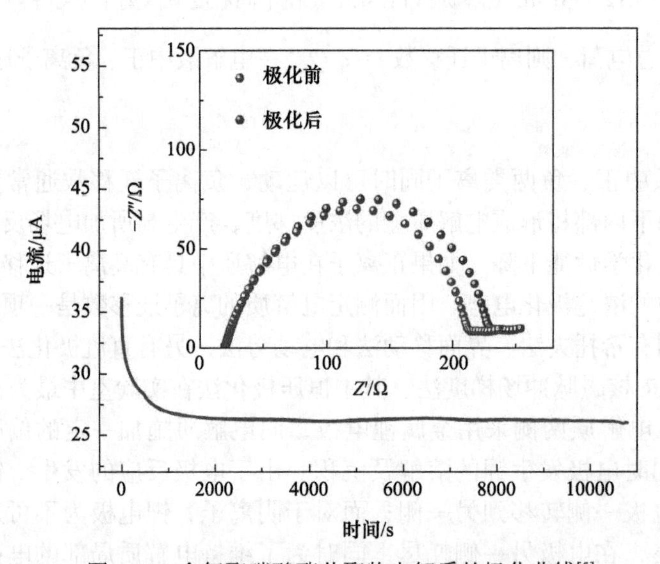

图 3.13　含氟聚碳酸酯共聚物电解质的极化曲线[5]

在室温下采用恒压极化法测量得到含氟聚碳酸酯共聚物电解质的离子迁移数可以达到 0.44。

3.2.4　电化学窗口

1. 概念

电解质的电化学窗口是指电解质发生氧化反应的电位与还原反应的电位差值。电化学窗口是衡量电解质材料稳定性的重要指标，电化学窗口越宽，表示电解质的化学性质越稳定。

2. 测试方法

线性电势扫描伏安法是测量电化学窗口的典型测试方法，其控制电极电势（E）以恒定的速率变化，同时测量通过电极的响应电流（i）。线性扫描伏安法涉及从电势下限到电势上限的单个线性扫描。电极电势的变化率称为扫描速度 v，是一个常数。测量的响应电流的结果常以 i-t 或 i-E 曲线表示，其中 i-E 曲线称为伏安曲线。使用线性扫描伏安法，可以观察到几个关键参数，包括峰值电流（i_p）和峰值电流处的电势（E_p），如图 3.14 所示。

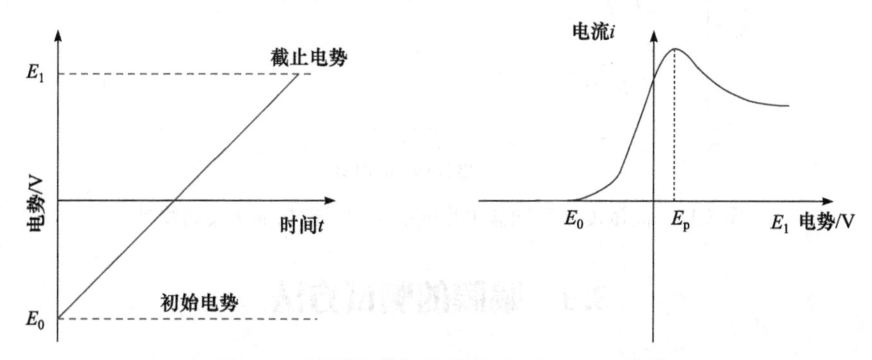

图 3.14 线性电势扫描伏安法 E-t 及 i-E 曲线

线性扫描伏安法常基于三电极体系进行电化学窗口测量。要利用工作电极进行电势线性扫描检测，需要满足两个基本条件：①准确控制工作电极的电势按照设定的路径线性变化；②准确采集电势扫描过程中产生的电流。由于单个电极的电势无法直接测量，因此需要一个参比电极用于控制工作电极的电势；同时，由于许多测试体系中采集电流相对较大，如果直接用参比电极传导电流，会导致其电势发生变化，失去参考意义，因此需要采用对电极以传导电流。这就形成了电化学测试常用的三电极体系，即工作电极与参比电极组成电势回路，用以控制电势输入信号，工作电极与对电极组成电流回路，用以采集电流输出信号。三个电极连接到恒电位仪，并与测试电解质溶液一起放置在电化学电池中。恒电位仪控制工作电极和参比电极之间的电势，并测量对电极的电流，以便绘制电势与电流的关系图。

3. 应用案例

线性扫描伏安法研究高浓度饱和钠盐水系电解质的电化学稳定窗口。高浓度盐的使用能够拓宽水系电解质的电化学稳定窗口。香港城市大学支春义等[6]采用高浓度饱和钠盐（8.4mol · L^{-1} NaTFSI、9.2mol · L^{-1} NaOtf 和 9.8mol · L^{-1} $NaBF_4$）作为电解质，测试电化学稳定窗口。如图 3.15 所示，以铜和不锈钢（SS）箔分别作为阳极和阴极集电体，通过线性扫描伏安法测量了三种电解质的电化学稳定窗口。由于这三种电解质的超高浓度有利于抑制与水相关的副反应，并且超高浓度的盐破坏了水分子间的氢键网络，有效降低了 H^+和 OH^-的传质速率，抑制了析氢析氧反应，从而获得了较宽的电化学稳定窗口，$NaBF_4$、NaOtf 和 NaTFSI 电解质的电化学稳定窗口分别扩展到 2.81V、3.46V 和 3.68V。

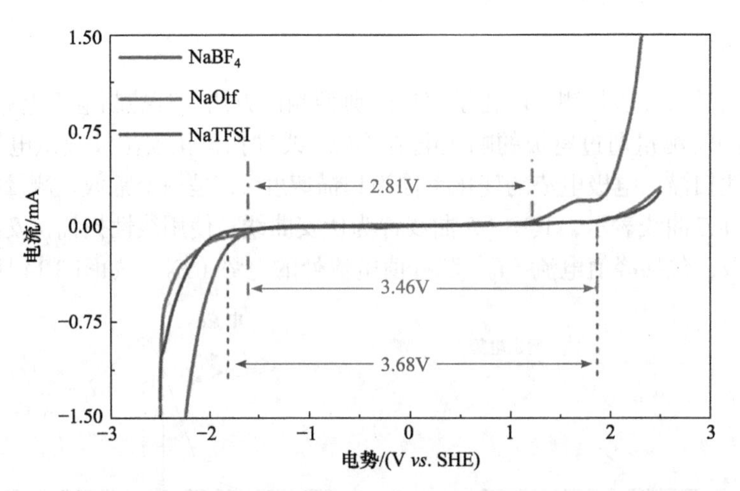

图 3.15 高浓度饱和钠盐水系电解质的线性扫描伏安曲线[6]

3.3 隔膜的测试方法

隔膜是电池关键结构组成之一，具有分隔正负极，防止直接接触导致电池短路的功能，同时可以为电池反应的离子传输提供通道。隔膜的性能决定了电池的界面结构、内阻等，直接影响电池的容量、循环及安全性能等特性。

3.3.1 厚度

1. 概念

厚度是隔膜最基本的参数，厚度影响到电池的综合性能和安全性能。隔膜越薄，锂离子的透过性越好，离子传导性越好，阻抗越低，但是力学性能变差，保液能力和电子绝缘性降低。因此，需要在满足机械强度的条件下，尽可能减小隔膜厚度，来提升电池性能。

2. 测量方法

由于隔膜的质地柔软，因此接触压力过大时可能会造成变形，从而使测量结果失真。非接触式的厚度仪有利于快速、无损的测量。如果需要对电池循环后的隔膜进行厚度分析，可以采用扫描电子显微镜测量电池充放电循环后隔膜厚度的变化。

3. 应用案例

扫描电子显微镜表征改性隔膜厚度。聚丙烯（PP）是锂离子电池和锂金属电池中常用的隔膜材料。得克萨斯大学奥斯汀分校 D. Mitlin 等[7]对 PP 隔膜（Celgard 2400）进行表面改性，并使用扫描电子显微镜观测其涂层厚度。通过涂布机涂布制备了 PP 多功能隔膜，该隔膜两面均涂有活性氟化铝层（AlF_3@PP）。AlF_3的负载量为 $0.55mg \cdot cm^{-2}$，两侧的厚度约为 30μm，如图 3.16 所示。

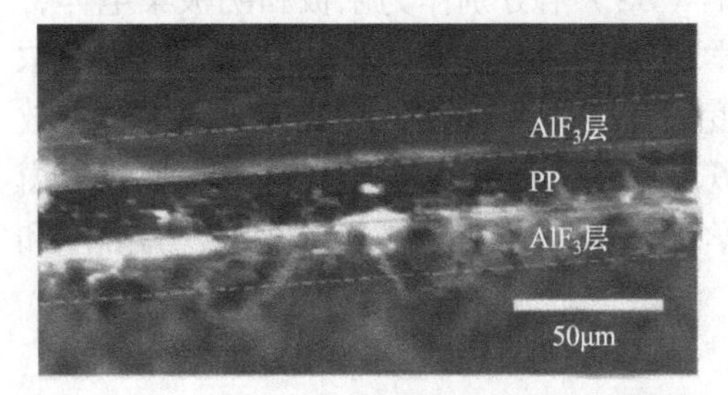

图 3.16 AlF_3@PP 的截面扫描电子显微镜图[7]

3.3.2 孔隙率

1. 概念

隔膜需要有一定的孔隙结构来维持电解液存储量，因此孔隙率是影响吸液率、离子电导率、内阻、电池性能的重要因素之一。隔膜孔径应该足够小以阻止电极材料和导电添加剂的活性成分渗透。

孔隙率被定义为孔的体积与隔膜总体积的比值，隔膜的孔隙率必须均匀分布，以抑制树枝状锂并防止活性颗粒穿透隔膜。通常隔膜具有亚微米孔径。隔膜的孔隙率必须适合保留电解质，从而提供足够的离子导电性。若孔隙率太高，则会因为机械强度低、内阻高而对电池性能产生不利影响，目前商业隔膜的孔隙率为25%～85%。

2. 测试方法

孔隙率的测试方法主要有扫描电子显微镜结合软件处理、称重计算法、密度法、正丁醇吸液法以及仪器测定法（主要有毛细管流动法、压汞法）。

1）扫描电子显微镜结合软件处理法

扫描电子显微镜可以直观地表征隔膜的孔结构，可以看到隔膜的均匀性、微孔形状、尺寸和分布情况，通过图像处理软件来标记孔径，可以估算孔隙率。

2）称重计算法

根据隔膜浸湿某种合适液体（如水等）的前后质量变化，来确定该膜的孔隙体积$V_{孔}$。该膜的骨架体积 $V_{膜骨架}$ 可以通过膜原材料密度和干膜质量获得，则该膜的孔隙率可以按照以下方法计算：

$$隔膜孔隙率(\%)=\frac{V_{孔}}{V_{膜外观}}=\frac{V_{孔}}{V_{孔}+V_{膜骨架}}$$

称重计算法误差主要来自隔膜体积计算，计算出的孔隙率存在较大随机误差。

3）密度法

密度法的原理是根据表观密度和材料密度来计算孔隙率，计算公式为

$$P=\left(1-\frac{\rho_{\mathrm{f}}}{\rho_{\mathrm{p}}}\right)\times 100\%$$

式中，P 为孔隙率；ρ_{f} 为膜的表观密度；ρ_{p} 为膜原材料的密度。

4）正丁醇吸液法

正丁醇吸液法是将隔膜裁成圆片并称量，用螺旋测微仪测量厚度，然后放入正丁醇溶液中浸泡，用滤纸吸干表面残留的正丁醇，称量其质量。采用以下公式计算孔隙率：

$$P=\frac{(m_1-m_2)V}{\rho_{正丁醇}}$$

式中，P 为孔隙率；m_1 为隔膜浸泡正丁醇溶液后的质量（g）；m_2 为干隔膜的质量（g）；ρ 为正丁醇的密度（$0.81\mathrm{g\cdot cm^{-3}}$）；$V$ 为隔膜的体积（$\mathrm{cm^3}$）。

 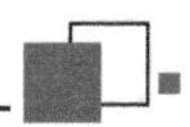

5）毛细管流动法

毛细管流动法是将一个完全被润湿液饱和的样品置于样品室内并密封，将气体从样品上面流向样品室，一定压力下的气体克服孔内液体的毛细管作用，将孔内浸润液排出，用计算机控制气体压力，使之缓慢增加，直到压力达到足以克服最大孔径对应的液体的毛细管作用时就是泡点压力。当压力进一步以小的增量增加时，形成可测量出的气体流动，直到能流动的液体被排空为止。用于样品也会产生流速对压力的数据，并且将其进行实时的储存和显示，计算机计算所有的孔隙参数。

6）压汞法

压汞法是通过测量不同压力时进入隔膜材料中的汞的量来进行表征的，在外加压力下汞可以进入固体孔中，对于圆柱形孔模型，汞能进入的孔的大小与压力符合 Washburn 方程，控制不同的压力，即可测出压入孔中汞的体积，由此得到对应于不同压力的孔径大小的累积分布曲线或微分曲线。

3. 应用案例

水银孔隙率计测定中空介孔二氧化硅隔膜孔隙率。商用聚合物隔膜孔隙率有限、电解质润湿性低，热稳定性和机械稳定性差，尤其是在高电流密度下会降低电池性能。复旦大学杨东教授团队通过在正极表面组装中空介孔二氧化硅颗粒，制备分级多孔、超轻二氧化硅膜作为高性能隔膜，并在 AutoPore V 9600 水银孔隙率计上通过水银孔隙率测定法测定了其孔隙率，隔膜的孔隙率最高可达 56%[8]。

3.3.3 吸液率

1. 概念

隔膜吸液率是指吸收电解液和保持电解液的能力。

2. 测试方法

目前尚无特定的隔膜吸液率测试标准。一般将隔膜裁成直径为 18mm 的圆片并称重，放入电解液中浸泡，用滤纸吸干表面残留的电解液后称重。采用以下公式计算吸液率：

$$W = \frac{m_1 - m_0}{m_0} \times 100\%$$

式中，W 为吸液率；m_0、m_1 分别为隔膜浸泡电解液前后的质量。

考虑到电解液的毒性和挥发性，实际测试时可采用与隔膜润湿性较好的有机溶剂进行测定，如无水乙醇、正丁醇、环已烷等。由于吸液率的测定结果波动较大，应重复测试多次并取平均值，此外操作过程中应该保持各次测试变量的一致性以减少误差。

3. 应用案例

根据吸液前后质量计算隔膜吸液率：

使用高锂盐浓度的电解液有利于构建稳定的固体电解质界面，这成为近年来电池领域的研究热点。但较高的锂盐浓度会导致电解液成本成倍上涨、体系黏度上升。合肥工业大学项宏发与中国科学技术大学余彦等[9]合作开发双盐低浓度电解液，并测试了聚乙烯（PE）隔膜的吸液率，如图 3.17 所示。所有电解质的吸收量均在 130%以上，表明双盐低浓度电解液对非极性 PE 隔膜具有良好的润湿性，这是因为线型和环状碳酸盐岩混合溶剂具有较低的黏度和极性。

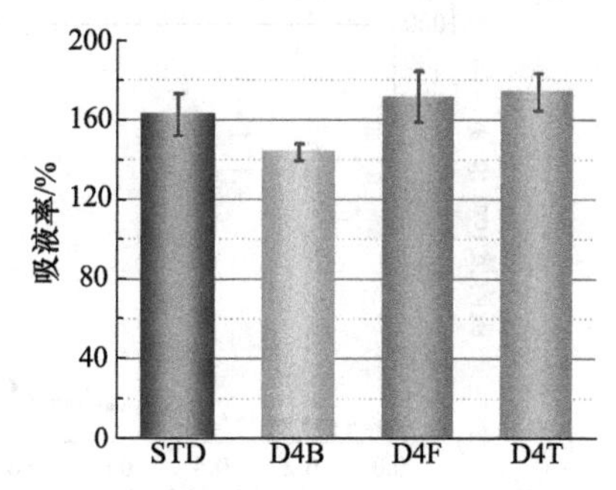

图 3.17 PE 隔膜对不同电解液的吸液率[9]

3.3.4 孔结构

1. 概念

隔膜孔结构的主要参数是孔径分布、孔结构和比表面积，对隔膜的力学性能和各种使用性能有决定性的影响。

2. 表征方法

X 射线层析摄像（照相）法和显微观测统计法是常用的光谱学孔隙表征方法。这两种方法是先获得微结构照片，然后再利用图像分析处理软件等对获得的图片进行处理和统计，得到固体的比表面积和孔径分布特征。这类方法的缺点是对图像处理技术的要求比较高，过程复杂。

气体在固体表面的吸附特性是气体吸附法测定比表面积的理论基础，在特定压力下，被测样品颗粒（吸附剂）表面在低温下对气体分子（吸附质）具有特定的平衡吸附量。利用该平衡吸附量，可以使用理论模型来求出样品的比表面积。

BET 理论计算是建立在 Brunauer、Emmett 和 Teller 三人从经典统计理论推导出的多分子层吸附公式基础上，得到单层吸附量，然后计算出比表面积。

3. 应用案例

1）BET 测试气凝胶隔膜孔结构

隔膜是锂离子电池的重要组成部分，对电池的热安全和电化学性能起着至关重要的作用。针对商用聚烯烃膜热稳定性差、电解质润湿性差的问题，中国科学技术大学程旭东等[10]设计了一种新型耐热聚酰亚胺气凝胶（PIA）隔膜，并进行了氮气吸脱附测试，通过 BET 法研究了其孔结构。如图 3.18 所示，PIA 隔膜的比表面积为 $178.7m^2 \cdot g^{-1}$，平均孔径为 18.91nm。同时 PIA 隔膜的孔隙率为 78.35%，远高于聚酰亚胺（PI）隔膜（63.4%）和 Celgard 隔膜（42.8%）。此外，PIA 隔膜的电解质吸液率（321.66%）高于 PI 隔膜（255.51%）和 Celgard 隔膜（88.95%）。

2）BET 测试高效多功能隔膜涂层孔结构

韩国全北国立大学 Chan Hee Park 等[11]通过一种新型的涂层材料对 Celgard 隔膜表面进行改性，从而开发了一种用于锂-硫电池的高效功能涂层隔膜。该涂层材料由分散在

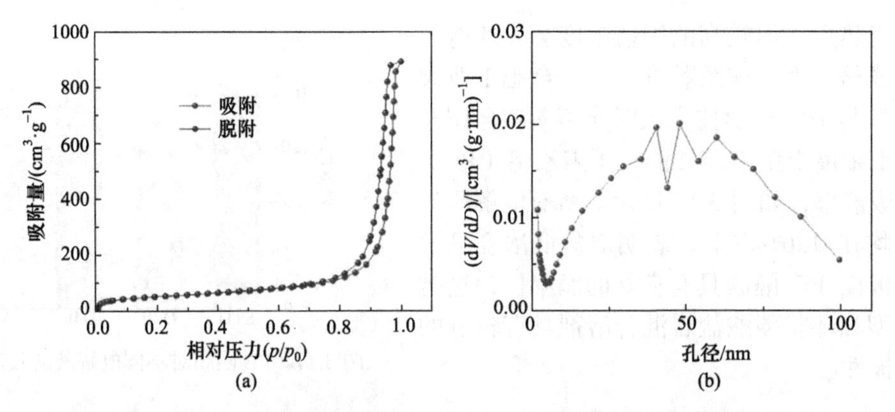

图 3.18 （a）N_2 等温吸脱附曲线；（b）PIA 隔膜相应的孔径分布曲线[10]

超薄 MoS_2 纳米片/氮掺杂三维互联的空心石墨烯球（3DNGr）基底上的二元 NiS_2-MnS 纳米颗粒组成（NiS_2-MnS/MoS_2-3DNGr），该涂层可有效吸附多硫化物并催化其氧化还原过程。通过 BET 测试其孔结构，如图 3.19 插图中的孔径分布图所示，NiS_2-MnS/MoS_2-3DNGr 样品具有介孔结构，平均孔径为 3.4～9.65nm，可提供开放的空间容纳多硫化物，从而抑制它们向电解液扩散，同时有利于电解液的渗透和滞留，加快锂离子的扩散速度。

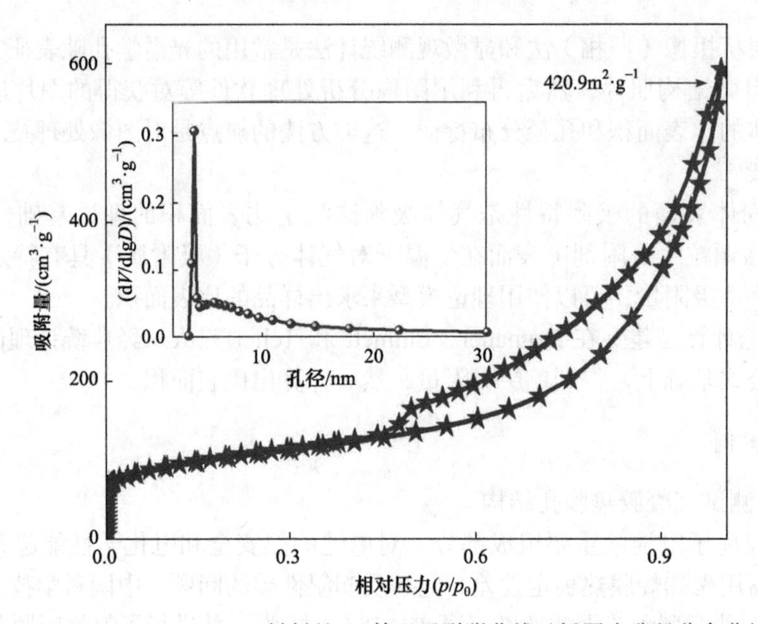

图 3.19 NiS_2-MnS/MoS_2-3DNGr 材料的 N_2 等温吸脱附曲线（插图为孔径分布曲线）[11]

3.3.5 热稳定性

1. 概念

锂离子电池隔膜的热稳定性是指：①隔膜具有良好的热尺寸稳定性，在一定的高温环境下无明显形变；②具有较好的热闭孔性能，在电池短路前发生热闭孔且无明显机械强度的损失；③具有较高的热安全温度。由于电池工作温度范围宽，运行环境复杂，在异常充放电状态（过充、过放、内外部短路等）、异常受热与力学条件滥用（冲击、穿刺、震动、挤压）下，存在爆炸、燃烧的安全隐患，因此电池的热安全性能显得尤为重要。

2. 测试方法

1）热收缩率

隔膜的热收缩率为隔膜在一定温度条件下和时间内尺寸的变化率，关系到电池单体的安全性，尤其对大尺寸锂离子电池的安全性有非常大的影响。计算公式为

$$T = \frac{L_1 - L_2}{L_1} \times 100\%$$

式中，T为热收缩率；L_1为热处理前的长度；L_2为加热后的长度。热收缩率的大小反映了隔膜热稳定性的好坏。

2）热闭合温度

隔膜的热闭合效应是对电池的一种保护，当电池的温度过高时，隔膜会自动闭孔来阻止锂离子在正、负极之间的交换，使电池内阻增大，避免温度过高或电流过大造成短路甚至爆炸。目前隔膜的闭合效应都是不可逆的，一旦发生自闭合，电池便不能够使用。聚乙烯单层隔膜的热闭合温度为 130～135℃。对于多孔聚合物隔膜，可以将隔膜升温到一定温度进行退火，通过前后的 SEM 图像得到隔膜的闭孔温度。隔膜的闭孔通常发生在聚合物的熔点附近。隔膜的热闭合温度也可以依靠电阻突变法测量。当闭孔时隔膜的阻抗产生变化，内阻大大增加，温度下降，故可以通过阻抗-温度曲线图来测试隔膜的闭孔温度和热稳定性。

3. 应用案例

高温静置比较隔膜收缩率：美国橡树岭国家实验室 J. Li 等[12]选择了两种厚度相同但孔隙率和孔隙结构不同的隔膜，通过定量测量收缩率比较隔膜的热稳定性。通过在不同温度下保持 10min 和 20min 后隔膜的尺寸变化来确定隔膜的热收缩率。加热 20min 后，Celgard 2500 和 Celgard 2325 两种隔膜在 120℃时均具有良好的热稳定性，其收缩率分别为 3.0%和 1.75%。Celgard 2500 在暴露于大于 100℃时倾向于折叠，但尺寸并没有太大收缩。同时，加热时间也显著影响隔膜的热稳定性。与 120℃加热 10min 相比，两种隔膜在 100℃加热 20min 时均表现出更高的收缩率，见图 3.20。

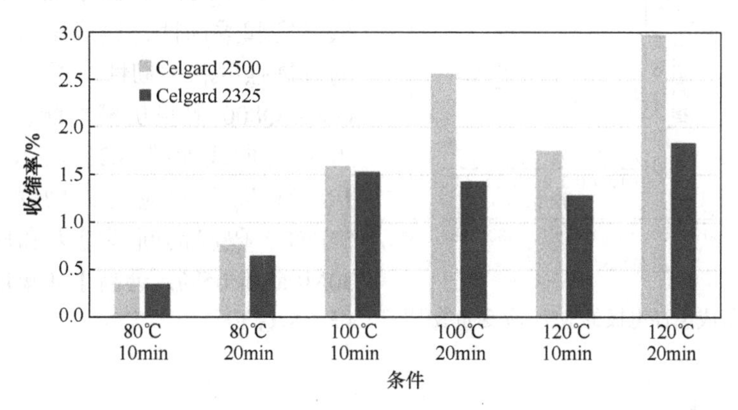

图 3.20　隔膜的热稳定性实验[12]

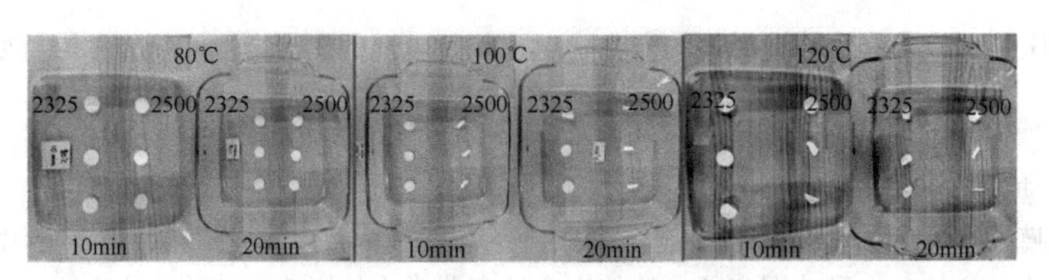

图 3.20 （续）

3.3.6 力学性能

1. 概念

在锂电池循环过程中，充放电过程正负极结构变化、副反应产生气体等过程都会导致电池体积变化，因此需要隔膜具有一定的力学性能，在体积变化过程中不会出现破裂和裂痕，同时锂枝晶的生长也要求隔膜具有一定的机械强度。隔膜的力学性能可以用抗拉强度和抗刺穿强度来衡量。

2. 测试方法

采用单轴拉伸时，膜在拉伸方向与垂直拉伸方向强度不同，而采用双轴拉伸制备的隔膜其强度在两个方向上基本一致。单根纤维在规定条件下，在等速伸长型拉伸仪上将纤维拉伸至断裂，从负荷-伸长曲线或数据显示采集系统中得到试样的抗拉强度等拉伸性能的测定值。抗穿刺强度是指施加在给定针形物上用来戳穿给定隔膜样本的质量，它用来表征隔膜装配过程中发生短路的趋势。

3. 应用案例

应力-应变曲线研究隔膜集成电极的力学性能：对于未来的柔性电子产品，迫切需要设计新颖柔性电极结构并且选择合适的材料。中国科学院金属研究所成会明等[13]提出了 PP 隔膜上集成硫和石墨烯的复合电极结构（S-G@PP），由于隔膜具有良好的机械强度和柔韧性，集成电极也表现出良好的机械强度和柔韧性。通过 TA Instrument DMA Q800 测量机械性能，集成电极的应力-应变曲线如图 3.21 所示。它可以承受 10MPa 以上的应力，8%的弹性应变。SG@PP 隔膜的断裂应力和应变分别约为 30MPa 和 65%，远高于非集成硫-石墨烯电极（S-G）。

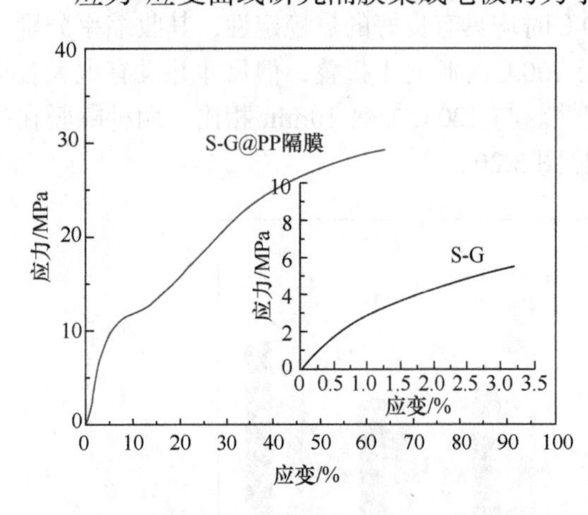

图 3.21 隔膜集成柔性电极的应力-应变曲线[13]

习　题

一、选择题

1. 常用的有机电解质溶剂不包含（　　）。

A. DMC　　B. IPA　　C. THF　　D. $LiPF_6$

2. 以下哪一项不属于成膜添加剂的主要作用（　　）。

A. 帮助形成 SEI 膜　　B. 改善 SEI 膜的物化性能和电化学性能

C. 降低电解液离子电导率　　D. 减少电解液损失，提高电池容量

3. 凝胶电解质具有固体膜的形态，同时将液态电解液分子限制在聚合物网络中，通过（　　）结构中的液态电解液实现离子传导。

A. 凝胶　　B. 微孔　　C. 介孔　　D. 大孔

4. 电解质的电化学窗口是发生氧化反应的电位 E_{ox} 与发生还原反应的电位 E_{red} 的电位差，发生氧化反应和还原反应的电位分别由（　　）控制。

A. 价带最小值和导带最大值　　B. 价带最大值和导带最大值

C. 价带最小值和导带最小值　　D. 价带最大值和导带最小值

5. 锂离子电池隔膜的热稳定性能是指（　　）。

A. 具有良好的热尺寸稳定性，在一定的高温环境下无明显形变

B. 具有较好的热闭孔性能，在电池短路前发生热闭孔

C. 具有较高的热安全温度

D. 具有较多的孔隙分布，较好的电解液浸润性

6. 隔膜的热闭合效应是对电池的一种保护，当电池工作异常时，隔膜会自动闭孔来阻止锂离子在正、负极之间的交换，使电池内阻增大，关闭电池，避免（　　）造成的短路爆炸。

A. 温度过低或电阻过大　　B. 压力过高或电流过大

C. 温度过低或电压过大　　D. 温度过高或电流过大

二、填空题

1. 理想的电解质锂盐应该具备以下特性：①_______的解离能和_______的溶解度；②良好的稳定性；③良好的_______性能；④和 Al 集流体可以形成_______；⑤成本低廉，环境友好。

2. 离子电导率可以分解为三项的乘积：_______、浓度（即_______）和_______。

3. 在电解液中，某种离子传递的电荷与总电荷之比，称为_______。在电解液中正、负离子迁移数总和为_______。

4. 电化学窗口是衡量电解质_______的重要指标，当电解质处于此电势范围内_______发生电化学反应，电化学窗口_______，表示电解质的化学性质越稳定。

5. 隔膜需要有一定的______来维持电解液存储量，孔隙率是影响吸液率、______、______、电池性能的重要因素之一，孔径应该_______以阻止电极材料和导电添加剂的活性成分渗透。

6. 测量吸液率的一般步骤：将隔膜裁成直径为 18mm 的圆片并称重，放入_______中

浸泡 4h，用______吸干表面残留的电解液后称重。考察隔膜浸泡电解液前后的______变化。

7. 对于______作为特定吸附剂、分子筛、催化剂载体和生物活性材料的应用场景，可以利用______方法测定材料的______。

三、简答题

1. 作为实用锂离子电池的有机电解液体系应该具备哪些特点？

2. 对比液体电解质，简述固体电解质的优缺点。

3. 简述交流阻抗法测量 LLZO 固体电解质电导率的步骤。

4. 锂离子电池隔膜的热稳定性包含哪些方面？

5. 产业化生产过程中，通常需要对电池隔膜进行哪些力学性能测试？

参考文献

[1] Lee S, Park K, Koo B, et al. Safe, stable cycling of lithium metal batteries with low-viscosity, fire-retardant locally concentrated ionic liquid electrolytes[J]. Advanced Functional Materials, 2020, 30(35): 2003132.

[2] Cao Z, Zheng X, Zhou M, et al. Electrolyte solvation engineering toward high-rate and low-temperature silicon-based batteries[J]. ACS Energy Letters, 2022, 7(10): 3581-3592.

[3] Wang K, Ren K, Gu Z, et al. A cost-effective and humidity-tolerant chloride solid electrolyte for lithium batteries[J]. Nature Communications, 2021, 12(1): 4410.

[4] Fu C, Homann G, Grissa R, et al. A polymerized-ionic-liquid-based polymer electrolyte with high oxidative stability for 4 and 5 V class solid-state lithium metal batteries[J]. Advanced Energy Materials, 2022, 12(27): 2200412.

[5] Wang Y, Chen S S, Li Z Y, et al. *In-situ* generation of fluorinated polycarbonate copolymer solid electrolytes for high-voltage Li-metal batteries[J]. Energy Storage Materials, 2022, 45(1): 474-483.

[6] Huang Z D, Hou Y, Wang T R, et al. Manipulating anion intercalation enables a high-voltage aqueous dual ion battery[J]. Nature Communications, 2021, 12(1): 3106.

[7] Liu P C, Hao H C, Celio H, et al. Multifunctional separator allows stable cycling of potassium metal anodes and of potassium metal batteries[J]. Advanced Materials, 2022, 34(1): 2105855.

[8] Wang J, Liu Y P, Cai Q F, et al. Hierarchically porous silica membrane as separator for high-performance lithium-ion batteries[J]. Advanced Materials, 2022, 34(1): 2107957.

[9] Zheng H, Xiang H F, Jiang F Y, et al. Lithium difluorophosphate-based dual-salt low concentration electrolytes for lithium metal batteries[J]. Advanced Energy Materials, 2020, 10(30): 2001440.

[10] Deng Y R, Pan Y L, Zhang Z X, et al. Novel thermotolerant and flexible polyimide aerogel separator achieving advanced lithium-ion batteries[J]. Advanced Functional Materials, 2022, 32(1): 2106176.

[11] Doan T L L, Nguyen D C, Amaral R, et al. Rationally designed NiS_2-MnS/MoS_2 hybridized 3D hollow N-Gr microsphere framework-modified Celgard separator for highly efficient Li-S batteries[J]. Applied Catalysis B: Environmental, 2022, 319: 121934.

[12] Parikh D, Christensen T, Hsieh C T, et al. Elucidation of separator effect on energy density of Li-ion batteries[J]. Journal of the Electrochemical Society, 2019, 166(14): A3377-A3383.

[13] Zhou G M, Li L, Wang D W, et al. A flexible sulfur-graphene-polypropylene separator integrated electrode for advanced Li-S batteries[J]. Advanced Materials, 2015, 27(4): 641-647.

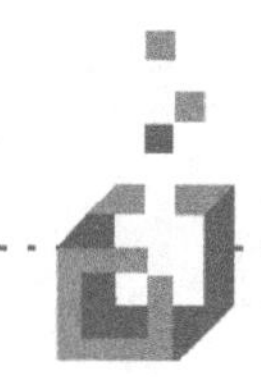

第4章 活性材料的综合性能测试

4.1 电化学性能测试

研究电化学体系最常见的实验装置包括电化学工作站和电化学池。其中，电化学池有两电极体系和三电极体系，如图 4.1 所示。两电极体系包括对电极和工作电极，如扣式电池、软包电池和柱状电池都属于两电极体系。三电极体系包括辅助电极、参比电极和工作电极。工作电极上发生电极反应过程；辅助电极也称对电极，与设定在某一电势下的研究电极组成一个串联回路，使研究电极上电流畅通；参比电极是测量电极电势的比较标准；电极体系中的电解质溶液大致可分为三类，分别是水、有机溶剂、熔融盐。最常见的电解质溶液是水溶液。但由于许多有机物质不溶于水，需要采用其他的溶剂。选择电解质溶液时，需要考虑研究电极电势范围和溶剂介电常数。

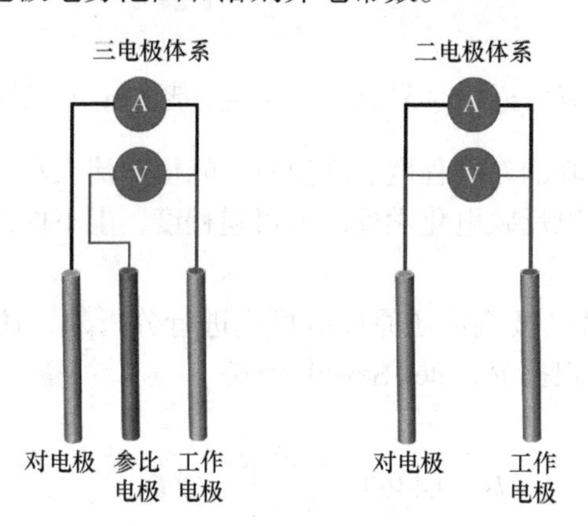

图 4.1　电化学池三电极和二电极体系结构示意图

4.1.1　循环伏安法

1. 概念

循环伏安法（CV）是一种常用电化学研究方法，可用于电极反应的性质、机理和电极过程动力学参数的研究，也可用于定量确定反应物浓度、电极表面吸附物的覆盖度、电极活性面积及电极反应速率常数、交换电流密度、反应的传递系数等动力学参数。

2. 测试方法

循环伏安法是通过控制工作电极的电势以一定的扫描速率 v 从起始电势 E_i 开始扫描，到电势 E_λ 时改变扫描方向，再以相同速率回扫至起始电势，然后改变扫描方向循环扫描，记录下 i-E 曲线的电化学测试方法。如图 4.2 所示，其电极电势随时间以三角波形变

化，也称为三角波电势扫描法。

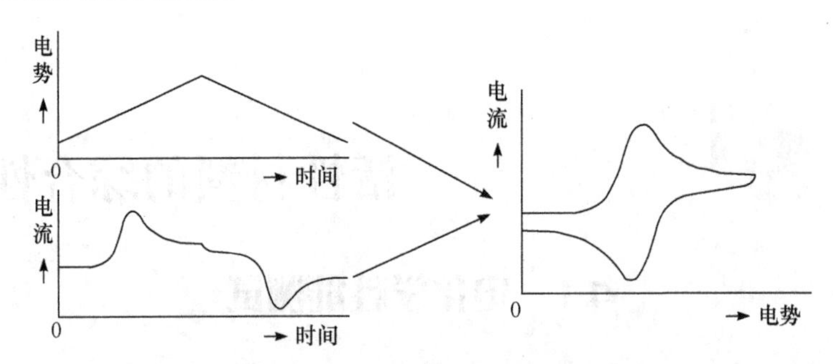

图 4.2 循环伏安扫描电势波形及循环伏安曲线

扫描过程中，在控制电势范围内会发生氧化还原的可逆反应，控制电势从正到负方向开始扫描时，电极进行还原反应，电极表面氧化态物质浓度逐渐下降，流向电极的电流不断增加，直到电极表面氧化态物质浓度降为零时，此时电流达到最大，称为还原峰电流（i_{pc}），该峰值位置对应的电势为还原峰电势（E_{pc}）；随后当扫描到终止电势后进行反方向扫描，这一过程发生的是氧化反应，同样当还原态物质不断被消耗浓度逐渐降低为零，此时氧化反应过程的电流也达到最大值，称为氧化峰电流（i_{pa}），该峰值位置电势对应氧化峰电势（E_{pa}）。

当 $\dfrac{i_{pa}}{i_{pc}} \approx 1$ 时，电极反应可逆，越靠近 1，可逆性越好；$|\Delta E_p| = E_{pa} - E_{pc} \approx \dfrac{59}{i_{pa}}$ 时，电极反应可逆。氧化峰与还原峰的对称程度、峰数目、峰值电流大小、形状、峰值电势位置以及随扫描周次的变化都可以反映电化学反应的可逆程度，上下曲线对称性越好，电极可逆性程度越好。

循环伏安测试除了对电极氧化还原反应可逆进行分析外，还可以进一步研究锂离子扩散系数和赝电容效应。根据 Randles-Sevcik 公式

$$I_p = 0.4468\left(\frac{n^3F^3}{RT}\right)^{\frac{1}{2}} AC(Dv)^{\frac{1}{2}}$$

式中，I_p 为峰电流；F 为法拉第常量（$96485.339\text{C} \cdot \text{mol}^{-1}$）；$R$ 为摩尔气体常量（$8.31447\text{J} \cdot \text{K}^{-1} \cdot \text{mol}^{-1}$）；$T$ 为热力学温度；n 为在氧化还原循环中转移的电子数；D 为氧化还原活性物质的扩散系数（$\text{cm}^2 \cdot \text{s}^{-1}$）；$C$ 为氧化还原活性物质的摩尔浓度（$\text{mol} \cdot \text{cm}^{-3}$）；$A$ 为工作电极的表面积（cm^2）；v 为扫描电势的速率（$\text{V} \cdot \text{s}^{-1}$）。假设温度固定在 298.15K（25℃）时，Randles-Sevcik 方程通常简写成：

$$I_p = (2.687 \times 10^5) n^{\frac{3}{2}} AC(Dv)^{\frac{1}{2}}$$

峰电流 I_p 和扫速的二分之一次方（$v^{1/2}$）呈线性关系。

3. 应用案例

循环伏安法研究钠离子电池正极材料扩散系数：钠离子电池有望应用于大规模能源

储存。然而受制于正极材料钠离子体相扩散速率低，钠离子电池的电化学性能还不足以满足实际应用的要求。中国科学技术大学章根强等[1]通过测试不同扫描速率下的循环伏安曲线研究了新型铜锌双掺杂的$[Na_{0.67}Zn_{0.05}]Ni_{0.18}Cu_{0.1}Mn_{0.67}O_2$（NZNCMO）正极材料的钠离子扩散系数。图 4.3 展示了不同扫描速率下 NZNCMO 的 CV 曲线，研究表明，随着扫速从 $0.3mV \cdot s^{-1}$ 增加到 $1mV \cdot s^{-1}$，电流响应信号随之不断增强，峰电流 I_p 和扫速的二分之一次方（$v^{1/2}$）保持线性关系，NZNCMO 具有稳定的钠离子扩散系数 $2.11\times10^{-11}cm^2 \cdot s^{-1}$，说明双位点掺杂可以有效地降低钠离子扩散能垒，增加钠离子在体相的扩散速率，从而提高 NZNCMO 电极的动力学性能。

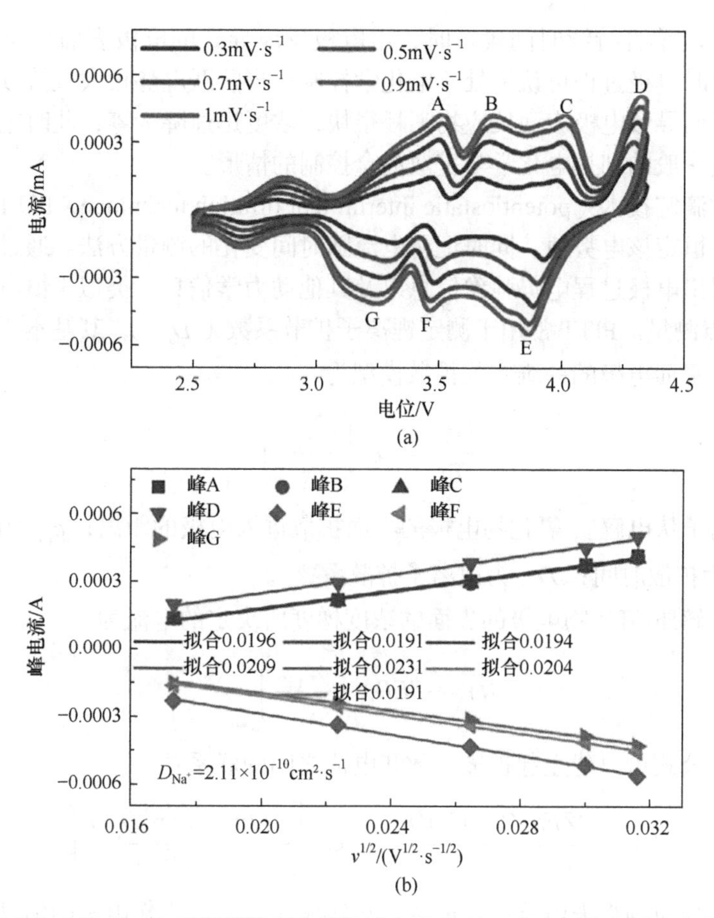

图 4.3　NZNCMO 的循环伏安曲线及峰电流-扫速二分之一次方拟合曲线[1]

4.1.2　电势阶跃

1. 概念

电势阶跃是控制电极电势按一定的具有电势突跃的波形规律变化，同时测量电流随时间的变化，称为计时电流法，如图 4.4 所示，从而分析电极过程的机理，计算电极过程的有关参数或电极等效电路中各元件的数值。

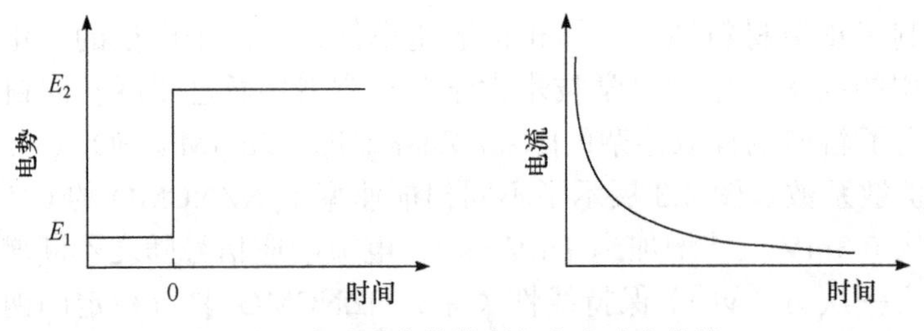

图 4.4 电流法电势控制与电流响应曲线

2. 测试方法

当阶跃电势较小且持续时间较短时，由电极反应导致的电极表面反应物及产物的浓度变化很小，此时电极过程可认为处于电化学控制；当阶跃电势很大且持续时间较长时，由电极反应进行而导致电极表面反应物消耗很快，浓度迅速降为零，此时电极过程处于极限扩散控制；更一般的则是电化学与扩散混合控制的情形。

恒电势间歇滴定技术（potentiostatic intermittent titration technique，PITT）是通过瞬时改变电极电势并恒定该电势值，同时记录电流随时间变化的测量方法。通过分析电流随时间的变化可以得出电极过程电势弛豫信息以及其他动力学信息，类似于恒电势阶跃，只是PITT是多电势点测量。PITT常用于测定锂离子扩散系数（D_{Li^+}），其基本原理如下。根据Fick第二定律，平面电极的一维有限扩散模型为

$$\frac{\partial c_{Li^+}}{\partial t}=D_{Li^+}\left(\frac{\partial^2 c_{Li^+}}{\partial x^2}\right)$$

式中，x 为锂离子从电解质/氧化物电极的界面扩散进入电极的距离；c_{Li^+} 为锂离子扩散至 x 处的浓度；t 为扩散时间；D_{Li^+} 为锂离子扩散系数。

锂离子在电解质/氧化物电极的界面的浓度梯度所决定的电流为

$$I(t)=-ZFD_{Li^+}\left(\frac{\partial c_{Li^+}}{\partial x}\right)_{x=0}$$

由上述两个公式可以建立起扩散系数和电流之间的联系：

$$I(t)=\frac{2ZFS(C_s-C_0)D_{Li^+}}{L}\sum_{n=0}^{\infty}\exp\left[-\frac{(2n+1)^2p^2D_{Li^+}t}{4L^2}\right]$$

式中，Z 为活性物质的得失电子数；F 为法拉第常量；S 为工作电极的活性物质与电解质接触的电化学活性表面积；C_s-C_0 为在阶跃下产生的锂离子的浓度变化。

对上述公式进行简化，得到扩散系数（D_{Li^+}）与电流（I）的关系：

$$D_{Li^+}=-\left(\frac{\mathrm{d}\ln I}{\mathrm{d}t}\right)\frac{4L^2}{\pi^2}$$

3. 应用案例

计时电流法研究电解液在不同锂晶面的稳定性：金属锂是一种很有前途的高容量负极材料。美国康奈尔大学 L. A. Archer 等[2]研究发现，将锂沉积容量增加到 10～

$50mAh \cdot cm^{-2}$，锂沉积层会发生形态转变，产生以锂(110)晶面为主的大颗粒、致密结构；并通过计时电流法研究发现，电解质对锂(110)晶面具有更高的稳定性。采用计时电流法获得锂铜电池在不同阶跃电压下的电流密度，图 4.5 中蓝色曲线表示以高沉积容量 $20mAh \cdot cm^{-2}$ 沉积的(110)晶面为主的锂，红色曲线表示以小电流密度 $0.5mA \cdot cm^{-2}$ 沉积的低容量 $5mAh \cdot cm^{-2}$ 的(200)晶面为主的锂。在整个研究的电压范围内，(110)锂比(200)锂表现出更低的电流，这表明当与(110)锂占主导地位的电极与电解质接触时，电解质组分的分解较少，电解液表现出较高的电化学稳定性。

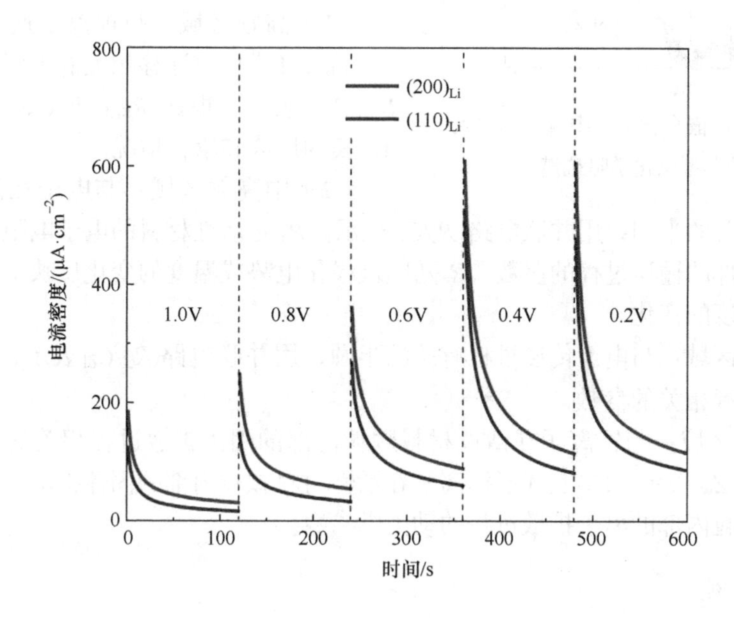

图 4.5　Li-Cu 电化学电池的计时电流法测量[2]

4.1.3　交流阻抗法

1. 概念

交流阻抗法是一种控制通过电化学系统的电流或电势在小幅度的条件下随时间按正弦规律变化，同时测量相应的系统电势或电流随时间的变化，进而分析电化学系统的反应机理、计算系统相关参数的电化学测量方法。交流阻抗法包括电化学阻抗谱和交流伏安法两类技术。通过交流阻抗法可以获得研究体系的相关动力学信息、电极界面结构信息。

2. 测试方法

电化学阻抗（EIS）谱在某一直流极化条件下，特别是在平衡电势条件下，给电化学系统施加一个频率不同的小振幅交流电势波，通过测量阻抗随正弦波频率的变化，研究电化学系统的交流阻抗随频率的变化关系。交流伏安法在某一选定的频率下，在工作电极上施加一个随时间慢扫描的直流电势 E，并叠加一峰值为 5mV 的正弦波交流成分，测量电流交流成分幅值，研究交流电流的振幅和相位随直流极化电势的变化关系。

阻抗谱是研究材料和电极界面电性能的一种有效方法。电化学阻抗谱把电池中的电极

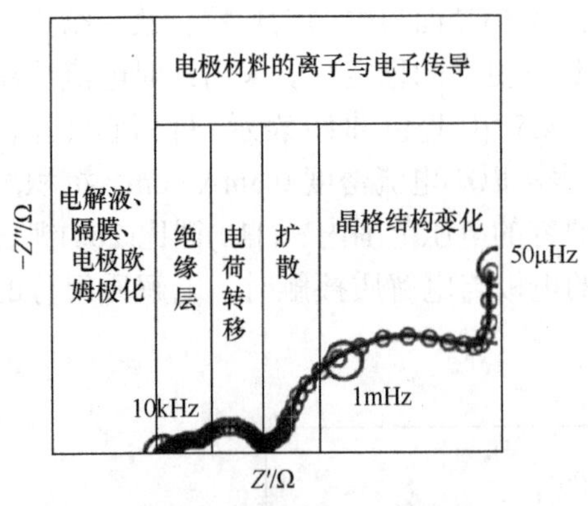

图 4.6 锂离子在嵌合物电极中脱出和嵌入过程的典型电化学阻抗谱

过程等同于电阻与电容串并联组成的简单电路，通过电化学工作站输入扰动信号，得到EIS谱图，确定EIS的等效电路或数学模型，与其他的电化学方法结合，即可推测电池中包含的动力学过程及其机理。

锂电池中典型的EIS谱主要由四部分组成，如图 4.6 所示。

（1）高频区域：与锂离子通过活性材料颗粒表面SEI膜扩散迁移相关的半圆，用并联电路 R_{SEI}/C_{SEI} 表示。根据 R_{SEI} 和 C_{SEI} 的变化，判断SEI 膜的形成和增长情况。

（2）中高频区域：与电子在活性材料颗粒内部的输运有关的半圆，用并联电路 R_e/C_e 表示。R_e 是活性材料的电子电阻，为电子在活性材料颗粒内部的输运过程的参数。R_e随电极极化电势或温度的变化反映了材料电导率随电极电势或温度的变化。

（3）中频区域：与电荷传递过程有关的半圆，用并联电路 R_{ct}/C_{dl} 表示，R_{ct} 和 C_{dl} 是表征电荷传递过程相关的参数。

（4）低频区域：与锂离子在活性材料颗粒内部的固体扩散过程相关的一条斜线。用Warburg 阻抗 Z_w 表示。Z_w 表征了锂离子在活性材料颗粒内部的固体扩散过程，是表征电极活性材料颗粒内部的离子扩散过程的动力学参数。

3. 应用案例

交流阻抗法研究不同温度下的材料阻抗：钠基层状过渡金属氧化物（transition metal oxide，TMO）作为钠离子电池正极材料受到了广泛的关注和研究。中国科学技术大学章根强等[1]通过交流阻抗法测试不同温度下$[Na_{0.67}Zn_{0.05}]Ni_{0.18}Cu_{0.1}Mn_{0.67}O_2$（NZNCMO）和$Na_{0.67}Ni_{0.33}Mn_{0.67}O_2$（NNMO）两种钠离子电池正极材料的电化学阻抗。如图 4.7 所示，随着温度升高，电阻减小，显然NZNCMO有比NNMO更小的阻抗，通过阿伦尼乌斯公式计算得到了两种样品的钠离子在界面扩散的激活能，双位点掺杂的NZNCMO相比于NNMO表现出更低的扩散能垒（$32.98kJ \cdot mol^{-1}$ *vs.* $42.65kJ \cdot mol^{-1}$），表明NZNCMO有利于界面电荷转移。

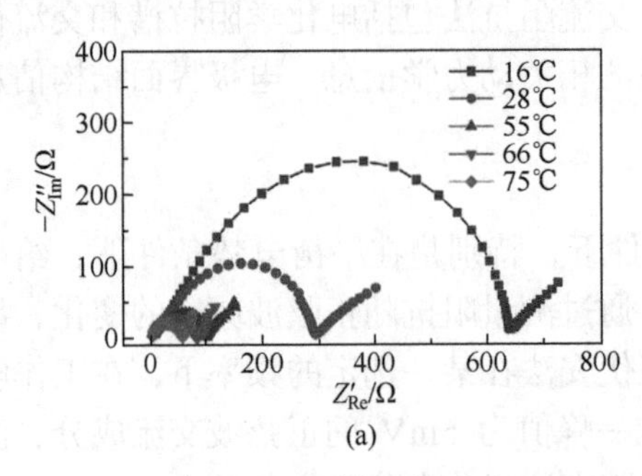

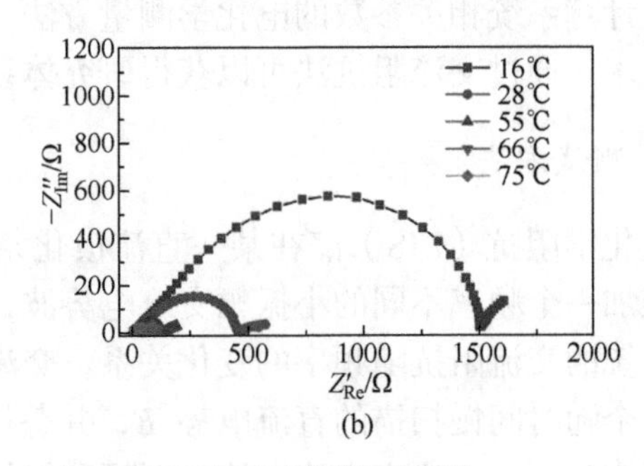

图 4.7 不同温度下 NZNCMO（a）和 NNMO（b）的阻抗比较[1]

4.1.4　充放电测试

1. 概念

充放电测试是通过采用不同充放电模式，实现对材料的比容量、库仑效率、过电势、倍率特性、循环特性、高低温特性、电压曲线特征等特性进行测试的手段。

2. 测试方法

电池充电特性测试时，外部电源与电池相连，组成闭合回路，外部电源通过一定方式对电池进行充电，使外电路中的电能转化为化学能储存到电池中。该过程中电池电压不断升高，当达到设定的充电截止条件时，充电特性测试完成。充电性能测试主要研究充电电压变化、充电终止电压、充电效率等性能。

电池放电特性测试时，电池正负极和负载相连，组成闭合回路，电池以一定方式通过负载放电。该过程中电池电压不断降低，当达到设定的放电截止条件时，放电性能测试完成。放电性能测试主要研究在一定放电电流情况下，放电电压变化量、放电终止电压、放电时间等参数。

充放电模式有恒流充电、恒流-恒压充电、恒压充电、恒流放电等不同充放电模式。锂离子电池充电过程中考虑到过高的充电电压会导致电池性能的降低，常采用恒流-恒压充电方式，如图 4.8 所示。测试过程中分为恒流充电阶段和恒压充电阶段。先根据电池的正负极材料及电解液体系确定恒流充电的截止电压，恒电流充电使电池的电压达截止电压，再进行恒电压充电，这时充电电流在逐渐降低，恒电压充电到预先设置好的某个极小的电流值或某个特定的时间停止充电。

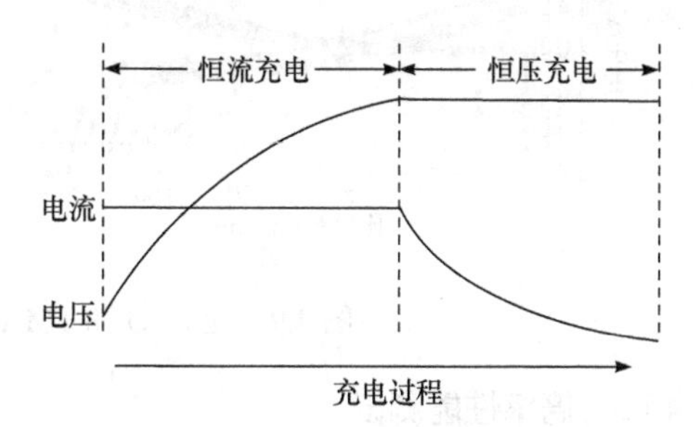

图 4.8　锂离子电池恒流-恒压充电模式

3. 应用案例

充放电测试研究钴酸锂电极材料的循环稳定性：钴酸锂（LCO）是锂离子电池的主要正极材料。采用高压充电时，LCO 在深度脱锂状态下结构不稳定，会引发安全问题。中国科学院物理研究所李泓等[3]通过微量 Ti-Mg-Al 共掺杂改善 LCO 在 4.6V（*vs*. Li/Li^+）下的稳定循环，并通过充放电测试分别对 LCO 和 Ti-Mg-Al 共掺杂的 LCO（TMA-LCO）在半电池和全电池中的电化学性能进行了评价，如图 4.9（a）所示。与纯 LCO 相比，TMA-LCO 在半电池中表现出更好的循环稳定性，特别是在高充电截止电压为 4.6V 的情况下。0.5C 倍率下，TMA-LCO 在 100 次循环后的可逆放电比容量为 174mAh · g^{-1}，容量保持率为 86%。图 4.9（b）、（c）为不同循环周数下的充放电曲线，经过 50 次循环后，LCO 的电压曲线明显下降，说明纯 LCO 的结构退化程度比 TMA-LCO 严重。另外，考察了使用 LCO 或 TMA-LCO 正极和商用石墨负极的全电池（约 2.8Ah）在室温下的循环性能。如图 4.9（d）所示，经过 70 次循环后，LCO/石墨电池比容量迅速衰减至 51.3mAh · g^{-1}。相比之下，TMA-LCO/石墨电池在经过 70 次循环后的容量保持能力有很大的提高，比容量

为 178.2mAh · g^{-1}。TMA-LCO 的放电电压基本保持在 3.90V 左右，而纯 LCO 的放电电压逐渐下降到 3.51V。纯 LCO 全电池循环性能的严重退化可以归因于不可逆的结构转变和不良的副反应，在软包电池循环中有明显的气体生成。

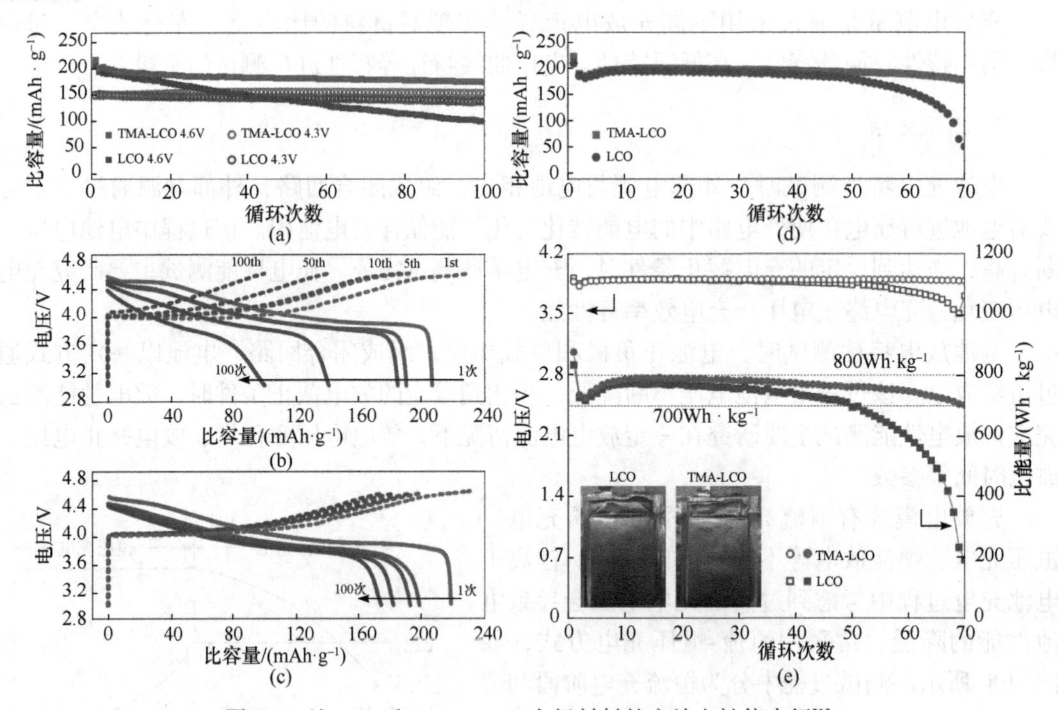

图 4.9 纯 LCO 和 TMA-LCO 电极材料的充放电性能表征[3]

4.1.5 倍率性能测试

1. 概念

倍率性能指充放电倍率增加情况下，电池容量的保持能力。充放电倍率=充放电电流/额定容量。例如，额定容量为 100Ah 的电池用 20A 放电时，其放电倍率为 0.2C，放电完成需要 5h。电池的倍率性能测试是在充放电过程中通过改变电流密度来得到不同充放电速率下的容量，进而判断电池倍率性能好坏的测试方法。

2. 测试方法

倍率性能测试有三种形式，包括采用恒流恒压充电和不同倍率恒流放电测试，用来表征和评估锂离子电池在不同放电倍率时的性能；采用相同的倍率恒流放电，并以不同倍率恒流充电测试，用来表征电池在不同倍率下的充电性能；以及充放电均采用不同倍率进行充放电测试。

3. 应用案例

三元正极材料倍率性能测试：镍钴锰三元正极材料（NCM）（Ni、Co、Mn）是锂离子电池的关键正极材料，可以满足高能量和功率密度的要求。提高层状过渡金属氧化物正极中的镍含量并降低钴含量是提高商业锂离子电池能量密度和成本竞争力的可行策略。中南大学郑俊超等[4]研究了改性单晶层状 $LiNi_{0.6}Co_{0.1}Mn_{0.3}O_2/Li_{1.8}Sc_{0.8}Ti_{1.2}(PO_4)_3$（SC-NCM@LSTP-1%）材料的 0.1～5C 倍率性能，如图 4.10 所示。当放电电流密度提高时，两种正极的比容量差异变得明显。在 5C 倍率（850mAh · g^{-1}）下，SC-NCM@LSTP-1%正极具有 146.7mAh · g^{-1} 的超高可逆放电比容量，而未改性的 SC-NCM 在 5C 倍率下的放电比容量为 133.5mAh · g^{-1}。

图 4.10　不同正极材料的倍率性能测试[4]

4.1.6　高低温性能测试

1. 概念

高低温性能测试是高温性能测试和低温性能测试的简称，其目的是评价高低温条件对装备在存储和工作期间的性能影响，锂电池的高低温性能测试是针对化学电源固有的温度缺陷而专门研发的一种性能测试。在低温（低于 0℃）或高温（高于 45℃）条件下，锂离子电池的能量转化和储存能力迅速衰减，造成电池性能的退化、失效，严重阻碍锂离子电池的实际应用与发展，使锂离子电池的使用成本和使用风险不断增加。

2. 测试方法

高低温性能测试一般在高低温测试箱中进行。高低温测试箱主要由控制系统、制冷系统、加热系统、传感器系统和空气循环系统组成。用于电池测试的高低温测试箱内设置了许多安全功能，以防止安全事故的发生，也可以将高低温测试箱与充放电循环测试仪器连接，测试电池在温度变化中的电化学性能。

3. 应用案例

高低温测试研究基于阻燃电解质的锂硫电池循环稳定性：华中科技大学黄云辉等[5]制备了一种新型阻燃聚合 1,3-二氧戊烷电解质（PDE），并应用于锂-硫软包电池。发现 PDE 不仅维持了电极-电解质界面稳定，而且具有良好的阻燃性，提高了电池工作温度极限。图 4.11 显示了基于 PDE 和含 1,3-二氧戊环电解质（LDE）的锂-硫电池在−20℃和 50℃下的循环性能。使用 LDE 的电池在−20℃时无法正常放电；当温度上升到 50℃时，由于多硫化物的快速扩散和溶剂的气化，电池的比容量迅速衰减。与 LDE 相比，PDE 电解质具

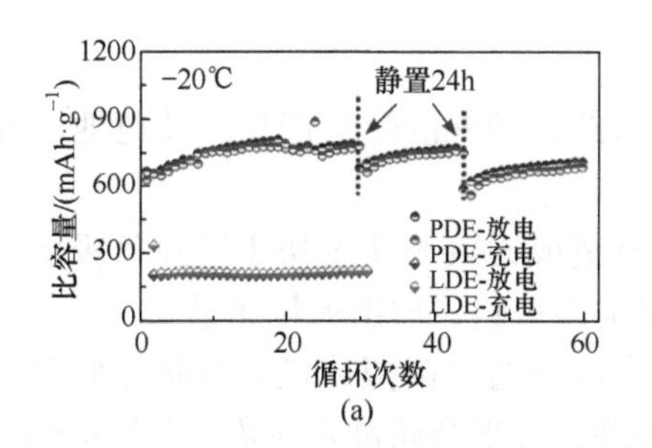

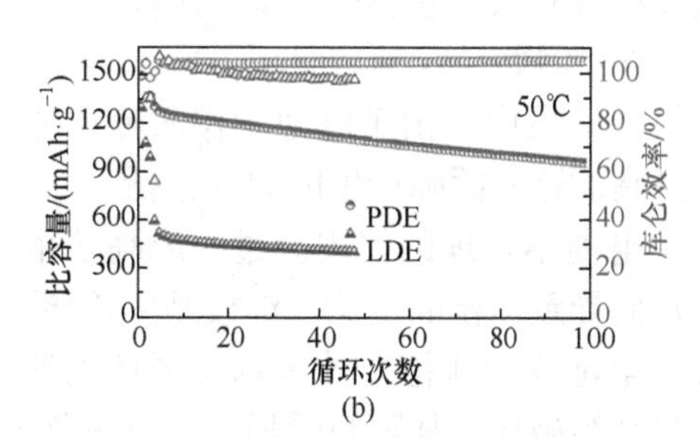

图 4.11　基于 PDE 和 LDE 电解液的锂-硫电池的高低温电化学性能[5]

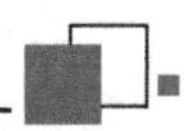

有更好的热稳定性，能更有效地抑制多硫化物的溶解，从而提高电池的低温和高温性能。因此，使用 PDE 的电池在−20℃条件下仍具有 700mAh · g^{-1} 的比容量，在 50℃下循环稳定，在 0.5C 下循环 100 次后仍保持 848mAh · g^{-1} 的比容量。

4.2 安 全 性

安全问题是锂离子电池与生俱来的问题。锂离子电池自身是一种储能装置，内部存储的能量瞬时释放会产生大量的热。在一定的触发条件下，锂离子电池会发生排气、火焰排气、电池部件喷射、火灾和爆炸。在绝热条件下，锂离子电池的电化学能量本身就足以将电池温度提高到 700℃。此外，锂离子电池含有放热分解反应的高能材料，以及可燃有机溶剂和可燃碳负极材料，如果暴露在合适的点火条件下，都能在大气中燃烧。这种反应释放的热量是储存的电化学能量的 10 倍。

锂离子电池安全问题引发因素来源于两方面，即内部因素和外部因素。内部因素与电池本体的材料及生产工艺有关，如电池自身的金属杂质、电极毛刺等原因导致隔膜刺穿，从而引发正负极内部短路。外部因素是电池应用过程中出现问题，如锂离子电池受到过充、短路、振动、挤压、高温环境等外部影响后引发热失控从而造成起火爆炸。研究表明，通过正极材料包覆、隔膜和电解液改进等方法提高电池材料热稳定性，可以提升电池的安全性。同时，通过改善电池设计和模组设计也可以大幅度提升电池的安全性。

锂离子电池安全问题的诱因并非相互独立，而是可由多种因素引起。然而，大多数锂离子电池发生的安全事故都是由电池内部短路引发的，这些内部短路可以发展到导致热失控的程度。一般来说，锂离子电池起火爆炸事故大部分可以归结为热失控过程。在一定触发条件下，引起内部短路，产生热量，由于电池的导热性较差，热量逐渐在锂离子电池内部累积，热量积累推高电池的温度，导致电池内部关键材料分解，引发电池内部的链式化学反应，继续释放热量，直至电池内化学反应放热量极大，任何散热手段都无法阻止电池温升，放热过程渐渐失控，导致电池起火爆炸，该过程即为热失控过程。

4.2.1 热失控

1. 概念

热失控是电池内部各种放热过程导致热量累积和温度升高，进而引发一系列放热反应，使热量释放过程失控。热失控过程分为三个阶段[6]，如图 4.12 所示：①过热阶段；②热量累积与气体释放阶段；③燃烧与爆炸阶段。

1）过热阶段

在第一阶段中，由于电池工作故障，电池内部有额外的热量产生，使电池内部的温度逐渐升高。这些故障产生的原因包括：

（1）电池不合理的使用。过充或高倍率充电造成锂沉积速度快于锂在负极层间扩散速度，从而导致锂枝晶生长，锂枝晶生长导致电池内短路，放出大量热量。

（2）电池受到碰撞或外来物质损坏电池。当电池遭受碰撞或被外部物体刺穿，电池的结构将会被破坏，如隔膜受损会导致正负极短路，外来金属进入导致正负极接通，或电池管理系统被破坏。这对于电动汽车而言，是必须考虑的因素。

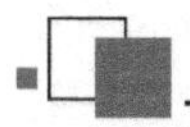

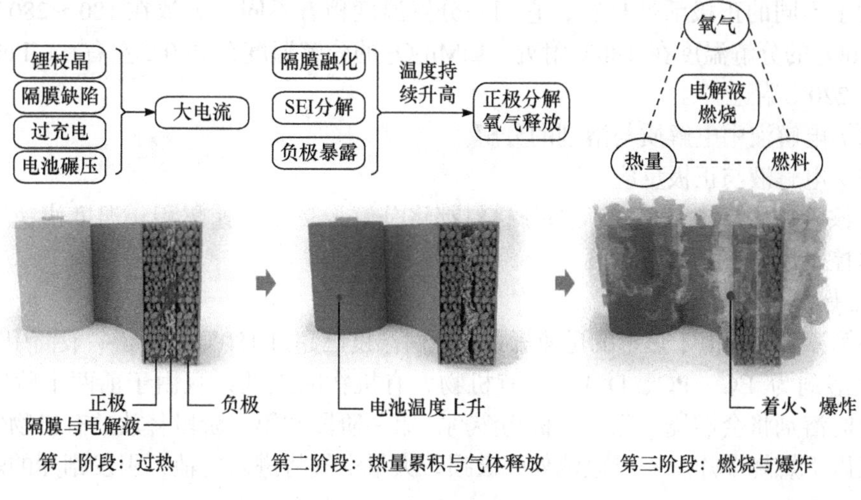

图 4.12　热失控过程[6]

（3）电池结构设计缺陷。正负极与电解液不匹配或隔膜装配存在缺陷都将导致电池存在过热危险。

当电池内部存在过热现象，随着电池内部温度的累积，温度不断升高。当电池内部温度达到一个极限时，将会导致电池内部材料一系列反应，此时第二阶段开始。

2）热量累积与气体释放阶段

经过第一阶段后，电池内部温度上升到一定值，此时电池材料可能会发生如下反应：

（1）SEI 膜的分解，并导致负极与电解液反应。当温度高于 90℃时，SEI 膜中的介稳有机组分将首先分解，并释放可燃性碳氢气体和氧气，以 $(CH_2OCO_2Li)_2$ 为例，发生如下反应：

$$(CH_2OCO_2Li)_2 \longrightarrow Li_2CO_3 + C_2H_4 + CO_2 + 0.5O_2$$

当 SEI 膜分解后，负极与电解质接触并与溶剂发生反应，放出大量热量与可燃气体，如：

$$2Li + C_3H_4O_3(EC) \longrightarrow Li_2CO_3 + C_2H_4$$

$$2Li + C_4H_6O_3(PC) \longrightarrow Li_2CO_3 + C_3H_6$$

（2）隔膜分解熔化。当温度超过 130℃时聚乙烯（PE）隔膜分解，当温度超过 160℃时聚丙烯（PP）隔膜分解。隔膜的分解，将进一步导致正负极接触，引发电池内短路，加剧热量累积。

（3）当温度继续升高，锂离子金属氧化物正极材料将会分解。该正极材料热分解将会释放大量的热量与氧气。以钴酸锂为例，发生的反应如下：

$$Li_xCoO_2 \longrightarrow xLiCoO_2 + \frac{1}{3}(1-x)Co_3O_4 + \frac{1}{3}(1-x)O_2$$

$$Co_3O_4 \longrightarrow 3CoO + 0.5O_2$$

$$CoO \longrightarrow Co + 0.5O_2$$

对于不同的正极活性材料，它们的分解温度稍有不同，大致在180～280℃。$LiNiO_2$和$LiCoO_2$的分解温度在180℃附近；$LiMn_2O_2$的分解温度在200℃左右；$LiFePO_4$的分解温度在220℃附近。

（4）电解液中电解质与溶剂的分解。

（5）电解液与正极反应。

在该阶段中，电池内部大部分材料都将分解，热量迅速累积，温度快速升高，反应逐渐失控，最终来到第三阶段。

3）燃烧与爆炸阶段

在第三阶段，由于热量的迅速累积，此时温度已超过180℃。由于一般商用锂离子电池电解液溶剂为EC、PC、DMC等有机物，有机物闪点低，且由于前两个阶段有氧气产生，此时溶剂将会燃烧。除了有机物溶剂，第一阶段和第二阶段释放的有机物气体也将在氧气氛围下燃烧爆炸。一旦电池外壳破损，大量空气将进入电池，引发剧烈的燃烧爆炸。

2. 预防热失控与提高锂离子电池安全性的措施

热失控的三个阶段分别有一些预防阻止热失控的方法。

对于第一阶段，为了避免SEI膜的分解，可以设计性能可靠的负极材料与电解液形成良好均一的SEI膜，并通过添加合适的添加剂改善SEI膜的性能。这些添加剂可以通过改变SEI膜组分实现抑制锂枝晶生长、增强SEI膜力学性能等功能。除此以外，设计具有抗冲击的电解液和隔膜也可以很好地防范电池受撞击导致的热失控危险。另外，也可以添加充电保护添加剂解决不合理充电时的热失控风险。该种添加剂分为两种类型：一种为氧化还原穿梭添加剂，它通过来回在正负极消耗充电时多余的电荷实现过充保护；另一种为充电关闭添加剂，它通过在过充时发生一系列反应阻止电极反应继续发生。

对于第二阶段，可以设计具有较高热稳定性的正极材料，减少放热与析氧。也可以设计具有热关闭的集流体或隔膜，在一定温度后，集流体或隔膜自动关闭，使电池停止工作。改善隔膜的热稳定性也可以有效减少电池内短路发生的概率。

对于第三阶段，为了避免电池包的大范围燃烧爆炸，可以在电解液中添加阻燃添加剂。除了加入添加剂，还可以设计不可燃的电解液，如水系电解液、离子液体、固体电解质。通过加入高浓度的盐可以提高水系电解液的电化学窗口，水的存在能有效降低电池爆炸的风险。固体电解质可以有效抑制锂枝晶的生长，从而显著提高电池的安全性能。

除此以外，设计合适的电池管理系统与电池使用电路也可以提高电池的安全性能。通过实时监测电池的工作状态，配备合适的冷却系统可以有效防范热失控风险。设计合适的安全压力阀排除杂质气体，采用正温度系数的端子也是改善锂离子电池安全性能的重要手段。

3. 应用案例

锂离子电池热失控实验：锂离子电池中的隔膜在电池热失控达到一定程度时会发生收缩或熔化，导致电池内部短路，从而瞬间释放大量热量，引起电池起火或爆炸。华中科技大学张炜鑫等[7]研究了锂离子电池热失控行为。图4.13（a）～（c）显示了采用传统PE隔膜的NCM523（Ni：Co：Mn元素配比为5：2：3）软包电池的整个热失控过程：图4.13（a）显示热失控开始阶段，电池产生烟雾；接下来电池产生喷射火焰并在8s后开始剧烈燃烧[图 4.13（b）]；燃烧持续 23s 后，明火熄灭[图 4.13（c）]。相反，火灾响应多功能隔膜的 NCM523 软包电池的热失控过程，包括少量烟雾产生[图 4.13（d）]、烟雾加重但没有明火现象[图 4.13（e）]，直到烟雾逐渐消散[图 4.13（f）]。研究表明，使用 PE 隔膜的电池发生剧烈燃烧变成一堆黑色物质，而使用火灾响应多功能隔膜的电池整体形状保留，外部铝塑膜仍然完好。

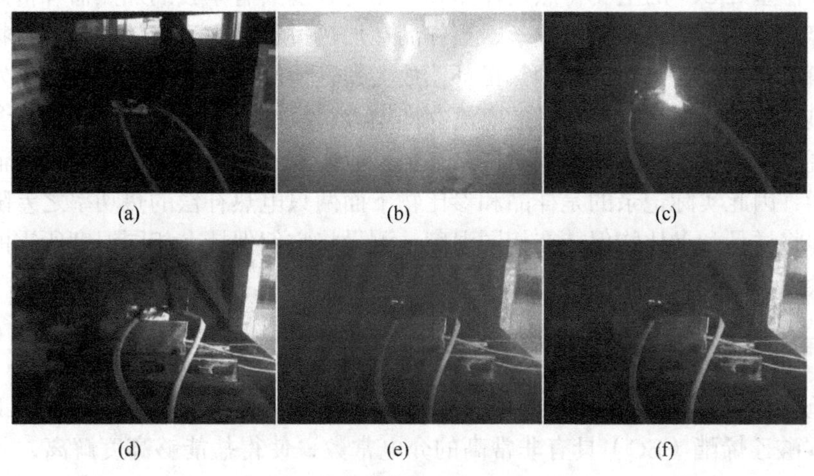

图 4.13　锂离子电池热失控测试[7]

4.2.2　差示扫描量热法

1. 概念

差示扫描量热法（differential scanning calorimetry，DSC）是测量输入到样品和参比物的热流量差（或功率差）与时间（或温度）关系的热分析技术。差示扫描量热仪记录到的曲线称为 DSC 曲线，它以样品吸热或放热的速率为纵坐标，以温度或时间为横坐标，可以测量多种热力学和动力学参数，提供物理、化学变化过程中有关的吸热、放热、热容变化等定量或定性信息。

2. 测试方法

差示扫描量热法可分为功率补偿型 DSC 和热流型 DSC。在热流型 DSC 中样品和参比物在同一个加热炉内，受同一温度-时间程序的监控，在给予样品和参比物相同的功率下，测定样品和参比物两端的温差 ΔT，然后根据热流方程，将 ΔT（温差）换算成 ΔQ（热量差）作为信号输出。在热流型 DSC 中，样品被封闭在一个盘子里，参比物盘子和样品盘子均被放置在被加热炉包围的热电盘上，当加热炉被线性加热速率加热时，热量通过热电盘传递到样品和参比物中。然而，由于样品的热容量（C_{p}），样品和参考物之间会存在温差，这是由面积热电偶测量的，由此产生的热流由欧姆定律的热当量确定：

$$q=\frac{\Delta T}{R}$$

$$\frac{\mathrm{d}H}{\mathrm{d}t}=C_{\mathrm{p}}\frac{\mathrm{d}T}{\mathrm{d}t}+f\left(T,t\right)$$

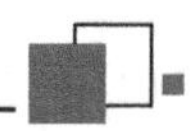

式中，q 为样品热流；ΔT 为样品和参比物之间的温差；R 为热电盘的电阻；$\frac{dH}{dt}$ 为DSC输出热流信号（热流率）；C_p 为样品热容量；$\frac{dT}{dt}$ 为升温速率；$f(T,t)$ 为在热力学温度下随时间变化的热流。

功率补偿型 DSC 的主要特点是样品和参比物分别具有单独的加热器和传感器。样品和参比物容器下装有两组补偿加热丝，当样品在加热过程中由于热效应与参比物之间出现温差时，通过差热放大电路和差动热量补偿放大器，使流入补偿电热丝的电流发生变化，当样品吸热时，补偿放大器使样品的电流立即增大；反之，当试样放热时则使参比物的电流增大，直到两边达到热平衡为止。样品在热反应中发生热量变化，由于及时输入电功率而得到补偿，因此实际记录的是样品和参比物下面两只电热补偿的热功率之差随时间的变化关系，即将样品和参比物保持在相同温度，测量将它们保持在相同温度所需的热功率差异并将其绘制为温度或时间的函数。

3. 应用案例

DSC 研究钠基电解质的凝固温度：电解液的凝固点决定了锂离子电池的工作温度范围。虽然碳酸乙烯酯（EC）具有非常高的介电常数，使得盐能够高度解离，并有利于锂离子电池石墨负极上形成稳定的 SEI，但其凝固点相对较高（约 36.4℃），不利于低温性能。在 EC 中添加了助溶剂降低电解质凝固点成为当下研究的热点。在此背景下，西班牙巴塞罗那材料科学研究所 M. R. Palacin 等[8]对各种钠基电解质进行了 DSC 测量，以确定它们的凝固温度，从而确定它们的温度利用范围。

图 4.14 展示了几种 EC 和 PC 基电解质的 DSC 曲线。图 4.14（a）为 $1\text{mol}\cdot\text{L}^{-1}$ $NaClO_4$ 为钠盐的四种 EC 基二元电解液；图 4.14（b）为含有三种 $1\text{mol}\cdot\text{L}^{-1}$ 钠盐的 PC 基电解质。DSC 测试先冷却到−120℃，然后以 $10℃\cdot\text{min}^{-1}$ 的升温速率升至室温。研究表明，不同二元 EC 基溶剂的第一个吸热峰的温度差异巨大，对于二甲基甲酰胺（DMC）、碳酸二乙酯（DEC）和二甲醚（DME）共溶剂来说，第一个吸热峰的温度分别为−25℃、−50℃和−75℃。而 PC 基电解质的 DSC 加热曲线中未发现吸热峰，只在−95℃附近发现玻璃化转变。简而言之，当添加 PC 作为共溶剂时，没有观察到电解质凝固，说明 PC 有利于电解质在非常低的温度下保持液态。在此前工作中 PC 经常用作锂离子电池电解质中的助溶剂，以降低其工作温度。

4.2.3 加速量热法

1. 概念

加速量热法（accelerating rate calorimeter，ARC）是一种在近似绝热的情况下测试分析样品热安全性的方法，能够模拟电池内部热量不能及时散失时放热反应过程的热特性。ARC 的灵敏度高，获得样品温度、压力等随时间变化曲线以及热失控条件下反应的动力学参数等，典型锂离子电池热失控过程 ARC 曲线如图 4.15 所示。

20 世纪 70 年代，陶氏化学公司设计了初代绝热加速量热仪，并于 1980 年实现商业化。ARC 技术可以在实验室规模下模拟危险热失控过程，使其与当时可用的所有其他技术相比具有独特性。如今，ARC 仍然是大多数人量化放热反应、考察材料放热影响以及模拟失控反应的首选技术。

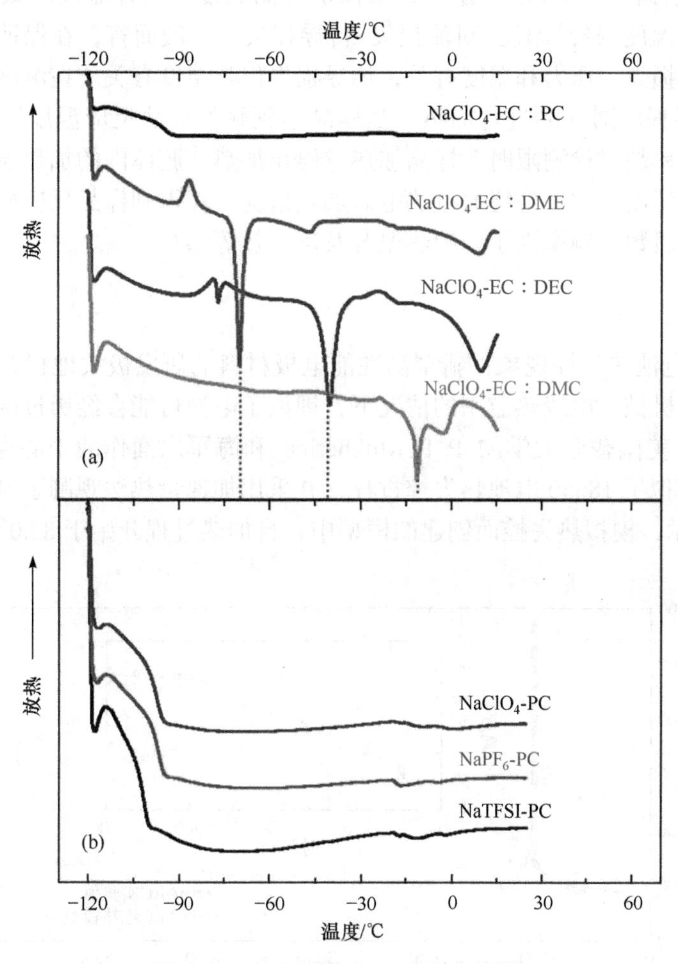

图 4.14 各电解质 DSC 升温曲线[8]

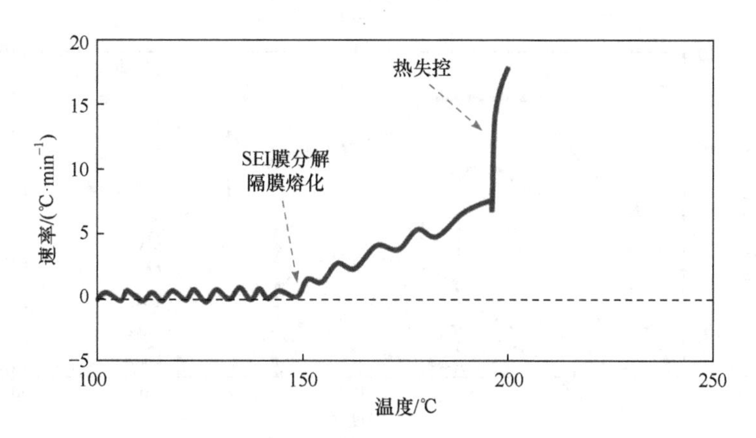

图 4.15 典型锂离子电池热失控过程 ARC 曲线

2. 测试方法

整个测试过程在绝热补偿下进行，来保证样品温度与腔体温度一致，达到“绝热”效果。实际测量温度=样品温度+对流损失+传导损失。一般而言，在保证样品温度准确性的前提下，对流损失与压力和温度有关，传导损失仅与温度有关。在测试过程中，样品加热丝按设定升温程序对样品进行加热。当样品达到触发放热反应温度后，样品会放热升温。当其升温速率超过检测限时，样品加热丝停止加热，腔体内的加热器持续加热来确保腔体温度与样品温度一致。最终通过热电偶加热情况计算得到样品反应放热情况，包括反应活化能、反应级数、频率因子、绝热温升及反应热等参数。

3. 应用案例

ARC 研究电池热失控现象：新型高性能电极材料的研发极大地提升了锂离子电池的能量密度，但在机械、电或热滥用的情况下，锂离子电池可能会经历过度的温升并发生灾难性的热失控。美国普渡大学的 P. P. Mukherjee 和海军水面作战中心克兰分部的 K. R. Crompton 等[9]模拟了 18650 电池热失控过程，并采用加速量热法观测了电池热失控反应。图 4.16（a）显示，模拟热失控而创建的模型中，自加热过程开始于 82.0℃和 272min，与

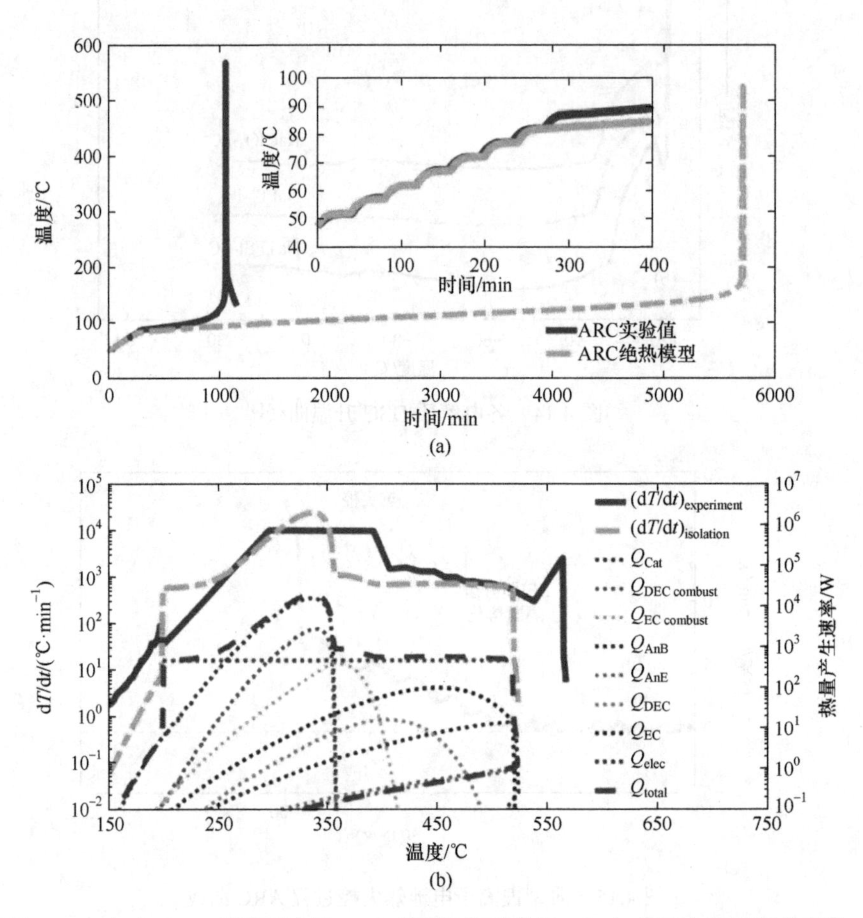

图 4.16 （a）18650 锂离子电池 ARC 模型和温度曲线；（b）升温速率-温度曲线[9]

实验数据有 5.0℃的温度差和 28min 的时间差。模型预测的热失控温度开始为 198.7℃和 5713min，而实验测试结果为 198.7℃和 1058min，两者偏差较大。图 4.16（b）显示，模型的升温速率在 198.7℃和 357.1℃之间存在一个凸起，然后在 103℃和 519.2℃之间出现一个平台，与实验曲线匹配。正极分解主导了模型中升温速率的第一个凸起，而 DEC 燃烧和释放的电能起次要作用。而热失控模型中电池放电主要存在于平台区，其中 EC 燃烧和 EC 分解贡献较小。

4.2.4 红外热成像

1. 概念

利用红外探测仪测定目标物体的红外线差异，便可以得到物体表面温度的空间分布，热红外线形成的图像称为热图像或热图。热成像大致可分为两类，即主动热成像和被动热成像。在主动热成像中，物体在成像前被加热或冷却，而在被动成像中，物体在成像前在自然状态或稳定状态下成像而不加热或冷却。

2. 方法

红外热成像仪是一种用来探测目标物体的红外辐射，并通过光电转换、电信号处理等手段，将目标物体的温度分布图像转换成视频图像的仪器，它能快速、实时地采用非接触手段在线监测和诊断出设备的大多数过热故障。在电池的研究中，红外热成像仪常用于研究电池的热特性，可以为电池单体结构设计、电池组或电池包散热方案、整车电池包的热管理系统设计提供依据。

红外热成像仪工作原理是利用光学透镜进行滤波，将可识别波的辐射能量反馈给红外探测器。探测器经过一系列处理，将红外辐射能转换成电信号，将采集到的信息发送到机器内部负责图像处理的部分进行二次处理。图像处理部分对探测器采集到的数据信息进行整合和分析，处理后的图像可通过目镜或监视器看到。

红外热成像仪可以内置录像机，用于捕捉被观察物体的图像和视频以及许多其他辅助功能，如无线数据（照片、视频）传输（无线电信号、WiFi）到外部设备、远程控制（如使用移动设备）、与 GPS 传感器（地理定位）的集成等。

3. 应用案例

热成像技术跟踪锂离子电池热失控行为：防止和缓解热失控是锂离子电池安全运行面临的最大挑战之一。英国伦敦大学的 P. R. Shearing 等[10]运用热成像技术跟踪锂离子电池热失控过程中内部结构损伤和热行为的演变。研究使用 LG 18650 NMC 商用锂离子电池。图 4.17 显示了电池下端、中部、上端三个区域的平均温度演变。在实验的前 10s，两个电池的表面温度迅速上升，然后继续以准稳定速率上升。97s 后温度突然上升，电池外壳表面形成两个热点，这些热点是由内部短路引起的。热点的突然出现和瞬态特性表明存在一种机制，包括快速但短暂的能量释放（焦耳加热或放热反应），这种机制与严重短路一致，即导致局部温度快速上升，同时引发热失控的风险最大。这种短路通常与高导电层之间的接触有关，如铝集流体和石墨电极之间的接触，这可能是由于枝晶生长、电池中的

杂质/弹片或内部结构坍塌。168s 后，当电池的外壳温度达到约 230℃时，电池发生热失控。此后，电池的温度超过了热相机的温度范围（高达 260℃）。在热失控过程中，电池的外壳和盖子保持完整，外壳内的压力快速上升导致熔融物质以流体喷射的形式从通风口喷出。在导致热失控的几秒内，观察到一股由分解反应产生的气体产物从电池的排气口喷出。接下来是熔融的液体从电池盖上涌出。

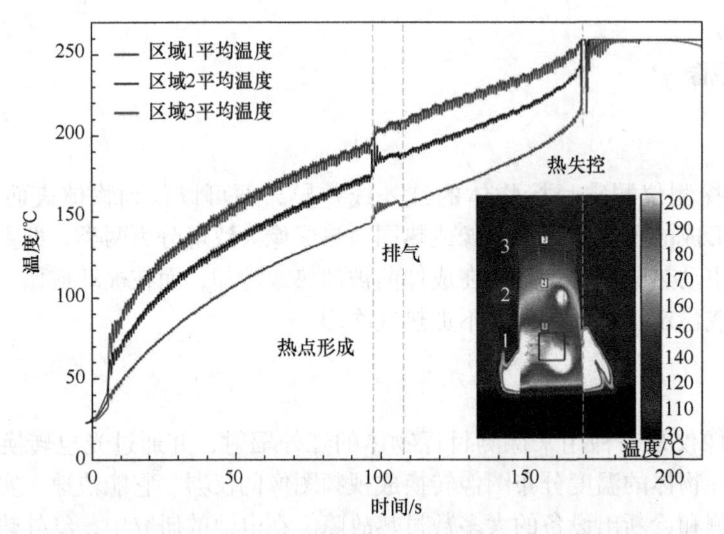

图 4.17　电池上三个区域的平均温度随时间的变化曲线[10]

习　题

一、选择题

1. 控制电位从正到负方向开始扫描时，电极进行的是（　　），电极表面氧化物 M^+ 的浓度逐渐下降，流向电极的电流不断增加，直至电流达到最大，称为（　　）。

A. 还原反应，还原峰电流　　B. 还原反应，氧化峰电流

C. 氧化反应，还原峰电流　　D. 氧化反应，氧化峰电流

2. 电位滴定法用于氧化还原滴定时指示电极应选用（　　）。

A. 玻璃电极　　B. 甘汞电极　　C. 银电极　　D. 铂电极

3. PITT 的测试过程是（　　）：①测量电流变化；②保持恒定；③改变电位；④改变电流；⑤测量电位变化。

A. ④→⑤→②　　B. ③→②→①　　C. ②→③→①　　D. ②→⑤→④

4. 电池倍率大是指电池以高倍率电流放电，锂离子集中爆发从负极中脱出聚集在负极表面，而在离负极较远的电解液中锂离子的浓度很低，造成（　　）；且此时欧姆极化的副作用也会被放大，导致电池电压瞬间下降至截止电压。

A. 离子位移极化　　B. 欧姆极化　　C. 浓差极化　　D. 电化学极化

5. 在热流型 DSC 中样品和参比物在同一个加热炉内，受同一温度-时间程序的监控，在给予样品和参比物相同的功率下，测定样品和参比物两端的温差 ΔT，然后根据

(　　), 将 ΔT（温差）换算成 ΔQ（热量差）作为信号输出。

A. 热量方程　　B. 热流方程　　C. 欧姆定律　　D. 放热公式

二、填空题

1. 测量不同电池的参数有不同的分析测试方法：测量电动势的方法是_______；测量电流随电压变化的方法是______；测量电阻的方法是______；测量电量的方法是______。

2. 三电极体系，包括______、______和______。其中，在工作电极与______之间施加周期性变化电压，形成测量回路，同时测量工作电极与辅助电极之间的电流形成______。

3. 电势阶跃测试是_________的测量方法，也称为_________法。电势阶跃是控制_________，按一定的具有电势突跃的波形规律变化，同时测量电流随时间的变化，称为_________；或者测量电量随时间的变化，称为_________。

4. 充放电倍率（C）= _______ / _______，如额定容量为 1000mAh 的电池以 100mA 的电流充放电，则充放电倍率为_______。

5. 相对于电池的电化学能量含量，负极和正极与_________的反应以及电解液的_________对热释放有显著的贡献。

6. 影响DSC曲线峰位最主要的实验条件因素是_______，影响基线位置最主要的实验条件因素是样品与参比样的_______。在氦气中比空气中测出的热焓值偏_______。

7. ARC 是一种在__________的情况下测试分析样品热安全性的方法，灵敏度__________，获得样品__________等随__________变化曲线以及__________条件下反应的动力学参数等。

8. 大部分的红外热成像仪针对________及________这两个波段进行检测，通称________，计算并显示物体的________。

三、简答题

1. 说明两电极体系和三电极体系的区别。

2. 交流阻抗法包括哪两种技术？对比这两种技术的异同。

3. 名词解释：半电池、过电势、比容量、能量密度、库仑效率、充放电曲线。

4. 简述锂离子电池安全问题的引发因素及热失控的三个过程。

5. 简述 ARC 的工作原理。

参考文献

[1] Peng B, Chen Y X, Wang F, et al. Unusual site-selective doping in layered cathode strengthens electrostatic cohesion of alkali-metal layer for practicable sodium-ion full cell[J]. Advanced Materials, 2022, 34(6): 2103210.

[2] Zhao Q, Deng Y, Utomo N W, et al. On the crystallography and reversibility of lithium electrodeposits at ultrahigh capacity[J]. Nature Communications, 2021, 12(1): 1-10.

[3] Zhang J N, Li Q, Ouyang C, et al. Trace doping of multiple elements enables stable battery cycling of $LiCoO_2$ at 4.6V[J]. Nature Energy, 2019, 4(7): 594-603.

[4] Fan X M, Huang Y D, Wei H X, et al. Surface modification engineering enabling 4.6V single-crystalline Ni-rich cathode with superior long-term cyclability[J]. Advanced Functional Materials, 2022, 32(1): 2109421.

[5] Xiang J W, Zhang Y, Zhang B, et al. A flame-retardant polymer electrolyte for high performance lithium metal batteries with an expanded operation temperature[J]. Energy & Environmental Science, 2021, 14(1): 3510-3521.

[6] Liu K, Liu Y, Lin D, et al. Materials for lithium-ion battery safety[J]. Science Advances, 2018, 4(6): eaas9820.

[7] Lou P, Zhang W X, Han Q S, et al. Fabrication of fire-response functional separators with microcapsule fire extinguishing agent for lithium-ion battery safety[J]. Nano Select, 2022, 3(1): 947-955.

[8] Tarascon J M, Palacin M R, Ponrouch A, et al. In search of an optimized electrolyte for Na-ion batteries[J]. Energy & Environmental Science, 2012, 5(9): 8572-8583.

[9] Zhou H, Parmananda M, Crompton K R, et al. Effect of electrode crosstalk on heat release in lithium-ion batteries under thermal abuse scenarios[J]. Energy Storage Materials, 2022, 44: 326-341.

[10] Finegan D P, Scheel M, Robinson J B, et al. In-operando high-speed tomography of lithium-ion batteries during thermal runaway[J]. Nature Communications, 2015, 6(1): 6924.

第5章

电化学原位测试技术

5.1 原位显微镜技术

5.1.1 原位光学显微镜

1. 概念

光学显微镜通过物体表面可见光的反射形成图像。可见光的波长范围为 390～700nm，因此光学显微镜的分辨率较低（约 200nm）。原位光学显微镜技术具有操作简单、无损等优点，是最容易获取和操作的原位表征技术。目前大多数光学显微镜用于实时观测锂枝晶生长，观察电极颜色的变化、电极体积变化等。

2. 装置

原位光学显微镜装置通常由光学显微镜、CCD 相机（将影像转变为数字信号）、可视电化学池、恒电流仪等组成。其中，可视电化学池是最重要的组成部分。可视电化学池大多数使用光学透明材料作为窗口，如聚丙烯或玻璃，用来观察电池内部的结构，捕捉电池充放电过程中电极的形貌变化，具体如图 5.1 所示[1]。

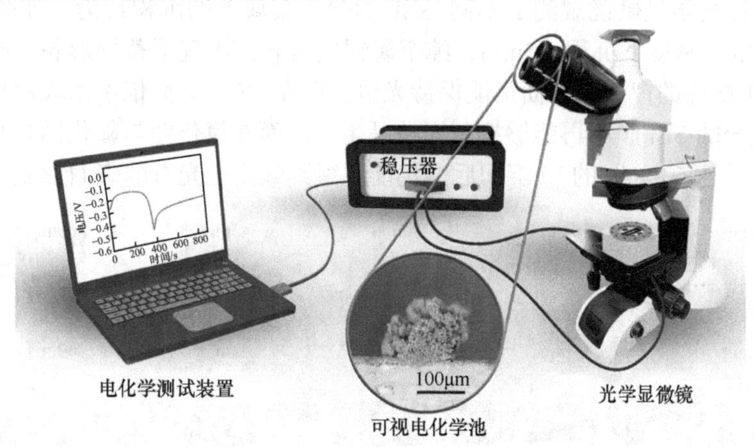

图 5.1　原位光学显微镜装置图[1]

可视电化学池的结构多样，按照电极体系可分为三电极体系和两电极体系；按照电解质可分为液态体系和聚合物体系；按照外形几何形状可以分为毛细管、边对边和面对面型等；按照基底可以分为铜、不锈钢、锂等。

1）三电极体系

在三电极体系的可视电化学池中，锂金属充当对电极的角色提供锂源，基底充当工

作电极的角色，用来观测锂沉积过程，而另一金属锂电极则充当参比电极的角色，用来测量电位。图 5.2 是锂在镍丝基底上沉积的三电极体系装置。

2）两电极体系

因为在三电极体系中，参比电极和对电极都是金属锂电极，所以可以将参比电极和对电极合并为一个电极，从而使三电极体系简化为两电极体系。两电极体系的可视电化学池除了装置更加简便和构造更接近于实际电池外，还减少了加入第三个参比电极带来的额外干扰因素。图 5.3 是矩形可视电化学池，其组成包括石英电池外壳、透明窗口和矩形腔体。原位电化学池被安装在光学显微镜台上，透明窗口对着镜头以进行原位表征[2]。

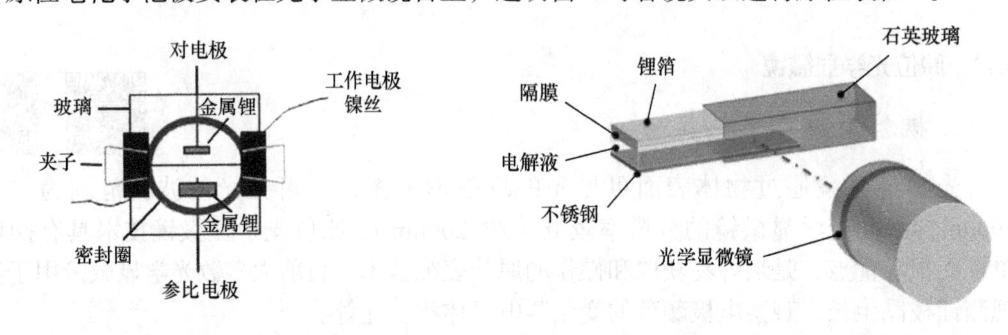

图 5.2 三电极体系装置

图 5.3 矩形可视电化学池设计[2]

3. 应用案例

1）原位光学显微镜观测锂沉积形貌

稳定的固体电解质界面膜（SEI 膜）是提高锂电池负极性能的关键。南开大学程方益等[3]采用原位光学显微镜观测了不同 SEI 组分下金属锂的沉积行为。如图 5.4 所示，0.5mA · cm^{-2} 电流密度下沉积 15min，纯金属锂电极表面出现了苔藓形貌。同样条件下经氟化锂（LiF）修饰的锂负极表面仍能保持光滑，但在 30min 后依然出现锂枝晶，表明仅含有氟化锂成分的 SEI 膜不再能够抑制锂枝晶生长。而在氟化锂与氟化钠复合修饰锂负极表面，即使在长达 600min 的 Li 沉积后，仍能观察到致密、光滑的表面形貌。

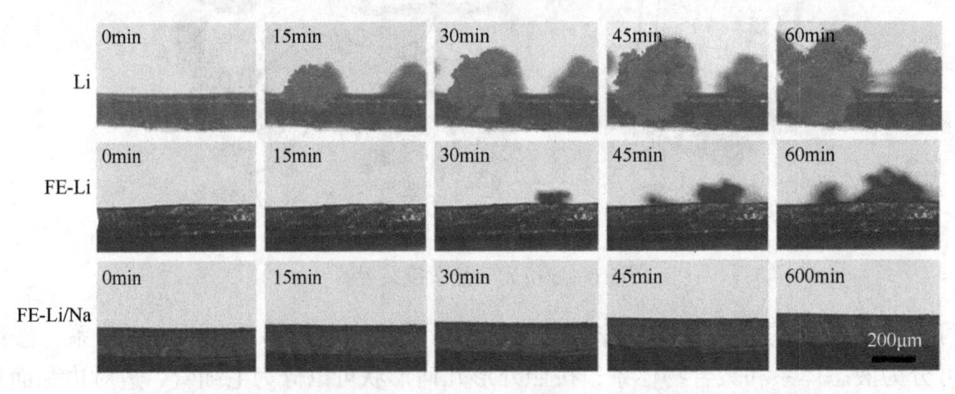

图 5.4 透明电池中 Li、FE-Li 或 FE-Li/Na 负极的原位光学显微镜图像[3]

2）原位光学显微镜观测金属钠/电解质界面反应

金属钠（Na）负极的高反应活性容易发生副反应而产生气体。清华大学张强等利用原位光学显微镜研究了有机电解质在金属钠负极上的分解和产气机理。图 5.5 展示了在纯碳酸丙烯酯（PC）溶剂和添加高氯酸钠的 PC 溶液（$NaClO_4$-PC）中气体演化的原位光学显微镜图像。PC 溶剂和 $NaClO_4$-PC 溶液与金属钠接触后均发生自发副反应产生气泡，而 $NaClO_4$-PC 溶液的产气速率几乎是 PC 溶剂的 10 倍。气体生成速率的差异只能归因于钠离子的存在[4]。

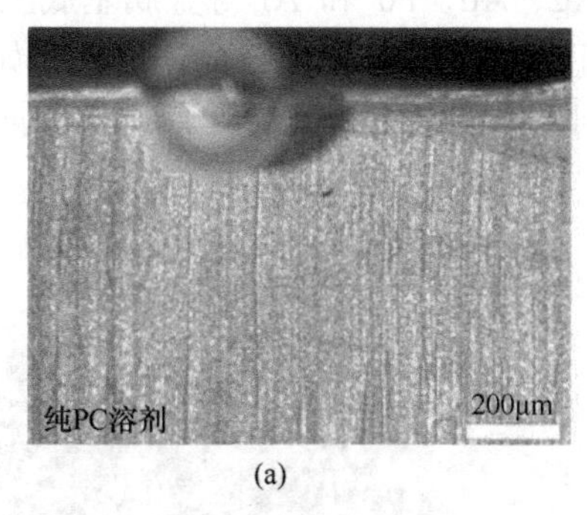

(a)

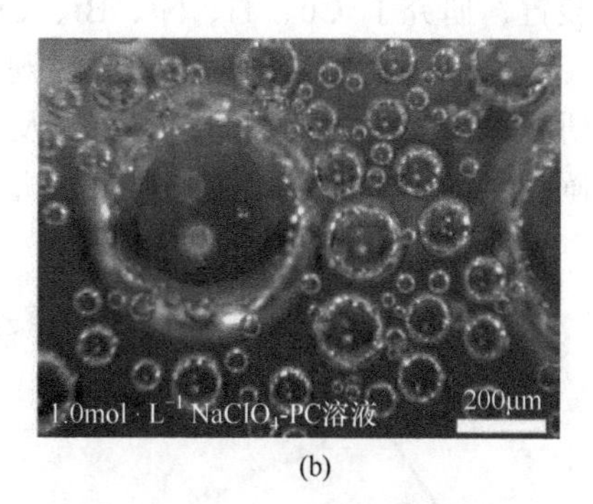

(b)

图 5.5　在纯 PC 溶剂和 Na^+-PC 溶液中气体演化的原位光学显微镜图像[4]

5.1.2　原位扫描电子显微镜

1. 概念

原位扫描电子显微镜测试技术利用电子束扫描样品表面，收集产生的二次电子或背散射电子等信号进行实时成像，在微观尺度上直观地分析电池运行过程中电极材料的形貌变化。另外，将原位扫描电子显微镜与能量色散 X 射线谱结合，可以对电极材料进行定性和定量分析，用于分析充放电前后电极组成和电极界面反应的演化规律。

2. 装置

原位扫描电子显微镜是将电化学反应池与传统的扫描电子显微镜相结合。根据电化学反应池中电解质的种类，原位扫描电子显微镜的电化学池一般分为固体电化学池和液体电化学池，但由于真空度的要求，液体电化学池一般需要采用特殊的结构设计或采用低饱和蒸气压的液体电解质。常见的液体电化学池由两个电极组成，对电极为锂金属，工作电极装有被研究的材料。一种密闭的电化学反应池是由镀有氮化硅（SiN_x）薄膜的硅芯片和带孔的石英芯片组装而成，如图 5.6 所示。石英表面有孔，用于电解液加注。利用刻蚀技术在硅的背面刻蚀出一个氮化硅薄膜窗格，电子束便可以进入这个密封的反应池。固体电化学池是指电解质采用聚合物或无机材料构建。

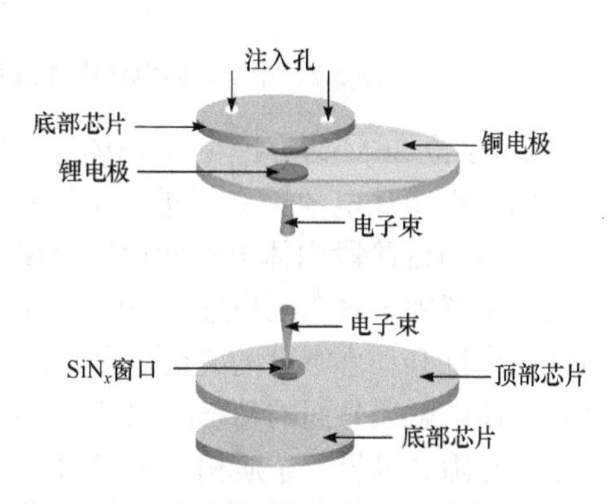

图 5.6　液体原位扫描电子显微镜电化学池示意图

3. 应用案例

1）原位 SEM 观察固态电池中不同金属基底上的锂沉积行为

在固体电池中，锂离子迁移和锂沉积环境的变化，会改变金属锂的沉积行为，从而影响电池的性能和安全性。华中科技大学李会巧等[5]利用一种原位微纳电化学扫描电子显微镜装置，研究了 Cu、Ti、Ni、Bi、Cr、In、Ag、Au、Pd 和 Al 等金属基底上的锂沉积形态、成核密度及生长速率等，同时观察了锂生长之前的动态锂合金化过程，如图 5.7 所示。研究结果表明，基底的亲锂性以及与锂之间适当的晶格相容性，有利于金属锂均匀沉积，阐明了固体电池中无枝晶锂沉积机制。

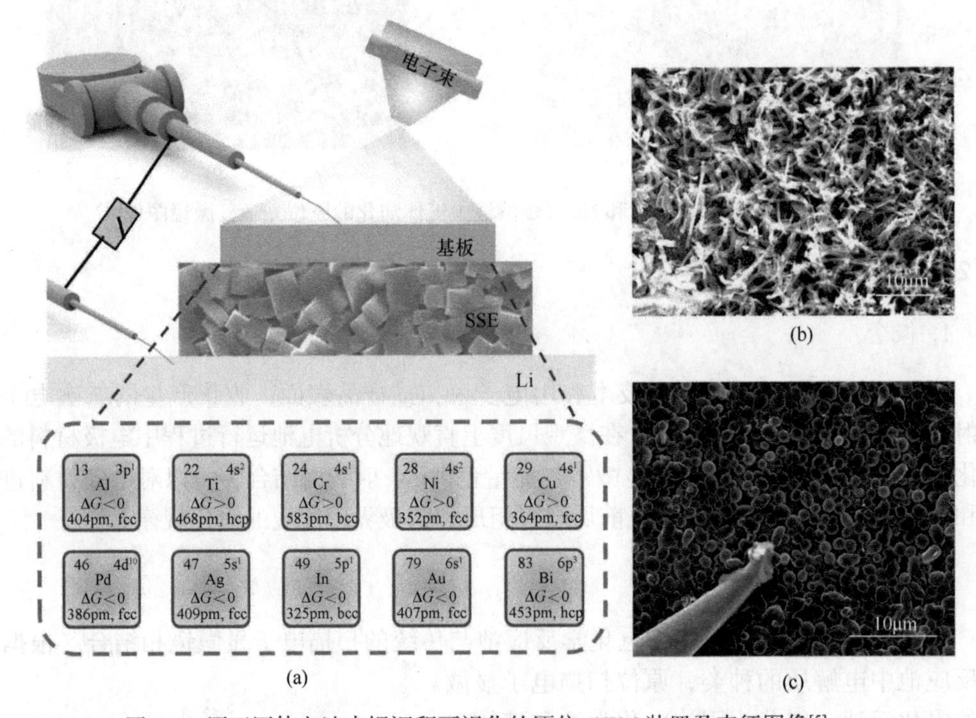

图 5.7 用于固体电池中锂沉积可视化的原位 SEM 装置及表征图像[5]

2）原位 SEM 研究锂在金/固体电解质界面的动态沉积

固体锂金属电池因有望进一步提高安全性和实现更高的能量密度而受到越来越多的关注。然而现阶段固体电池使用锂金属作为负极还存在较大的挑战，如何直接表征固-固界面并了解锂金属在沉积过程中的形核和生长以及伴随的枝晶穿透现象是解决固体锂金属电池安全性和功率密度的关键。厦门大学杨勇等[6]使用原位 SEM 技术跟踪和监测了金属锂在固体电解质界面的动态沉积过程。结果表明，锂沉积位置和生长方式与电解质内部的缺陷（孔隙、晶界、杂质相）密切相关。

利用高能电子束作为虚拟电极提供电子源，固态电解质锂镧锆氧（LLZTO）提供锂离子，可以触发锂金属在石榴石基底上的沉积。图 5.8 显示了在电流密度为 $1mA \cdot cm^{-2}$ 时，锂离子从 LLZTO 中原位析出的连续快照。一旦高能电子束聚焦在 LLZTO 表面，锂金属就开始从辐照区域生长出来。值得注意的是，晶界区域比其他区域对电子束更敏感。

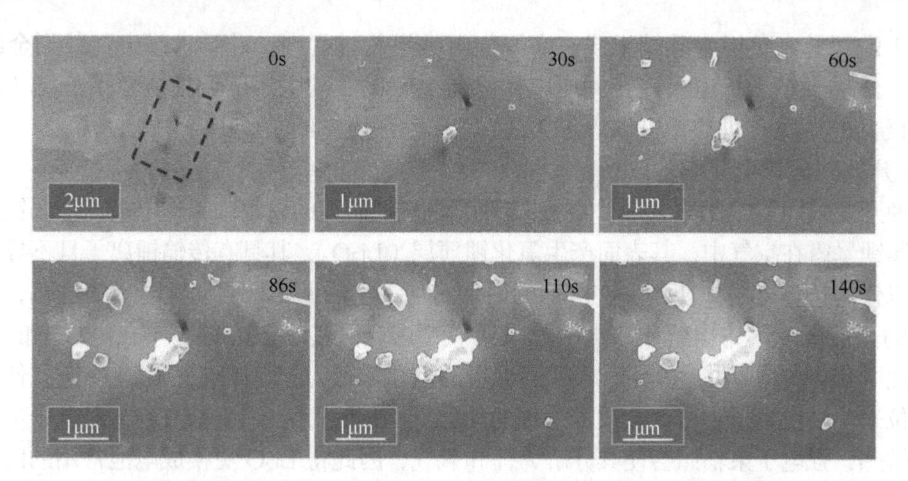

图 5.8 注入电流密度 1mA · cm^{-2} 时，LLZTO 电解质上锂形成和生长的扫描电子显微镜图像[6]

锂沿晶界区（蓝色矩形所示）的择优形核可以在辐照初期捕捉到，说明晶界更有可能诱导局部锂形核和长大。

5.1.3 原位透射电子显微镜

1. 概念

原位透射电子显微镜在提高 TEM 时间分辨率的同时，实现从纳米甚至原子层面实时监测电极、固体电解质及界面在工况下的微观结构演化、反应动力学、相变、化学变化、机械应力以及表/界面处的原子级结构和成分演化等关键信息，是系统研究电池充放电过程电化学反应机理及失效机制的一种重要手段。

2. 装置

原位透射电子显微将电化学反应池与 TEM 相结合，通过改进样品杆，与电化学工作站相连接。根据电池中电解质的不同，原位 TEM 电化学池可分为两大类：①液体电池，是指采用液体电解液构筑原位 TEM 微型电化学池，用于原位探索电极材料在原子尺度上的电化学反应行为。此类电池主要包括两种：开放式 TEM 电化学池和密闭式 TEM 电化学池。②全固体电池，是指采用固体电解质构建纳米微电池，其分辨率高于液态电池，观察对象可以是极小的纳米颗粒、纳米线或纳米片。

1）开放式液体电化学池

在开放式液体电化学池中，电极在 TEM 的真空柱中保持开放式状态。因此，此类电化学池所使用的电解质一般为低饱和蒸气压的离子液体。一种典型的开放式液体 TEM 电化学池结构如图 5.9（a）所示，正极为 $LiCoO_2$，电解质为 10% LiTFSI 溶解在 1-正丁基-1-甲基吡咯烷二（三氟甲

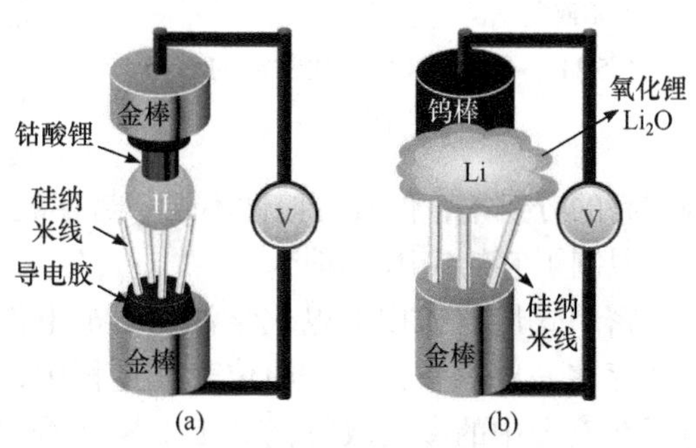

图 5.9 开放式原位 TEM 电化学池示意图[7]

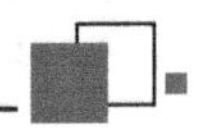

基磺酰）酰亚胺，负极为硅纳米线。在原位电池组装过程中，硅纳米线先负载到金纳米棒电极上，然后金纳米棒电极连接到压电操纵器上，以实现电压的调控。离子液体（IL）是蒸气压极低的熔融有机盐，可以满足 TEM 高真空环境（约 10^{-5}Pa）中的使用。

2）开放式固体电化学池

一种开放式固体电化学池组成如图 5.9 所示[7]。拟研究的材料为工作电极，金属锂为对电极，金属锂暴露在空气中，其表面产生氧化锂薄层（Li_2O），其具有传输锂离子且不导电的特性，可以作为固体电解质使用。在电池的两端施加一定的偏压，驱动锂离子的迁移，实现电极材料的充放电。其中电解质与电极只发生点接触，可能会改变锂离子在电极中的扩散模式，因此所获得的信息并不一定代表实际电极的电化学行为。固体电解质 Li_2O 需要使用较大的过电位来驱动锂离子迁移，会改变电极的动力学和相变行为。另外，Li_2O 对电子束辐照剂量极其敏感，强电子束辐照会使其分解为锂和氧气，因此将 Li_2O 更换成电池常用的固体电解质，如 LLZO 或 LiPON 等，是后续原位 TEM 研究的一个发展方向。

3）密闭式液体电化学池

得益于微纳加工技术的发展，设计出密闭式液体 TEM 电化学池，确保了电解液与电极材料的完全接触，实现了液体环境的原位观测。根据窗片材料不同可分为氮化硅液体池和石墨烯液体池。图 5.10 为一种典型原位液态池的 TEM 支架剖面图，该设计允许电池在高真空条件和高挥发性电解质存在的情况下，实现电化学循环过程中的 TEM 成像。

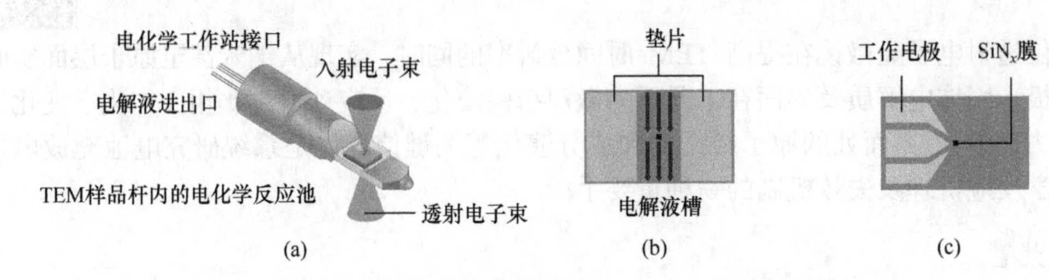

图 5.10 原位液体电化学池的 TEM 支架的剖面图

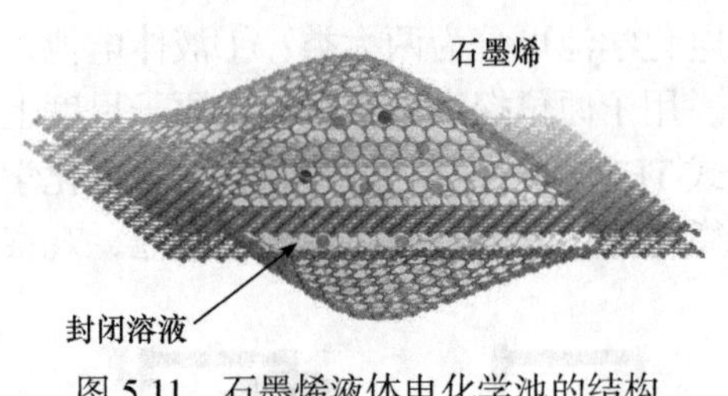

图 5.11 石墨烯液体电化学池的结构示意图[8]

石墨烯也是理想的窗片材料，它具有超强的机械特性、良好的导电导热性和良好的厚度。利用石墨烯为窗片的液体电池可有效减少电子散射对实验的影响，从而实现超高分辨成像。图 5.11 为石墨烯液体电池的结构示意图，利用石墨烯薄片之间的强的范德华力相互作用，将液体层紧紧包裹，液体层的厚度可以达到几纳米到几百纳米。石墨烯液体电池可以实现超高的分辨率，但其可控性不强，封存液体量少，液体腔的形状、体积、位置等是随机的，限制了它的应用范围[8]。

密闭式原位 TEM 电化学池是表征电池整体动态结构演变的最佳选择之一。但设计仍然存在一些局限性：①原位表征过程中，高能电子束会对样品材料造成损伤；②由于电子在液态中的多次散射，对 EELS 表征会产生影响；③电解质浓度较大时会导致衍射对比度下降；④在表征过程中，电子束会引起样品产生局部加热、静电荷、辐射分解和溅射，尤其在观测液体电解质中的 SEI 膜时需考虑电子束剂量引起的电解质或 SEI 膜的降解问题。

3. 应用案例

1）原位 TEM 观测电极锂沉积过程体积变化

锡及其化合物是高容量负极材料。天津大学杨全红等[9]采用原位 TEM 观察了氧化锡（SnO_2）/石墨烯负极锂化过程中电极的结构变化。结果表明，初始 SnO_2 粒子由于锂化而逐渐膨胀填充粒子之间的间隙，膨胀发生在石墨烯网络的孔内，而石墨烯笼在锂化后几乎没有体积变化，证实氧化锡/石墨烯中存在足够的内部孔隙来缓冲氧化锡颗粒的体积膨胀，如图 5.12 所示。

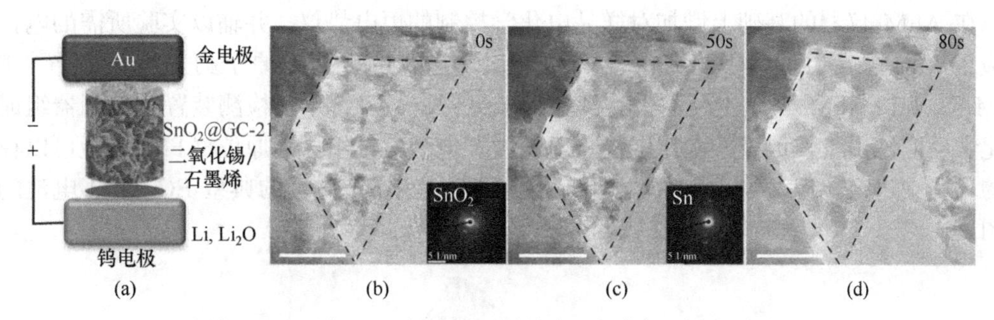

图 5.12　原位 TEM 探测石墨烯笼中二氧化锡颗粒的膨胀[9]

2）原位 TEM 表征钠电池新型负极材料电化学行为

金属钠充放电过程中体积膨胀严重导致其在实际应用中受到限制。四川大学吴昊、张云等与郭俊凌等[10]采用原位 TEM 观察了碳包覆铋（Bi）基负极材料（HBiC）在钠化/脱钠过程中相和结构的演变，如图 5.13 所示。结果表明，Bi 纳米颗粒在完全钠化后的体积膨胀率仅为约 51.7%。钠离子嵌入后，Bi 首先与钠合金化反应生成 NaBi。钠化后，SAED 图仅显示对应于 Na_3Bi 的衍射环。钠离子脱出时，Na_3Bi 逐步可逆转化为 Bi 并伴随体积收缩，说明充放电过程中 HBiC 具有良好的结构稳定性，外部碳基质也能很好地容纳内部 Bi 纳米颗粒的体积膨胀。

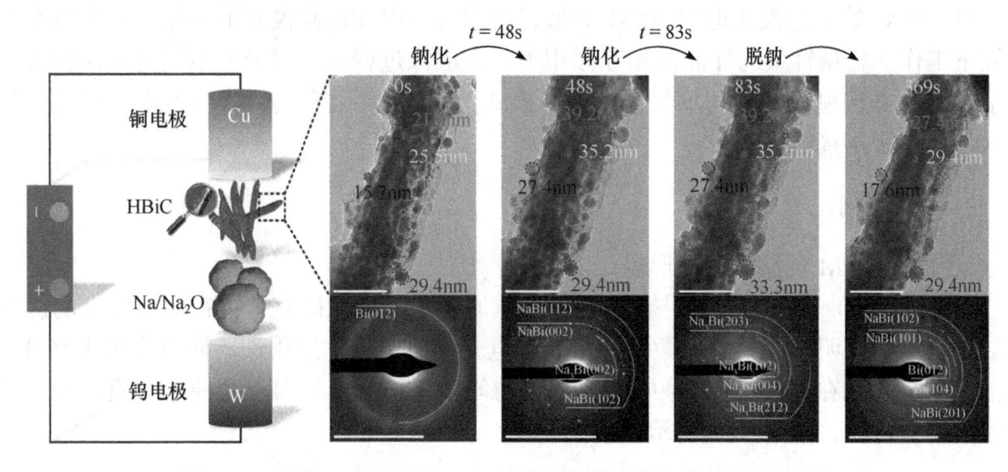

图 5.13　原位 TEM 探测 HBiC 材料充放电过程中的体积变化[10]

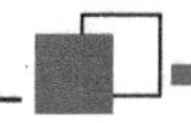

5.1.4 原位原子力显微镜

1. 概念

电化学原子力显微镜技术将原子力显微镜的高分辨表界面分析优势与电化学反应装置相结合，可以实时监测电极/电解质界面的电化学反应，提供充放电过程中的界面结构演化如 SEI 膜、锂枝晶、固体电解质的固-固界面、力学性能、电学性能等信息。因此，电化学原子力显微镜技术是锂离子电池电极/电解质界面过程原位成像的重要研究手段之一。

2. 装置

在 AFM 仪器的基础上增加对样品电化学控制的恒电势仪，并辅以实验所需的电化学反应池，即构成了可用于研究电极表面电化学过程的电化学原子力显微镜装置（EC-AFM），其中 AFM 系统主要由带有针尖的微悬臂、微悬臂运动检测装置和控制器组成。电化学反应池由工作电极、参比电极、对电极和电解液槽组成。原位 AFM 实验可以在开放的环境中进行，但必须充满惰性气体。图 5.14 展示了三电极的典型 EC-AFM 电池的示意图。

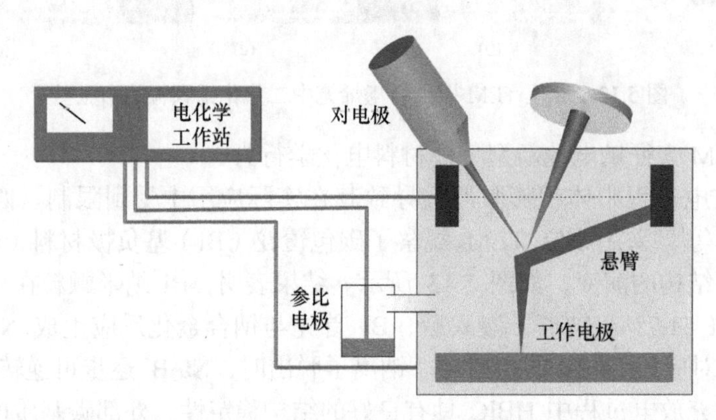

图 5.14 EC-AFM 装置示意图

EC-AFM 的工作模式也与 AFM 类似，仪器既可以在恒高模式下工作，也可以在恒力模式下工作。根据针尖与样品的相互作用力，在成像过程中一般分为不同的工作模式，如接触模式、非接触模式、间歇敲击（敲击模式）、扭转共振模式、峰值力敲击模式，其中 EC-AFM 多采用接触模式。

3. 应用案例

1）原位 AFM 观察锂沉积形貌

1996 年，D. Aurbach 等[11]首次通过原位原子力显微镜研究了锂在铜基底上的沉积行为。这项工作证明了原子力显微镜在金属锂电化学研究中的适用性。研究发现锂在 $LiPF_6$ 溶液中的沉积比在 $LiClO_4$ 溶液中的沉积更均匀。这种差异归因于两种电解质溶液中不同的表面化学性质，如图 5.15 所示。

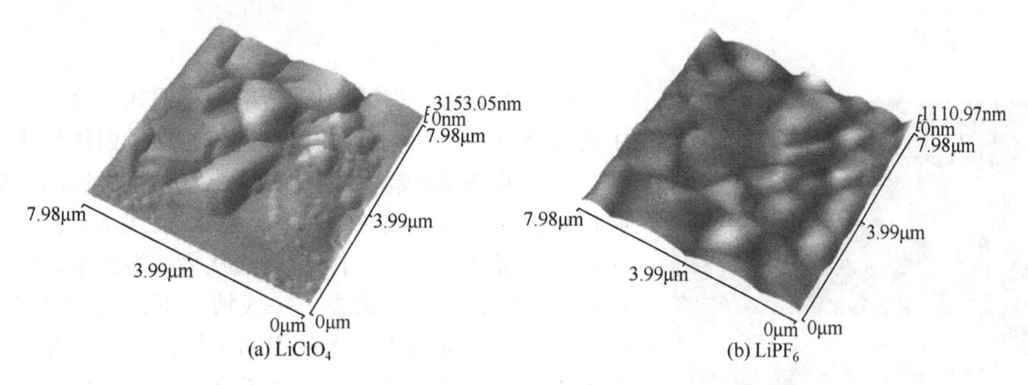

图 5.15 不同锂盐溶液中锂在铜基底上沉积的原子力显微镜图像[11]

2）原位 AFM 观察锌沉积过程

锌基液流电池具有安全性高、能量密度高、环境友好等特点，在大规模储能领域具有很好的应用前景。然而负极存在的锌枝晶生长和脱落等问题会影响锌基液流电池的循环稳定性。中国科学院大连化学物理研究所李先锋等[12]基于锌基液流电池充电时电解液中锌离子浓度持续降低的特点，利用原位 AFM 技术深入研究了电解液中不同锌离子浓度下的锌沉积过程，直接观察锌沉积早期的形态。实验以高度取向的热解石墨（HOPG）作工作电极，以锌丝作对电极和参比电极。如图 5.16（a）所示，在 HOPG 基底诱导的锌初始沉积形态为平行于基底的六边形。在图 5.16（b）和（c）中，两个新的锌晶体在同一晶面上逐渐长大，并结合形成了图 5.16（d）中的大晶体。由于晶格匹配的成核和生长能量低，锌晶体将在现有表面上逐层生长。

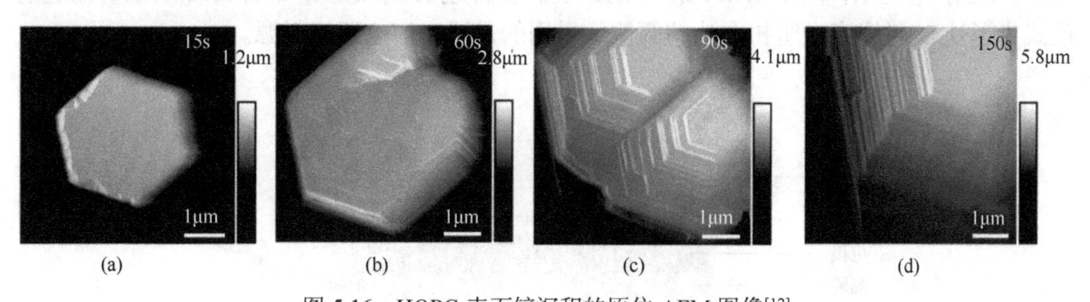

图 5.16 HOPG 表面锌沉积的原位 AFM 图像[12]

5.2 原位 X 射线技术

5.2.1 原位 X 射线衍射

1. 概念

原位 X 射线衍射技术是将 XRD 技术与电化学原位电池相结合，主要用于研究充放电过程中相变、晶格参数变化以及电极材料体积收缩/膨胀的影响。相比于传统 XRD 更便于实时观测电极材料在电化学反应中的结构和物相转变。可以避免非现场 XRD 所面临的一系列问题或电池材料在拆卸及转移过程，尤其是暴露在空气中时可能发生的变化，提高数据的真实性、可靠性。

2. 装置

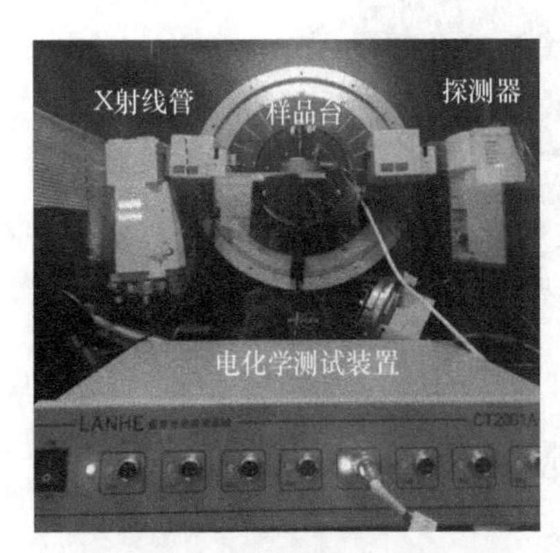

图 5.17　原位 XRD 测试装置图

原位 XRD 技术有反射和透射两种模式。反射模式主要是 X 射线从电解池的窗口进入，穿过窗片到达材料，衍射的 X 射线从相同的窗口出来，经过探测器接收信号得到数据。透射模式主要是 X 射线从电化学反应池的一端进入，衍射的 X 射线从另一端出来，经过探测器接收信号得到数据。一般情况下，透射模式下样品的穿透深度更大，多采用同步加速器辐射源。实验室中常采用普通 X 射线源，简单方便。电化学原位 XRD 仪器装置包括 X 射线衍射仪、原位 XRD 电化学池和电池测试系统三大部分，如图 5.17 所示。电化学池可分为纽扣型电化学池、软包型电化学池和 Swagelok 型电化学池三类。

1）纽扣型电化学池

因为需要 X 射线照射到电池材料表面进行测试，所以在传统纽扣电池的基础上开了一个小孔，用易被 X 射线穿透的铍片、聚酯薄膜-Mylar 膜、聚酰亚胺-Kapton 膜、薄玻璃片、铝箔等作为纽扣型电化学池的窗片材料。其中最常用的是铍片和 Kapton 膜，采用铍窗口衍射谱图中会有铍衍射峰的干扰，但对电极材料特征衍射峰影响不大；因为 Kapton 膜的衍射干扰以及反应池结构，更适合采用 Kapton 膜窗片电化学反应池观察高角度的衍射峰。反射模式工作下的 XRD，使用的是实验室普通 X 射线源，如图 5.18 所示。而透射模式为了让 X 射线穿过纽扣电池的两侧，采用的是同步加速器辐射源。

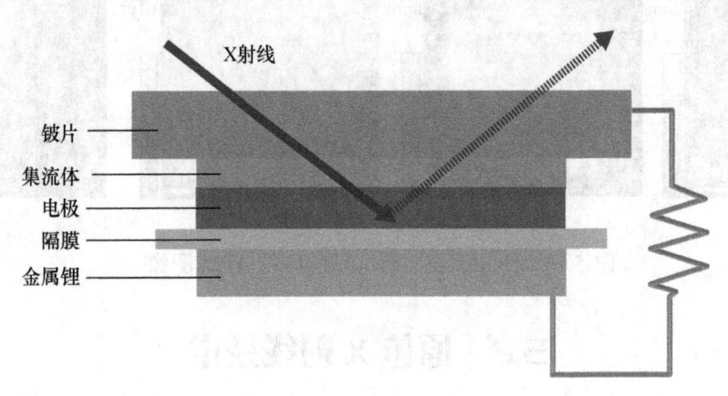

图 5.18　反射模式下纽扣型电化学池示意图

2）软包型电化学池

软包电池用厚的复合箔密封，复合箔由四层材料组成：从内到外分别是聚乙烯、铝、聚乙烯和取向聚酰胺。电活性物质由铝箔或铜箔制成的集流体支撑，最后填充电解液后排气并进行密封。软包电化学池最大限度地减少非活性材料对 X 射线表征的不良影响。

3）Swagelok 型电化学池

Swagelok 型电化学池由三个主要部分组成：带有铍窗口的正极、由柱塞上的弹簧支撑的负极，可调节电池的压力，以及一个允许光束通过的带孔带盖圆柱体。

3. 应用案例

1）原位 XRD 观察石墨负极锂离子浓度梯度

美国阿贡国家实验室 D. P. Abraham 等[13]通过原位 XRD 对锂离子电池在 1C 循环中石墨负极中的锂浓度分布进行可视化研究。正极采用三元材料（NCM523），负极采用石墨电极（Gr），厚度为 114μm，负极侧从隔膜到铜集流体之间按厚度分为五层[图 5.19（a）]。X 射线沿 Gr 电极截面方向传播，给出 L_0 到 L_4 五层 X 射线衍射信息，其中 L_0 层相邻隔膜，L_4 层相邻集流体；L_3 和 L_4 表现出非常类似的特征，只有 Li_xC_6 各相的峰可见。同时可以看到不同的 Li_xC_6 相的含量变化[图 5.19（b）]。

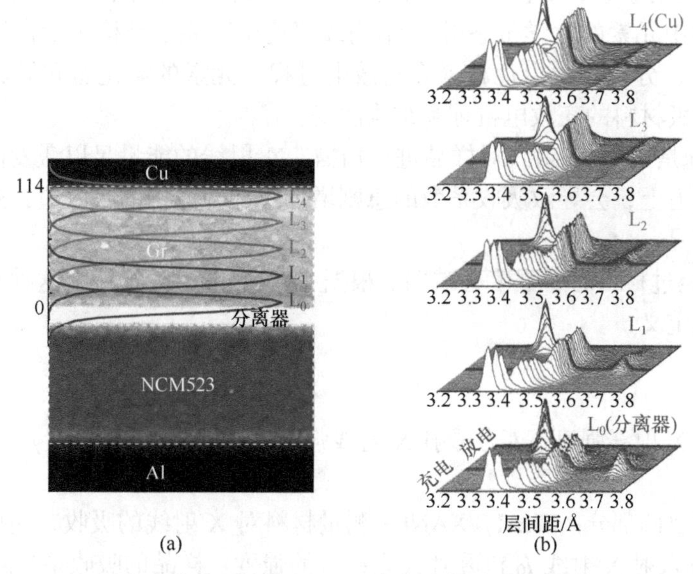

图 5.19　纽扣型电池横截面结构及 1C 速率充放电时采集到的原位 XRD 图[13]

2）原位 XRD 表征多硫化物演化过程

锂-硫电池具有高理论比容量和比能量，但其发展一直受到多硫化物穿梭效应的限制。得克萨斯大学奥斯汀分校 A. Manthiram 等[14]利用原位 XRD 观测了正极掺杂 VS_4 催化剂的锂-硫电池首周循环中多硫化物的演化过程，如图 5.20 所示。结果表明，掺杂 VS_4

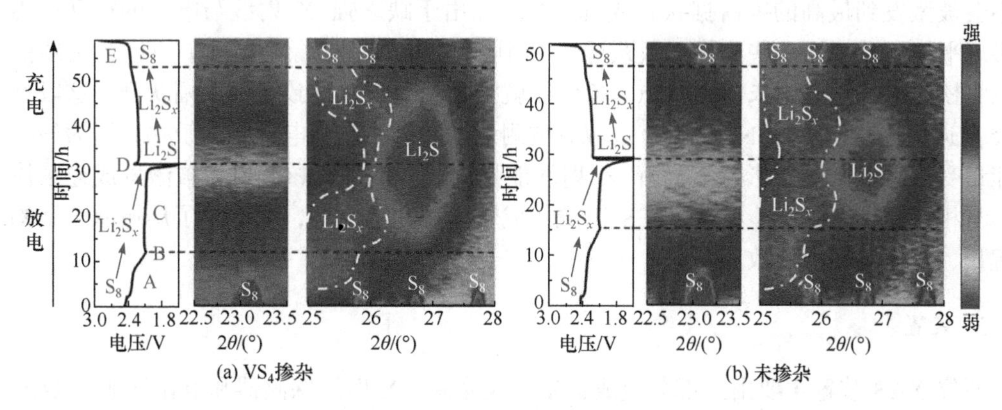

图 5.20　锂-硫电池首周充放电过程的原位 XRD 图谱[14]

的电池放电结束时检测到的多硫化物产率较少。证明 VS_4 对多硫化物有化学吸附作用和催化作用，大大减轻了多硫化物的扩散，提高了多硫化物的利用率。与此形成鲜明对比的是，对照电池的活性材料明显减少，多硫化物转换效率低，放电结束时多硫化物信号更强。

5.2.2 原位 X 射线吸收光谱

1. 概念

原位 X 射线吸收光谱法（X-ray absorption spectrometry，XAS）是利用可调节光子能量来检测 X 射线的吸收，从而在原子和分子水平上确定电子结构的吸收光谱法。可以实时观测电极材料中元素的化学价态/电子结构或邻近位置原子结构（配位数或键长）随电化学反应的变化，分析二次电池材料在充放电过程各元素的氧化态和局域结构的动态变化，进而推断电极材料的充放电机理和结构演变。

XAS 的原理是采用 X 射线对样品进行扫描，X 射线的能量足以激发内层电子跃迁到分子或原子空轨道上，会导致吸收系数的急剧增加，即为原子的吸收边，然后测试吸收率或荧光的变化情况。

当 X 射线经过材料时，强度会减弱。根据 Beer-Lambert 定律，这种衰减可由公式所示的吸收系数来定义：

$$I_{\mathrm{t}} = I_0 \mathrm{e}^{-\mu(E)t}$$

式中，I_0 为入射 X 射线强度；I_t 为透射 X 射线强度；t 为试样的厚度；μ（E）为光子能量的吸收系数。

XAS 主要包含两部分：EXAFS/XANES 测量材料对 X 射线的吸收，使用连续范围能量的 X 射线，测量入射 X 射线 I_0 和透射 X 射线 I_t 的强度。样品的吸收系数随 X 射线能量变化，当 X 射线的能量足够大时，足以使电子从 K 级或 L 级跃迁（吸收边缘），即 X 射线被吸收，产生的光电子以球形波的形式发射。通过从散射原子散射的波与吸收原子发射的波之间发生干涉在吸收光谱中产生振荡（精细结构部分）。在能量区观测到的精细结构，比吸收边高 50～1000eV，称为 EXAFS 振荡，如图 5.21 所示。而 XANES 观测在 50eV 范围内从吸收边缘观察到的强振荡。当入射 X 射线能量低于元素 s 轨道中的电子结合能时，电子不会被激发到最高的未占据状态或真空状态。由于缺乏强 X 射线与电子的相互作用，会出现平坦区域。而一些非优先级跃迁如 1s 到 3d 会以吸收边缘峰出现。一旦 X 射线能量足以将核心电子激发到未占据状态，X 射线就被强烈吸收，导致光谱大幅跃升，这段称为射线 X 近边缘结构（XANES），该区域对被测元素的氧化态和电子结构敏感，因为核心电子能量受价态电子分布影响。随着 X 射线能量进一步增加，核心电子被激发成连续体状态，与相邻原子发生干涉在 EXAFS 区域形成输出波和散射波，这反映了局域原子结构，如键长、有序度和配位数。

2. 装置

原位 XAS 装置主要由三部分组成：X 射线光源、X 射线探测器和电化学池。XAS 原位实验需要的电化学池与原位 XRD 所需的电化学反应池差别不大。所用的窗口材料以 Kapton 膜为主。在进行原位实验时，尤其是透射模式下，需要考虑原位电池非活性组件所包含的元素对 X 射线信号的吸收。窗片、集流体、隔膜以及光路经过的任意元素都可能对测试产生干扰，所以要以测试材料为准则进行电化学反应池设计。实验室常用的反射荧光模式下的原位 XAS 电化学池如图 5.22 所示[15]。

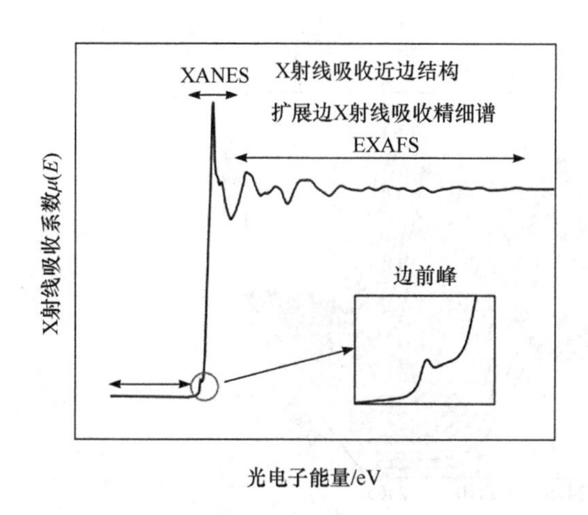

图 5.21　XAS 示意图：包括前边缘、XANES 和 EXAFS 区域

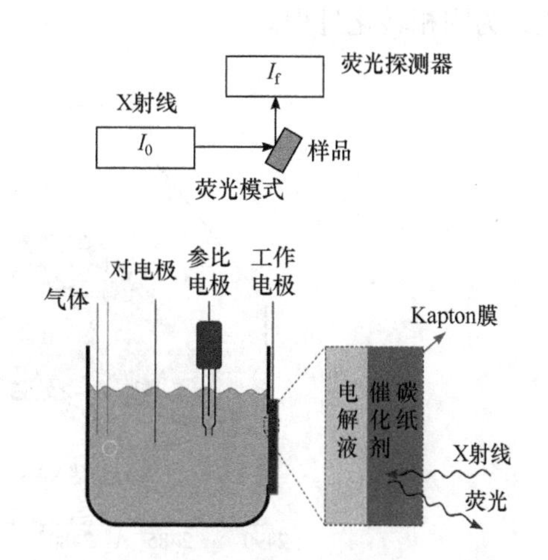

图 5.22　反射荧光模式下的原位 XAS 电化学池示意图[15]

3. 应用案例

1）原位 XAS 研究正极材料价态变化

美国布鲁克海文国家实验室杨晓青等[16]利用原位 XAS 研究了层状 $Li_{1.2}Ni_{0.15}Co_{0.1}Mn_{0.55}O_2$ 首周充电过程中的 Ni、Mn、Co 的 K 边缘结构。如图 5.23 所示，XANES 光谱 Ni K 边缘显示阈值能量位置向高能量位置连续移动，说明在首周充电过程中 Ni^{2+} 氧化为 Ni^{4+}。在去锂化过程中 Mn 和 Co K 边缘谱的阈值能量位置保持相对不变。

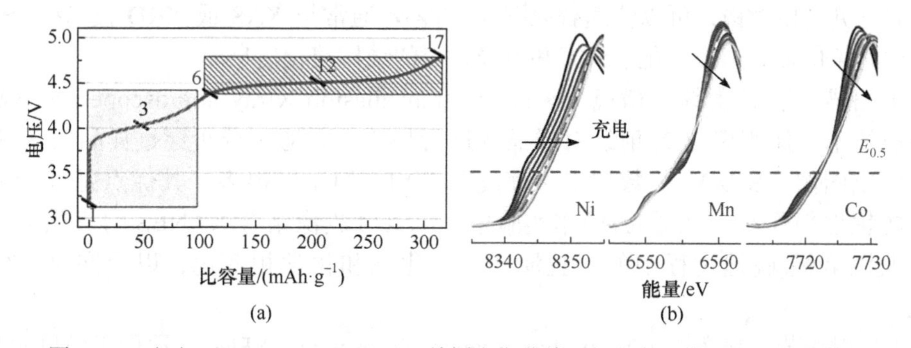

图 5.23　（a）$Li_{1.2}Ni_{0.15}Co_{0.1}Mn_{0.55}O_2$ 首周充电曲线；（b）归一化 XANES 光谱[16]

2）原位 XAS 检测充放电过程中 Li_2S 电极 S 价态的变化

硫化锂（Li_2S）电极理论比容量高达 1166mAh · g^{-1}，被认为是具有前景的正极材料之

一。在充电过程中，Li_2S 被氧化成单质硫，但是 Li_2S 首周充电存在较大极化，充电电位要达到 4V 左右。为了揭示第一周极化原因，美国劳伦斯伯克利国家实验室的郭晶华等[17]采用原位 XAS 检测充放电过程中 Li_2S 电极 S 价态的变化。图 5.24 为首周充电过程，只观察到 Li_2S 的特征峰，虽有 2472.2eV 附近的峰逐渐增强，但并未有多硫化物的近边特征吸收峰出现。因此在首周充电过程中，硫化锂直接转化为单质硫，并未涉及多硫化物的生成，为固相转化过程。

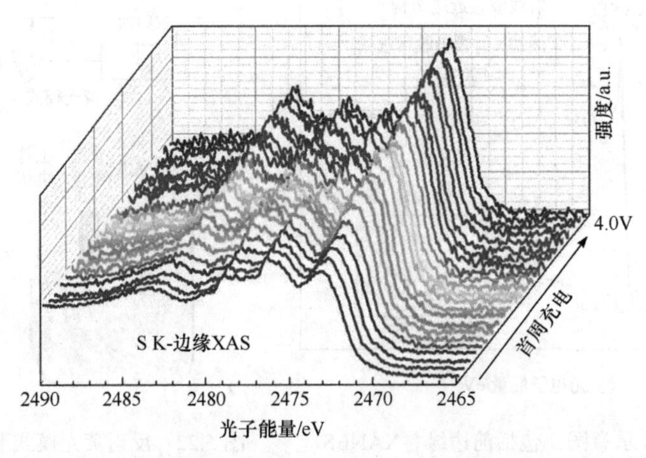

图 5.24　Li_2S 电极首周充电过程中的原位 S K-边缘 XAS 光谱图[17]

5.2.3　原位同步辐射 X 射线成像技术

1. 概念

原位同步辐射 X 射线（synchrotron X-ray）成像技术是将同步辐射 X 射线成像与电化学反应池相结合，凭借同步辐射 X 射线光源高亮度、宽能量可调、短光子脉冲、偏振等独特特性，在理解电池运行过程中各种电池材料的机械信息（如原位研究）方面具有固有的优势和广泛的通用性。同步辐射 X 射线成像技术常用的有四种[18]：

（1）透射式 X 射线显微镜（transmission X-ray microscope，TXM），其成像原理类似于传统的可见光显微镜，可以快速获取图像。TXM 通常与 XAS 或 XRD 技术结合使用，可提供空间氧化态的图像、化学价态和电极材料的结构演化信息。

（2）扫描透射 X 射线显微镜（scanning transmission X-ray microscope，STXM）是一种扫描技术，使用聚焦 X 射线对样品区进行扫描，并通过分析穿过样品的 X 射线透射强度生成图像。STXM 的数据采集速度与 TXM 相比慢很多，其优点是视野灵活，对试样的辐射损伤小。在原位/操作实验中，STXM 成像结合 XANES 的氧化态分析通常用于监测嵌锂/脱锂过程中的形貌演变、氧化态和化学相变化，以及同时发生的组成变化。

（3）X 射线荧光显微镜（X-ray fluorescence microscope，XFM），适用于微量元素的检测，通过光谱分析发射的次级光子，可以将样品中的痕量元素映射到 ppm 级。XFM 与 XAS 技术结合，可用于分析电池中的痕量化学成分。

（4）X 射线相干衍射成像（coherent diffraction imaging，CDI），是通过入射光束的相干特性利用样品的散射光形成图像。可用于应力和结构分析，具有三维成像功能。

2. 装置

常用的原位同步辐射 X 射线成像技术的电化学反应池可以分为改良纽扣电池、平板电池和改良管状电池。

1）改良纽扣电池

为了让 X 射线穿透电池进行原位同步辐射 X 射线表征，对纽扣电池的改良通常包括穿孔导电不锈钢外壳及 Kapton 膜密封，如图 5.25 所示[19]。但是常规纽扣电池结构的变化也给电池性能和稳定性带来了一些影响。例如，柔性且不导电的窗口会降低电极上的压紧压力并增加电化学电阻，密封泄漏也可能会使电池失效或污染电极。

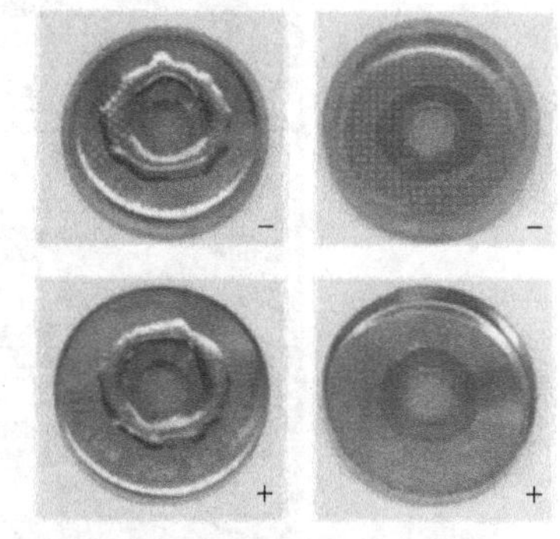

图 5.25　常规改良纽扣电池[19]

2）平板电池

为了设计一种特别适用于高质量 X 射线成像实验的可靠电化学反应池，最近的研究中开发了一种平板电池。平板电池使用两块平行的铝板在整个电极上均匀地形成适度的压力，可以保持良好的电接触，其薄电解质层和小窗口允许高质量的 X 射线图像采集。通过旋转平板电池，这种设计也允许 3D 成像。

3）改良管状电池

上述大多数电化学池都是为 2D 测量设计的，需要开发一种可以在−90°～+90°的宽角度范围内进行 X 射线成像且没有角度遮挡的电化学池。一种新型的改良管状电池由石英毛细管制成。薄壁石英毛细管允许 X 射线以可忽略的 X 射线衰减穿透，管状结构允许以 180°收集 X 射线图像，以获得高质量的 3D 重建。这种电化学反应池已应用于一系列原位电化学系统，包括锂离子电池、钠离子电池、电沉积等。

3. 应用案例

1）X 射线三维断层扫描技术无损表征锂电池衰退机制

武汉大学的江晓宇等[20]用同步辐射 X 射线三维断层扫描技术表征锂电池循环过程中锂负极微结构的变化。如图 5.26 所示，在充放电过程中，锂箔的表面逐渐呈现出凹凸结构，并导致隔膜凸起直至隔膜破裂。

2）同步辐射 X 射线成像技术观测电极/电解质界面

固体电池因高能量密度、低毒环保、安全性高等优势，被视为未来动力电池的重要发展方向，但电极/固体电解质界面问题阻碍了其发展。美国佐治亚理工学院 M. T. McDowell 等[21]利用同步辐射 X 射线成像技术观测循环前后电极/电解质界面结构形貌。图 5.27 中显示了电镀和剥离前后 Li/LSPS（$Li_{10}SnP_2S_{12}$）/Li 对称电池的横断面图像。循环后锂和 LSPS 在界面处有明显空洞。

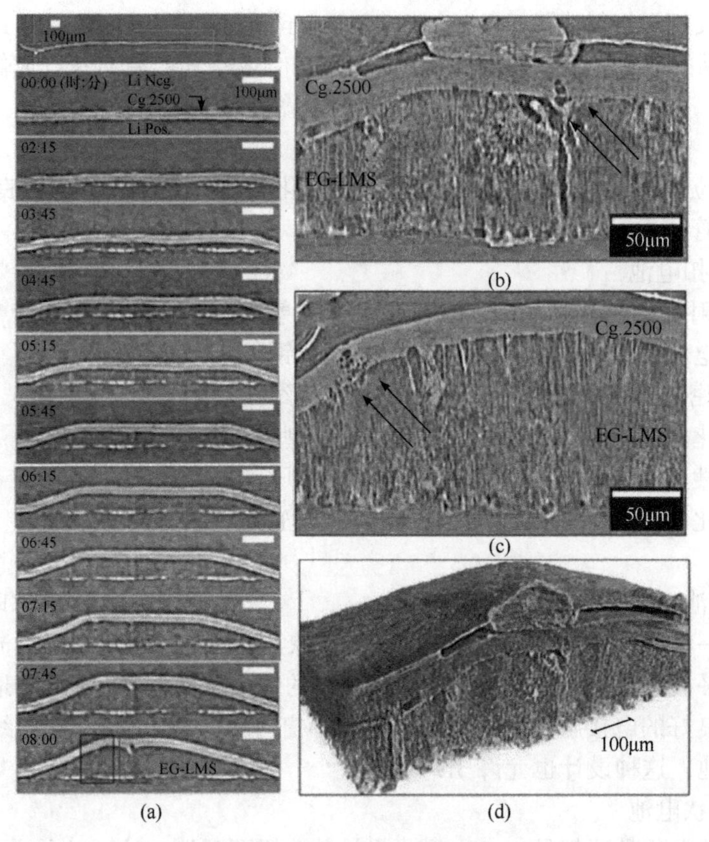

图 5.26 原位研究锂微型结构的生长[20]

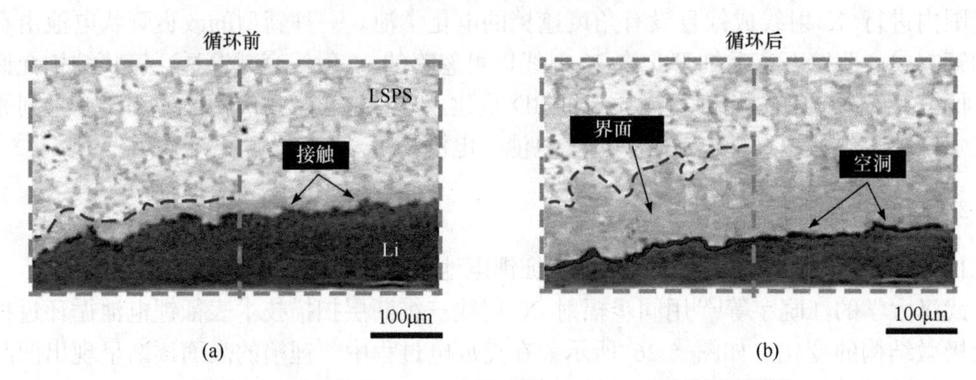

图 5.27 循环前后 Li/LSPS 界面的 Operando X 射线图像[21]

5.3 原位中子技术

5.3.1 原位中子衍射

1. 概念

原位中子衍射（neutron diffraction，ND）技术揭示锂离子在锂化过程中的晶体结构演化、电极表面的实时变化，甚至跟踪锂离子的分布和输运路径等基本过程。这些信息对于理解容量衰减的起源、电荷率-相变关系和安全性是至关重要的。

中子具有波粒二象性。中子衍射原理与 X 射线衍射相同，见图 5.28。晶体中有序排列的原子对中子波而言相当于一个三维光栅，中子通过晶体物质时会发生布拉格衍射。中子以入射角 θ 入射到晶面时，当光程差为中子波长的整数倍时，相邻晶面的反射中子波干涉加强形成衍射峰。中子衍射的布拉格公式为

$$2d\sin\theta = n\lambda(n = 0,1,2,\cdots)$$

式中，d 为晶面距离；θ 为入射光与晶面夹角；λ 为中子的波长；n 为衍射级数。

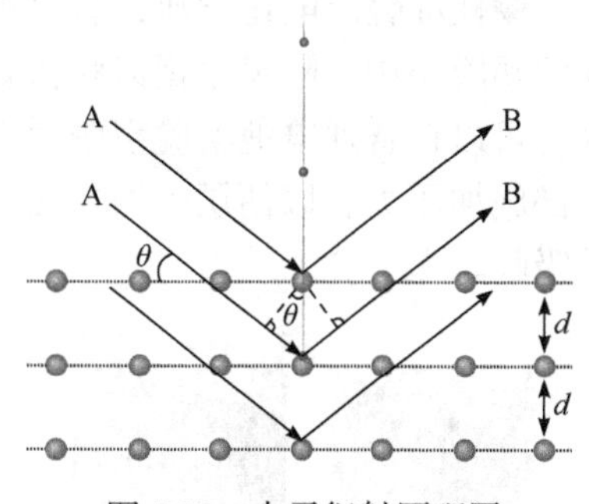

图 5.28　中子衍射原理图

中子衍射图中的峰的位置和强度与晶体中的原子位置、排列方式以及各个位置上原子的种类有关。对于磁性物质，衍射峰的位置还和原子的磁矩大小、取向和排列方式有关。因此，中子衍射技术可以确定晶体材料的空间群、晶格常数、原子位置和占位率等结构信息，是研究物质中原子空间排列结构的重要实验手段。

中子衍射是中子与原子核相互作用，中子在不同原子核上的散射强度不随原子序数 Z单调和函数变化，而是一个特定值，中子对轻元素（H、Li、O 等）灵敏。尤其是锂离子电池中锂元素多，中子衍射很适合对锂元素进行检测。中子的穿透能力强于 X 射线，可以完成一些 X 射线无法完成的操作。中子是非破坏性的，它不带电荷，与物质的相互作用通常较弱，因此可对样品进行无损检测。

2. 装置

原位中子衍射技术所用仪器主要有中子源、中子衍射仪器、原位测试所用电池以及中子原位观测装置。中子衍射所需的中子源来源于反应堆或散裂中子源。中子反应堆是利用 ^{235}U 或 ^{239}Pu 作为核燃料发生裂变反应产生大量中子，将其导入各种散射（衍射）装置，一个典型的反应堆主要由燃料堆、控制棒、减速剂及屏蔽材料组成。通过减速剂温度的调节可以控制反应堆中中子的波长分布。另一种散裂中子源是利用高能质子束轰击某些重金属，发生散裂反应喷发大量中子。散裂中子源产生的中子可以被减速成适于散射或衍射研究所需的波长范围。中子衍射的原位电化学池结构主要有平板型电化学池、堆叠型电化学池、圆柱形电化学池和限域型电化学池。

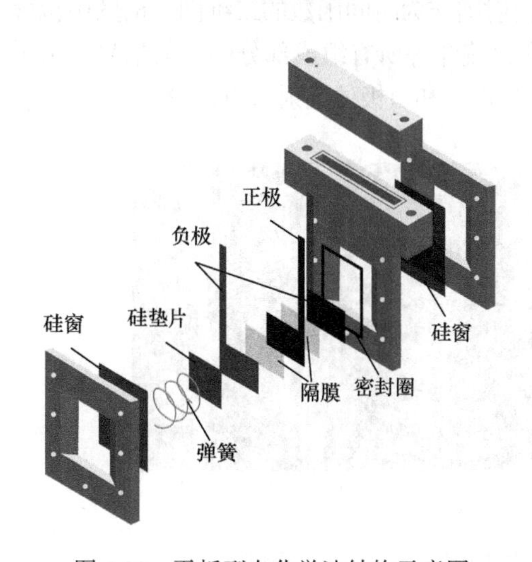

图 5.29　平板型电化学池结构示意图

1）平板型电化学池

平板单层电池包含封装在实心板之间的单个电极/隔膜/电极堆，其中实心板是垂直于入射中子束取向的。该设计与纽扣电池相似，制备简单，具有良好的电化学性能。这种几何结构适用于固定角度探测器衍射仪，如图 5.29 所示。

2）堆叠型电化学池

棱柱堆叠层电化学池，有时称为袋状电化学池，由多个电极和隔膜堆叠而成，并封装在铝塑膜袋中。隔膜呈锯齿状折叠，电极插入其中。该电池是商用类型，组装过程相对容易，可以在普通电池实验室中手工制备。电池中活性材料的量相对较大，需要使用夹板在外部施加压力，以便层间均匀接触。电池可以旋转或做成方形，最大限度地减少角度相关的吸收。

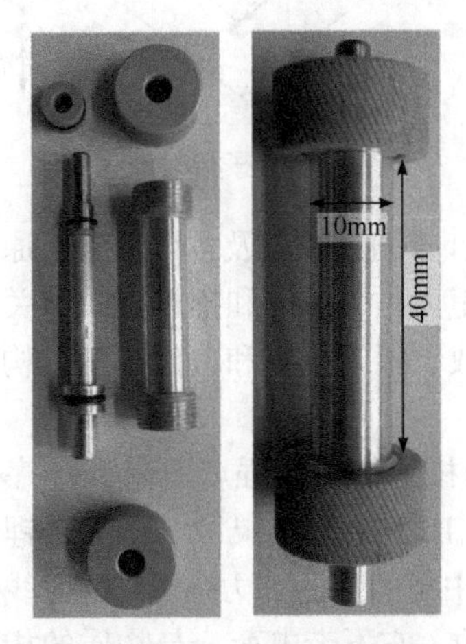

图 5.30　圆柱形电化学池实物图[22]

3）圆柱形电化学池

圆柱形电化学池中含有插入圆柱形罐中的电极和隔膜，如图 5.30 所示[22]。圆柱形罐由铝、石英、镀镍钢和钒制成。圆柱形电化学池需要较长的电极，需要良好的机械设备，因此在实验室环境中制备该种电池组具有一定的难度。电极剥落、隔膜破裂和电极对准不良等问题会导致电极辊不均匀和低密度，会导致电极失活。此外，通过优化配方以允许电极弯曲，可以减少电极剥落。

4）限域型电化学池

带有密闭电极的电化学池，也称为密闭式电化学池，需要研究的电极位于电化学池边缘，其他组件避开中子路径。电化学池由铝、钛及合金 $Ti_{0.68}Zr_{0.32}$ 制成。螺丝或弹簧用来保持电极的压力均匀。

3. 应用案例

1）原位中子衍射解析锂离子迁移行为

北京大学深圳研究生院肖荫果等[23]开发了一种原位中子衍射测量装置，揭示了锂离子在全电池中的迁移行为。在充放电过程中，衍射中子被大面积探测器探测到，图 5.31 为充放电曲线以及镍钴锰三元正极材料 NCM523/石墨中子衍射图作为时间函数的二维图。谱图中包含了全电池中正极材料、负极材料、隔膜、电解液和集流体等所有组成部分的散射信号。由于正极和负极在充放电过程中的变化不同，大多数源自正极和负极的反射可以区分。

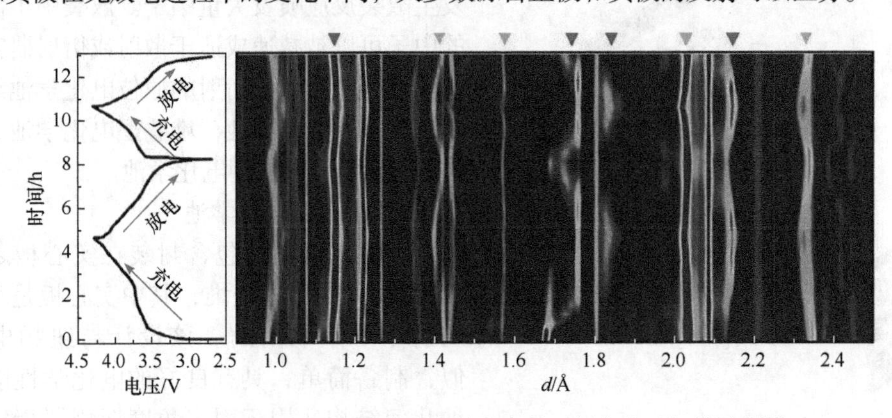

图 5.31　NCM523/石墨全电池充放电条件下原位中子衍射图谱[23]

2）原位中子衍射研究电池材料结构演变过程

电动汽车锂离子电池的快速充电被广泛认为是推动电动汽车市场发展的关键因素。美国橡树岭国家实验室 Z. Du 等[24]利用原位中子衍射表征了 NMC622（$LiNi_{0.6}Mn_{0.2}Co_{0.2}O_2$）/石墨电池充放电过程的结构演化。图 5.32 研究了石墨负极和 NMC622 正极在较低倍率下的结构演变。NMC622 和石墨的峰移、强度变化和某些布拉格峰的出现/消失表明，在锂的插层/脱层过程中，NMC622 和石墨都发生了连续的结构变化。

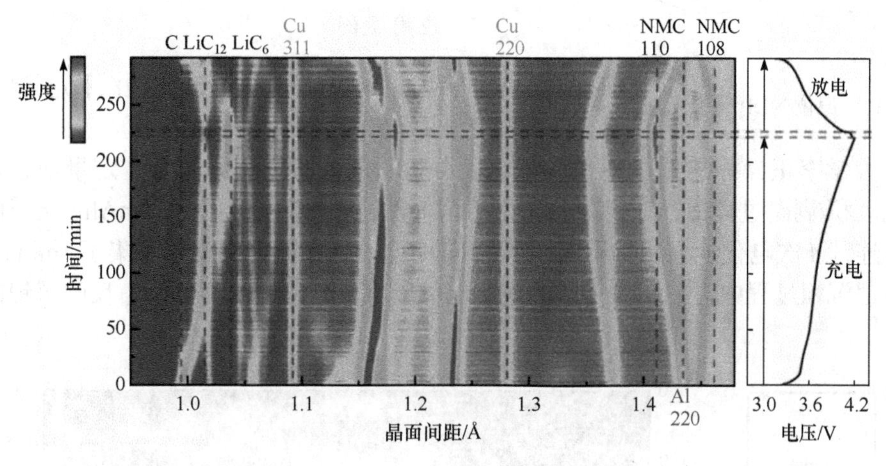

图 5.32 电池的结构/相演变过程[24]

5.3.2 原位中子深度剖析

1. 概念

原位中子深度剖析（neutron depth profiling，NDP）技术提供了 Li 在时间和空间上的分布，可追踪 Li 或相变过程，并解析锂电池中电荷传输的限速过程，可用于设计优化材料架构，指导高性能电极的开发。

NDP 是基于中子束通过含锂样品时，Li 等轻元素在俘获热中子后发生（n,p）或（n,α）反应：

$$^{6}\mathrm{Li}+\mathrm{n}\longrightarrow {}^{4}\mathrm{He}\ (2055\mathrm{keV})+{}^{3}\mathrm{H}\ (2727\mathrm{keV})$$

出射的 ^4He 粒子和 ^3H 粒子具有初始能量，向各个方向散射，这些粒子在到达探测器的过程中会与运动轨迹中的阻挡物质发生相互作用，并损失一定比例的能量，通过测量发射粒子的能量损失，可以计算出中子与锂核反应的初始位置和反应强度，从而得出 Li 浓度随垂直于电极表面深度的变化而变化的数据，量化锂浓度和分布。基于 ^6Li 中子俘获反应的中子深度剖析技术具备对锂灵敏度高、定量非破坏性及高穿透特性，可实时监控电池中有关 Li 反应动力学、传输和不可逆的嵌锂行为。

2. 装置

典型的锂电池原位 NDP 实验装置如图 5.33 所示。冷中子束（<4meV）通过薄铝窗进入真空室内，并通过由电位计控制的充放电电池样品。电池样品中的同位素 ^6Li 在吸收中

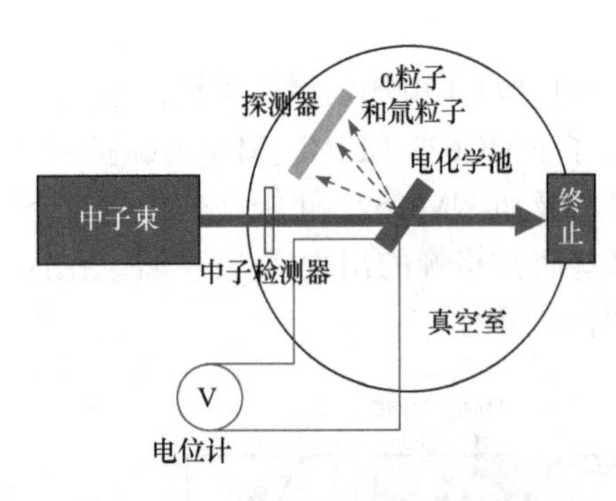

图 5.33　原位 NDP 装置示意图

子时发生核反应，产生两个高能带电粒子（α 粒子和氚粒子）发射。在与电池样品中的其他电子和原子核相互作用后，带电粒子失去能量并离开电池样品。通过检测这些带电粒子的残余能量，利用材料的阻止能力确定中子吸收的原始位置，即同位素 ^{6}Li 的深度。

3. 应用案例

1）原位 NDP 研究锂金属电池沉积/剥离过程中锂的空间分布

清华大学李正操等[25]通过原位中子深度分析与同位素方法相结合，定量地解析了锂金属电池沉积/剥离过程中锂在空间分布的不均匀性。图 5.34 展示了在 1mAh · cm^{-2}的电沉积容量下连续 4 次电化学沉积和剥离循环的 NDP 谱图，在此期间连续采集了 1min 的 NDP 测量。在锂沉积过程中，在 12μm 厚的铜集电体上检测到的锂浓度分布，反映了锂的沉积形貌。

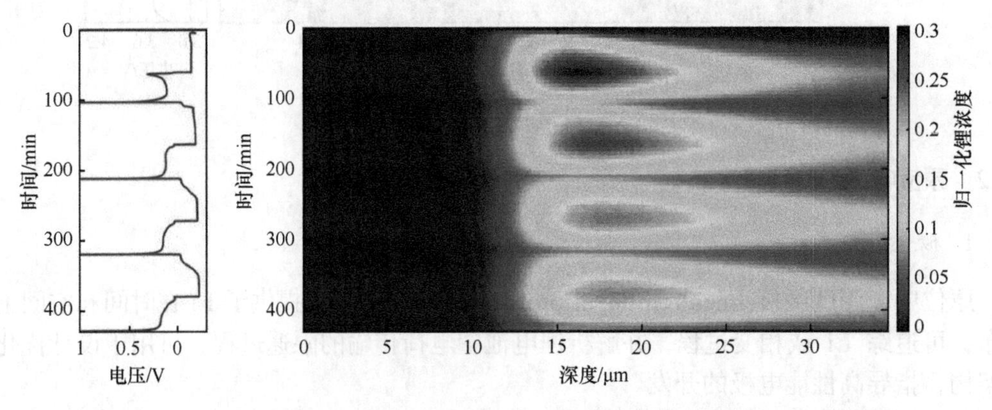

图 5.34　在 1.0mAh · cm^{-2} 电流密度下四个沉积和剥离循环的原位 NDP 测量[25]

2）原位 NDP 研究三维电极结构中锂沉积行为

中国科学院物理研究所李泓等[26]采用原位 NDP 技术定量研究了锂在三维结构电极中的沉积行为。为了获得定量的界面演变，电池在不同的电流密度下充放电[图 5.35（a）]，并且根据仪器的时间分辨率每 3min 进行一次 NDP 的原位测量。电池的充放电容量和出射积分强度总值相符，说明该方法用于锂原子的计数精准可靠。从出射的 NDP 原始谱线的

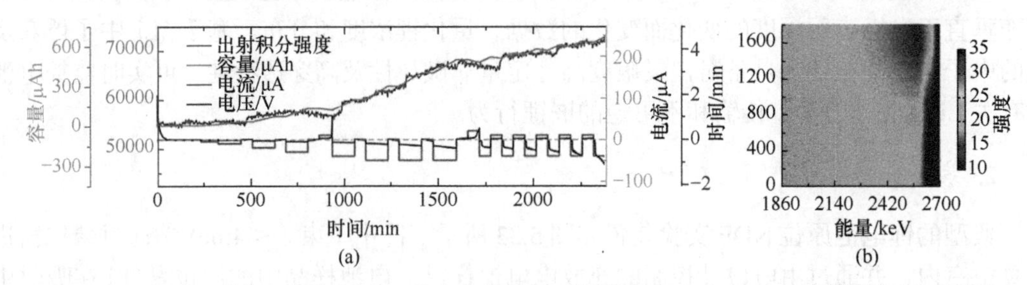

图 5.35　电压、电流、容量和 NDP 的积分数值随时间的变化（a）及 NDP 等高线图（b）[26]

等高线图中[图 5.35（b）]，当时间增加时，2595keV 处的垂直边缘向外延伸并且计数数量快速增长，说明锂可以在三维电极结构中的孔隙中生长。

5.4 原位波谱技术

将波谱应用于电化学原位测试，能够从分子水平认识电化学过程，得到电极界面分子的微观结构、吸附物种的取向和键接、参与电化学中间过程的物种、表面膜的组成与厚度等信息。近年还引入了非线性光学方法，开展了时间分辨为毫秒级或微秒级的研究，使研究的对象从稳态的电化学界面结构和表面吸附，扩展、深入到表面吸附和反应的动态过程。

5.4.1 原位红外光谱

1. 概念

电化学原位红外光谱是将电化学和红外光谱分析技术联用得到的技术，能够实现电化学调制和光谱采集同步进行，并能实时观测电极材料或电解液成分分子结构随电化学反应的变化。电化学反应主要集中在电极和电解液界面，而红外光谱技术的引入可以实时观测到电极表面反应物和产物的变化，因此可以得到电极表面电化学反应的直接信息。

2. 装置

原位红外光谱（IR）仪主要由红外光谱仪、原位电化学池和电化学工作站组成。红外光的入射模式分为反射光模式和透射光模式，如图 5.36 所示。由于红外光的波长较长，能量远小于 X 射线，会被电解液和电极材料大量吸收，因此电化学原位红外光谱通常采用反射模式。反射模式可分为内反射模式和外反射模式。在内反射模式中，工作电极直接沉积到半球形 CaF_2 窗片表面，不受传质影响。而外反射模式，工作电极与平板形窗片之间存在 1～10μm 的薄液层，可同时监测电极表面和薄液层中的成分结构信息，但传质受限[27]。

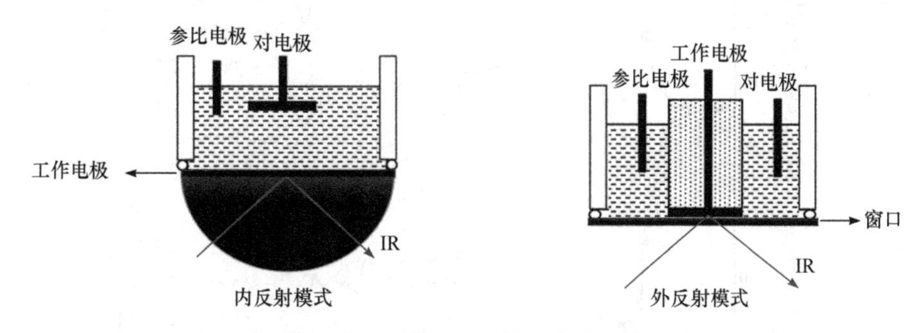

图 5.36 基于内反射和外反射模式的原位电化学红外光谱装置示意图[27]

3. 应用案例

1）原位红外光谱表征电池充放电过程

中国科学院青岛生物能源与过程研究所崔光磊等[28]采用原位红外光谱表征了正极/原

位聚合复合电解质（PDES-CPE）界面在充放电过程中的变化，如图 5.37 所示。在正极/电解质界面观察到 $TFSI^-$的强度在充电过程中增加，在放电过程中减小。同时，聚合物电解质中 C—O—C 和 C≡N 在充放电过程中表现出相对应的可逆增加和减小，这说明 C—O—C 和 C≡N 官能团在充电和放电过程中参与了锂离子的传输。

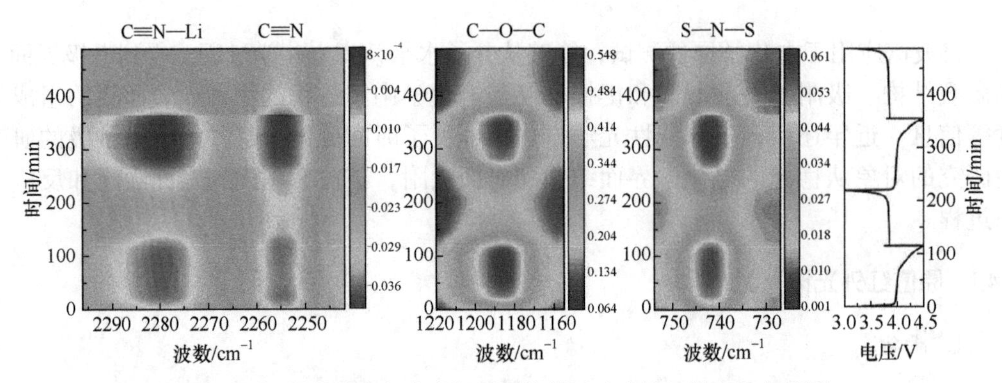

图 5.37 正极/原位聚合复合电解质原位傅里叶变换红外光谱表征[28]

2）原位红外光谱研究氧化还原反应

乙基紫精二蒽醌-2-磺酸盐（EV-AQ_2）是一种新型有机正极材料，具有大量可逆活性位点。郑州大学付永柱等[29]利用原位红外光谱研究了该材料的氧化还原过程。图 5.38 原位红外光谱在 $1667cm^{-1}$ 处出现的变化属于 AQ^-中羰基的特征峰，证明 EV-AQ_2参与了电化学转化。另外，$1652cm^{-1}$ 和 $1032cm^{-1}$ 处分别为乙基紫精结构中 C═C 基团和磺酸根的 S—O 基团的特征峰，这两个峰可逆的变化反映出 EV-AQ_2 电极在充放电过程中能够实现可逆的 EV^{2+}和 AQ^-耦合。

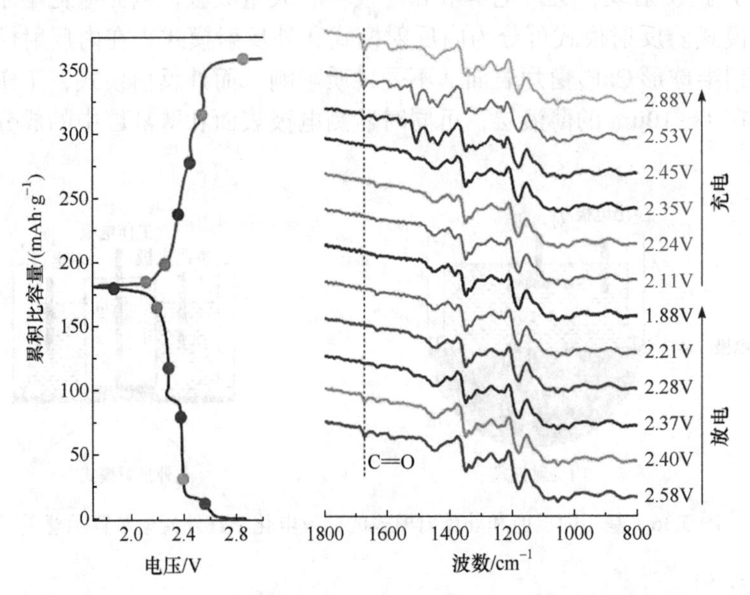

图 5.38 EV-AQ_2 电极充放电过程的原位傅里叶变换红外光谱图[29]

5.4.2 原位拉曼光谱

1. 概念

原位拉曼光谱技术可以实时观测电极材料、电解液和固/液界面处化学组分、结构及机械性质随电化学过程的变化。

2. 装置

原位拉曼光谱实验装置包括拉曼光谱仪、恒电位仪、电化学池、计算机。电化学池是核心部分，由工作电极、对电极和参比电极组成，通常需要使用透明石英或玻璃光学窗片密封光谱池以避免溶液挥发、来自大气对污染以及电解液对显微物镜的腐蚀。为了保证光通量，需要尽可能减小窗片和电极之间的距离，采用 0.1～1mm 的液层厚度，并采用薄的窗片，避免光路畸变。目前常用原位拉曼光谱的电化学池装置主要有纽扣电池和软包电池体系的电化学反应池装置。

1）纽扣电池体系电化学池

纽扣电池体系电化学池装置示意图如图 5.39 所示。为了让电极材料获得拉曼信号，在纽扣电池的背面开观察孔，并通过环氧树脂将一块玻璃窗连接到孔上。在充放电过程中，将微探针设置在纽扣电池的观察孔处进行原位拉曼研究。

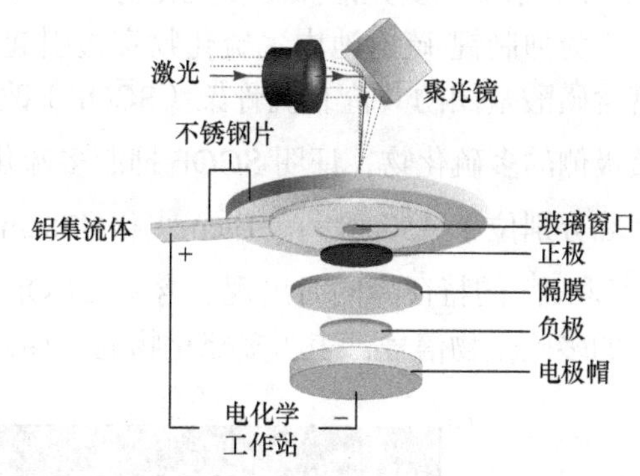

图 5.39 纽扣电池体系电化学池装置示意图

2）软包电池体系电化学池

软包电池体系电化学池的外壳是镀铝的聚酰亚胺且带有开口。窗口由硼硅酸钠玻璃制成，使用黄铜配件并用环氧树脂密封。将正极材料涂覆在铝箔集电器上制备工作电极，锂箔用作软包电池中的对电极，通过使用聚丙烯隔膜防止工作电极与锂负极发生短路。电池在充满氩气的手套箱中组装并用自制的密封装置进行气密热密封，并在室温下储存 12～24h，以确保电解质溶液完全浸渍电极和隔膜。

3. 应用案例

1）原位拉曼光谱分析锌金属电池放电产物

由于高容量和低氧化还原电位，锌金属是水基锌离子电池十分具有前景的负极材料。然而，枝晶生长严重破坏了电极/电解质界面的稳定性，加速了副反应的产生，最终降低了电化学性能。北京理工大学陈人杰等[30]通过在锌箔上构造超薄氮掺杂石墨烯界面改性层，并通过原位拉曼光谱分析证明该界面层有效抑制了析氢反应和钝化。图 5.40 拉曼光谱中 465cm^{-1} 位置对应于$[Zn(OH)_4]^{2-}$。$LiMn_2O_4$(LMO)/锌电池在高电压区域显示存在$[Zn(OH)_4]^{2-}$，这是锌枝晶的尖端效应产生的副反应产物。改性后，副反应被显著抑制，拉曼光谱图中观测不到产物$[Zn(OH)_4]^{2-}$。

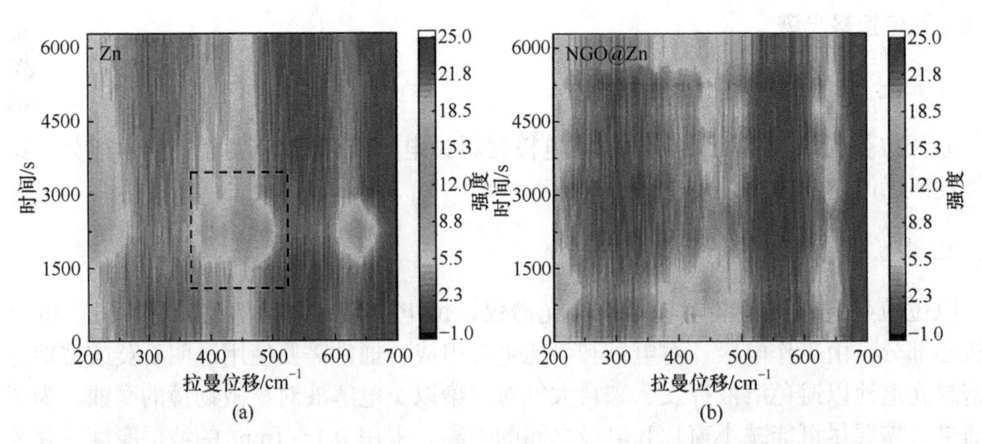

图 5.40 LMO/锌（a）和 LMO/NGO@Zn 电池（b）的原位拉曼光谱图[30]

2）原位拉曼光谱探测多硫化物

为抑制锂-硫电池中多硫化物穿梭引起的电池容量衰减，复旦大学王永刚等[31]合成了富含磺酸基团的共价有机骨架（SCOF）改性隔膜，并通过原位拉曼光谱实时检测穿梭到负极侧的多硫化物，证明 SCOF 抑制多硫化物的穿梭效应，如图 5.41 所示。S_8^{2-} 的三个特征峰分别位于 150cm^{-1}、219cm^{-1} 和 478cm^{-1} 处，300cm^{-1} 和 400cm^{-1} 附近分别属于 S_4^{2-}、S_5^{2-} 和 S_6^{2-} 的特征峰同时出现。含有 SCOF 改性隔膜的电池在放电和充电过程中显示出微弱的多硫化物信号，表明多硫化物的迁移被有效阻止。

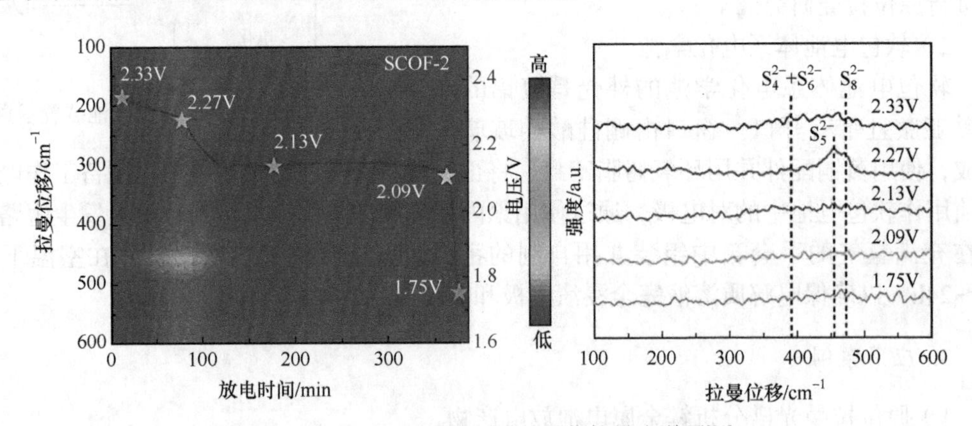

图 5.41 基于 SCOF 改性隔膜的原位拉曼光谱图[31]

5.4.3 原位核磁共振技术

1. 概念

原位核磁共振就是将核磁共振技术与电化学测试技术相结合，因此也称为电化学-核磁共振联用技术。电池反应可以发生在 NMR 仪的样品区域内或附近，从而可以实现在电池测试中实时监测电化学反应过程中电极/电解质材料体相和界面层的化学组成以及局部结构的变化。在锂电池材料表征中一般选择 ^{7}Li 作为测定核来进行测试。

2. 装置

原位核磁共振装置中的电化学池大致分为流动式、静态式、电极镀膜式及碳纤维电极电化学反应池。

流动式电化学池的电解液是流动的，整个电化学装置是在核磁共振谱仪外部，电化学反应在磁体外部进行，随后通过压力泵的作用使电解液流至 NMR 仪射频线圈检测区域内进行检测，如图 5.42 所示。此类装置的优点在于电化学反应过程快，便于电解液的转移；工作电极处在射频区域外，便于 NMR 仪的调谐。缺点是所需样品量较大，且电解液需无氧保存，对工作环境要求较高。

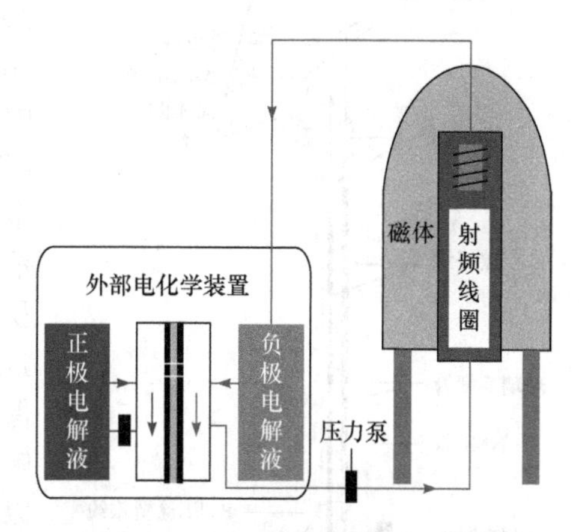

图 5.42 流动式电化学池示意图

静态式电化学池反应电极置于 NMR 仪样品管内，电化学反应结束后用常规方式记录谱线。静态式装置中，由于电极直接置于谱仪检测线圈区域，在纵向产生梯度磁场干扰，因此当电化学反应正在进行时谱线无法检测，电化学反应结束 15min 后，可检测到新的氧化产物的谱信号。静态式电化学池较流动式电化学池所需样品量小，对电解液保存无特别要求，但难以进行实时观测。

上述电化学池在用于原位核磁共振测试时都难以实时监测电极附近发生的反应，无法细致分析反应过程中反应物和生成物的变化，因此电化学池装置又进行了进一步的改进设计来完善这一不足。

研究发现当样品管壁均匀镀上的金属层厚度与该金属在射频场中的趋肤深度相比足够小的话，就可以利用该金属镀层作为电极直接置于样品检测区域，而且由于其结构圆周对称，减少了对待测样品空间磁场均匀性的影响。一款三电极两室圆柱形电化学池，电池主体是用聚甲醛树脂塑料制成，由带 O 形圈的盖子密封。盖上钻有四个孔用于通过连接器连接工作电极、辅助电极、参考电极和注入液体样品。电化学池内置铂丝作辅助电极，并以多孔玻璃隔膜作为衬底，保证内外溶液连通，而参考电极置于最外层两样品管之间。工作电极采用电蒸镀方法在样品管下部分外壁镀金膜，根据趋肤深度的理论计算及对核磁探头调谐和匀场的影响，金膜厚度小于 10nm 对线形和灵敏度的影响可近似忽略。虽然电极镀膜式电化学池阻抗低、电化学电势窗口宽并且可以实现实时监测，但依然存在电极表面积小及阳极电势受限的问题。采用细的碳纤维作为工作电极克服了金属薄膜电极表面积小等缺点，具有方便简单、电化学电势窗口宽，适用于大部分现代化 NMR 仪，且能对不同元素进行分析等特点，如图 5.43 所示[32]。

3. 原位 NMR 应用

1）原位 ^{23}Na 核磁共振技术研究钠金属微结构

钠枝晶生长是影响钠电池安全性和循环寿命的关键。厦门大学杨勇等[33]使用原位 ^{23}Na 核磁共振技术研究钠金属微结构（SMS）的生长随时间演化并探索其对钠金属电化

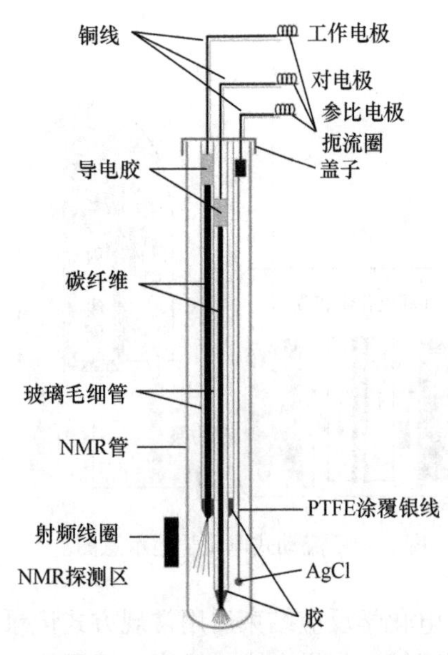

图 5.43 碳纤维电极电化学池[32]

学溶解-沉积过程的影响。图 5.44（a）为用于核磁共振研究的 Na||Na 对称电池的电化学性能。图 5.44（b）、（c）分别显示了在 F0（1mol · L^{-1} $NaClO_4$/碳酸丙烯酯 PC）和 F2（1mol · L^{-1} $NaClO_4$/碳酸丙烯酯 PC 加 2%氟代碳酸乙烯酯 FEC）电解质中循环的钠金属的 ^{23}Na 核磁共振位移的演变。图 5.44（d）显示了作为循环时间函数的钠金属信号的相应归一化积分面积。对于 F2 电解质，在循环过程中，以 1125ppm 为中心的 ^{23}Na 核磁共振信号的钠金属积分保持不变，表明钠金属沉积平稳。另外，对于 F0 电解质，在循环时出现了向下场的不对称展宽，这可以归因于锂枝晶或苔藓状锂（SMS）的形成。随着循环的进行，SMS 的数量和相应电池过电势具有相似的变换趋势。

2）原位 ^7Li 核磁共振技术研究了电解液对失效 Li 和 SEI 形成的影响

英国剑桥大学 C. P. Grey 等[34]通过原位 NMR 技术研究了电解液对失效金属锂和 SEI 形成的影响。研究主体为无负极锂金属全电池，锂从 $LiFePO_4$（LPF）正极直接沉积在铜集流体上。图 5.45（a）为使用 1mol · L^{-1} $LiPF_6$-EC/DMC 电解液的电池在恒流沉积和剥离中测得的原位 NMR 数据。金属锂峰的积分强度随着沉积线性增长[图 5.45（b）]。剥离

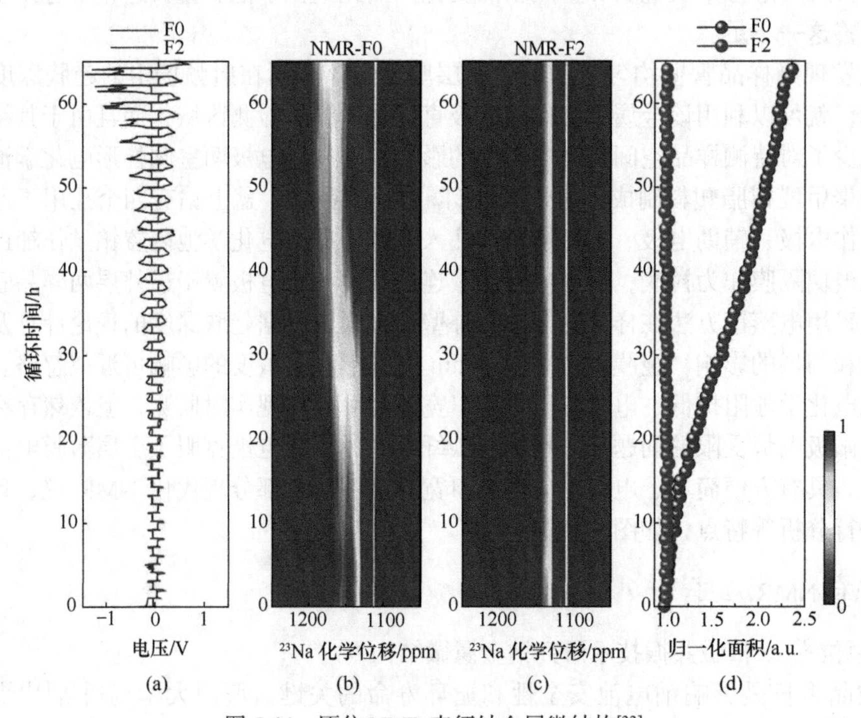

图 5.44 原位 NMR 表征钠金属微结构[33]

时，活性锂金属从铜电极上剥离，锂金属峰强度降低，直到电池达到截止电压。由于形成了失效锂，放电结束时的归一化强度不为零。失效锂在前五次循环中逐渐累积，达到首次循环中沉积锂的 40%左右。

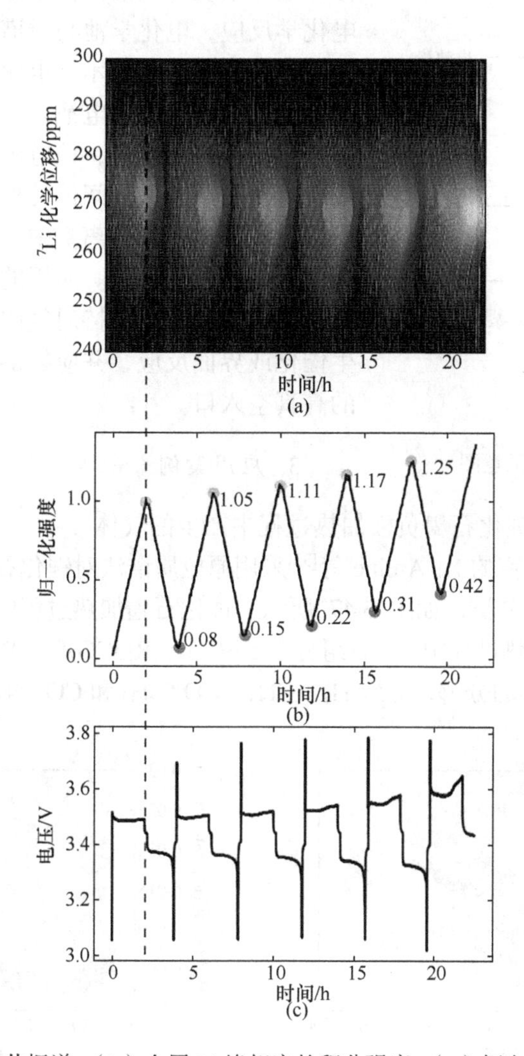

图 5.45　（a）^{7}Li 核磁共振谱；（b）金属 Li 峰相应的积分强度；（c）恒电流循环的电压曲线[34]

5.4.4　原位质谱

1. 概念

原位质谱是传统电化学与现代质谱分析技术的结合，可以通过特殊设计反应池和整个体系，在材料实际应用或近似条件等复杂环境下对产生的气体进行质谱表征。锂离子电池内部的气体产生被认为是一个界面和电极的恶化过程。在电极上形成有效的界面层可以阻止电解液的击穿和气体的形成。因此，气体演化分析被认为是确定在电极上形成的界面质量的一种间接方法。

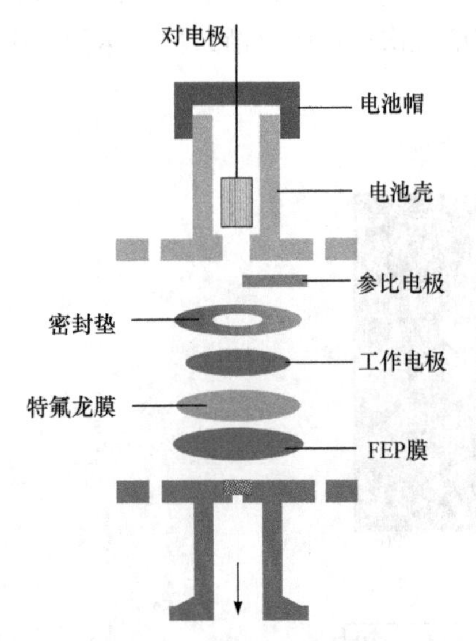

图 5.46　原位质谱示意图

2. 装置

原位质谱主要有三个关键组成部件：原位电化学池、进样系统和质谱仪。原位电化学池提供待研究的电化学反应，电化学池与质谱仪之间通过进样系统实现连接，如图 5.46 所示。电化学池分为多孔膜双电极电池和多孔膜三电极电池。在原位质谱电化学池中使用非润湿的多孔电极，该电极充当质谱仪入口系统的膜，将气态产物和中间体转移到电离室，从而绕开了质谱仪的入口。在电离室中，产品或中间体在检测器中被电离并进行分析。所用的多孔电极不能被所用的电解质弄湿，必须保持对气体的渗透性，必须允许发生催化或界面反应，并应提供机械支撑以维持质谱仪的高真空入口。

3. 应用案例

1）原位质谱研究锂化石墨负极加热过程中产生的气体

美国阿贡国家实验室的 K. Amine 等[35]采用原位质谱法对锂化石墨负极加热过程中释放的气体成分进行了定量分析，如图 5.47 所示。锂化石墨加热过程中会产生多种气体，在从室温到 170℃的初始加热过程中，SEI 组分中 Li_2CO_3、$ROCO_2Li$、ROLi（R=CH_3—CH_2—、CH_3—CH_2—CH_2—）等的分解，导致 H_2、CH_4、CO/C_2H_4 和 CO_2 四种主要气体产生。

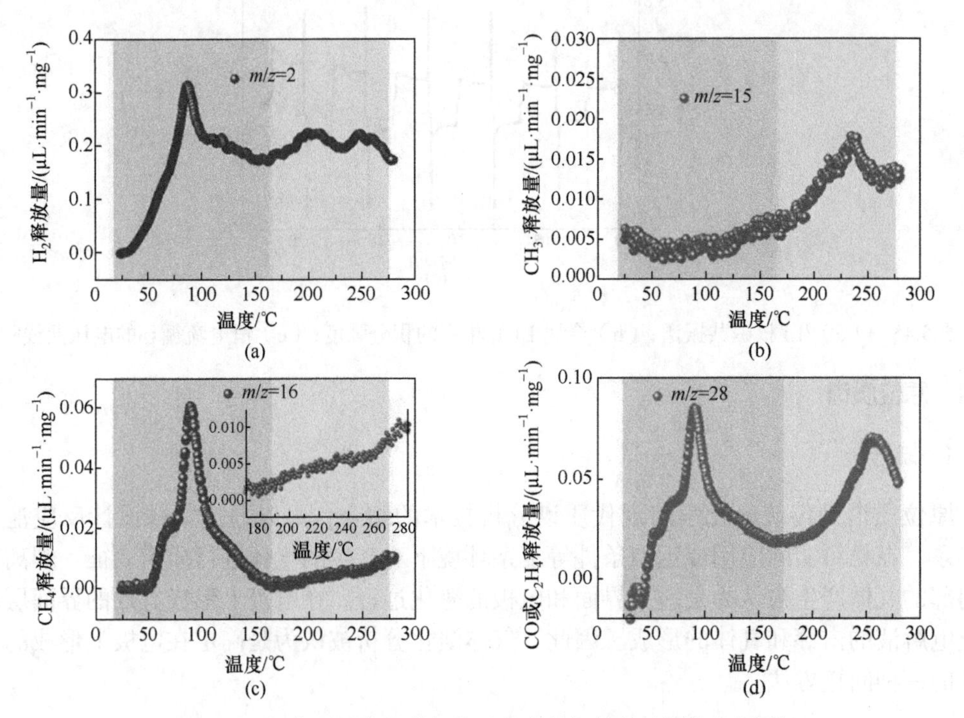

图 5.47　锂化石墨负极在加热过程中的气体释放原位监测[35]

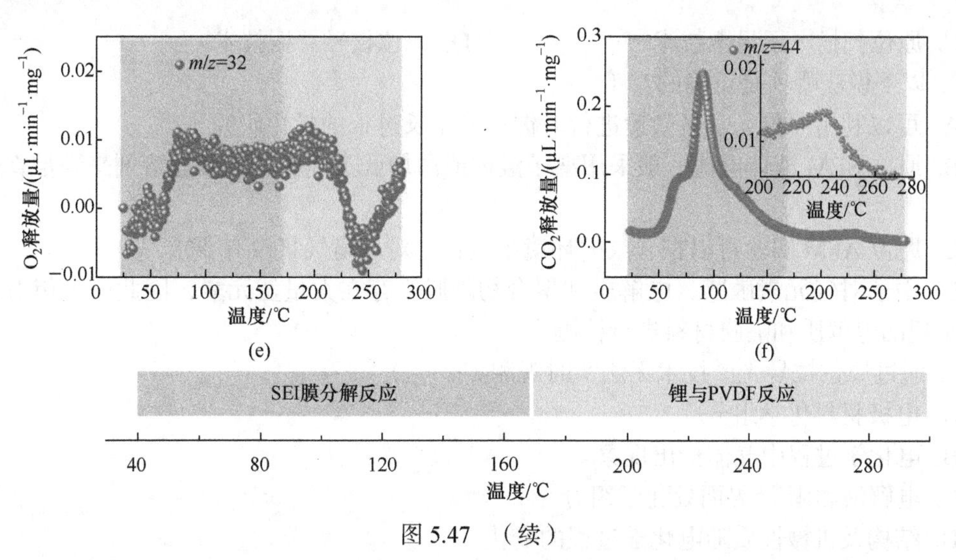

图 5.47 （续）

2）原位质谱研究锌离子电池放电过程中析氢反应

锌枝晶生长是阻碍锌离子电池发展的原因之一。北京理工大学陈人杰等[30]通过在锌箔上构造超薄界面改性层，抑制锌枝晶的生长，并使用原位质谱技术证明该界面层能够有效抑制析氢反应，对于常规的裸锌负极，当充电电压达到1.87V时，H_2突然释放，而改性后电极在整个充电和放电过程中的H_2气体释放可以忽略不计，如图 5.48 所示。

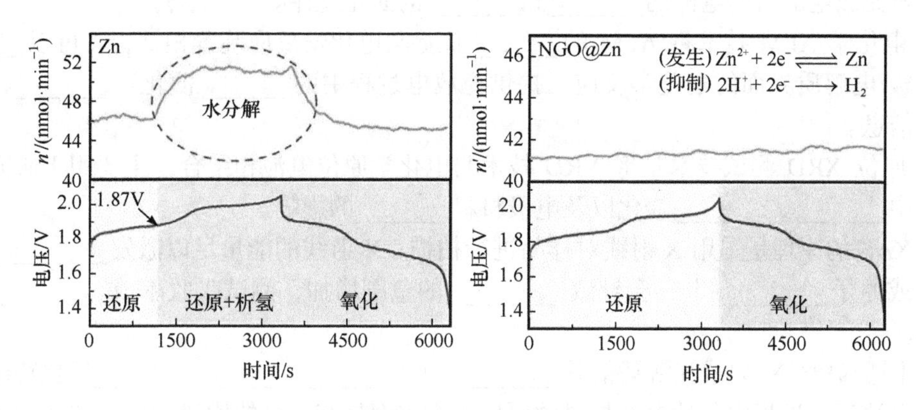

图 5.48 改性前后锌电极的原位电化学质谱图[30]

习 题

一、选择题

1. 哪种原位表征技术能观测到 SEI 膜的形成？（　　）

A. 原位光学显微镜　　　　B. 原位红外光谱显微镜

C. 原位原子力显微镜　　　　D. 原位扫描电子显微镜

2. 以下哪一项不是可视化的原位表征技术？（　　）

A. 原位光学显微技术　　　　B. 原位中子成像技术

C. 原位扫描电子显微技术　　　　　　D. 原位核磁共振技术

3. 以下说法哪项是正确的？（　　）

A. 可以利用原位光学显微镜进行对锂枝晶生长过程的量化研究

B. 原位 SEM 液体电池一般采用离子液体或添加低蒸气压的碳酸盐溶剂来满足真空度要求

C. 原位 AFM 实验可以在开放的环境中进行，对环境气氛没有要求

D. 中子对轻元素敏感，电解质和聚合物隔膜中存在大量氢元素，因此中子衍射很适合对常规的电解质和隔膜材料进行检测

4. 通过原位拉曼光谱技术无法实时观测（　　）。

A. 电极材料化学组分

B. 电化学过程中气体析出现象

C. 电解液和固/液界面处化学组分

D. 结构及机械性质随电化学过程的变化

5. 锂离子电池内部的气体产生被认为是一个界面和电极的恶化过程，在电极上形成有效的界面层可以阻止电解液的击穿和（　　）的形成。

A. 双电层　　　　B. 非晶相　　　　C. 枝晶　　　　D. 气体

二、填空题

1. 将原位 SEM 与 EDS 结合，还可以对电极材料进行_______和_______分析，用于进一步分析充放电前后的电极的_______和_______的演化规律。

2. 电化学 AFM 技术将 AFM 的_______优势与电化学反应装置相结合，可以_______监测电极/电解质界面的电化学反应，提供充放电过程中的_______演化、_______、电学性能等信息。

3. 原位 XRD 测试技术是将 XRD 技术与电化学原位电池相结合，主要用于研究充放电过程中_______、_______变化以及电极材料_______的影响。

4. XAS 的原理是采用 X 射线对样品进行扫描，X 射线的能量足以激发_________跃迁到分子或原子_________上，会导致_________的急剧增加，测试吸收率或_________的变化情况。

5. 同步辐射 X 射线光源凭借其_______、_______、_______、_______等独特性质，在理解电池运行过程中各种电池材料的原位研究方面具有固有的优势和广泛的通用性。

6. 采用细的_______作为工作电极克服了金属薄膜电极表_______等缺点，具有_______的特点，适用于大部分现代化 NMR 仪，且能对不同元素进行分析等特点。

7. 晶体中_______的原子对中子波而言相当于一个_______，中子通过晶体物质时会发生_______。

8. 基于 ^{6}Li 中子俘获反应的_______具备对_______灵敏性高、_______以及高穿透特性，可实时监控电池中有关 Li 反应动力学、传输和不可逆的_______行为。

9. 原位质谱主要有三个关键组成部件：_______、_______和_______。原位电化学池提供待研究的_______，电化学池与质谱仪之间通过_______实现连接。

三、简答题

1. 在电化学研究中，“原位”相对于“非原位”的技术优势有哪些？

2. 原位光学显微技术在锂离子电池中的应用是什么？

3. 简述原位 TEM 电池的设计要求。

4. 对比分析原位 XRD 不同窗口材料的区别。

5. 简述原位核磁共振成像技术的原理。

6. 根据红外光谱的入射模式，原位池分为哪两种？哪种更常用？如何解决红外反射后信号弱的问题？

参考文献

[1] Wood K N, Kazyak E, Chadwick A F, et al. Dendrites and pits: untangling the complex behavior of lithium metal anodes through operando video microscopy[J]. ACS Central Science, 2017, 2(11): 790.

[2] Li W Y, Yao H B, Yan K, et al. The synergetic effect of lithium polysulfide and lithium nitrate to prevent lithium dendrite growth[J]. Nature Communications, 2015, 6: 7436.

[3] Wang Y L, Liu F M, Fan G L, et al. Electroless formation of a fluorinated Li/Na hybrid interphase for robust lithium anodes[J]. Journal of the American Chemical Society, 2021, 143(7): 2829-2837.

[4] Chen X, Shen X, Li B, et al. Ion-solvent complexes promote gas evolution from electrolytes on a sodium metal anode[J]. Angewandte Chemie International Edition, 2018, 57(3): 734-737.

[5] Cui C, Yang H, Zeng C, et al. Unlocking the *in situ* Li plating dynamics and evolution mediated by diverse metallic substrates in all-solid-state batteries[J]. Science Advances, 2022, 8(43): eadd2000.

[6] Wang H C, Gao H W, Chen X X, et al. Linking the defects to the formation and growth of Li dendrite in all-solid-state batteries[J]. Advanced Energy Materials, 2018, 11(42): 2102148.

[7] Gu M, Parent L R, Mehdi B L, et al. Demonstration of an electrochemical liquid cell for operando transmission electron microscopy observation of the lithiation/delithiation behavior of Si nanowire battery anodes[J]. Nano Letters, 2013, 13(12): 6106-6112.

[8] Yuk J M, Park J, Ercius P, et al. High-resolution EM of colloidal nanocrystal growth using graphene liquid cells[J]. Science, 2014, 336(6077): 61-64.

[9] Han J W, Kong D B, Lv W. et al. Caging tin oxide in three-dimensional graphene networks for superior volumetric lithium storage[J]. Nature Communications, 2018, 9: 402.

[10] Qiu X L, Wang X L, He Y X, et al. Superstructured mesocrystals through multiple inherent molecular interactions for highly reversible sodium ion batteries[J]. Science Advances, 2021, 7(37): eabh3482.

[11] Aurbach D, Cohen Y. The application of atomic force microscopy for the study of Li deposition processes[J]. Journal of the Electrochemical Society, 1996, 143(11): 3525-3532.

[12] Wang S N, Wang Z Y, Yin Y B, et al. A highly reversible zinc deposition for flow batteries regulated by critical concentration induced nucleation[J]. Energy & Environmental Science, 2021, 14: 4077-4084.

[13] Yao K, Okasinski J S, Kalaga K, et al. Quantifying lithium concentration gradients in the graphite electrode of Li-ion cells using operando energy dispersive X-ray diffraction[J]. Energy & Environmental Science, 2019, 12: 656-665.

[14] Luo L, Li J Y, Asl H Y, et al. *In-situ* assembled VS_4 as a polysulfide mediator for high-loading lithium-sulfur batteries[J]. ACS Energy Letters, 2020, 5(4): 1177-1185.

[15] Weng Z, Wu Y S, Wang M Y, et al. Active sites of copper-complex catalytic materials for electrochemical carbon dioxide reduction[J]. Nature Communications, 2018, 9: 415.

[16] Yu X Q, Lyu Y C, Gu L et al. Understanding the rate capability of high-energy-density Li-rich layered $Li_{1.2}Ni_{0.15}Co_{0.1}Mn_{0.55}O_2$ cathode materials[J]. Advanced Energy Materials, 2014, 4(5): 1300950.

[17] Zhang L, Sun D, Feng J, et al. Revealing the electrochemical charging mechanism of nano-sized Li_2S by *in-situ* and operando X-ray absorption spectroscopy[J]. Nano Letters, 2017, 17(8): 5084-5091.

[18] 袁清习, 邓彪, 关勇, 等. 同步辐射纳米成像技术的发展与应用[J]. 物理, 2019, 48(4): 14.

[19] Liang G, Hao J, D'Angelo A M, et al. A robust coin-cell design for *in situ* synchrotron-based X-ray powder diffraction analysis of battery materials[J]. Batteries & Supercaps, 2020, 4(2): 380-384.

[20] Sun F, He X, Jiang X Y, et al. Advancing knowledge of electrochemically generated lithium microstructure and performance decay of lithium ion battery by synchrotron X-ray tomography[J]. Materials Today, 2019, 27: 21-32.

[21] Lewis J A, Cortes F J Q, Liu Y, et al. Linking void and interphase evolution to electrochemistry in solid-state batteries using operando X-ray tomography[J]. Nature Materials, 2021, 20: 503-510.

[22] Vitoux L, Reichardt M, Sallard S, et al. A cylindrical cell for operando neutron diffraction of Li-ion battery electrode materials[J]. Frontiers in Energy Research, 2018, 6: 76.

[23] Wang C Q, Wang R, Huang Z Y, et al. Unveiling the migration behavior of lithium ions in NCM/graphite full cell via in operando neutron diffraction[J]. Energy Storage Materials, 2022, 44: 1-9.

[24] Wu X, Song B, Chien P H, et al. Structural evolution and transition dynamics in lithium ion battery under fast charging: an operando neutron diffraction investigation[J]. Advanced Science, 2021, 8(21): 2102318.

[25] Lv S, Verhallen T, Vasileiadis A, et al. Operando monitoring the lithium spatial distribution of lithium metal anodes[J]. Nature Communications, 2018, 9: 2152.

[26] Li Q, Yi T C, Wang X L, et al. *In-situ* visualization of lithium plating in all-solid-state lithium-metal battery[J]. Nano Energy, 2019, 63: 103895.

[27] Ye J Y, Jiang Y X, Tian S, et al. *In-situ* FTIR spectroscopic studies of electrocatalytic reactions and processes[J]. Nano Energy, 2016, 29: 414-427.

[28] Wang C, Zhang H R, Dong S M, et al. High polymerization conversion and stable high-voltage chemistry underpinning an *in situ* formed solid electrolyte[J]. Chemistry of Materials, 2020, 32(21): 9167-9175.

[29] Wang Z J, Fan Q Q, Guo W, et al. Biredox-ionic anthraquinone-coupled ethylviologen composite enables reversible multielectron redox chemistry for Li-organic batteries[J]. Advanced Science, 2022, 9: 2103632.

[30] Zhou J H, Xie M, Wu F, et al. Ultrathin surface coating of nitrogen-doped graphene enables stable zinc anodes for aqueous zinc-ion batteries[J]. Advanced Materials, 2021, 33: 2101649.

[31] Xu J, An S H, Song X Y, et al. Towards high performance Li-S batteries via sulfonate-rich COF-modified separator[J]. Advanced Materials, 2021, 33: 2105178.

[32] Klod S, Ziegs F, Dunsch L. *In situ* NMR spectroelectrochemistry of higher sensitivity by large scale electrodes[J]. Analytical Chemistry, 2009, 81(24): 10262.

[33] Xiang Y X, Zheng G R, Liang Z T, et al. Visualizing the growth process of sodium microstructures in sodium batteries by *in-situ* ^{23}Na MRI and NMR spectroscopy[J]. Nature Nanotechnology, 2020, 15: 883-890.

[34] Gunnarsdóttir A B, Amanchukwu C V, Menkin S, et al. Noninvasive *in situ* NMR study of "dead lithium" formation and lithium corrosion in full-cell lithium metal batteries[J]. Journal of the American Chemical Society, 2020, 142(49): 20814-20827.

[35] Liu X, Yin L, Ren D S, et al. *In situ* observation of thermal-driven degradation and safety concerns of lithiated graphite anode[J]. Nature Communications, 2021, 12: 4235.

第二部分　应　用　篇

第6章 锂离子电池材料与表征

6.1 锂离子电池发展概述

科学技术不断进步，人类生活水平不断提高，当代社会对能源的需求正在日益增加。电池是最有应用前景的储能系统之一，其中锂离子电池具有能量密度高、使用寿命长、无记忆效应、环境友好及可便携等优点。锂离子电池的研究起源于 20 世纪七八十年代，其基本概念始于法国科学家 M. Armand 等提出的“摇椅式电池”，指出若采用锂离子嵌入化合物为正负极材料，在充放电过程中锂离子可以在正负极层状化合物之间不停地来回嵌入和脱出，整个过程犹如摇椅。至此，锂离子电池的概念开始走入人们的视野。基于此概念，英国化学家 S. Whittingham 于 1978 年创造出第一个锂离子电池，正极材料采用嵌入型正极二硫化钛（TiS_2），负极材料为金属锂，使用醚基电解液。1981 年，美国科学家“锂电池之父”J. Goodenough 教授在英国牛津大学就职期间发现了钴酸锂（$LiCoO_2$，LCO）可用作正极材料，次年他在 LCO 专利中提及镍酸锂（$LiNiO_2$，LNO）作为正极材料的可行性。1982 年，R. Yazami 首次将石墨应用于固体聚合物锂二次电池负极材料，证明锂可以在石墨材料中进行电化学嵌入和脱出，使人们对石墨类碳材料作为锂离子电池负极更加充满信心。1983 年，首次尝试将锰酸锂（$LiMn_2O_4$，LMO）作为正极材料用于锂离子电池。当 J. Goodenough 教授将过渡金属氧化物确定为高压正极材料后，不可避免地促使电解液从醚基转变为酯基。酯基电解液的溶剂通常包含羧酸酯或碳酸酯，其中常用的是碳酸乙烯酯（EC）和碳酸丙烯酯（PC），随着碳酸酯类电解液的应用，钴酸锂率先成为商业锂离子电池的正极材料。1985 年，A.Yoshino 及其同事基于 $LiCoO_2$ 正极开始组装“无锂金属”电池，经过多次尝试含碳基材料，终于发现锂离子在石油焦炭层间可以反复嵌入和脱出，并能产生较高的比容量。于是他用石油焦作负极，钴酸锂作正极，使用基于 PC 的电解液，成功设计出“非水二次电池”，能够实现稳定的充放电，至此第一代锂离子电池诞生。经过进一步的开发，1991 年，日本索尼公司率先将石油焦作为负极应用于商业化锂离子电池中，这标志着以含锂过渡金属氧化物为正极材料，碳为负极材料的锂离子电池商业化应用的开始。然而随着研究的不断发展，研究者们发现 PC 与锂离子电池的理想负极材料石墨不兼容。当石墨在 PC 基电解液中进行电化学嵌锂时，高度有序的石墨层结构会被 PC 不可逆地剥落。1991 年，日本三洋公司定义了现代锂离子电池电解液配方：$LiPF_6$ 溶解在 EC 和一种或几种线型碳酸酯（包括碳酸二甲酯、碳酸二亚乙酯或碳酸甲乙酯等）组成的混合溶剂中，于 1991 年 11 月申请专利。1996 年，J. Goodenough 发现具有橄榄石结构的磷酸盐新材料，如磷酸铁锂（$LiFePO_4$，LFP），其安全性能好，且耐高温，耐过充电性能远超传统锂离子电池材料。1999 年，新加坡材料工程研究院的刘昭林、余爱水等在镍钴酸锂基础上引入 Mn 改性，首次合成一系列镍钴锰三元正极材料

（$LiNi_{1-x-y}Co_xMn_yO_2$，即 NCM）。在前期研究中，研究者忽视了 NCM 材料组分调控的重要性，直到 2001 年，日本大阪市立大学 T. Ohzuku 和 Y. Makimura 研究出具有相同比例 Ni、Co 和 Mn 的层状 NCM 材料（NCM111），推动了低镍 NCM 正极材料的快速发展。2002 年，加拿大的 J. Dahn 报道了世界首个三元锂电池。锂离子电池发展史重要节点及人物如图 6.1 所示。

20世纪七八十年代 摇椅式电池
1978 TiS_2正极
1981-1982-1983 钴酸锂—镍酸锂—锰酸锂
1982 石墨负极材料
1985 第一代锂离子电池
1991 商业锂离子电池
1996 磷酸铁锂
1999 镍钴锰三元正极
2002 首个三元锂电池

图 6.1 锂离子电池发展史重要节点

从此，凭借高能量密度和高安全性的优势，锂离子电池在十几年时间里已经彻底占领了电子消费市场，并扩展到了电动汽车领域，取得了辉煌的成就。我国的锂离子电池市场发展相对缓慢，但近年来，我国相继出台相关政策，大力支持锂电产业及新能源汽车和储能等领域的发展，营造了良好的发展环境。我国锂电行业迅速发展，东风、宁德时代等企业凭借新能源汽车领域正在不断壮大，我国已连续五年成为全球最大的锂电池消费市场，截至 2021 年，中国锂离子电池市场规模约 324GW · h，约占全球市场的 59.4%，中国企业在全球市场的占有率达到 70%。

6.2 正极材料

6.2.1 锂钴氧化物

1. 结构及特点

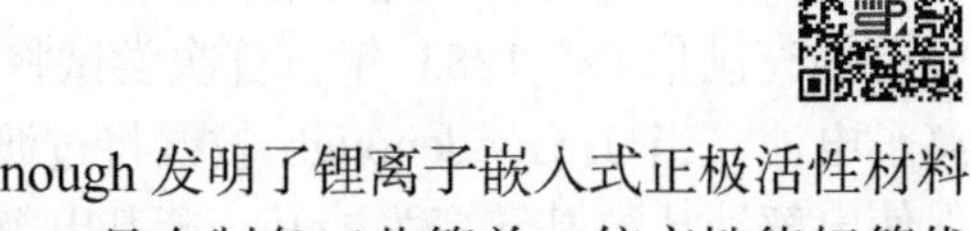

J. Goodenough 发明了锂离子嵌入式正极活性材料 LCO。由于 LCO 具有制备工艺简单、倍率性能好等优点，自 1991 年索尼推出第一款可充电锂离子电池以来，LCO 得到了最广泛的应用。LCO 为具有 α-$NaFeO_2$ 结构（$R\bar{3}m$）的层状结构材料。该结构中氧呈密堆积排布，位居 6c 位置；Co 和 Li 占据氧八面体的中心，分别位于 3b 和 3a 位置，如图 6.2 所示。两个八面体层沿 c 轴交替堆叠（在六边形设置中，在菱形单元中沿[111]堆叠）。

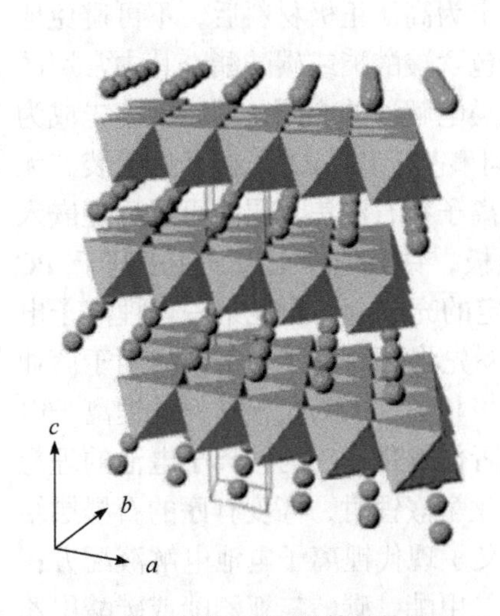

图 6.2 层状 LCO 晶体结构图

2. 电化学性能

$LiCoO_2$ 的理论比容量为 274mAh · g^{-1}，但是实际比容量只有理论比容量的一半，为 140～150mAh · g^{-1}。在充放电的过程中，锂离子可以在 CoO_2 层间进行二维移动，锂离子的电导率高，扩散系数可以达到 10^{-9}～10^{-7}cm^2 · s^{-1}。因为低锂相（$Li_{1-x}CoO_2$，x<0.7）结构不稳定，Co 离子从原来的平面移出，导致不可逆容量增加。因此一般情况下，充电电压需要小于或等于 4.2V *vs.* Li^+/Li，保证有不小于 50%

的锂离子留在晶体中，保持结构的稳定。$Li_{1-x}CoO_2$ 具有平坦的充放电电压平台，工作电压为3.9V。充电至4.6V会引起 $Li_{1-x}CoO_2$ 费米能级的降低，使 $2p^-$ 氧态的分布减少，释放出 O_2。O_2 不能从电池中逸出，便与有机电解液结合，引发燃烧甚至爆炸，产生剧烈反应。此外，Co在常用电解质中的溶解度可能导致钴离子从LCO结构中溶解，容量损失，最终导致电池故障。

3. *应用案例*

1）锂钴氧化物高压不稳定性的结构成因

北京大学潘锋等[1]采用原位XRD研究了常规LCO（N-LCO）在首周充放电过程中的结构演变，如图6.3所示。结果表明，N-LCO在充电至4.5V的过程中，经历了H1、H2、M1和H3的连续相变。在深度充电时，产生H1～H3和O1相变，具有较大的层间距变化，这种不可逆的六方尖晶石相变导致位错密度和内应变增加，是N-LCO循环过程中结构不稳定的原因。

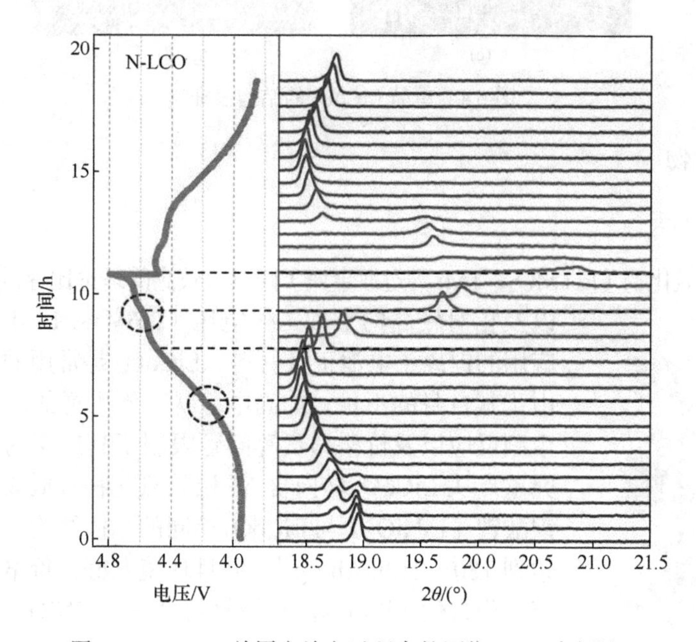

图6.3　N-LCO首周充放电过程中的原位XRD表征[1]

2）高压单晶钴酸锂结构表征

马里兰大学王春生等[2]通过XRD、SEM和TEM对高压单晶钴酸锂进行结构表征。图6.4（a）为单晶 $LiCoO_2$ 粉末XRD图的Rietveld修正，它可以拟合为具有六方晶胞3R型层状菱面体系统（空间群：$R\overline{3}m$），晶格参数 a 和 c 分别为2.817（3）和14.062（8）。合成的单晶 $LiCoO_2$ 的粒径为5～20μm[图6.4（b）]。用选区电子衍射[SAED，图6.4（c）]证实了3R型层状结构的纯相。在SAED中观察到典型的（$11\overline{2}0$）晶面。高分辨透射电子显微镜（high resolution transmission electron microscopy，HRTEM）图像中4.6°的清晰晶格条纹显示了高结晶度[图6.4（d）]。

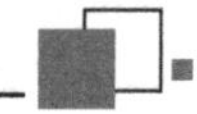

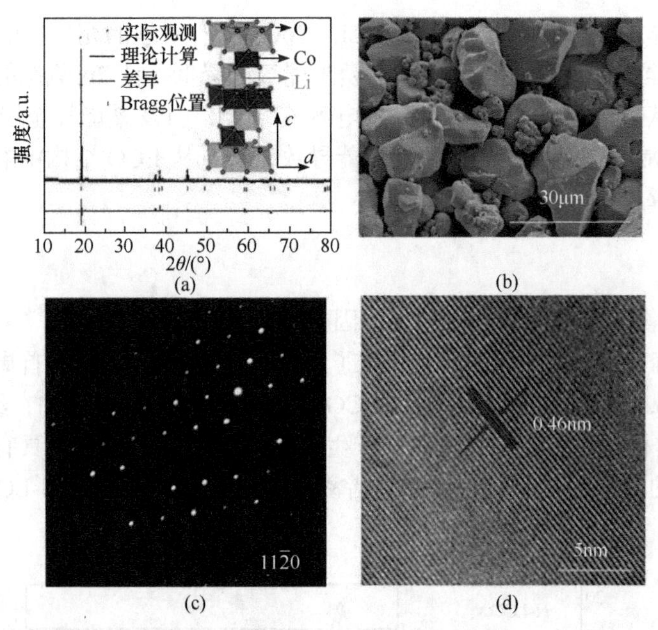

图 6.4 单晶 $LiCoO_2$ 的结构表征[2]

6.2.2 锂镍氧化物

1. 结构及特点

层状金属锂氧化物（$LiTMO_2$，TM 为过渡金属）因具有较高的理论比容量（270mAh · g^{-1}）以及相对较高的平均工作电压（3.6V *vs*. Li^+/Li），是目前广泛应用的锂离子电池正极材料。$LiCoO_2$ 是常用的正极材料，但是由于其自身的不足，如高电荷状态不可逆的相变、高电位下发生副反应以及价格昂贵等问题限制了其广泛的应用。因此，研究重点从 $LiCoO_2$ 转向含 Ni 层状氧化物等低成本替代品。层状镍酸锂（$LiNiO_2$）与 $LiCoO_2$ 相同的晶体结构，实际比容量可以达到 180～210mAh · g^{-1}，并且环境友好，价格低廉，被视为最有希望替代 $LiCoO_2$ 的正极材料之一。$LiNiO_2$ 为属于 α-$NaFeO_2$（空间群 $R\bar{3}m$）岩盐结构的层状结构材料，其中 Li^+层和 Ni^{3+}层交替排布，氧呈密堆积排列，Li 和 Ni 分别占据氧八面体的中心，结构如图 6.5 所示。

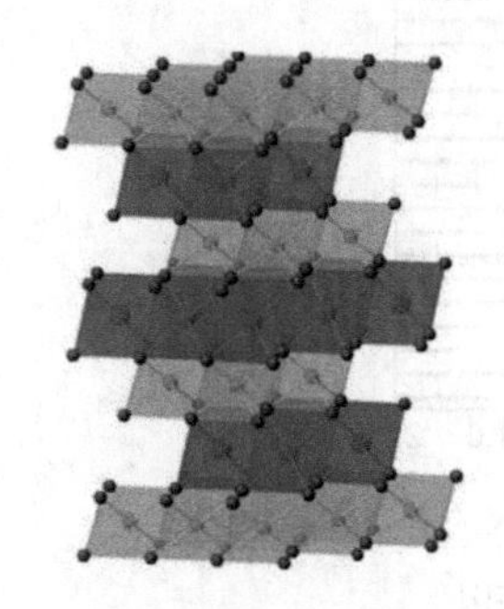

图 6.5 层状 $LiNiO_2$ 的晶体结构（$R\bar{3}m$）

2. 电化学机理

$LiNiO_2$ 的层状结构为锂离子的输运提供了通道。在锂脱嵌过程中，$LiNiO_2$ 经历结构转变。在锂脱出过程中，$LiNiO_2$ 经历一系列相变：原始层状结构（H1）、单斜结构（M）、尖晶石相（H2）和岩盐相（H3）。特别是在 H2 和 H3 相变过程中，各向异性晶格沿 a 轴和 c 轴变化，导致较大的体积变化（9%），在 4.2V *vs*. Li^+/Li 以上时可导致电极中 $LiNiO_2$ 粒子出现微裂纹。$LiNiO_2$ 对空气和湿气敏感，在空气储存过程中，Ni^{3+} 自发还原为 Ni^{2+}，导致结构有序性丧失，电化学性能变差。对锂镍氧化物进行元素掺杂是一种改善其结构和循环稳定性的有效手段，其中钠、钼、钴、钛及硼等是常被报道的有效掺杂元素。

3. 应用案例

1）XRD 探究富镍正极材料最佳过锂含量

富镍正极材料（Ni 含量＞90%）具有较高的能量密度及相对低的成本，但其充放电过程存在不可逆的相变，引入过量的锂可以有效缓解该问题。明志科技大学 C. C. Yang 等[3]利用 XRD 表征技术探究了过量锂的最佳含量。图 6.6 展示了五种材料的精修 XRD 谱图，从（a）到（e）分别代表加入 0、2%、4%、6%、8%的过量锂，记为 Li_x-NCM，其中，晶格参数比（c/a）随着锂含量的增加，呈现先增后减的趋势，当锂过量 4%时，具有最高的 c/a 值，说明该材料具有最轻的阳离子混排以及更稳定的层状结构，该材料同时具有最多的小离子半径的 Ni^{3+}，使得锂层间距更大，有利于锂离子的扩散。

2）XAS 谱观测富镍层状过渡金属氧化物正极演变过程

荷兰埃因霍芬理工大学 I. Takahashi 等[4]利用 XAS 谱观测了富镍层状过渡金属氧化物正极在循环过程中镍价态的演变。如图 6.7 所示，在充电和放电状态下测量的 Ni L-边 XAS 谱中可以检测到光谱的明显演变，表明从 Ni^{2+}-Ni^{3+}混合态向 Ni^{4+}转变，证明带电的 Ni^{4+}状态对氧具有高度亲核性，导致电解质氧化。

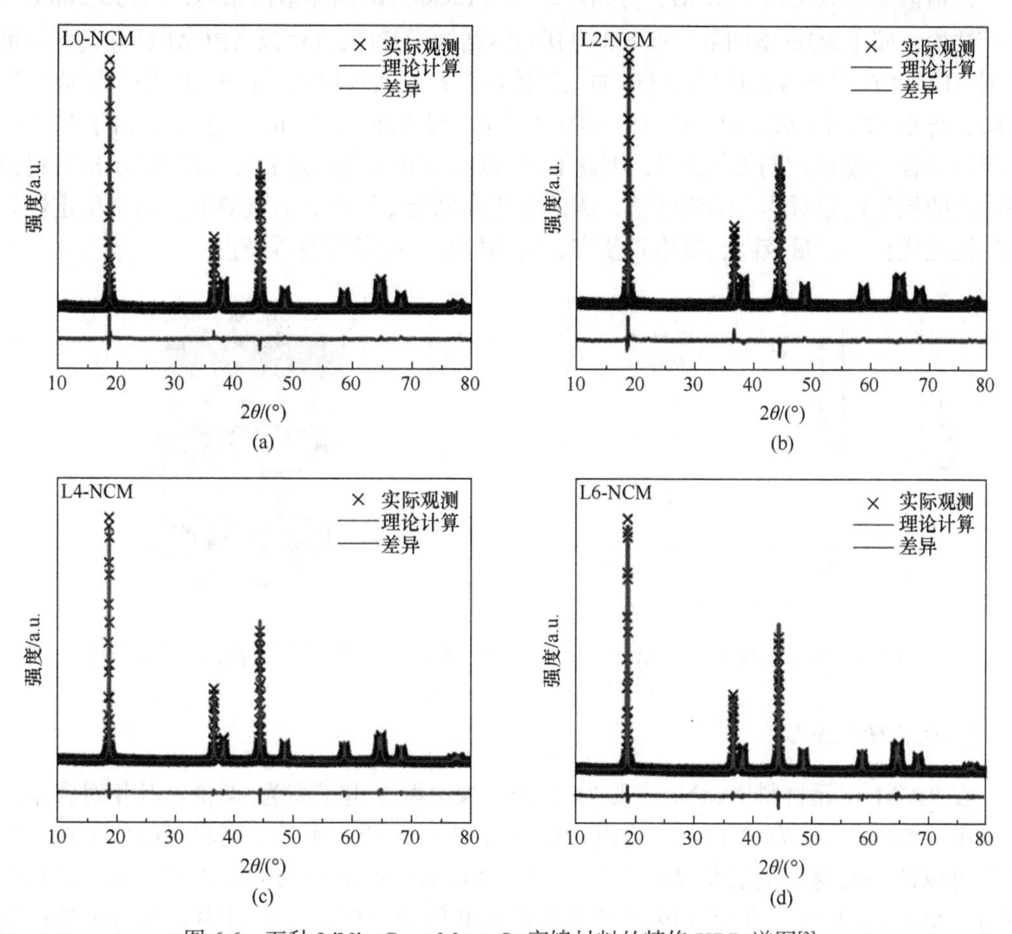

图 6.6 五种 $LiNi_{0.9}Co_{0.05}Mn_{0.05}O_2$ 富镍材料的精修 XRD 谱图[3]

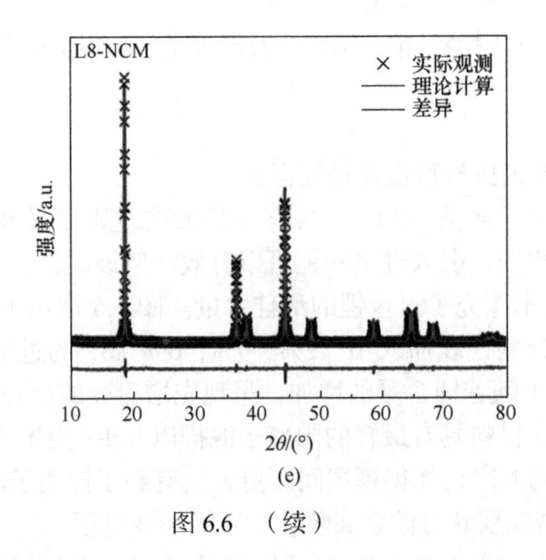

(e)

图 6.6 （续）

6.2.3 镍钴锰三元氧化物

1. 结构及特点

镍钴锰三元氧化物（NCM）的晶体结构与$LiCoO_2$的晶体结构相同，均为α-$NaFeO_2$型层状结构，属于$R\bar{3}m$空间群。图 6.8 为其晶体结构示意图，O^{2-}以 ABCABC 方式立方堆积排列，Li^+和 Co^{3+}交替占据层间 O^{2-}的八面体位置；过渡金属离子占据 3*b* 空位形成二维交替层，与 O^{2-}共同组成 MO_6 八面体结构；Li^+则占据八面体层间的 3*a* 空位，由于Li^+与O^{2-}的层间结合力较 Co^{3+}与 O^{2-}的弱，因此 Li^+可以在层间实现可逆脱嵌。NCM 正极材料拥有高电压的氧化还原对，且结构致密，因此电势和比能量较高，且其具有热力学稳定性好、循环性能优良、容量较高、价格较便宜、污染较小、制备容易等特点。

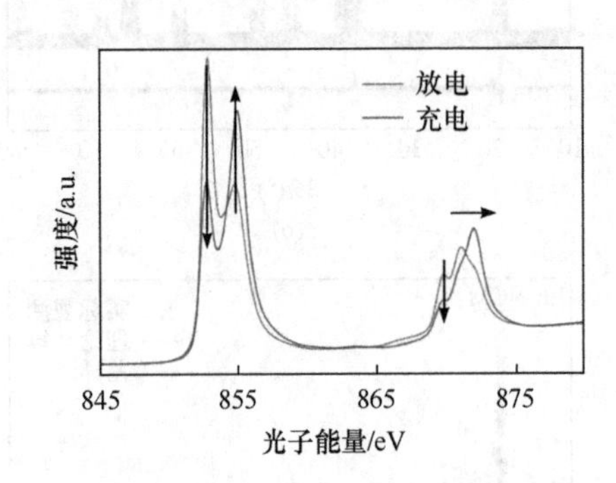

图 6.7 富镍正极 Ni L-边 XAS 谱[4]

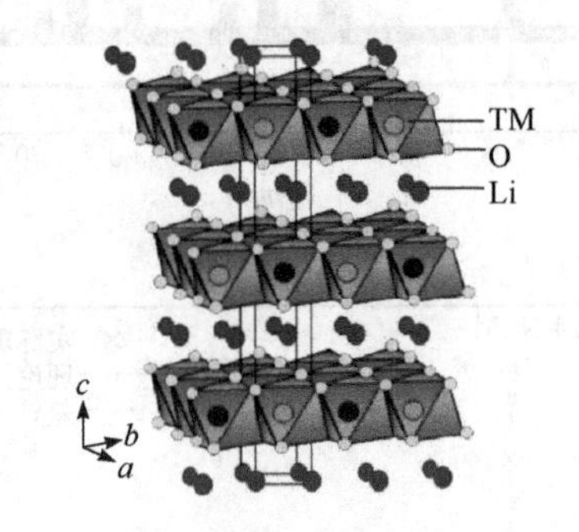

图 6.8 NCM 三元正极材料晶体结构示意图

2. 电化学机理

在 NCM 三元材料中，Ni 主要为+2 价，失去两个电子变为+4 价，其相对含量对容量有重要影响。Co 为+3 价，在充电过程中可变为+4 价，可以提高材料的放电比容量。其既可以使三元材料的层状结构得到稳固，又可减少阳离子的混排程度，便于材料深度放电。Mn 为+4 价，在充放电过程中不发生电化学反应，在材料中起到稳定晶格的作用。当材料中 Ni 元素含量达到 50%以上时，为富镍材料。富镍型三元材料在电压平台低于4.4V时，通常认为是Ni^{2+}和Ni^{3+}发生氧化还原反应形成Ni^{4+}。当电压高于4.4V时，Co^{3+}参与反应变为Co^{4+}，Mn 不参与反应。为提高 NCM 正极材料的比容量，通常将 Ni 的含量提高至超过 50%，即富镍材料，如 NCM622 和 NCM811，比容量分别为 $160mAh \cdot g^{-1}$ 和 $190mAh \cdot g^{-1}$。

3. 应用案例

1）STEM 表征元素掺杂正极结构和元素分析

在锂离子电池正极材料中，掺杂微量元素可起到提高正极材料电化学性能和结构稳定性的作用。上海交通大学李林森等[5]采用 STEM 观察锆掺杂 NMC 材料的微区结构和元素分析，如图 6.9 所示。STEM 表征证明锆确实进入了 NMC 颗粒的内部。对 NMC 颗粒不同区域进行原子结构成像，研究结构表明，体相为典型的层状结构，上表面也保持了良好的层状结构，而边缘区域则出现了相对较多的阳离子混排。

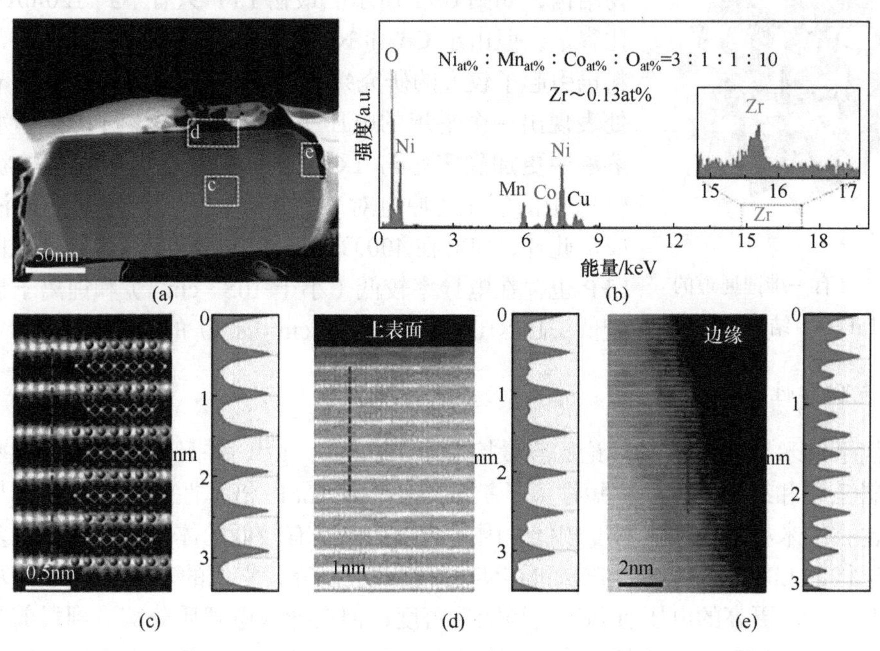

图 6.9 锆掺杂 NMC 材料的 STEM 表征[5]

at%表示原子分数

2）改变过量锂分布稳定亚微米级富锂锰正极晶格氧

韩国蔚山科学技术院 J. Cho 等[6]将一种新的形态和结构设计引入到 $Li_{1.11}Mn_{0.49}Ni_{0.29}Co_{0.11}O_2$ 中，使其既具有亚微米级颗粒尺寸又有相对离域的过量 Li 体系（DS-LMR）。图 6.10 为 DS-LMR 的亚微米单颗粒 SEM 及 TEM-ED 图。该体系具有超高能量密度和循环稳定性，这是由于少量高度氧化氧离子使得离域过量锂体系具有更强的晶格氧稳定性。在实际电池系统中，不稳定氧离子的几何分散有效地抑制了晶格氧演化。

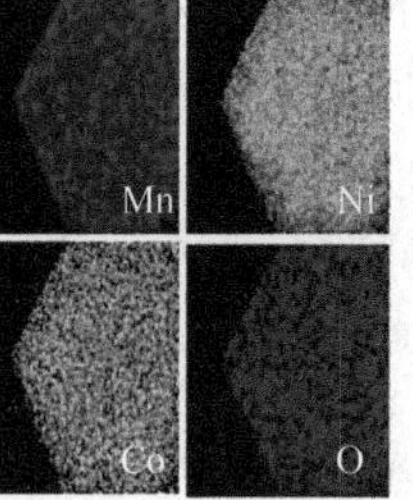

图 6.10 DS-LMR 的亚微米单颗粒 SEM 及 TEM-ED 图[6]

6.2.4 锂铁磷氧化物

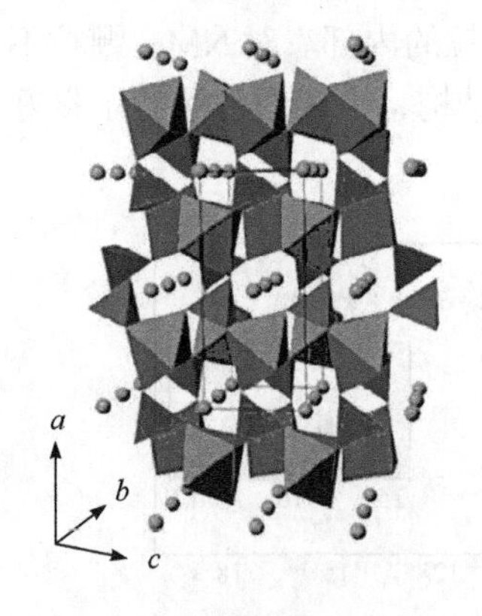

图 6.11 具有一维锂通道的 $LiFePO_4$ 结构

1. 结构及特点

$LiFePO_4$（LFP）是空间群为 *Pmnb* 的橄榄石型夹层化合物结构，如图 6.11 所示。最初 LFP 只有不到 $120mAh \cdot g^{-1}$ 的比容量，但由于 Co 和 Ni 相比，Fe 便宜且性质温和，这种材料仍引起了较大的研究兴趣。此外，LFP 在约 3.55V *vs.* Li^+/Li 处表现出一个平坦的电压平台，这使得该材料在非水电解质溶液中更加稳定。与 LCO 不同的是，即使在带电状态下，LFP 中的氧化还原电对 Fe^{3+}/Fe^{2+} 也不会与电解质溶液发生反应。此外，LFP 在 400℃以下无放热反应，热稳定性良好。但 LFP 也存在电导率较低（小于 $10S \cdot cm^{-1}$）和锂离子扩散系数较低（1.8×10^{-14}～$2.2\times10^{-16}cm^2 \cdot s^{-1}$）的问题。

2. 电化学性能

室温下纳米尺寸 LFP 的理论比容量接近于 $170mAh \cdot g^{-1}$，并且具有良好的倍率性能。通过材料工程和纳米技术，缩短锂离子扩散路径，使 LFP 倍率性能得以改善。与微米级材料相比，纳米材料的振实密度较低，因此纳米 LFP 具有较低的体积能量密度。多年来，橄榄石结构的 $LiMnPO_4$、$LiCoPO_4$ 和 $LiNiPO_4$ 相继被研究，它们的工作电压分别为 4.1V、4.8V 和 5.1V。更高的电压有利于增加能量密度，但会导致电解质分解。到目前为止，关于 $LiCoPO_4$ 和 $LiNiPO_4$ 的研究取得了实质进展。而 $LiMnPO_4$（LMP）由于能量密度较高，未来甚至可能取代 LFP。但是，LMP 的电导率比 LFP 低 3 个数量级，并且具有严重的极化现象。纳米尺寸可以大大降低极化效应，涂覆碳的 LMP 的比容量约为 $100mAh \cdot g^{-1}$，电压稳定在约 4.1V，以 C/20 的电流密度充放电时，其比容量接近于 $150mAh \cdot g^{-1}$。

3. 应用案例

1）EIS 技术表征电极动力学过程

LFP 是一种极具前景的正极活性材料，具有响应速率快、寿命长和资源利用率高的优点。日本早稻田大学 K. Oyaizu 等[7]利用 EIS 表征 0.1wt% （wt%表示质量分数）电化学活性聚合物添加剂（P1）对 LFP 正极材料性能的影响。0.1wt% P1 和空白电池的 Nyquist 图都由电极反应和扩散过程产生的扭曲半圆和直线斜率组成[图 6.12（a）和（b）]。两个电池都表现出相同的阻抗反应，但空白电池表现出更大的阻抗。

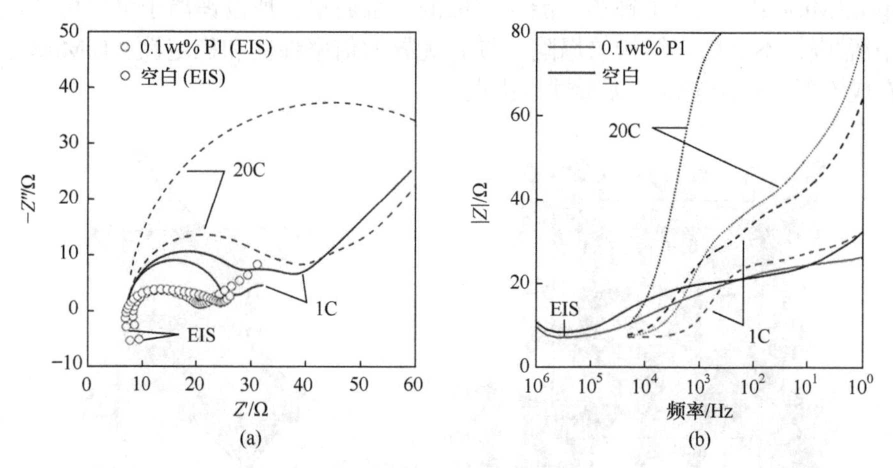

图 6.12 0.1wt% P1 和空白电池的 Nyquist 曲线（a）和 Bode 曲线（b）[7]

2）CV 研究 LFP 在不同溶剂中去溶剂化过程

锂通过固液界面的阻抗要高于锂在固相传输的阻抗，然而无论是有机溶剂还是水都能够在一定程度上协助锂在表面的扩散，使得 LFP 表面变为一个 3D 锂离子通道。北京大学深圳研究生院潘锋等[8]利用 CV 研究 LFP 在水系、有机溶剂体系中去溶剂化过程。在水溶液中，LFP 表面的 FeO_6 和 LiO_6 八面体倾向于转变为 $FeO_5(H_2O)$和 $LiO_3(H_2O)_3$，同时 H 原子倾向于与 LFP 表面的 O 形成较强的氢键，导致锂离子的扩散通道变宽。从而形成了一个介于水相和固相的界面，该界面十分利于锂离子传输。此外，他们还发现，由于每个锂离子周边的水分子量小，锂离子在水相中的去溶剂化阻力小于有机溶液体系，因此 LFP 在水溶液中充放电极化远小于在有机溶剂中，CV 测试如图 6.13 所示。

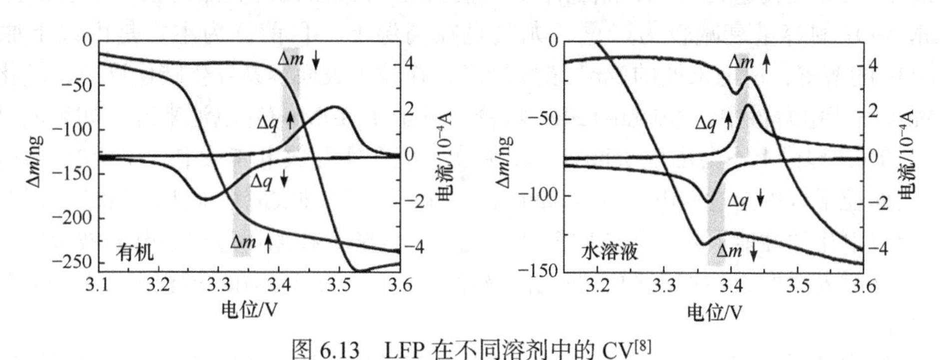

图 6.13 LFP 在不同溶剂中的 CV[8]

6.2.5 锂锰氧化物

1. 结构及特点

锰酸锂（$LiMn_2O_4$）属于立方晶系，$Fd\overline{3}m$ 空间群，由 Hunter 在 1981 年首先制得，其单位晶格中含有 8 个 $LiMn_2O_4$ 分子，32 个氧原子排成面心立方密堆积，形成 64 个四面体孔隙和 32 个八面体孔隙。8 个锂原子填充在四面体孔隙中，占据 64 个四面体位置

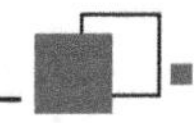

（8*a*）的 1/8，16 个锰原子填充在八面体孔隙，占 32 个八面体位置（16*d*）的 1/2，如图 6.14 所示，其中 Mn^{3+}和 Mn^{4+}各占 50%。由共面的四面体和八面体形成了 $LiMn_2O_4$ 的基本结构单元[Mn_2O_4]，提供了锂离子能够扩散的三维通道，所以锂离子可以可逆地从尖晶石晶格中脱/嵌，不会引起结构的塌陷，具有优异的倍率性能和稳定性。$LiMn_2O_4$ 正极材料还具有成本低、资源丰富及无毒性等优点。

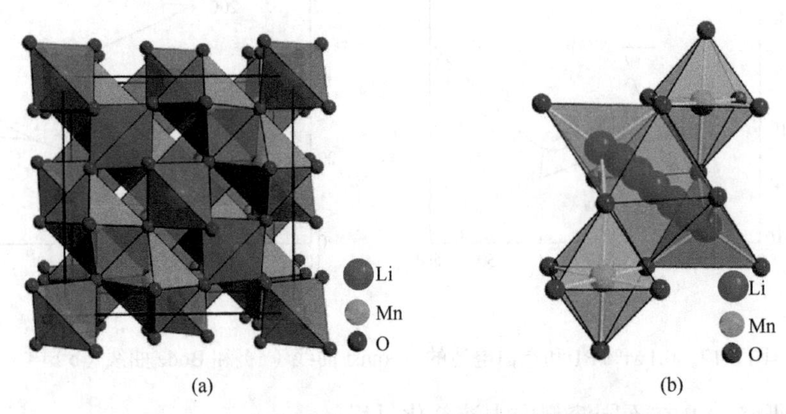

图 6.14 尖晶石型 $LiMn_2O_4$ 正极材料的晶体结构

2. 电化学性能

$LiMn_2O_4$ 在脱/嵌锂过程中发生明显的相变，其主要有 4.0V 和 3.0V 两个脱/嵌锂电位。第一个锂离子的脱/嵌平台发生在 4.0V 左右，对应于锂离子从四面体 8*a* 位置的脱/嵌。此过程中锂离子的脱/嵌仍然保持尖晶石结构的立方对称性。当在过放电的情况下，在 3V 左右出现电压平台，对应于锂离子嵌入到空的 16*c* 八面体位置，使结构扭曲，$LiMn_2O_4$ 由立方体转变为四面体结构，Mn 从+3.5 价还原为+3.0 价。该相变造成的结构扭曲称为 Jahn-Teller 畸变，*c*/*a* 变化达到 16%，晶胞体积膨胀 6.5，导致表面的尖晶石颗粒发生破裂。

$LiMn_2O_4$ 的容量衰减较为严重，尤其是在高温下。目前认为主要是由以下原因引起：①Mn 的溶解，放电末期的 Mn^{3+}浓度最高，在粒子表面容易发生歧化反应，歧化反应中的 Mn^{3+}溶于电解液中；②Jahn-Teller 畸变，对于 Li/$LiMn_2O_4$ 电池来说，如果放电电压不低于 3.0V，理论上不会出现 Jahn-Teller 畸变，但在实际放电体系中，在 4.0V 放电平台末期，表面粒子有可能过放电而发生 Jahn-Teller 畸变，这种效应继而扩散到整个 $Li_xMn_2O_4$ 组分，导致电化学性能下降；③电解液在高电位下分解，在循环过程中电解液会发生分解反应，在材料表面形成 Li_2CO_3 膜，使电池极化增大，从而造成循环过程中尖晶石 $LiMn_2O_4$ 的容量衰减。

目前对尖晶石型 $LiMn_2O_4$ 的改性方法主要是纳米化、掺杂阴阳离子和表面修饰等。可以采用 Y_2O_3、Fe_2O_3 纳米薄膜包覆改性 $LiMn_2O_4$，减缓 Mn 在电解液中的溶解速度，提高了 $LiMn_2O_4$ 的循环稳定性。

3. 应用案例

柔性 $LiMn_2O_4$ 基软包电池结构及性能表征：清华大学康飞宇等[9]以空心碳纳米纤维（CNF）作为柔性基底，负载碳包覆的 $LiMn_2O_4$ 纳米晶（$LiMn_2O_4$@C/CNF）。为了提高

$LiMn_2O_4$@C/CNF 的导电性和柔韧性，引入 10wt%的超长碳纳米管（carbon nanotube，CNT）。碳纳米纤维被交织成一个网络，从而形成具有高柔韧性的独立薄膜。$LiMn_2O_4$@C/CNF 和 CNF 薄膜可以在 180°反复弯曲。基于 $LiMn_2O_4$@C/CNF 薄膜正极和 CNF 负极的软包电池在不同弯曲模式下反复弯曲后没有明显的结构失效，可为 LED 持续供电，如图 6.15 所示。

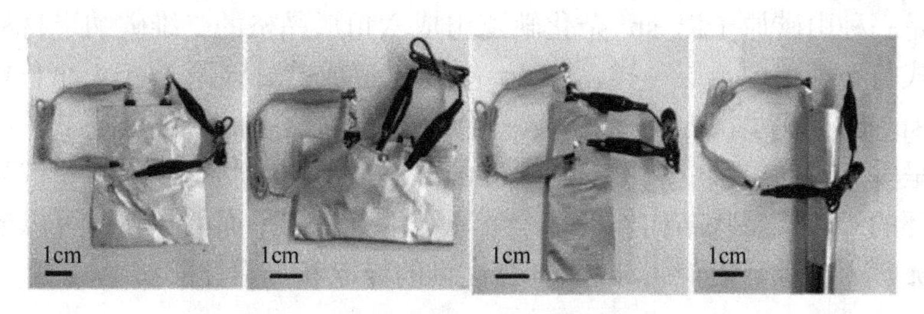

图 6.15 柔性 $LiMn_2O_4$ 基软包电池[9]

6.3 负极材料

6.3.1 碳基材料

1. 结构及特点

常见的块体碳材料可分为两种类型，且都可以用作活性负极材料：软碳，也称为微晶，是取向几乎相同的石墨化碳；微晶取向无序的硬碳，以及各种形式的纳米碳材料（纳米管、石墨烯）。

石墨化碳包含两种晶体结构，即六方形结构和菱形结构，六方形结构为 ABAB 堆积，菱形结构为 ABCABC 堆积。从结构上看，锂离子插入石墨层后，石墨会发生两大变化：一是石墨层的堆积顺序向 AA 转变；二是石墨烯的层间距离略有增加，如图 6.16 所示。硬碳俗称难石墨化碳材料，在 3000℃以上也难以石墨化，内部为高度无序的碳层结构，在内部产生了大量的缺陷，为锂离子提供众多嵌入点，可以实现锂离子快速嵌入，利于锂电池容量和倍率性能的提高。

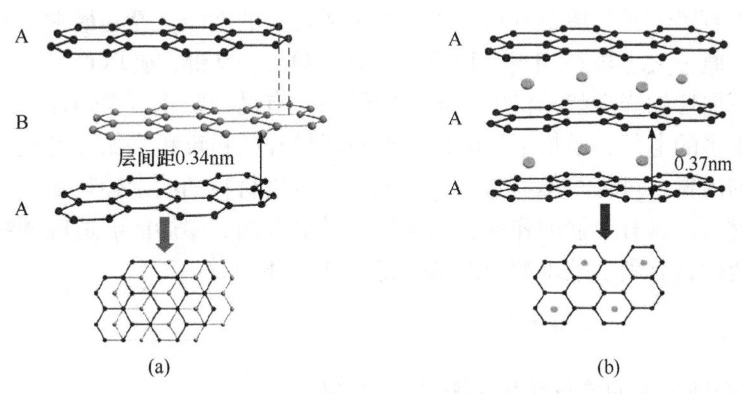

图 6.16 AB 堆积石墨及锂插入后堆积方式

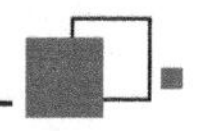

碳纳米管是一种径向尺寸为纳米量级、轴向尺寸为微米量级的一维量子材料，主要由呈六边形排列的碳原子构成数层到数十层的同轴圆管，层与层之间保持固定的距离。根据碳六边形沿轴向的不同取向可以将其分成锯齿形、扶手椅形和螺旋形三种。碳原子以 sp^2 杂化为主，同时六角形网格结构存在一定程度的弯曲，形成空间拓扑结构，其中可形成一定的 sp^3 杂化键，即形成的化学键同时具有 sp^2 和 sp^3 混合杂化状态。

石墨烯是一种由碳原子以 sp^2 杂化轨道组成六角形晶格的二维碳纳米材料。内部碳原子的排列方式与石墨单原子层一样，以 sp^2 杂化轨道成键。碳原子有 4 个价电子，其中 3 个电子生成 sp^2 键，即每个碳原子都贡献一个位于 p_z 轨道上的未成键电子，近邻原子的 p_z 轨道与平面呈垂直方向可形成 π 键，新形成的 π 键呈半填满状态。除了 σ 键与其他碳原子连接成六角环的蜂窝式层状结构外，每个碳原子垂直于层平面的 p_z 轨道可以形成贯穿全层的多原子大 π 键（与苯环类似），因而具有优良的导电和光学性能。

2. 电化学性能

硬碳具有较强的可逆性和较高的可逆比容量。目前，硬石墨的比容量为 400～600mAh · g^{-1}。但由于石墨烯片的随机排列而产生许多空洞和缺陷，导致扩散过程缓慢，使其倍率性能变差。最常用的软碳负极材料有中碳微珠（mesocarbon microbeads，MCMB）、中间相沥青基碳纤维（mesophase pitch-based carbon fiber，MPCF）、气相生长碳纤维（vapor-grown carbon fiber，VGCF）和人造石墨（artificial graphite，AG）。在常压下，石墨中六个碳最多只能结合一个锂，最大存储比容量仅为 372mAh · g^{-1}。

碳纳米材料的研究思路是将尺寸减小到纳米尺度（通常为 10nm）。基于尺寸效应，改变材料的电子结构和电子性质。另外，纳米结构碳中锂离子在封闭空间中存储点数量的增加可以提高比容量。商用多壁碳纳米管（multi walled carbon nanotube，MWCNT）的比容量接近 250mAh · g^{-1}。净化后，比容量提高到 400mAh · g^{-1}。然而，由于 MWCNT 的同心和紧密结构不允许石墨烯片在 c 轴或径向膨胀，导致 MWCNT 易遭受锂引起的脆化。

石墨烯是石墨的一个原子片层，其电子导电性高、机械强度大、比表面积大。事实上，在单层表面可以吸收的锂量很少，但几个石墨烯片的理论比容量远大于石墨，如果锂离子在两个位置都能形成 Li_2C_6，其理论比容量可达 780mAh · g^{-1}。如果锂离子能以共价键的形式嵌在苯环上，达到 LiC_2 的化学计量，理论比容量可达 1116mAh · g^{-1}。石墨烯的初始比容量大于石墨，并且掺杂有利于改善石墨烯负极的性能。氮是最常用的掺杂剂，它有五个价电子，原子大小与 C 相当，形成一个强共价 C—N 键，破坏 C 上的电荷中性。这种掺杂在原始石墨烯的蜂窝状晶格中产生无序结构，有助于防止石墨烯片的再堆积，而且向碳网络提供更多的电子，增加了导电性。而石墨烯片的再堆积是循环老化的主要原因。为防止石墨烯的团聚，可将石墨烯与另一种电活性负极材料的纳米颗粒复合。石墨烯是理想的负极支撑材料，具有很强的弹性、柔韧性和导电性的石墨烯能够适应颗粒在循环过程中所受的体积变化，有利于纳米颗粒的结构稳定和循环寿命。

3. 应用案例

1）实用复合锂负极的连续转化-脱嵌脱锂机制

清华大学张强等[10]对实用化金属锂电池中的锂沉积脱出行为进行了深入研究，致力于开发具有高比容量、高循环稳定性的复合金属锂负极，提出了转化-脱嵌机制代替单一转化机制，以减少死锂的产生，提高循环稳定性。为了直接证实锂化石墨中的锂离子可以在重复循环过程中脱嵌，通过飞行时间二次离子质谱（time-of-flight secondary ion mass spectrometry，TOF-SIMS）研究了循环后锂离子在块体半圆形石墨电极中的分布，如图 6.17 所示，阐明了脱锂机理是由脱嵌和转化机制组成的。

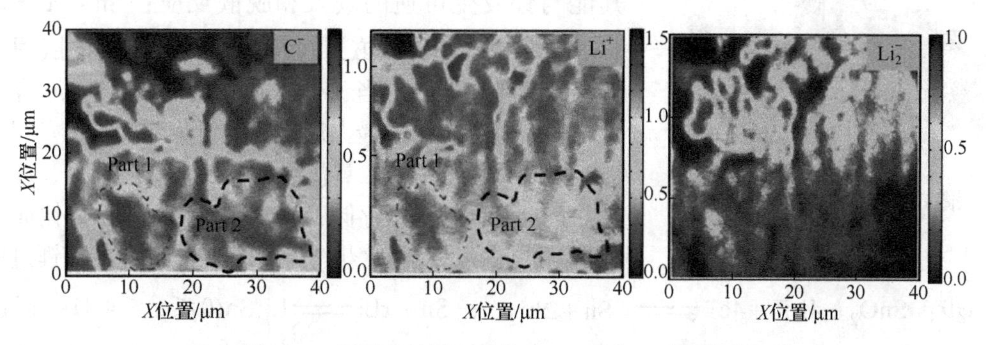

图 6.17 石墨电极循环后的 C^-、Li^+和 Li_2^- 图谱[10]

2）氮掺杂核-鞘层碳纳米管中元素化学状态

复旦大学彭慧胜等[11]合成了一种氮掺杂核-鞘层碳纳米管薄膜，将其用作锂离子电池负极材料。利用拉曼光谱和 XPS 研究了氮掺杂层的化学状态。如图 6.18 所示，随着 D 带峰值密度的增加，N 掺杂层的缺陷不断增多。由于碳纳米管完全被掺杂 N 的石墨烯片所覆盖，且存在许多缺陷，在 2660cm^{-1} 处碳纳米管的 2D 带几乎不可见。XPS 表明存在三种类型的掺杂氮原子，398.2eV、401.3eV 和 404.1eV 处的峰分别对应吡啶（N1）、吡咯（N2）和石墨（N3）N 原子。

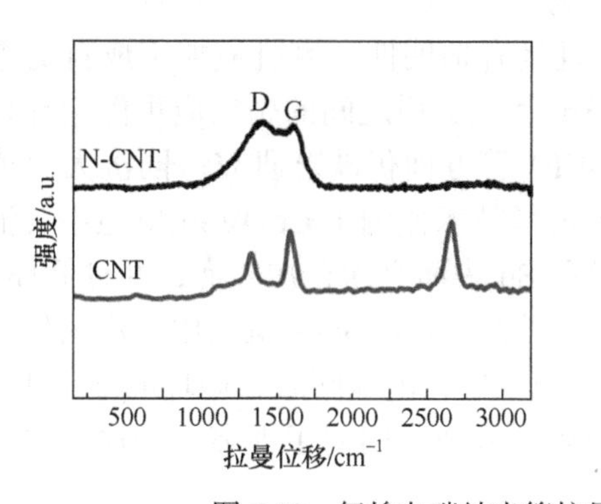

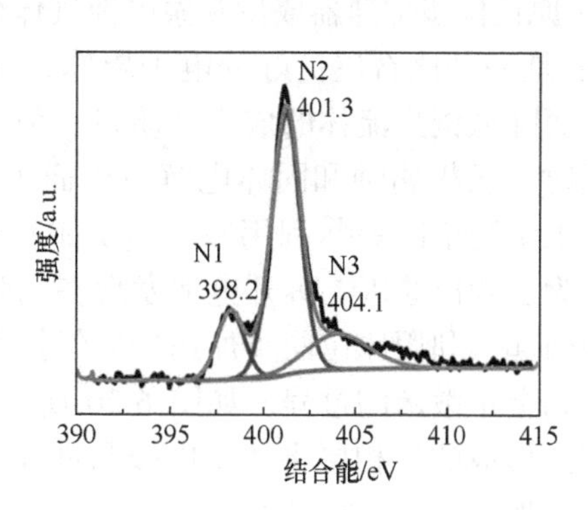

图 6.18 氮掺杂碳纳米管拉曼光谱及 N 1s-XPS 光谱[11]

6.3.2 锡基材料

1. 结构及特点

锡基材料理论质量比容量和体积比容量均高于石墨材料，且对 Li^+/Li 电位为 0.05～1.0V，可解决金属锂的沉积问题，无安全隐患；从结构上讲，锡基材料的晶体结构紧密，如图 6.19 所示，充放电过程中不存在溶剂共嵌入问题，因此电解液可以使用电导率高的溶剂成分，从而提高电池的倍率性能。

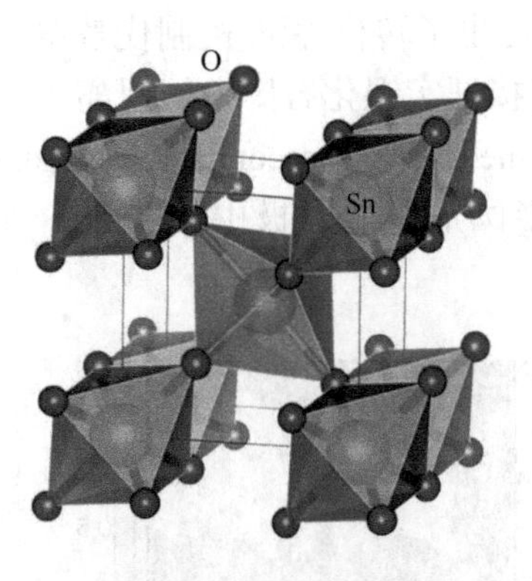

图 6.19 SnO_2晶体结构

2. 电化学机理

目前，锡基负极材料主要分为锡单质、氧化物和硫化物三大类。

金属锡作为锂离子电池负极材料，电化学机理在于其能与锂发生可逆的嵌入和脱嵌反应：$Sn + xLi \rightleftharpoons Li_xSn(0 \leqslant x \leqslant 4.4)$。嵌入过程中，对应不同的嵌锂数 x 有不同的晶态形式，当 $x = 4.4$ 时，对应为 $Li_{22}Sn_5$ 合金，该材料对应金属锡的最大理论比容量为 $994mAh \cdot g^{-1}$。

锡的氧化物中，二氧化锡（SnO_2）资源丰富、环境友好并且具有合适的锂存储工作电位，相对于金属锡而言拥有超高的比容量，因此获得广泛研究。SnO_2 的储锂过程分为两步：$SnO_2 + 4Li^+ + 4e^- \rightleftharpoons Sn + 2Li_2O$；$Sn + xLi \rightleftharpoons Li_xSn(0 \leqslant x \leqslant 4.4)$。通过这一储锂过程，$SnO_2$ 的理论可逆比容量为 $782mAh \cdot g^{-1}$。与 Sn 金属相比，由于形成了纳米 Li_2O，它在 Sn 合金化/去合金化过程中起到缓冲作用，从而改善了 Sn 颗粒的循环性能，保持了 Sn 颗粒的完整性。并且可以在纳米级别上制备 SnO_2，以提高导电性和优化材料的比容量，使其在循环过程中承受体积的变化，而不会破坏结构的完整性。锡的硫化物材料主要是二硫化锡（SnS_2）和硫化亚锡（SnS），两种材料的储锂机制与二氧化锡类似，其理论比容量分别为 $650mAh \cdot g^{-1}$ 和 $752mAh \cdot g^{-1}$。

3. 应用案例

1）原位同步加速器成像观察电池气体行为

Sn 是一种比石墨更好的电子导体，并且具有延展性，可机械加工成自支撑电极结构，从而降低铜集流体的成本和质量。但 Sn 和电解质之间的副反应可能会导致气体产生，同时，负极腐蚀和固体电解质界面（SEI）等方面仍缺乏研究。同济大学黄云辉和麻省理工学院李巨等[12]利用原位同步加速器成像技术监测 $LiCoO_2$/Sn 电池中气泡的生长过程。为了找出原因，拆开电池发现在隔膜和 Sn 表面之间存在气泡，并且循环后 Sn 表面呈现凸起。利用原位同步加速器成像技术可监测 $LiCoO_2$/Sn 电池中气泡的生长和融合从几百到上千微米的过程，如图 6.20 所示。充电后，电池膨胀，循环的 Sn 电极上有许多气泡，形成的气相层将 Sn 电极与液体电解质隔离，阻碍了锂离子传输，引起电池内阻迅速增加。

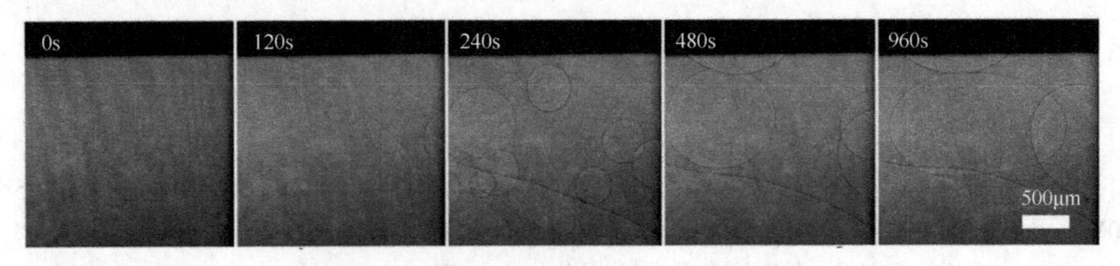

图 6.20 锡箔电极表面气体行为的观察[12]

2）SEM 观察锡/双层石墨烯管充电前后形态变化

加利福尼亚大学洛杉矶分校 Y. Lu 等[13]通过原位 TEM 探测了锡/双层石墨烯管（Sn/DGT）的锂化和脱锂过程。图 6.21 显示了 Sn/DGT 在锂化和脱锂过程中的低倍率[图 6.21（a）～（e）]和高倍率[图 6.21（f）～（j）]TEM 图像。石墨烯管的直径保持不变（480nm），而 Sn 纳米颗粒在锂化和脱锂过程中可逆地膨胀和收缩，尽管体积发生了变化，但这些颗粒仍被限制在石墨烯管内。

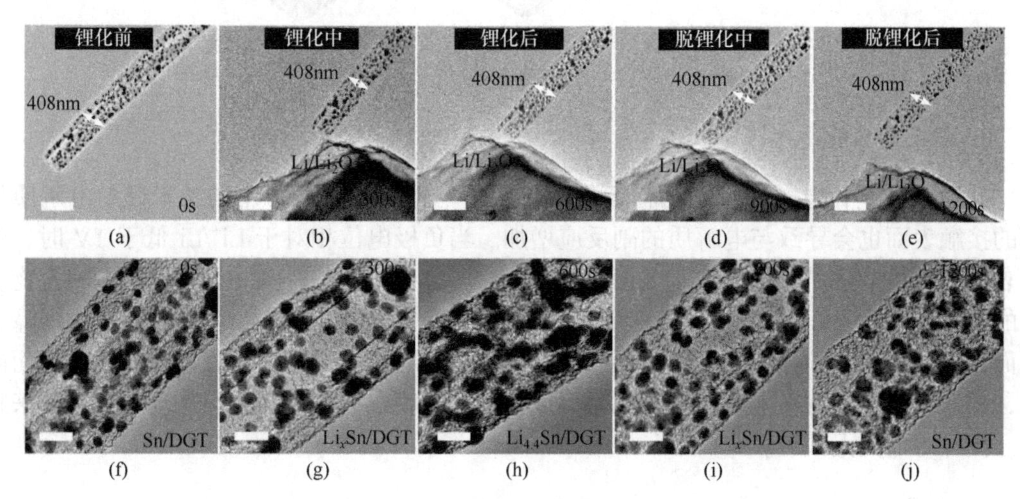

图 6.21 Sn/DGT 循环过程的原位 TEM 图[13]

6.3.3 硅基材料

1. 结构及特点

元素周期表中硅（Si）是碳的同主族元素。硅以其较高的理论比容量，相对较低的锂化/去锂化电位，储量丰富和价格低廉的优势被认为是极具潜力的锂离子电池负极材料。然而，硅材料在锂化/去锂化过程中存在较大的体积变化，极易引起材料的衰减，同时硅的本征电导率较差，限制了硅负极的倍率性能。

实际上，硅不可逆性和容量衰减的问题也是 Sn、Sb 和其他负极遇到的问题。从 Si 到 $Li_{4.4}Si$ 体积膨胀为 420%。循环过程中的这种大体积变化导致硅颗粒开裂和粉碎，一些颗粒与导电碳和集流体断开连接。纳米结构的电极可以更容易地吸收与体积变化相关的应变，避免开裂。常见的纳米硅材料包含纳米硅颗粒、硅纳米管、硅薄膜和多孔中空结构，其循环前后的结构如图 6.22 所示。

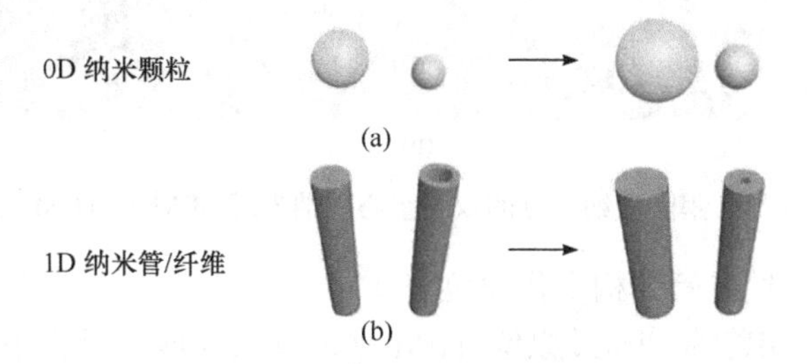

图 6.22 纳米硅材料结构

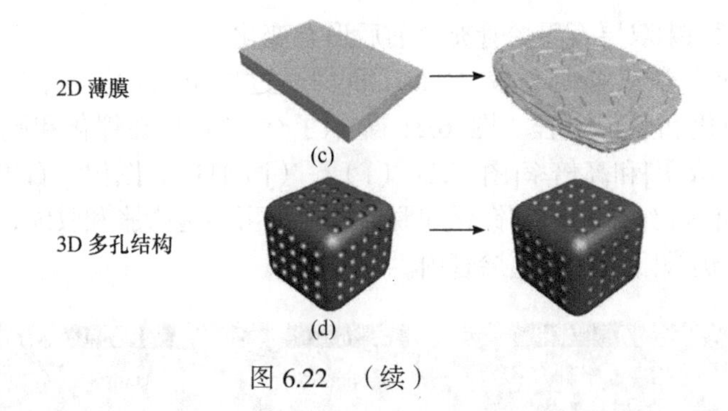

图 6.22 （续）

2. 电化学性能

硅导电性差，电子和空穴的输运长度长，倍率性能较差。常用的纳米硅与电解质较大的接触表面也会导致与电解质的副反应增加。当负极电位相对于 Li^+/Li 低于 1V 时，颗粒表面的有机电解质分解形成主要由碳酸锂、烷基碳酸锂、LiF、Li_2O 和非导电聚合物组成的固体电解质界面膜（SEI 膜）。SEI 膜的致密和稳定是防止进一步发生副反应的保障。然而，硅基材料大的体积变化难以形成稳定的 SEI 膜。一旦 SEI 膜因体积变化过大而破裂，部分硅就会暴露在电解液中，从而形成新的 SEI 膜，因此 SEI 膜在循环时变得越来越厚，循环寿命大大减短。

3. 应用案例

1）镶嵌硅纳米点的双壳空心碳纳米球微观结构表征

硅纳米颗粒常与其他材料复合制备功能性锂离子电池负极材料。西北大学刘肖杰等[14]设计合成了一种双壳空心碳纳米球。不同放大倍数的纳米球清晰地显示出双壳空心碳结构和大量均匀包裹在空心碳空腔中的活性硅纳米点。这种双层中空碳结构作为离子/电子导体和封闭的电化学反应器，有效地增强了电荷转移，缓解了硅体积膨胀，提高了材料的结构稳定性，如图 6.23 所示。

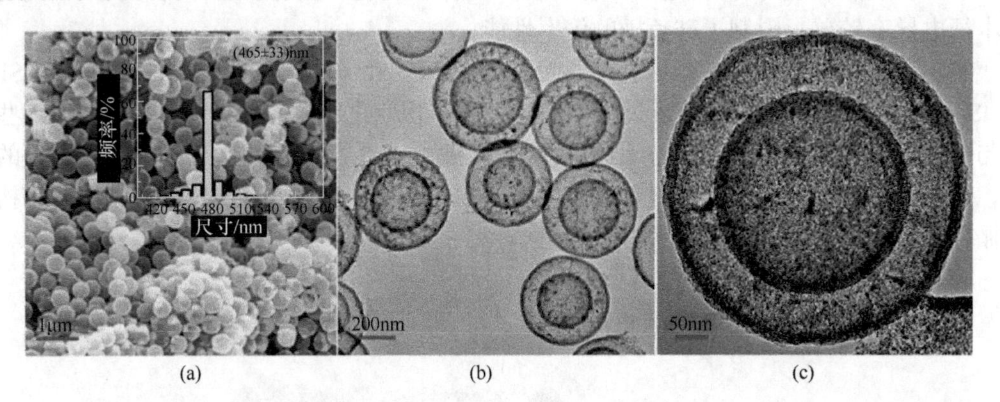

图 6.23 镶嵌硅纳米点的双壳空心碳纳米球 SEM 及 TEM 图[14]

2）硅@氮掺杂碳纳米管结构变化原位表征

华南师范大学李伟善等[15]通过原位 TEM 实时观察充放电过程中硅@氮掺杂碳纳米管复合材料的结构变化，如图 6.24 所示，当锂离子通过碳纳米管和含硅合金时，材料发生体积膨胀。但完全锂化后没有发现明显折断的硅@碳掺杂碳纳米管。在充电过程中，硅被氮掺杂的碳纳米管紧紧包裹并收缩在一起。原位 TEM 证实，具有良好柔韧性的碳纳米管在调节硅锂化时的体积变化方面具有很大的潜力，可改善材料的循环稳定性和使用寿命。

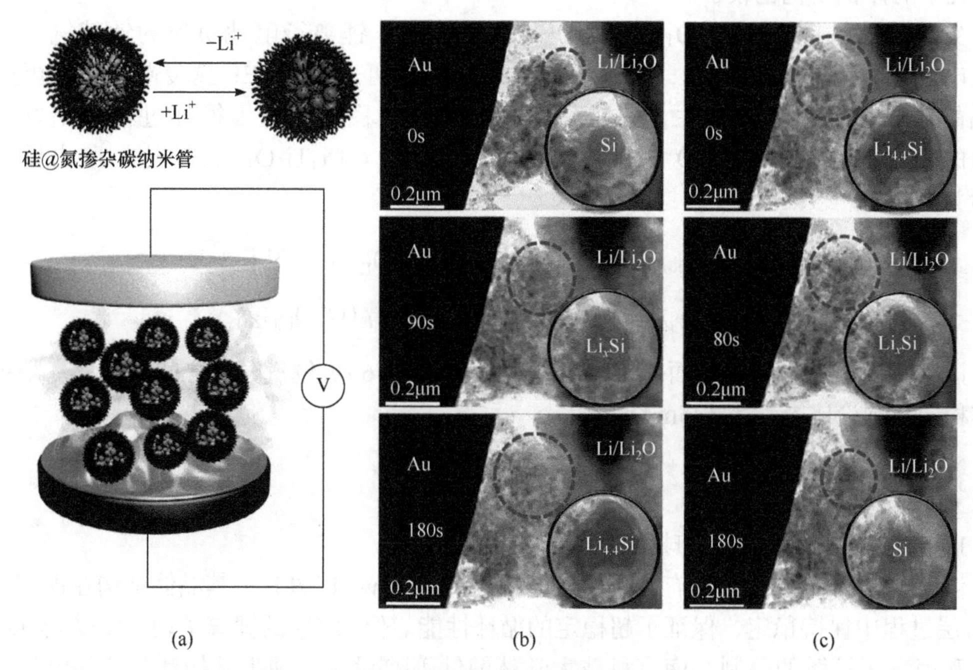

图 6.24 硅@氮掺杂碳纳米管原位 TEM 图[15]

6.3.4 氧化物

1. 结构及特点

二氧化钛（TiO_2）具有成本低、对环境安全等优点，是锂离子电池负极的候选材料。根据反应，其理论比容量是 335mAh · g^{-1}。此外，它的热稳定性好，SEI 膜稳定。制备方法包括水热法、溶胶-凝胶法、软模板法、沉淀或固体离子交换法、尿素介导的水解/沉淀法、负极氧化法、熔盐法、离子液体合成和静电纺丝技术。TiO_2 存在于不同的多晶结构中，如图 6.25 所示：锐钛矿、金红石、板钛矿、TiO_2-B（青铜）、TiO_2-R（斜方锰矿）、TiO_2-H（锰钡矿）、TiO_2 Ⅱ（铌铁矿）、TiO_2 Ⅲ（硼铁矿）。这些多晶型因 TiO_2 八面体之间的连接而不同。

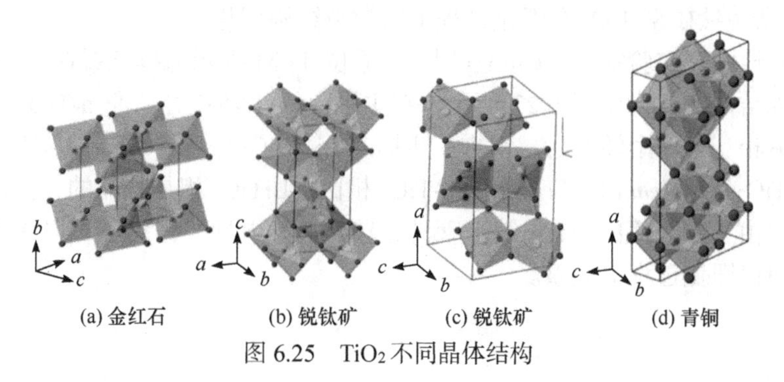

图 6.25 TiO_2 不同晶体结构

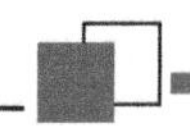

2. 电化学性能

TiO_2的理论比容量较高，为335mAh · g^{-1}，嵌锂电压也较高，为1.7V，可以避免生成SEI膜以及锂枝晶，具有良好的安全性。此外，TiO_2负极材料结构比较稳定，其在脱嵌离子过程中的体积变化也较小。

尖晶石钛酸锂（$Li_4Ti_5O_{12}$，LTO）是最适合用作锂离子电池负极的钛基氧化物。充放电之间存在很小的迟滞，表现出良好的锂离子可逆性，SEI膜缓慢形成，可避免枝晶的形成，提高了安全性，并且具有优异的结构稳定性。锂循环过程中立方晶格参数的变化很小，因此LTO是一种“零应变”材料。$Li_4Ti_5O_{12}$的锂嵌入/脱出反应可概括为

$$(Li^+)_{3(8a)(16c)}[Li^+(Ti^{4+})_5]_{(16d)}(O^{2-})_{12(32e)}+3Li^++3e^-$$
$$\longrightarrow(Li^+)_{6(8a)(16c)}[Li^+(Ti^{3+})_3(Ti^{4+})_2]_{(16d)}(O^{2-})_{12(32e)}$$

该反应方程表明锂在四面体（$8a$）位和八面体（$16d$）位氧配位之间的迁移。根据这个方程，其理论比容量是175mAh · g^{-1}。

3. 应用案例

1）空心二氧化钛亚微米球微观结构表征

作为电极材料的TiO_2具有较高的放电电位（1.7V *vs.* Li^+/Li），其晶体结构在锂离子插层/脱层过程中保持稳定，保证了超稳定的循环性能。但TiO_2的锂离子动力学受到其电子输运和锂离子扩散的限制。南京科技大学林健健等[16]设计了纳米结构和包覆导电材料等策略来改善锂离子的脱嵌动力学。纳米空心球由于其独特的纳米/微层次结构，具有良好的电化学性能，如图6.26所示。

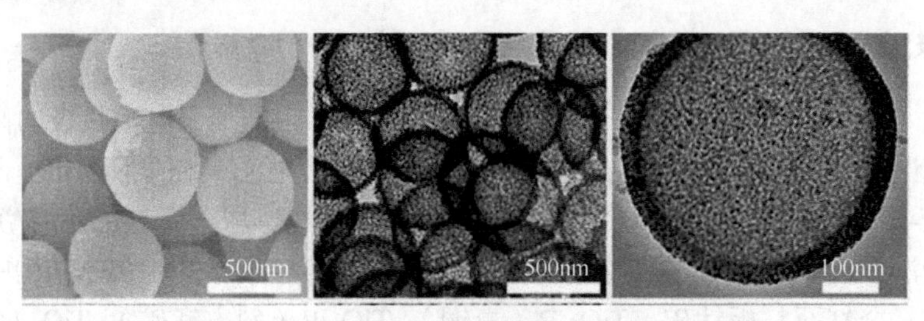

图6.26 空心二氧化钛亚微米球SEM和TEM图[16]

2）氮掺杂锐钛矿型TiO_2在锂化过程中的微观结构变化

美国橡树岭国家实验室 M. Chi 等[17]通过原位TEM揭示氮掺杂锐钛矿型TiO_2在锂化过程中的微观结构变化，如图6.27所示。在主平台约1.75V处，原a-TiO_2相逐渐转变为正交$Li_{0.5}TiO_2$相。第一个转变后，锂进一步插入$Li_{0.5}TiO_2$中，导致结构从正交$Li_{0.5}TiO_2$演变为四方$LiTiO_2$（*I*41/*amd*）。与原始的a-TiO_2相比，$LiTiO_2$相是多晶的，锂离子完全占据八面体位置。由于掺杂氮的TiO_2纳米管具有较好的导电性，锂离子可以深入到纳米管内部结构中，使得锂化过程更完整。

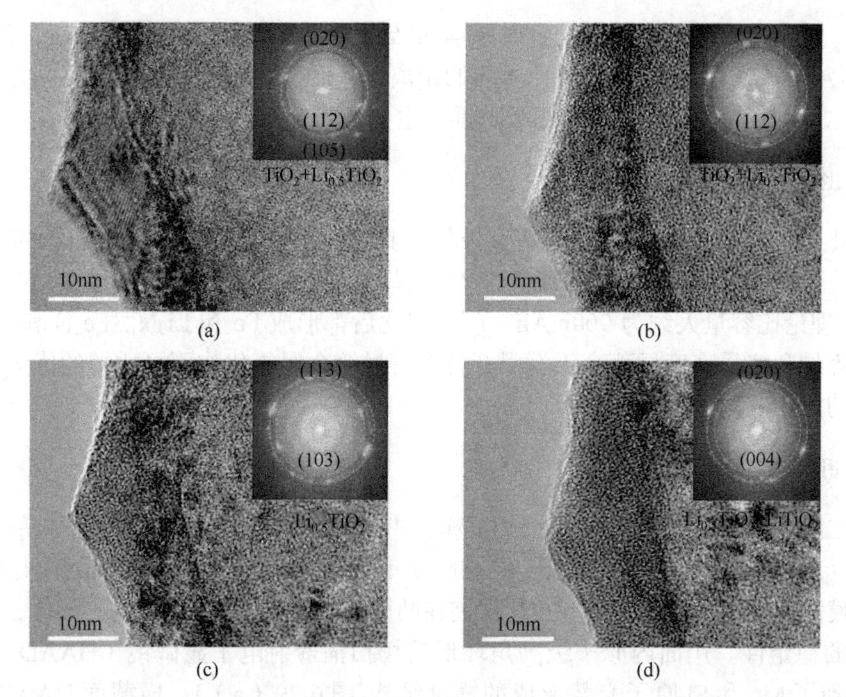

图 6.27 氮掺杂 TiO_2 纳米管锂化过程中的原位 TEM 图[17]

6.3.5 氮化物

1. 结构及特点

在锂离子电池中，氮化物通常以过渡金属氮化物的形式存在。过渡金属氮化物转化型负极材料是最近几年开始研究的负极材料，与过渡金属氧化物相比，过渡金属氮化物有很多优势，如较高的电导率、锂离子传导能力和电化学活性、接近于锂负极的放电电压平台和优异的化学稳定性等，在高功率和高能量密度锂离子电池领域有巨大的应用前景，主要包括氮化钴基、氮化镍基、氮化锰基、氮化钒基、氮化铁基和氮化铜基负极材料等。

过渡金属氮化物通过将氮原子整合到金属间隙位置而形成，因此被称为间隙合金。过渡金属氮化物基本上是由半径较小的氮原子占据间隙位置，形成相似的结构，如面心立方（fcc）、六方密堆积（hcp）和简单六方结构，如图 6.28 所示。这种几何构型是根据 Hagg 公式确定的：晶体结构的形成依赖于原子半径比，即 $r = r_x / r_m$，其中 r_x 和 r_m 分别为非金属元素原子的半径和金属元素原子的半径。当 r 小于 0.59 时，金属排列成简单的普通

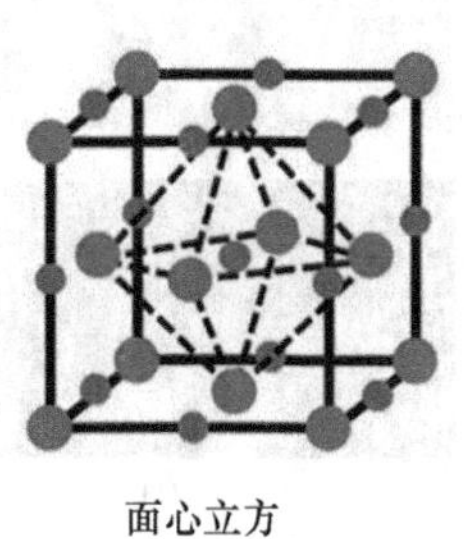

面心立方

六方密堆积

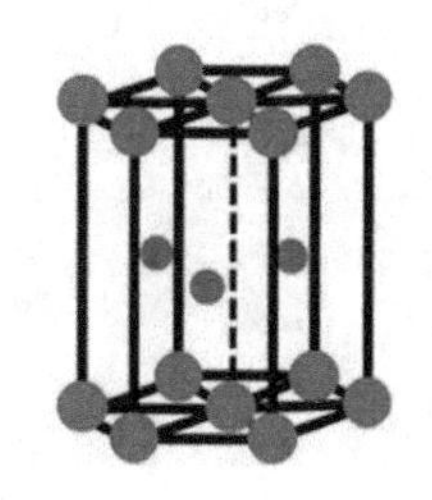

简单六方

图 6.28 氮化物晶体结构

晶体结构。氮原子的插入可以改变金属原本的结构。在过渡金属氮化物形成过程中，氮原子的插入会使晶格扩张，增大金属原子间的距离，从而导致金属 d 轨道加宽。与金属原本的结构相比，d 轨道收缩会在费米能级附近产生更大的态密度。

2. 电化学性能

在氮化物负极材料中，氮化铁基负极材料具有更高的电导率，并且自然资源丰富，价格低廉，研究最多。目前已经研究的氮化铁基负极材料主要有 Fe_2N 和 Fe_3N 等。Fe_2N 和 Fe_3N 的理论比容量大约为 900mAh · g^{-1}，锂化后都形成 Fe 和 Li_3N。Fe_2N 和 Fe_3N 负极的理论比容量和能量密度显著高于石墨，且有着过渡金属氧化物不可比拟的优势，因此它们有很大的潜在应用价值。

3. 应用案例

层状二维 $MoSi_2N_4$ 材料的化学气相沉积：中国科学院金属研究所任文才等[18]通过引入元素硅（Si），钝化非层状氮化钼（MoN_2）表面，使 2D 层状材料 $MoSi_2N_4$ 形成厘米级的单层膜，该材料可以看作是 MoN_2 层夹在两层 Si-N 双层之间形成的半导体，具有高强度和显著的稳定性。用面内原子级高角环形暗场扫描透射电子显微镜（HAADF-STEM）成像观察到了 Mo 和 Si 原子交替形成的蜂窝结构[图 6.29（a）]。横截面 HAADF-STEM

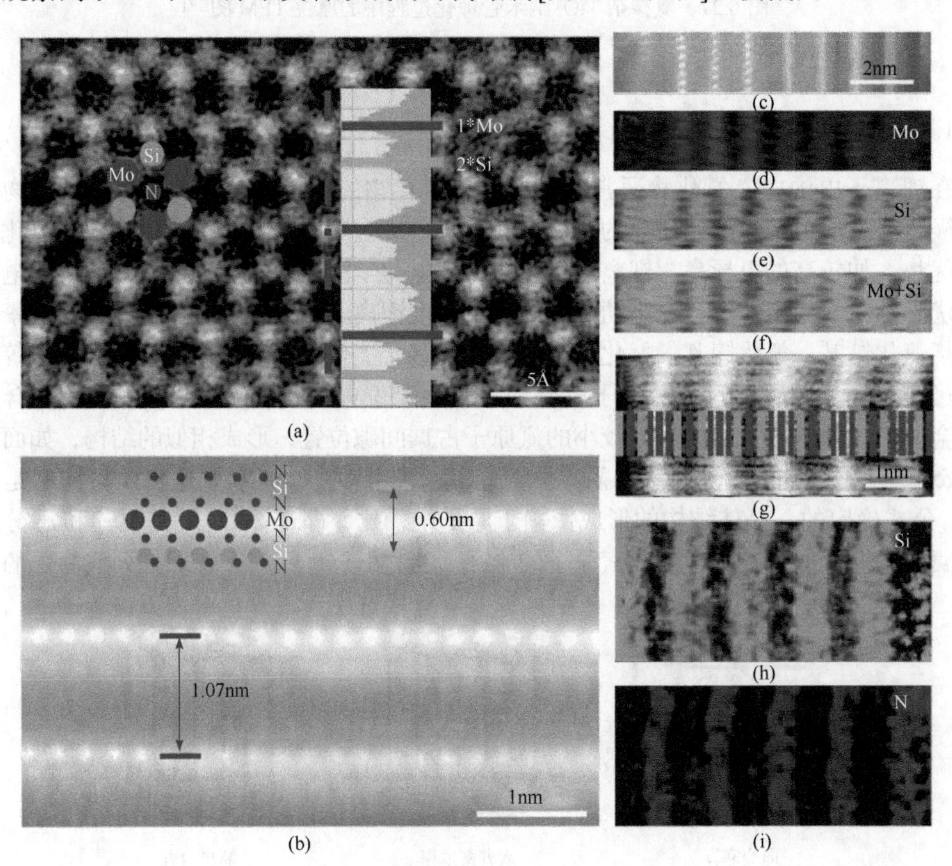

图 6.29　层状二维 $MoSi_2N_4$ 的结构表征[18]

图像显示，每个单层块由一层重原子和两层距离约 0.60nm 的轻原子组成[图 6.29（b）]。原子尺度的 X 射线能谱（EDS）图谱证实该材料具有 Si-Mo-Si 构型的三明治结构[图 6.29（c）～（f）]。值得注意的是，Si 和 Mo 的原子位置类似于 $2HMoS_2$(16)，即 Mo 原子位于 Si 原子构成的三棱柱的中心。通过进一步的原子尺度观测发现 N 原子层位于 Mo 和 Si 原子层之间，也位于 Si 原子层之上[图 6.29（g）～（i）]。

6.4 电 解 质

6.4.1 锂盐

1. 分类及特点

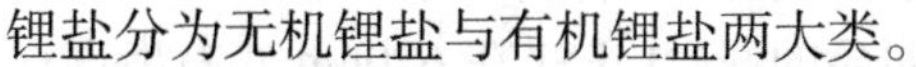

锂盐分为无机锂盐与有机锂盐两大类。

无机锂盐主要包括 $LiClO_4$（高氯酸锂）、$LiPF_6$（六氟磷酸锂）、$LiBF_6$（六氟硼酸锂）和 $LiAsF_6$（六氟砷酸锂）等。$LiClO_4$ 因具有较高的氧化性容易出现爆炸等安全性问题，具有较大的安全风险，一般只局限于实验研究中；$LiAsF_6$离子电导率较高、易纯化，且稳定性较好，但含有有毒的 As 且价格昂贵，使用受到限制；$LiBF_6$ 碳负极兼容性差，热稳定性比 $LiPF_6$ 好，主要作为添加剂使用；$LiPF_6$ 具有较高的电导率、与电极材料兼容、在电极表面形成的界面膜阻抗小，因此广泛应用于商品化锂离子电池中，但存在热稳定性较差、遇水易分解等问题，难以满足高性能锂离子电池的需求。

有机锂盐包括硼酸盐、磺酸类和酰亚胺类等，如三氟甲基磺酸锂（$LiCF_3SO_3$）、LiTFSI 等。LiTFSI 有较高的电导率，热分解温度超过 360℃，同时不易水解，但会腐蚀 Al 集流体。$LiCF_3SO_3$ 抗氧化性好、热稳定性高、对水不敏感，但是同样会腐蚀 Al 集流体，加入无机锂盐或加入添加剂可以改善电解液性能。

2. 电化学性能

$LiPF_6$ 是应用最广的锂盐。与其他锂盐相比，$LiPF_6$ 的单一性质并不是最突出的，但在以碳酸酯混合物为溶剂的锂电池电解液中，$LiPF_6$ 具有相对最优的综合性能。$LiPF_6$ 有以下突出优点：①在非水溶剂中具有合适的溶解度和较高的离子电导率；②能在 Al 集流体表面形成一层稳定的钝化膜；③能协同碳酸酯溶剂在石墨电极表面生成一层稳定的 SEI 膜。

但是，$LiPF_6$ 的热稳定性较差，易发生分解反应：$LiPF_6 \rightleftharpoons LiF + PF_5$。同时，$LiPF_6$ 中的 P—F 键对水分非常敏感，当微量水分存在时，会发生下列反应：

$$LiPF_6 + H_2O \rightleftharpoons LiF + POF_3 + 2HF$$

$$PF_5 + H_2O \rightleftharpoons POF_3 + 2HF$$

$LiPF_6$ 在电解液中的副反应产物为 HF 和 POF_3，会破坏电极表面的 SEI 膜，溶解正极活性组分，导致循环过程中容量严重衰减。因此，迫切需要开发一种水解稳定性好且在高低温下均表现出优异电化学性能的新型锂盐电解液。

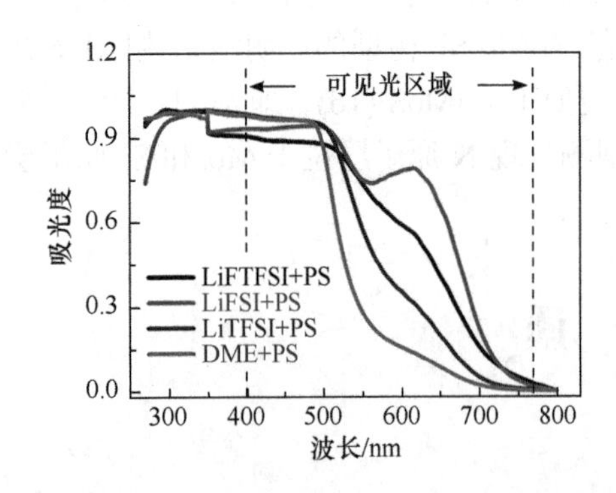

图 6.30 三种不同电解液及纯的 DME 溶剂在加入 PS 后的紫外-可见光谱图[19]

3. 应用案例

1）紫外-可见光谱表征锂盐稳定性

锂-硫电池的理论能量密度能够达到 2600Wh · kg^{-1}，但存在枝晶生长、穿梭效应、S 电极体积膨胀等问题。选择合适的电解质锂盐对提升锂-硫电池的整体性能起一定作用。西班牙能源合作研究中心的 M. Armand 等[19]采用紫外-可见光谱图观测不同锂盐对硫化物的稳定性。通过向锂盐溶液中加入多硫化物（PS），如图 6.30 所示，在 495～700nm 范围内 LiTFSI 曲线几乎与纯 DME 保持一致，而 LiFTFSI 呈现一个不明显的峰，LiFSI 在 620nm 左右出现一个明显的峰，说明 LiTFSI 对硫化物稳定性最好。

2）XPS 分析不同电解质表面 SEI 膜

与单锂盐相比，双锂盐体系提高了电解质室温电导率，且有效抑制了锂枝晶生长，提高了锂金属电池循环性能。中国科学院北京纳米能源与系统研究所李从举和中国科学院化学研究所郭玉国等[20]采用 XPS 分析在不同电解质中循环前后表面 SEI 膜。研究发现，在液体电解质中（图 6.31）循环后锂表面出现诸多副产物，而双盐凝胶电解质与循环前几乎保持一致，凸显出双盐电解质的优异性能。

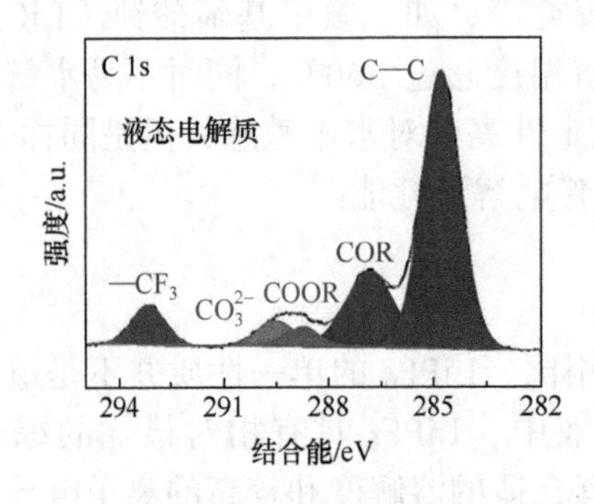

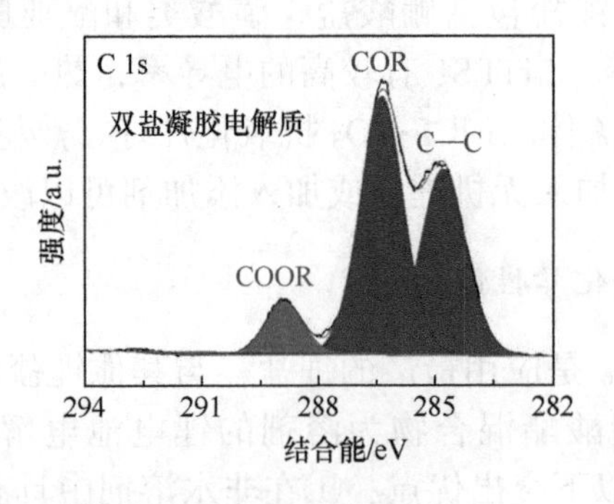

图 6.31 不同电解质体系循环后锂片表面 C 1s XPS 谱图[20]

6.4.2 碳酸酯类液体电解液

1. 结构及特点

环状碳酸酯极性大、介电常数大，对电解质锂盐的溶解能力强，目前常见的环状碳酸酯有碳酸丙烯酯（PC）、碳酸乙烯酯（EC）和碳酸丁烯酯（BC）等。

碳酸丙烯酯在常温常压下是无色透明、略带芳香味的液体，是一种极性溶剂，相对介电常数较高，具有较好的电化学稳定性。但是碳酸丙烯酯在锂离子电池充电过程中，溶剂化锂离子容易在石墨层间发生共嵌，造成石墨片层的剥离。另外，碳酸丙烯酯在负极上的还原电位较高，容易在负极表面发生还原分解，无法形成稳定的 SEI 膜，造成对石墨电极的破坏。因此，在以石墨为负极的锂离子电池中，该溶剂在电解液中的体积含量应控制在30%以下。

碳酸乙烯酯是碳酸丙烯酯的同系物，它们大部分的物理参数相似。碳酸乙烯酯常温下为无色晶体，热安全性高于碳酸丙烯酯，黏度略低于碳酸丙烯酯，介电常数远高于碳酸丙烯酯，甚至高于水，能够使锂盐充分溶解或电离，有利于提高电解液的电导率。碳酸乙烯酯在石墨上发生还原分解，可以在石墨电极表面形成致密且有效的SEI膜。锂离子能在该SEI膜中自由迁移，但可以有效阻止溶剂化锂离子的共嵌，保护石墨电极。

常用于与碳酸乙烯酯共同使用的复合溶剂主要是线型碳酸酯，线型碳酸酯的黏度和熔点低，但极性和介电常数小，在电解液中主要起稀释剂或低黏度组分的作用，有利于锂离子在电解液中运动。目前常使用的线型碳酸酯有碳酸二甲酯、碳酸甲乙酯和碳酸二乙酯等。

2. 电化学性能

各种碳酸酯的还原难易程度依次为DMC＜EMC＜DEC＜PC，当电位达到0.3V时，电解液溶剂都发生显著分解。但在碳电极上的还原行为不同，DMC、DEC、EMC的电化学行为相似，在初次循环过程中，三种线型碳酸酯溶剂在石墨电极上发生分解，生成SEI膜，它能将溶剂与石墨电极隔开，阻止有机溶剂在石墨负极的继续分解。而PC电解液的还原电流最大，这种差异与锂离子的嵌入有关，随着电位的变负，一方面溶剂继续分解，另一方面，当达到锂离子的嵌入电位时，锂离子开始嵌入碳层中。在发生溶剂分解和锂离子嵌入的过程中，PC可以与锂离子一起嵌入碳层中，PC与锂离子的共嵌导致石墨在以PC为溶剂的电解液中容易发生剥离，进而导致电化学性能下降。

3. 应用案例

1）锂离子电池用耐火碳酸酯液体电解质的配方设计

韩国忠南大学的S. W. Song等[21]设计了由碳酸丙烯酯（PC）和含2,2,2-三氟乙酸乙酯（ETFA）线型酯溶剂与1mol · L^{-1} $LiPF_6$盐及氟代碳酸乙烯酯（FEC）添加剂组成的耐火液体电解质配方，用于提高锂离子电池的安全性。传统的液体电解质极易点燃，产生60s · g^{-1}的自熄时间（self-extinguish time，SET），而1mol · L^{-1} $LiPF_6$/PC:TFA液体电解质的SET仅为2.5s · g^{-1}，表明其为耐火材料，如图6.32所示。

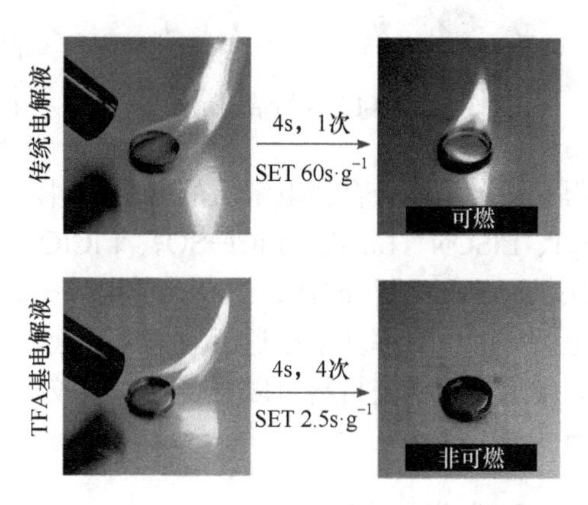

图6.32　耐火碳酸酯液体电解质可燃性测试[21]

2）一种不含碳酸乙烯酯的具有离子溶剂配位结构的碳酸丙烯酯基电解质

PC基电解质与石墨负极间较差的兼容性阻碍了应用。武汉大学曹余良等[22]通过弱配位碳酸二乙酯（DEC）助溶剂诱导PF_6^-进入锂离子的溶剂化壳中，形成阴离子诱导的离子溶剂配位结构。这种结构可以提高电解质的最低未占分子轨道能级，从而显著提高PC溶剂的还原耐受性。此外，在PC-DEC电解液中加入少量FEC添加剂促进SEI的形成，可

进一步提高石墨负极的兼容性。如图 6.33 所示，C═O 键和 P—F 键的吸收带位置都没有因加入 1%的 FEC 而改变，表明 FEC 对 PC 和 PC-DEC 电解质的结构影响不大。

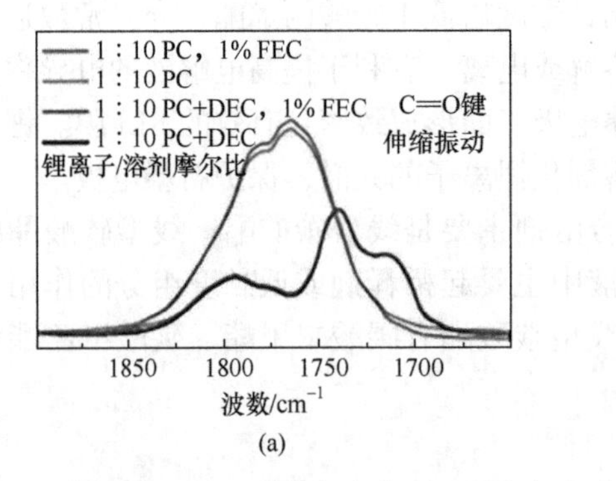

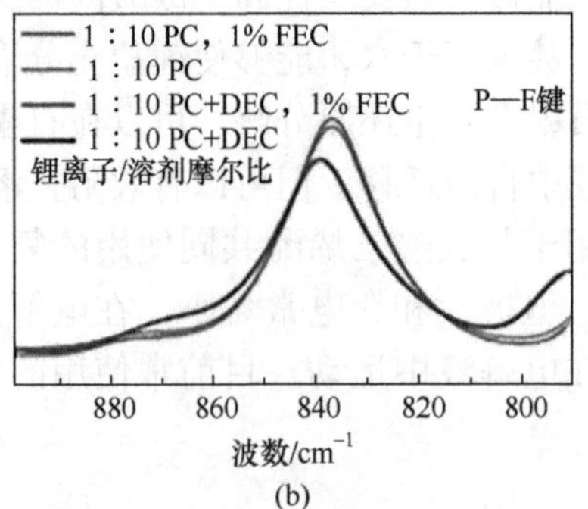

图 6.33　C═O 键（a）和 P—F 键（b）在添加 FEC 前后的红外光谱图[22]

6.4.3　聚氧化乙烯基固体电解质

1. 结构及特点

聚环氧乙烷（PEO）是研究最早且最为广泛的聚合物电解质基质材料，主要原因是在无任何有机增塑剂的情况下，它能与锂盐形成稳定的配合物，且具有较高的电导率，其结构如图 6.34 所示。随着研究的深入，PEO 基聚合物电解质的性能有很大的提高，对其导电机理、界面性质的认识也不断深入，而且在生产中也得到了应用。

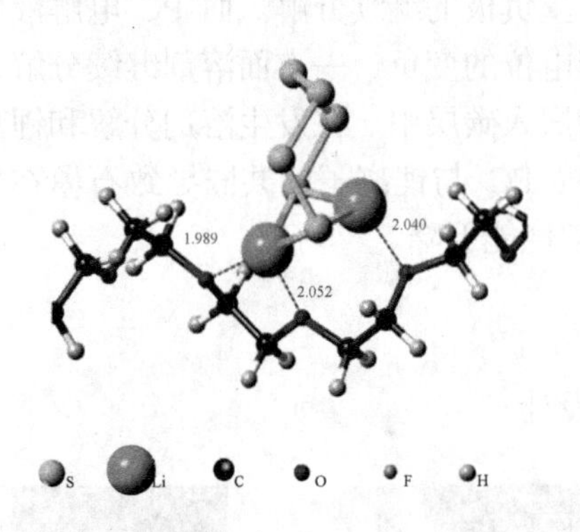

图 6.34　PEO-Li_2S_6 的结构示意图

PEO 基聚合物电解质主要分为聚合物/盐型和凝胶型两大类，凝胶型聚合物电解质因具有较高的电导率而成为固体锂离子电池最有应用前景的电解质体系。PEO 能与锂盐形成配合物，这就使得它适合用作聚合物电解质的基质材料。PEO 能与许多锂盐形成配合物，如 LiBr、LiCl、LiI、LiSCN、$LiBF_4$、$LiCF_3SO_3$、$LiClO_4$、$LiAsF_6$ 等。通过共混、共聚、接枝、交联等方法，对 PEO 进行改性，提高离子电导率，形成 PEO 基质凝胶电解质。目前凝胶型聚合物电解质的电导率基本接近于液体电解液，如何提高其力学强度是研究的重点。研究表明加入纳米无机陶瓷材料可以显著增强凝胶电解质的力学性能，而且还对稳定电极与界面性质有积极的作用。

2. 电化学性能

聚环氧乙烷基固体聚合物电解质（solid polymer electrolyte，SPE）具有良好的电极界面相容性、良好的电化学稳定性和高的锂离子导电性。在合成极性聚合物中，半结晶聚环氧乙烷是用于制备各种 SPE 的最广泛使用的主体基质，因为与其他聚合物基质相比，半结晶聚环氧乙烷具有许多优良的性能。

3. 应用案例

1）TEM 观测电池失效正极材料

PEO 聚合物电解质匹配高电压正极材料应用于高电压高能量密度锂电池是目前的研究热点。中国科学院物理研究所的禹习谦等[23]采用 TEM 表征失效固体电池的正极材料。图 6.35（a）为循环后 $LiCoO_2$ 颗粒的 TEM 亮场图像。高角度环状暗场图像取自图中选定区域，沿着 $LiCoO_2$ 的[110]区域轴[图 6.35（b）]拍摄。可以清楚地看到，循环后 $LiCoO_2$ 表面完全转化为 Co_3O_4 和 CoO 相的混合物。

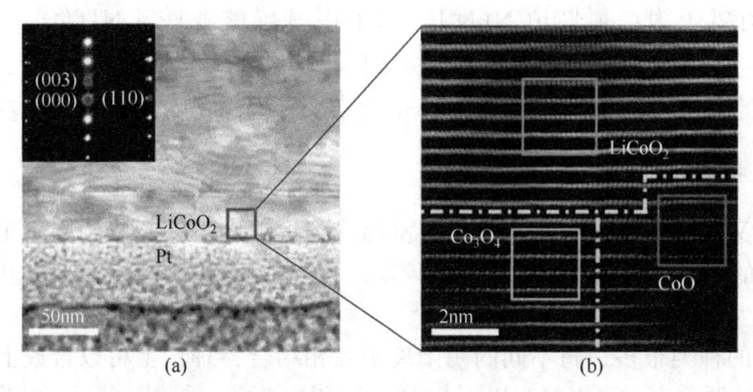

图 6.35　电池失效后钴酸锂颗粒的 TEM 图像[23]

2）EELS 观测固体电解质中锂元素分布

华南理工大学胡仁宗等[24]用电子能量损失谱观测 PEO 基固体电解质的锂元素分布。图 6.36（a）为 SEI 区域的 ADF-STEM 图像。通过 Li K-边和 Si L-边的 EELS 分析 $Li_{21}Si_5$ 颗粒到 PEO 基质中 Li 和 Si 含量的变化，标记为 1～8。Li 和 Si 元素的信号强度呈现出完全不同的趋势，如图 6.36（b）所示。对于 Si 元素，从 $Li_{21}Si_5$ 颗粒边缘开始，PEO 基体中的信号强度迅速下降，表明 Si 没有从合金填充物向 PEO 基体扩散。相反，Li 在 $Li_{21}Si_5$ 粒子与 PEO 基体之间的区域呈现由高到低的梯度分布，证明固体电解质表面形成了一层人工 SEI 膜。

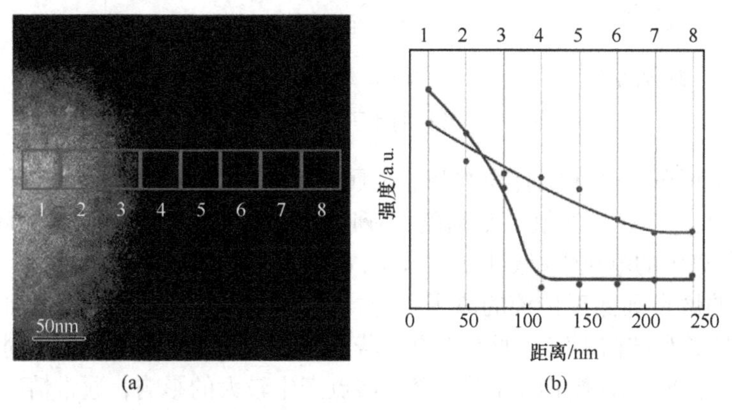

图 6.36　PEO_m-$Li_{21}Si_5$ 的 ADF-STEM 图像及 EELS 信号变化曲线（红色：Si，绿色：Li）[24]

6.4.4 离子液体

离子液体的发现最早可追溯到1914年，Walden合成了第一个离子液体——硝酸乙基铵（$EtNH_3NO_3$），它在室温下为液体状态，熔点仅为12℃，但由于不稳定、易爆炸的缺点，并未引起人们的注意。直到20世纪中叶，Hussey等用$AlCl_3$和*N*-烷基吡啶混合，加热之后生成了一种黏度低、电导率极高的无色透明液体，被称为“第一代离子液体”，但由于其在空气中易水解，限制了实际应用。1992年，Wilkes首次合成了对水和空气都很稳定的离子液体[Emim][BF_4]（1-乙基-3-甲基咪唑四氟硼酸），被称为“第二代离子液体”。自此以后，又陆续合成了阴离子为二氰胺[$(CN)_2N^-$]、双氟甲基磺酰亚胺（NTf^{2-}）、三氟甲磺酸（$CF_3SO_3^-$）等一系列离子液体，这些离子液体具有更低的熔点和较小的黏度，并且具有高电导率和较宽的电化学窗口，被广泛应用于电化学、有机合成及各种催化反应中。

1. 结构及特点

离子液体又称为室温熔融盐，是指在室温或附近温度下完全由阴阳离子组成的有机盐，阴阳离子的体积差异造成结构对称性较差，导致离子液体的熔点较低，因此在室温下离子液体一般为液体状态。

离子液体的种类很多，将不同的阴阳离子互相结合，理论上可以合成上万亿种不同的离子液体。按照阳离子可以分为以下几类：季铵阳离子、季膦阳离子、吡咯阳离子、哌啶阳离子、锍阳离子、吗啉阳离子、咪唑阳离子、吡啶阳离子、吡唑阳离子、吡咯啉阳离子和胍阳离子等，如图6.37所示。其中咪唑类、季铵盐类、吡咯类及哌啶类等在锂二次电池中应用较多。

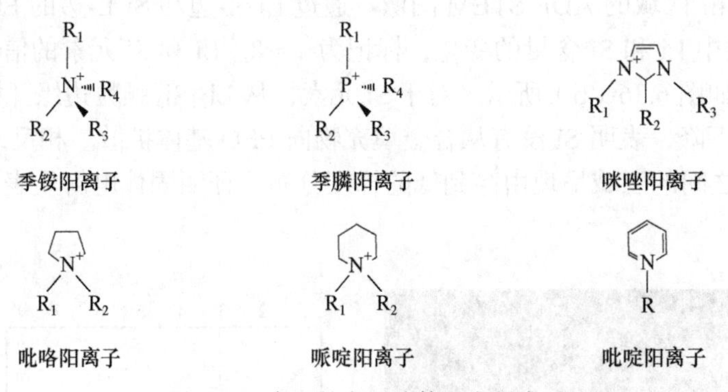

图6.37 常见的离子液体阳离子类型

按照阴离子可分为金属配合物类和非金属类。其中，四氟硼酸阴离子（BF_4^-）、六氟磷酸阴离子（PF_6^-）、双（三氟甲基磺酰）亚胺阴离子[$N(CF_3SO_2)_2^-$]、三氟甲磺酸阴离子（$CF_3SO_3^-$）等阴离子的电化学稳定性好，如图6.38所示。

离子液体的熔点远低于传统的离子化合物，其熔点主要受离子之间相互作用力的影响，由离子的种类和结构决定。通常来说，若是阳离子的电荷分布均匀、对称性较低，离子液体熔点往往较低。阴离子的种类也会对熔点产生较大的影响，通常情况下若是阳离子保持不变，则熔点随着阴离子体积增大而减小。一些结构特殊的阴离子，如双（三氟甲基磺酰）亚胺阴离子含有氟取代基，对负电荷有较强的离域作用，可以减弱与阳离子之间的

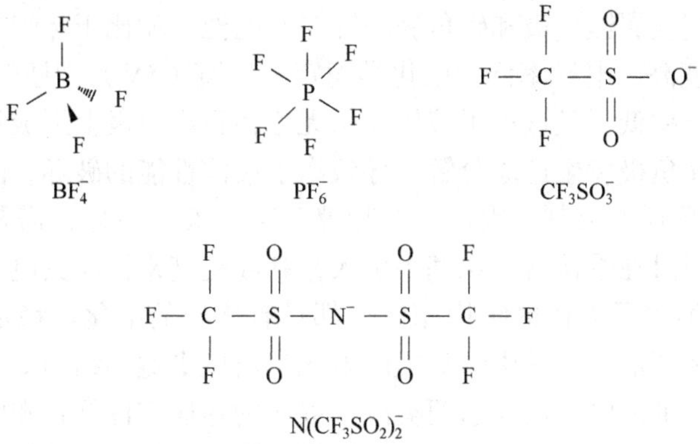

BF_4^- PF_6^- $CF_3SO_3^-$

$N(CF_3SO_2)_2^-$

图 6.38 常见的离子液体阴离子类型

相互作用力，从而导致离子液体的熔点降低。离子液体的黏度主要受范德华力、静电力和氢键的作用。离子液体阴阳离子之间的作用力比传统离子化合物小，但是与传统液体分子相比作用力仍旧较强，因而黏度比一般的液体高 10～100 倍。离子液体的黏度也受温度影响，通常黏度随温度的升高而减小。

2. 电化学性能

电导率是离子液体应用于电化学领域的基础，室温下离子液体的电导率一般在 $10^{-3}S \cdot cm^{-1}$ 数量级。离子液体的电导率受黏度的影响最大，黏度较大造成阴阳离子迁移困难，1-乙基-3-甲基咪唑二氰胺盐（EMIMDCA）是目前已知的黏度最小（25℃，21cP）的离子液体之一，在常温下电导率较高（$28mS \cdot cm^{-1}$，25℃）。离子液体的电导率也受阴阳离子体积、密度和分子量的影响，在众多种类的离子液体中，咪唑阳离子的平均电导率较高，在室温下为 $10mS \cdot cm^{-1}$ 左右。离子液体的电化学窗口也远大于水和其他有机溶剂，通常在 4V 左右，表 6.1 为常见离子液体的电化学性质。

表 6.1 常见离子液体的电化学性质

离子液体	黏度/cP	电导率/（$mS \cdot cm^{-1}$）	电化学窗口/V
1-乙基-3-甲基咪唑四氟硼酸盐（$EMIMBF_4$）	45	14.0	4.8
1-乙基-3-甲基咪唑六氟磷酸盐（$EMIMPF_6$）	23.4	＞ 5.2	4.0
1-丙基-3-甲基咪唑硫氰酸盐（EMIMSCN）	23.05	—	2.3
1-乙基-3-甲基咪唑二氰胺盐（EMIMDCA）	21	28.0	3.3
1-丁基-3-甲基咪唑六氟磷酸盐（$BMIMPF_6$）	366	1.49	4.6
1-丁基-3-甲基咪唑双三氟甲磺酰亚胺盐（BMIMTFSI）	69	3.90	4.8

咪唑类离子液体黏度低、导电性好、液程温度宽（−50℃仍然可以保持液态）且具有比季铵盐更好的热稳定性和溶解性，被研究人员率先应用于锂离子电池。由于咪唑阳离子在石墨负极的还原分解电位高于锂的还原电位和石墨负极的嵌、脱锂电位（约为 1.0V *vs.* Li^+/Li），在电极未达到嵌锂电位时，咪唑阳离子会在石墨负极发生还原分解反应，破坏石

墨结构，不适合匹配金属锂负极和碳负极的锂二次电池。相比于咪唑类离子液体，季铵盐类离子液体具有黏度高、电导率低，电化学稳定窗口宽（5V）、阳离子稳定性好等特点，但高黏度导致其电导率低，且该离子液体体系无法在石墨电极上形成稳定的SEI膜，离子液体中的阳离子会在负极发生还原分解，导致离子液体性能的破坏，故该类离子液体在锂离子电池中的应用受到了限制。因此，与咪唑类离子液体一样，需要加入一些成膜添加剂，有研究发现可通过在季铵盐的烷基中引入氰基或醚基来提高其电化学性能。

吡咯类和哌啶类离子液体的结构相似，都具有优异的电化学稳定性及高的电导率，是深具应用前景的离子液体。其中哌啶类的电化学窗口更宽（约为6V），黏度适中，适合作为高电位锂离子电池的电解质。这两类离子液体的热稳定性好且哌啶类阳离子对石墨负极的稳定性良好，故近年来成为电解液领域的研究热点，但离子液体与电极表面产生的界面钝化现象使电池性能衰减。

3. 应用案例

1）双阴离子液体电解质使富镍正极更稳定

锂离子电池中的富镍正极因其层状过渡金属氧化物的高比容量拥有很大的发展前景，但是镍含量的增加会导致电池快速容量衰减、循环性差和热稳定性降低。德国亥姆霍兹重离子研究所的 G. T. Kim 等[25]采用不易燃的双阴离子离子液体电解质（ionic liquid electrolyte，ILE），结合双（氟磺酰）亚胺（FSI）和双三氟甲基磺酰亚胺（TFSI）两种阴离子，专门设计的 $0.8Pyr_{14}FSI$-$0.2LiTFSI$ 电解液拥有良好的电导率和稳定性，FSI 和 TFSI 的协同相互作用为两个电极表面提供了非常有利的界面钝化层，从而有效减轻了材料劣化，使高能、低钴的富镍正极材料 $LiNi_{0.88}Co_{0.09}Mn_{0.03}O_2$（NCM88）表现出卓越的电化学性能。比较 ILE 和商用有机溶剂电解质（LP30，$1mol \cdot L^{-1}$ $LiPF_6$ EC/DMC，1 : 1 体积比）与富镍正极的性能，组装 Li||NCM88 电池。如图 6.39（a）所示，两种电池在 0.1C 倍率下都拥有 $210mAh \cdot g^{-1}$ 以上的初始放电比容量。通过 50 次循环后，LP30 电池比容量下降至初始比容量的 90.8%，而 ILE 电池容量保持率在 99.3%，几乎没有明显的容量衰减。图 6.39（b）比较了在 0.1C 两周活化后，电流增至 0.3C 下的循环性能。200 次循环后，ILE 电池拥有更稳定的比容量，其容量保持率为 97.5%，远高于 LP30 电池的比容量。

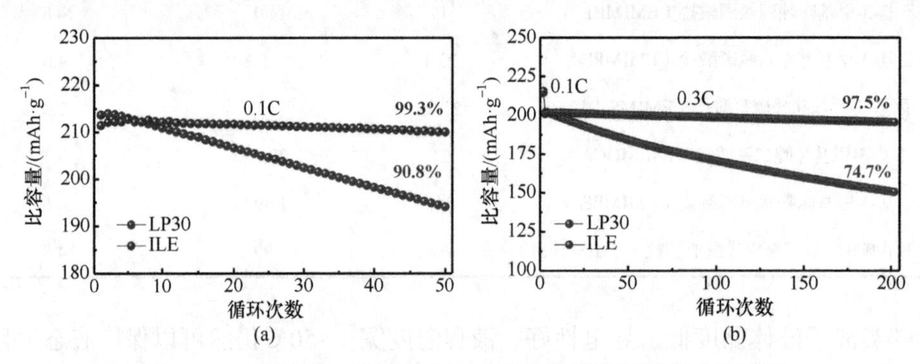

图 6.39 匹配 LP30 和 ILE NCM88 的电化学性能测试对比图[25]

2）层状异质结构离子凝胶电解质用于高性能锂离子电池

与传统液体电解质相比，离子液体具有不可燃特性。然而，缺乏在低电位和高电位下同时稳定的离子液体，限制了离子凝胶电解质的电化学窗口。美国西北大学的 M. C. Hersam 等[26]研究了将高电位（阳极稳定性：＞ 5V *vs.* Li^+/Li）含 1mol · L^{-1} 双三氟甲基磺酰亚胺锂（LiTFSI）盐的 1-乙基-3-甲基咪唑双（三氟甲基磺酰基）亚胺（EMIM-TFSI）和低电位（阴极稳定性：＜0V *vs.* Li^+/Li）含 1mol · L^{-1} LiTFSI 的 1-乙基-3-甲基咪唑双（三氟磺酰）亚胺（EMIM-FSI）的两种咪唑离子液体结合在六方氮化硼（h-BN）纳米片基体中的具有层状异质结构的离子凝胶电解质。这些层状异质结构的离子凝胶电解质使其电化学窗口得以扩展，同时保持了高离子传导性（室温下大于 1mS · cm^{-1}），与基于混合离子液体的离子凝胶电解质相比，层状异质结构的离子凝胶电解质使锂离子全电池的运行更加稳定。图 6.40 显示了高电位和低电位离子凝胶电解质的 CV 曲线，高电位离子凝胶电解质表现出稳定的 CV 曲线，拥有 5V 以上的阳极稳定性（*vs.* Li^+/Li），而低电位的离子凝胶电解质在大于 4V（*vs.* Li^+/Li）时，随着电流密度的增加出现了明显的分解，归因于 FSI 阴离子的氧化。

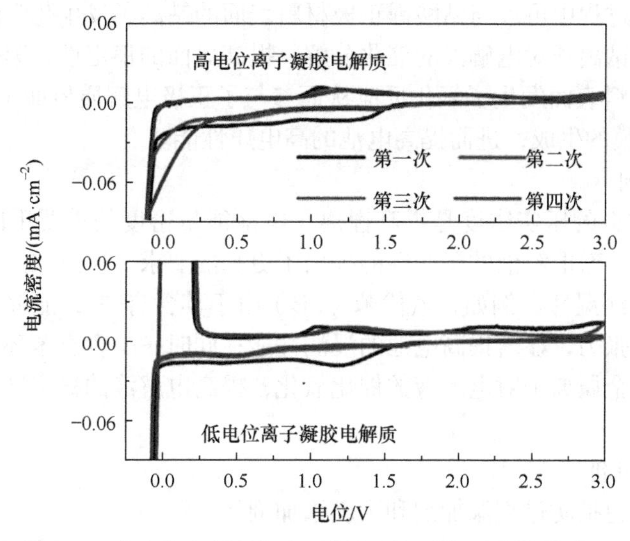

图 6.40　高电位和低电位离子凝胶电解质的循环伏安图[26]

6.4.5　功能添加剂

1. 分类及特点

功能添加剂按照其作用机理可分为成膜添加剂、高电压保护添加剂、浸润添加剂、安全型添加剂等。

1）成膜添加剂

负极成膜添加剂的研究相对较早，开发出的添加剂种类繁多，主要包括不饱和添加剂、卤代有机酯添加剂、含硫添加剂及硼类添加剂等类型。含有不饱和官能团的有机化合物容易在碳负极上得电子，形成自由基分子发生聚合，在电极上进一步发生反应产生无机、有机及高分子物质覆盖在电极表面。碳酸亚乙烯酯（VC）是目前应用最成功的不饱和型添加剂。由于 VC 分子的不饱和性，在 EC 基电解液中能够优先于电解液得电子发生还原反应，形成聚烷基碳酸锂化合物覆盖在碳负极表面，保护电极材料结构，提高石墨电

池的容量。在有机分子中引入卤原子，借助其吸电子能力降低分子的最低未占分子轨道（LUMO）能量，使功能分子优先于溶剂分子获得电子发生还原反应形成 SEI 膜，提高电极/电解液的兼容性。氟代碳酸乙烯酯（FEC）是目前常用的负极成膜添加剂。由于氟原子的引入，FEC 在负极上形成的 SEI 膜具有优良的界面稳定性。硫代有机化合物也是重要的电解液添加剂，如亚硫酸酯和磺酸酯类。亚硫酸酯类具有与碳酸酯相似的结构，但它们在负极得电子的能力强于有机碳酸酯，因此具有优先成膜的条件。近年来由于硼基化合物能够改善电池的电极/电解液界面性质而被广泛研究。硼类化合物的 LUMO 能量同样比有机碳酸酯低，因此也具有优先还原参与形成负极 SEI 膜的潜力。

2）高电压保护添加剂

常见的高电压保护添加剂包括：腈类添加剂、氟代类添加剂、硼基添加剂、硫基添加剂和硅基添加剂等。其中，腈类添加剂具有较宽的电化学窗口、耐氧化性强、黏度低、沸点高等特点。腈类添加剂在高电压下稳定界面的原因目前有两种机理，第一种机理是配合理论，其在充电过程中可以与钴酸锂正极材料表面的钴离子发生化学配合，从而有效阻止强氧化型的四价钴离子对电解液的催化分解，提高界面的稳定性；第二种机理认为双腈类添加剂在正极材料表面发生了氧化反应从而参与了正极电解质界面（cathode electrolyte interphase，CEI）膜的生成，进而提高电池的高电压性能。

3）浸润添加剂

提高正负极材料的压实密度是提高锂离子电池能量密度的重要手段。随着正负极材料压实密度的增大，对电解液的浸润性能提出了更高的要求。通过加入少量浸润添加剂，可显著提高电解液润湿性。例如，氟代苯（FB）由于其含有 F^-，能够有效降低电解液在正负极界面的表面张力，显著提高电池的浸润性能；同时 FB 含有苯环，对正极有保护作用，有效阻止正极金属离子对电解液的催化氧化，提高电解液的稳定性，提高电池的循环性能。

4）安全型添加剂

安全型添加剂包括防过充添加剂和阻燃添加剂等。

在电解液中添加适量的防过充添加剂是解决锂离子电池过充问题的重要手段。防过充添加剂分解电压一般在 4.3～5V，不仅要高于电池的充电截止电压，还要低于电解液的分解电压，这样既可以保证电池在正常充放电过程中不受影响，又可以保证防过充添加剂在电解液分解前发生反应。防过充添加剂应用最多的有电聚合类和气体发生类两种。电聚合类添加剂包括联苯、呋喃、吡啶及其衍生物；气体发生类包括环已基苯、苯基-烷基-苯基化合物、烷基苯环衍生物等。

阻燃添加剂可分为有机磷系化合物、有机卤系化合物、含氮类化合物和氮磷混合化合物等。有机磷化物主要有磷酸三甲酯、3-丁基磷酸酯、烷基亚磷酸酯等。这些常用的磷酸酯在有机电解液中都具有阻燃效果，但是大部分磷酸酯的黏度大，导致电导率低，同时在石墨负极表面不稳定，与石墨不兼容，影响电池性能。有机氟代阻燃剂具有较优良的阻燃效果，而且与碳负极的兼容性较好，因此氟代化合物的研究应用日益广泛。氟代阻燃剂主要有二氟乙酸甲酯（MFA）、乙基全氟代丁基醚（EFE）、氟代碳酸乙烯酯等。

阻燃机理包括物理阻燃和自由基捕获两种机理。物理阻燃是指在电解液中加入无闪点或高闪点的有机分子来部分取代有机电解液中易燃的溶剂，减小电解液的燃烧现象。另一种物理阻燃添加剂是阻燃分子受热发生分解产生不燃性气体，在气/液相间形成隔绝层，抑制电解液的燃烧。化学阻燃是指阻燃添加剂分子受热分解释放出能捕获氢基自由基或氢氧基自由基的物质，终止燃烧的反应链，达到阻燃的效果。

2. 应用案例

FTIR 表征分析 SEI 膜组分：电解液添加剂可以有效改善 SEI 膜成分，形成具有优异保护性能的锂离子导电膜。以色列巴伊兰大学 D. Aurbach 等[27]添加二氟碳酸乙烯酯（DFEC）改善电池性能，采用红外表征不同电解液循环后的 SEI 膜成分。通过 FTIR 对 EC、FEC、DFEC 和 FEC+DFEC 混合电解质溶液中锂负极表面膜的化学组成进行了比较，如图 6.41 所示。在 EC 基溶液中循环的锂金属负极具有较厚的类聚氧乙烯物种的表面膜。这些是 EC 聚合的产物会导致电解液降解，降低电池的性能。在氟化碳酸盐 FEC 和 DFEC 的电解质溶液中的锂表面膜主要含有 Li_2CO_3、有机烷基碳酸盐锂和聚碳酸酯。两种溶液循环后锂负极的 FTIR 图在 1840～1680cm^{-1} 区间内存在差异，对应碳酸盐/聚碳酸酯化合物的 C═O 伸缩振动。FEC+DFEC 基电解质溶液中形成的 SEI 相关的区域是 FEC 和 DFEC 谱中主要峰的叠加，因此 FEC 和 DFEC 的还原产物存在于 FEC 和 DFEC 混合溶液循环形成的锂负极表面膜中。

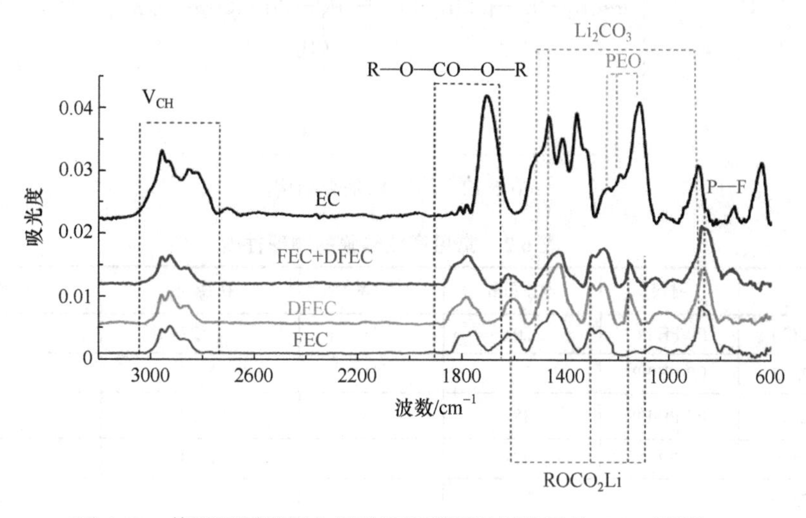

图 6.41 使用不同溶剂电解质溶液循环的锂负极的 FTIR 图[27]

6.5 隔 膜

6.5.1 聚烯烃

1. 结构及特点

聚烯烃隔膜成本低廉、孔径尺寸可控，具有好的化学稳定性、良好的机械强度和好的电化学稳定性，并且具有高温自关闭性能，保证了锂离子二次电池日常使用的安全性能。商品化的锂离子电池隔膜材料主要采用聚乙烯（PE）、聚丙烯（PP）隔膜，其结构如

图 6.42 所示。

国外对聚乙烯隔膜的研究始于 20 世纪 60 年代初期，可通过干法和湿法工艺制造获得。根据聚合方法和催化剂的不同，可制备出低密度聚乙烯（LDPE）隔膜、高密度聚乙烯（HDPE）隔膜、超高分子量聚乙烯（UHMWPE）隔膜等品种。生产聚乙烯隔膜的厂家有 Celgard、Entek、Nitoo、DSM、Tonen、Asaki 等，聚乙烯隔膜的孔径一般为 0.03～0.1mm，孔隙率 30%～50%。由熔融拉伸工艺生产的 Celgard 2730PE 微孔隔膜膜厚为 20μm，孔隙率为 43%，熔点为 135℃，表 6.2 为市场上常见商业隔膜的物理性能。

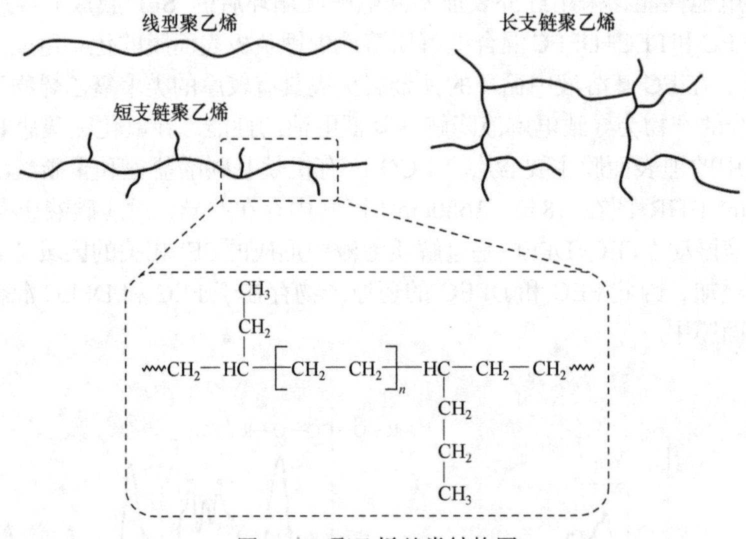

图 6.42 聚乙烯基类结构图

表 6.2 常见商业隔膜的物理性能

名称	材料	厚度/μm	孔隙率/%	孔径/nm	穿刺强度/gf
Celgard 2320	PP/PE/PP	20	41	*d*=27	360
Celgard 2325	PP/PE/PP	25	41	90×4	375
Celgard 2340	PP/PE/PP	38	45	38×900	—
Celgard 2400	PP	25	41	*d*=43	450
Celgard 2500	PP	25	55	210×50	＞ 335
Celgard 2730	PE	20	43	—	—

注：gf 表示克力，1gf≈0.0098N。

聚丙烯隔膜的研究始于 20 世纪 70 年代初期，先通过特定的单向拉伸和热处理工艺制成硬弹性膜，在拉伸状态下热定型形成隔膜，如已应用于锂离子电池的 Celgard 2400PP 隔膜，膜厚 25μm，孔隙率 40%，熔点 165℃。聚丙烯的分子量是影响其隔膜结构的最主要因素，高分子量聚丙烯隔膜使膜的孔密度增大，孔径分布更均匀，透气率也相应增大。此外，使用高结晶度、高等规度聚丙烯制得的隔膜具有更均匀的孔径分布、孔眼密度和孔隙率。

2. 聚烯烃隔膜的电化学性能

聚丙烯微孔隔膜具有优良的电化学稳定性。在锂离子电池中使用时，它一方面隔离电池的正负极，防止短路；另一方面还允许电解质离子在电池充放电过程中来回迁移通过，其性能的好坏决定了电池的界面结构和内阻，从而直接影响电池的容量、循环性能及安全性能等特性。作为锂离子电池的核心部件，聚丙烯微孔隔膜的关键技术指标是孔隙率、孔径大小及分布。孔径小于 0.01μm 时，锂离子穿透能力太小，而孔径大于 0.1μm，电池内部树枝状晶体生成时，电池易短路。孔隙率高，锂离子穿透能力强，但太高的孔隙率可能使得微孔隔膜抗穿刺能力减弱、收缩率增大、力学性能变差，从而带来微孔隔膜使用过程中安全性问题及使用性能的变化。

结合 PE 隔膜和 PP 隔膜的特性，出现了 PP-PE 共混、PP/PE、PP/PE/PP 复合隔膜的研究设计。Celgard 公司生产 PP/PE/PP 三层复合隔膜是 PP 夹着 PE 的三层夹层结构，三层复合隔膜在一定温度范围内能保持良好的机械特性，这一温度范围明显比单层 PP、PE 隔膜宽，对电池短路的热惯性有更好的承受能力，具有更好的安全性能。

聚烯烃隔膜热稳定性较差，耐温有限，小于 150℃，会给锂离子电池带来一定的安全隐患且降低锂电子电池的寿命。当升温至约 130℃时，聚乙烯隔膜交流阻抗急剧上升，温度高于 140℃，开路电压降至 0V。这是由于当接近熔点时，隔膜的微孔闭塞，阻抗上升，最后内部短路切断电流，体现了聚乙烯隔膜的热关闭性能，而闭孔温度是指隔膜发生自关闭效应时的温度。为进一步提高比能量，就要减小膜厚，使二维孔结构薄膜的吸液率下降，影响安全性，为此不断地开发具有高性能及安全性的新型隔膜材料是当下研究的热点。

3. 应用案例

1）类金刚石碳-聚丙烯隔膜抑制锂枝晶生长

锂离子电池中的锂金属负极因其高理论比容量和低氧化还原电位等优点，在下一代电池中具有广阔的应用前景。然而，其循环过程中不可避免的锂枝晶生长给锂金属负极的实际应用带来了极大的安全问题。中国科学院深圳先进技术研究院唐永炳等[28]通过在 PP 隔膜上涂抹一层超长类金刚石碳（diamond-like carbon，DLC）来抑制锂枝晶的生长，DLC/PP 隔膜通过原位化学锂化作用转变高强度三维锂离子导体。原位锂化的 DLC/PP 隔膜不仅可以通过其固有的高模量（≈100GPa）机械地抑制锂枝晶生长，还可以均匀地重新分配锂离子，以实现无枝晶的锂沉积。图 6.43（a）～（f）为原始 PP 和 DLC/PP 隔膜的 SEM 图像的俯视图。从图 6.43（a）和（b）可以看出 PP 的典型局部拉伸微观结构，其原始的白色表面，在涂覆 DLC 后，PP 隔膜的表面颜色变为黄色，并且随着沉积时间变长，颜色变深[图 6.43（c）～（f）]。PP 隔膜在沉积 5h 后完全被 DLC 薄膜均匀覆盖，薄膜厚度约为 2.9μm[图 6.43（g）和（h）]，称为 DLC/PP-5h。在拉曼光谱中可以清楚地观察到 PP 的典型峰，大约在 1459cm^{-1}、1330cm^{-1}、1151cm^{-1}、932cm^{-1} 和 840cm^{-1} 处，如图 6.43（i）所示。DLC 在 1340cm^{-1}（D 波段）和 1580cm^{-1}（G 波段）附近的典型峰几乎覆盖了原始 PP 隔膜的所有峰，表明 DLC 已均匀地涂覆在 PP 隔膜上。DLC/PP 隔膜上 DLC 薄膜的 $sp^3/(sp^3+sp^2)$比值为 0.46，属于氢化非晶碳，如图 6.43（j）所示。图 6.43（k）和（l）中

DLC/PP-5h 的硬度和杨氏模量分别为 6.2GPa 和 98.3GPa，远高于原始 PP 隔膜的 0.2GPa 和 1.9GPa。

2）非溶剂诱导相分离法制备聚烯烃可拉伸隔膜

随着锂离子电池应用在可拉伸电子设备中，可拉伸隔膜受到广泛关注。它不仅可以防止内部短路，还可以在极端物理变形下在电极之间提供离子传导通路。韩国蔚山科学技术院 S. Park 等[29]通过非溶剂诱导相分离方法制备了一种基于聚（苯乙烯-*b*-丁二烯-*b*-苯乙烯）（SBS）嵌段共聚物的可拉伸隔膜（SBN）。可拉伸隔膜表现出约 270%应变的高拉伸性和具有 61%孔隙率的多孔结构。该膜是由四氢呋喃和正丁醇配对，经氧等离子体处理制成。当聚合物浓度从 6wt%到 10wt%变化时，SBN 厚度明显增加（分别称为 SBN635、SBN835 和 SBN1035），如图 6.44（a）～（c）所示。随着 SBS 聚合物浓度的增加，SBN

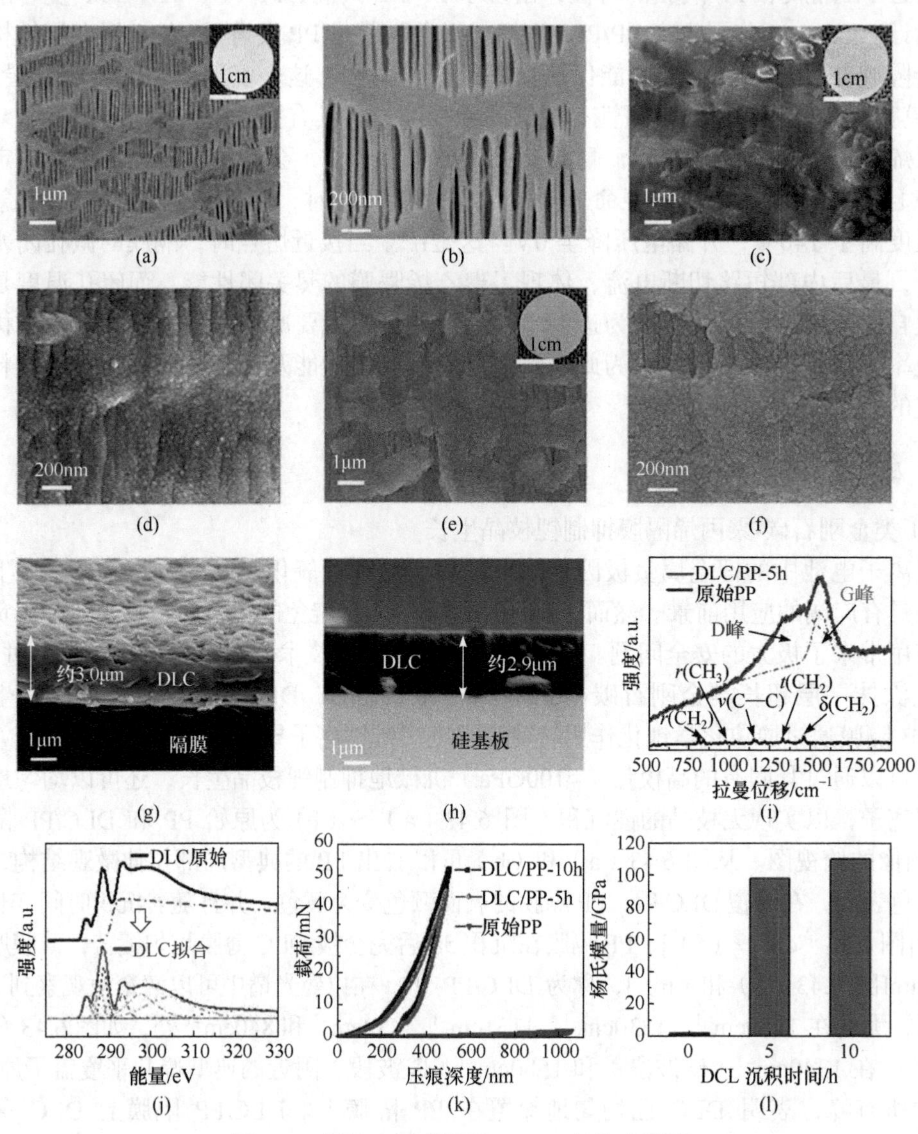

图 6.43 原始 PP 隔膜及 DLC/PP 结构表征[28]

的孔隙率从61%下降至35%，如图6.44（d）所示。为了表征不同SBS浓度隔膜的机械性能，在相同条件下进行拉伸强度测试，并与图6.44（e）中的商用玻璃纤维（glass fiber，GF）隔膜进行比较。由于热塑性弹性体（thermoplastic elastomers，TPE）固有的弹性，SBN隔膜表现出极高的拉伸性能，与无机硼硅酸盐基GF隔膜相反。通过增加SBS聚合物的浓度，SBN隔膜的拉伸强度和断裂伸长率同时从270%增加至470%，这是因为厚膜中的孔隙体积比低。其中SBN635隔膜在孔隙率、Gurley值和伸展性方面均适当，可以作为可拉伸隔膜的候选材料。测量SBN635隔膜在100%应变下进行100次拉伸/释放循环测试，在100次循环中，拉伸强度的下降在20次循环后趋于稳定，这表明SBN635隔膜即使在多次100%的应变循环中也能可靠地发挥隔膜的作用，如图6.44（f）所示。

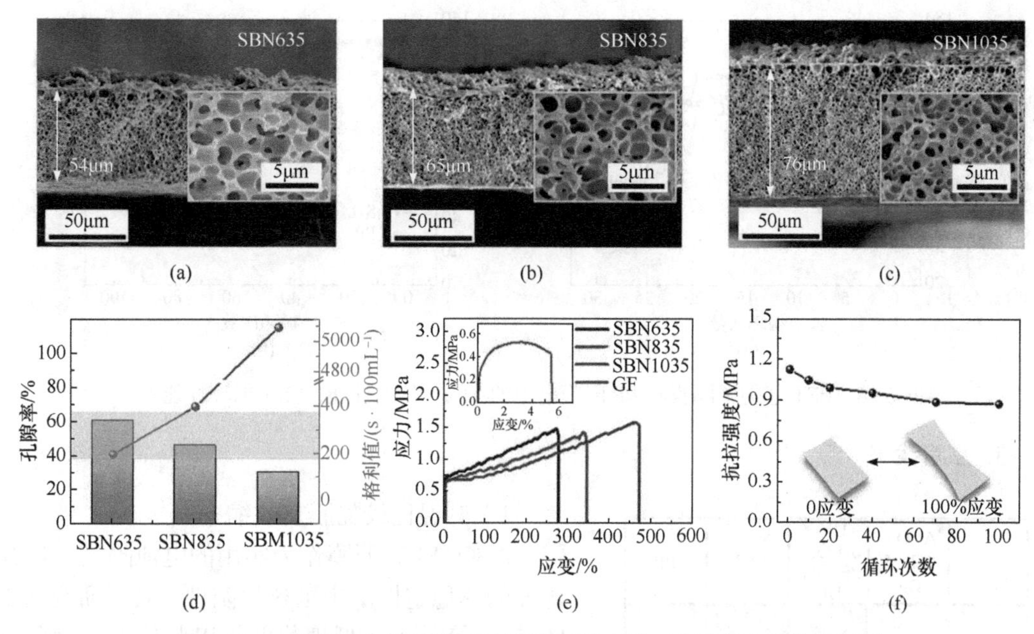

图6.44　不同聚合物浓度的SBN隔膜SEM图、孔隙率和力学性质[29]

6.5.2　聚对苯二甲酸乙二醇酯

1. 结构及特点

近年来，聚对苯二甲酸乙二醇酯（PET）因其良好的机械性能、优异的热稳定性、抗拉强度和优良的电子绝缘性能而受到人们的广泛关注。

PET作为一种强极性高分子聚合物，分子结构如图6.45所示，其分子链中含有酯基，与电解液有良好的相容性。PET类隔膜最具代表性的产品是德国Degussa公司开发的以PET隔膜为基底，陶瓷颗粒涂覆的复合膜，其表现出优异的耐热性能，闭孔温度高达220℃。

图6.45　聚对苯二甲酸乙二酯的分子结构

2. 电化学性能

PET 是新型耐高温隔膜基材，为了满足高安全性的要求，通常还需要在隔膜表面涂覆一层耐高温的无机陶瓷颗粒，如二氧化硅、氧化铝等。图 6.46 是 PET 基陶瓷隔膜和 PP 隔膜电池的倍率和循环性能[30]，与 PP 隔膜相比，PET 基陶瓷隔膜组装电池具有更好的倍率和循环性能。在 10C 倍率下，PET 基陶瓷隔膜和 PP 隔膜的放电比容量分别为 $82.7\text{mAh}\cdot\text{g}^{-1}$ 和 $41.0\text{mAh}\cdot\text{g}^{-1}$；100 次循环后，PET 基陶瓷隔膜和 PP 隔膜的容量保持率分别为 93.9%和 90.9%。这主要归因于 PET 基陶瓷隔膜具有高的吸液率和离子电导率，从而提高了电池的电化学性能。

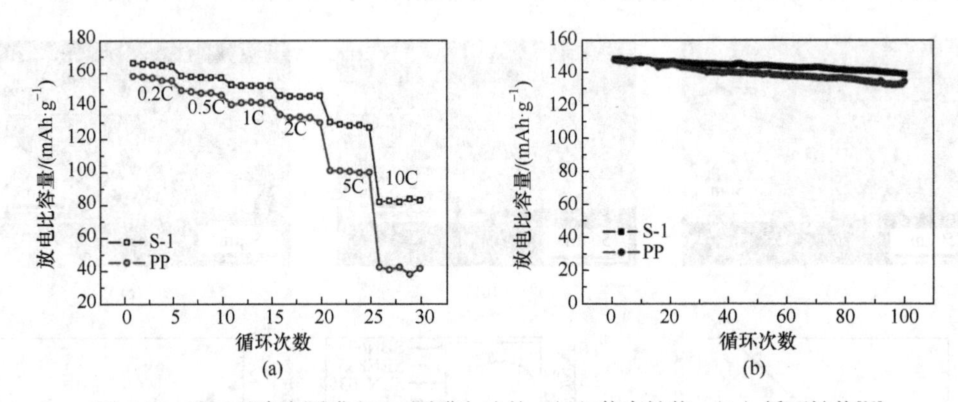

图 6.46 PET 基陶瓷隔膜和 PP 隔膜电池的：（a）倍率性能；（b）循环性能[30]

3. 应用案例

	Al_2O_3-PET/PVDF	UV-Al_2O_3-PET/PVDF	PET	PP
室温				
150℃				
200℃				
250℃				

图 6.47 不同隔膜的热收缩测试[31]

1）升温比较隔膜热收缩率

Al_2O_3/PET 薄膜作为实用的电池隔膜，具有优异的热稳定性。中国科学院理化技术研究所 J. H. Cao 等[31]加入低聚物并加以紫外光照射合成高安全性隔膜，通过对不同隔膜升温对比其热稳定性。将隔膜夹在两块不锈钢板之间，分别在 150℃、200℃和 250℃下保持 2h，以评估热稳定性。热收缩如图 6.47 所示。相比之下，PP 隔膜在 150℃时收缩明显，在 200℃时熔化。因此，PET 基薄膜的热稳定性和热收缩率都高于 PP 隔膜。

2）SEM 观察聚合物蚀刻离子径迹膜

德国亥姆霍兹重离子研究中心 Maria Eugenia Toimil-Molares 等[32]探索在锂-硫电池中使用聚合物蚀刻离子径迹膜作为隔膜，SEM 表征展示了 PET 膜的表面和截面形貌。典型的商用电池隔膜呈现不规则形状和大小的多分散孔隙，其大小可达微米级。图 6.48（a）显示了离子径迹膜的 SEM 图像。另外，离子径迹膜表现出平行取向、随机分布、高纵横比、圆柱形几何和窄尺寸分布[图 6.48（b）和（c）]。

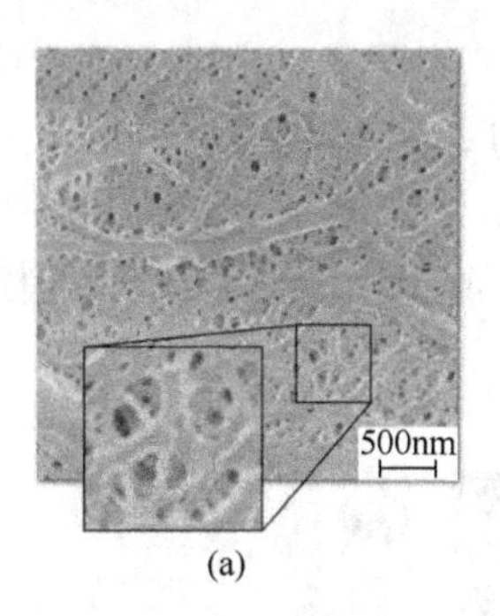

(a)

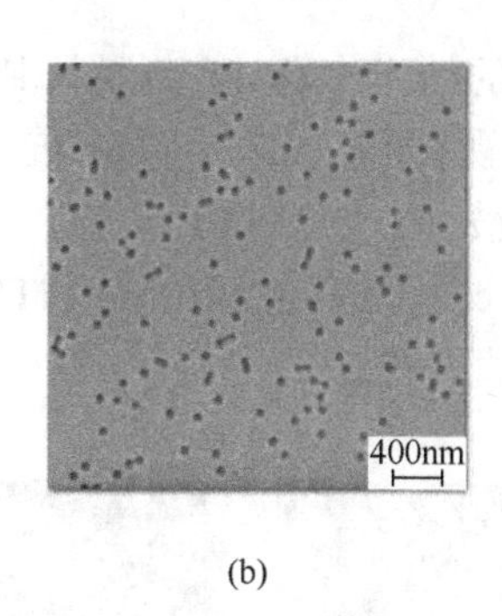

(b)

(c)

图 6.48 空白隔膜和 PET 膜的表面 SEM 和 PET 膜截面[32]

6.5.3 聚酰亚胺

1. 结构及特点

聚酰亚胺（PI）是指主链上含有酰亚胺环（—CO—NH—CO—）的一类聚合物材料。根据结构，聚酰亚胺被划分为脂肪族和芳香族两大类。脂肪族聚酰亚胺发展应用不够广泛，而芳香族聚酰亚胺在综合性能上比脂肪族聚酰亚胺更佳，实用性更强，因此发展迅速，并作为综合性能最优的聚合物材料受到广泛关注。芳香族聚酰亚胺按官能团又可以进一步分为均苯型、单醚型、聚醚酰亚胺、聚双马来酰亚胺、降冰片烯二酸等。目前隔膜中研究所指的聚酰亚胺通常为芳香族聚酰亚胺，由芳香族二元胺和芳香族二酸酐制得，结构式如图 6.49 所示。

H₂N　O　NH₂

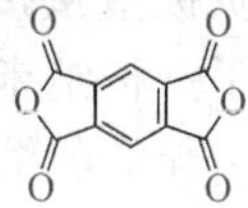

二苯醚四酸二酐(ODA)　　均苯四甲酸二酐(PMDA)

图 6.49 用于制造聚酰亚胺的单体化学结构

聚酰亚胺优异的综合性能取决于其结构组成，聚酰亚胺的分子骨架结构决定了其具有优良的耐化学性和机械强度，芳香结构和亚胺结构使聚酰亚胺具有较强刚性，从而具有较高的玻璃化转变温度和优异的热稳定性。另外，芳香基团具有芳香性而酰亚胺基团具有缺电子特性，这使得聚酰亚胺具有良好的氧化稳定性和化学稳定性。由于其特殊的分子链结构，在短时间内能够耐受 500℃的高温，可长期在 300℃的温度下使用，具有优异的耐热性能。相比于聚烯烃隔膜，聚酰亚胺具有极性基团，能够与锂离子电解液有较好的亲和性，具有成为更高端隔膜材料的潜力，受到广大研究者的关注。

2. 聚酰亚胺隔膜的电化学性能

聚丙烯和聚酰亚胺隔膜的离子电导率均随温度升高而增大（与本体阻抗随温度升高而降低相对应），这是因为温度的升高使内部结构膨胀，离子运输更通畅，且温度越高，分子的链运动性越强，运动活性增加，也带动了离子传导。同时，在各个温度下，聚酰亚胺隔膜的离子电导率均高于聚丙烯隔膜，这是由于聚酰亚胺隔膜的孔隙率及吸液率均较高，使得正、负极之间的电导率较高。

3. 应用案例

1）基于纳米多孔聚酰亚胺膜的聚合物复合固体电解质

美国斯坦福大学崔屹等[33]提出一种全固体锂电池的超薄高性能聚合物-聚合物复合

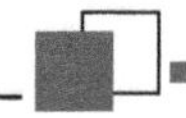

固体电解质设计策略，8.6μm 厚的纳米多孔 PI 薄膜，其中填充了 PEO/LiTFSI。图 6.50（a）显示了多孔 PI 薄膜的俯视图像，其孔隙分布均匀，直径约为 200nm。在被 PEO/LiTFSI 浸润后，孔隙完全被 PEO/LiTFSI 填充，可作为锂离子导电介质[图 6.50（b）]。多孔的 PI 薄膜[图 6.50（c）]和填充 PI/PEO/LiTFSI 薄膜[图 6.50（d）]的横截面 SEM 图也显示 PEO/LiTFSI 在垂直孔隙中的完全浸润。

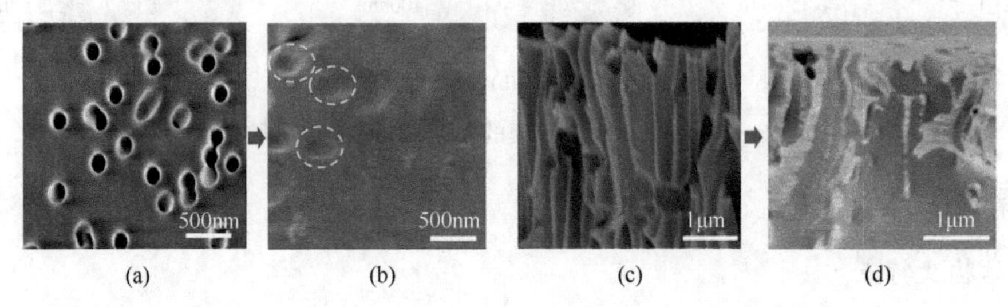

图 6.50 PEO/LiTFSI 渗入 PI 薄膜前后的 SEM 图[33]

2）纳米孔不收缩聚酰亚胺隔膜

商业聚烯烃隔膜由于较低的玻璃化转变温度和熔点，在高温下会严重收缩，导致正极和负极直接接触，从而产生热失控。清华大学何向明等[34]基于凝聚态拉伸取向策略，制备了一种纳米孔不收缩聚酰亚胺（GS-PI）隔膜，有效消除了随着软包电池温度突然升高而引起的收缩热失控。为了研究隔膜的耐热性，进行了原位同步加速器小角 X 射线散射（small angle X-ray scattering，SAXS）表征。图 6.51 比较了两种隔膜在加热过程中的孔径拟合结果。加热前，PE 和 GS-PI 隔膜的 SAXS 孔径拟合结果分别显示孔径为 525Å 和 486Å，加热至 141℃后，PE 的孔径显著减小至（148±50）Å，表明 PE 收缩严重。而 GS-PI 隔膜在加热到 300℃后也没有明显变化，孔径稳定在（486 ± 187）Å 左右，表明 GS-PI 隔膜具有优异的热稳定性。

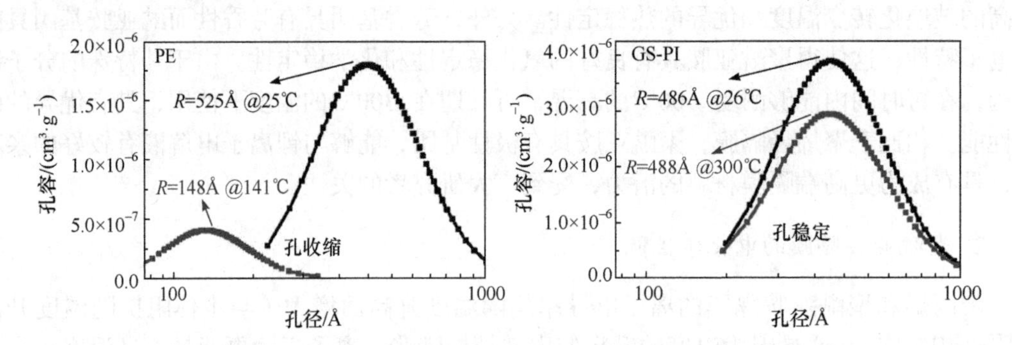

图 6.51 PE 和 GS-PI 隔膜在加热过程中的原位同步加速器 SAXS 表征图[34]

6.5.4 无机涂层复合隔膜

1. 结构及特点

无机复合膜也称陶瓷膜，是由少量黏合剂与无机颗粒形成的多孔膜。该复合膜对电解质溶液具有优良的润湿性，可以保持高容量的电解液，如 EC、PC，有助于延长电池的循环寿命，同时高温时具有优良的热稳定性和尺寸完整性，可提高电池的安全性能。

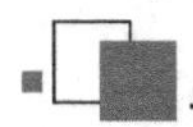

2. 电化学机理

在隔膜表面涂覆无机陶瓷材料能有效改善隔膜性能。原因是：①无机材料特别是陶瓷材料热阻大，可以防止高温时热失控的扩大，提高电池的热稳定性；②陶瓷颗粒表面的—OH 等基团亲液性较强，从而提高隔膜对于电解液的浸润性。因此，研究者将许多类型的无机纳米颗粒，如 Al_2O_3、SiO_2、TiO_2 和 $BaTiO_3$ 直接涂覆在基膜上，用于改善电池性能。

3. 应用案例

改性隔膜与电解液接触角测试。锂枝晶的生长和副反应的发生严重阻碍了锂金属电池的实际应用，隔膜功能化是提高隔膜机械强度、调控锂离子流均匀沉积的有效手段。电子科技大学陈远富等[35]利用电荷吸附自组装结合氨化的方法构建 Fe_3N 纳米颗粒，将其用于隔膜改性，测试了改性隔膜与电解液的接触角。隔膜良好的电解液润湿性对提高电池的电化学性能也起着重要作用。由图 6.52 可知，功能化隔膜与裸 PP 隔膜相比，接触角明显减小。接触角顺序为裸 PP（41.75°）、NG/PP（26.19°）、Fe_3N/PP（22.26°）、Fe_3N@NG/PP（5.23°），说明 Fe_3N@NG 功能化隔膜具有更好的电解质润湿性，改性后的隔膜更易于电解液的浸润和扩散。

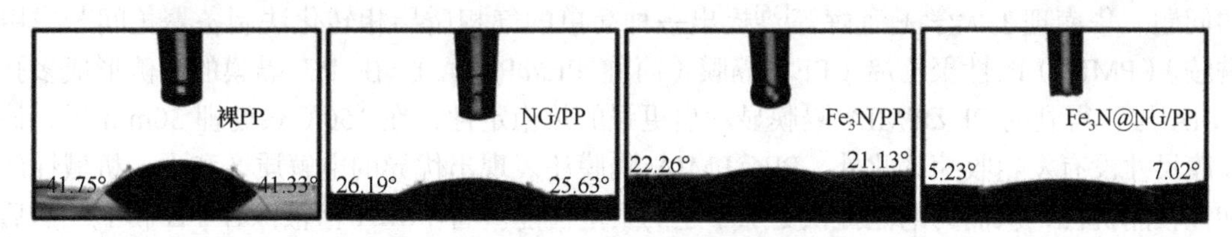

图 6.52 改性隔膜的电解液接触角测试[35]

6.5.5 聚合物涂层复合隔膜

1. 结构及特点

聚烯烃隔膜虽然具有较好的力学性能，但在热稳定性以及对电解液的润湿性等方面存在缺陷。因此，以聚烯烃为基材，选择热稳定性好以及对电解液润湿性较好的材料对聚烯烃隔膜进行复合改性，最终获得性能优异的复合改性隔膜，已成为目前研究的主要方向。目前，聚烯烃隔膜复合改性最常用的方法是将无机陶瓷颗粒涂覆在聚烯烃基膜上，涂覆无机陶瓷颗粒的复合改性隔膜在一定程度上提高了聚烯烃隔膜的热稳定性和润湿性，进而提高了锂离子电池的安全性，但由于陶瓷颗粒易团聚且与基材的结合性能较差，容易导致陶瓷涂层脱离，影响锂电池的循环性能。因此，使用聚合物纳米颗粒或聚合物纤维作为涂层材料来代替传统的致密涂层。高孔隙率的纳米多孔结构，不仅提高了对电解液的润湿性，也促进了离子电导率。

2. 电化学性能

常用聚偏二氟乙烯（PVDF）、聚环氧乙烷（PEO）、芳纶（ANF）、聚丙烯腈（PAN）、聚甲基丙烯酸甲酯（PMMA）、聚多巴胺（PDA）等高聚物作为涂层材料来改性聚烯烃隔膜，表 6.3 为常见聚合物涂层复合隔膜的吸液率和离子电导率。在含氟聚合物

中，如偏氟乙烯-六氟丙烯共聚物（PVDF-HFP）和聚偏二氟乙烯具有较好的有机溶剂亲和性及化学稳定性，能够显著降低改性后隔膜与电解液的接触角。F 元素的引入不仅能提高聚合物的电化学稳定性，而且能显著提高聚合物分子链的柔性、耐溶剂性以及对极性电解液的亲和性，其强吸电子基团（—C—F—）具有高介电常数（$\varepsilon = 8.4$），有利于促进锂盐更完全地溶解并增加载流子浓度。

表 6.3　常见聚合物涂层复合隔膜的吸液率和离子电导率

隔膜材料	复合材料	电解液	吸液率/%	离子电导率/（$mS \cdot cm^{-1}$）
PE	PDA	$LiPF_6$ EC/DEC	169～202	0.7～0.9
PE	PDA	$LiPF_6$ EC/DEC/PC	126	0.41
PP	PEO	$LiPF_6$ EC/DEC/EMC	149	1.1

3. *应用案例*

气相诱导相转化法制备聚合物涂层-聚乙烯复合隔膜：隔膜对锂离子电池的性能和安全性起至关重要的作用。商业聚烯烃隔膜改性的目的是克服热稳定性低和电解质润湿性差的问题。华南理工大学王海辉等[36]提出一种简单的气相诱导相转化法制备聚（间苯二甲酰胺）（PMIA）改性聚乙烯（PE）隔膜（简称 PE@PMIA）。在 PE 隔膜的两侧形成多孔 PMIA 层，得到的 PE@PMIA 隔膜显示出更强的热稳定性，在 150℃热处理 30min 后，该隔膜尺寸没有发生收缩。此外，PE@PMIA 隔膜还表现出优异的电解质亲和力、机械性能和锂枝晶抗性，从而为电池提供更加卓越的安全性能。将 PMIA 溶液涂在 PE 膜上，然后保存在腔室中。由于蒸气和高温环境，水扩散到 PMIA 溶液中，在溶液内部，溶剂 *N,N*-二甲基乙酰胺（DMAc）与非溶剂交换，从而激活了相分离，如图 6.53（a）所示。PE 隔膜和 PE@PMIA 隔膜的表面形貌如图 6.53（b）和（c）所示，湿法生产的 PE 隔膜表面分布

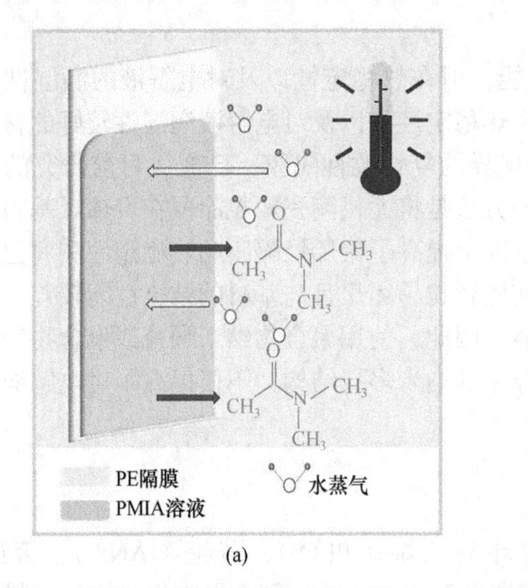

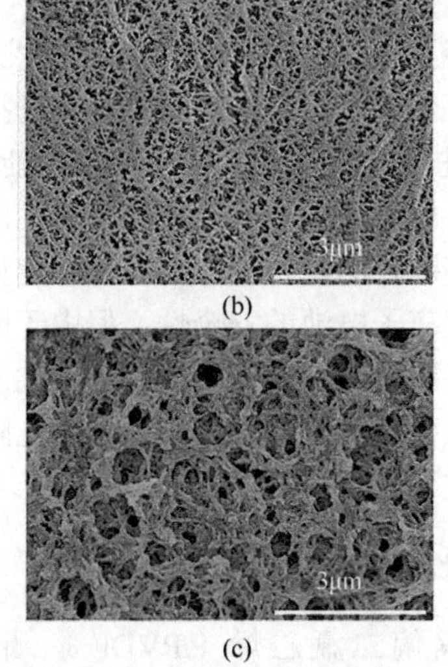

图 6.53　（a）气相诱导相转化法示意图；（b）PE 隔膜表面 SEM 图；（c、d）PE@PMIA 隔膜表面（c）和横截面（d）SEM 图；（e）PE 隔膜和 PE@PMIA 隔膜的傅里叶变换红外光谱图[36]

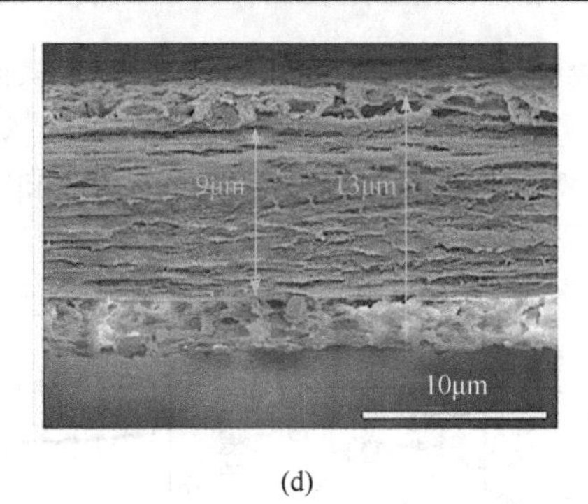

(d)

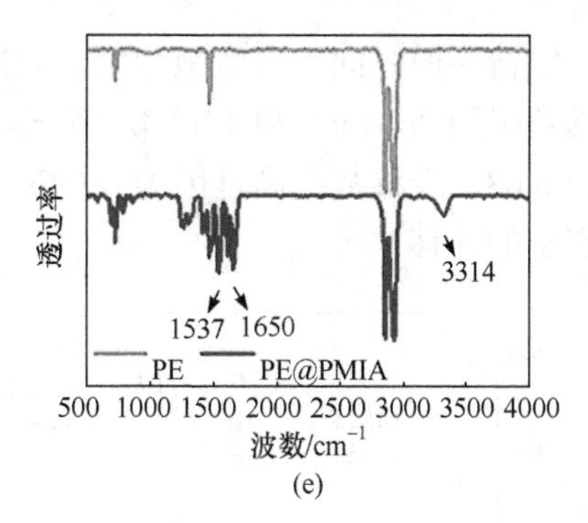

(e)

图 6.53 （续）

着许多孔隙，有利于锂离子通过。PE 膜上的 PMIA 层呈现出通过相转化实现的多孔结构，孔分布均匀，尺寸大且能储存电解质。横截面形态如图 6.53（d）所示，PMIA 层附着在 PE 基板的两侧，总厚度为 13μm。从图 6.53（e）可以观察到在 1537cm^{-1}、1650cm^{-1} 和 3314cm^{-1} 处的峰，分别源自—NH—弯曲振动、C═O 伸缩振动和—NH—伸缩振动，这些结果表明 PE 隔膜上存在 PMIA 层。

6.5.6 有机/无机杂化涂层复合隔膜

1. 结构及特点

有机/无机杂化涂层复合隔膜是在聚合物涂层浆料中分散进入无机粒子，混合均匀后涂覆在隔膜基材上，因此有机/无机杂化涂层隔膜包括有机组分和无机组分。表层复合隔膜是以聚烯烃微孔膜、无纺布等为基膜，通过复合陶瓷浆料制备隔膜。体相复合不仅在基膜的两个表面涂覆陶瓷层，在基膜的内部也分布着陶瓷粒子，此种隔膜主要以具有三维网络结构的无纺布为基膜，通过辊涂或浸渍陶瓷浆料获得复合陶瓷隔膜。共混陶瓷隔膜中的陶瓷粒子被预先分散在成膜溶液中，通过湿法或静电纺丝制成隔膜。纯陶瓷隔膜主要通过模压、高温烧结等工艺制备，其成分全部为陶瓷粒子或纤维。作为一种新类型隔膜，纯陶瓷隔膜虽然在柔韧性方面存在缺陷，但凭借自身的特点，在某些特殊使用条件下具有较好的应用前景。

2. 电化学性能

在高温条件下，有机/无机杂化涂层复合隔膜中的有机组分熔融会堵塞隔膜孔道，赋予隔膜闭孔功能；而无机组分在隔膜的三维结构中形成特定的刚性骨架，防止隔膜在热失控条件下发生收缩、熔融；同时，无机组分能够进一步防止电池中热失控点扩大形成整体热失控，提高电池的安全性；无机组分可以提高隔膜对电解液的亲和性，改善锂离子电池的充放电性能和使用寿命。

3. 应用案例

1）电化学方法表征改性隔膜离子迁移能力

北京工业大学汪浩和张倩倩等[37]通过电化学方法定量研究了功能性隔膜对离子迁移行为的影响。迁移数测试采用经典的 Bruce-Vincent 法，对锂-锂电池施加一个 10mV 的极

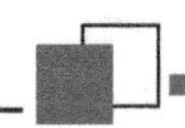

化电压，维持一段时间直至电池稳定。测试初始时和稳定时的阻抗谱和电流，从而计算锂离子迁移数[图 6.54（a）和（b）]。测试表明，普通 PP 隔膜的迁移数为 0.45，MOF@PP 隔膜的为 0.68，迁移数提高是因为 MOFs 自身的纳米通道和颗粒间带负电荷的间隙通道限制了阴离子的迁移。

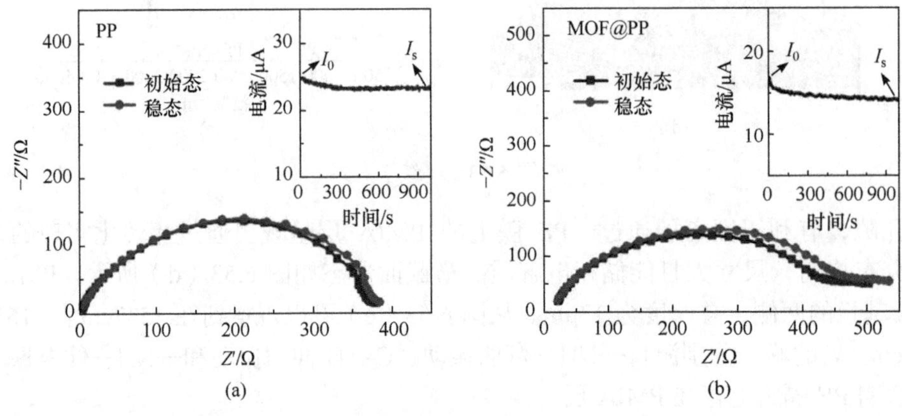

图 6.54 改性隔膜的阻抗[37]

2）SEM 观察改性隔膜形貌

在多功能隔膜修饰层中添加催化剂，可以加快多硫化物的转换，能够抑制多硫化物穿梭效应。华南理工大学康雄武等[38]通过真空过滤一步完成制备了具有钴纳米颗粒的蜂窝状多孔炭（HC）修饰的多功能复合隔膜修饰层，采用 SEM 观察其表面形貌和涂覆层结构。图 6.55 中的场发射扫描电子显微镜（field emission scanning electron microscope，FESEM）图显示了所制备的碳材料的蜂窝状多孔结构。HC 复合中间层的厚度约为 15μm。复合隔膜显示出微孔结构和优异的柔韧性。

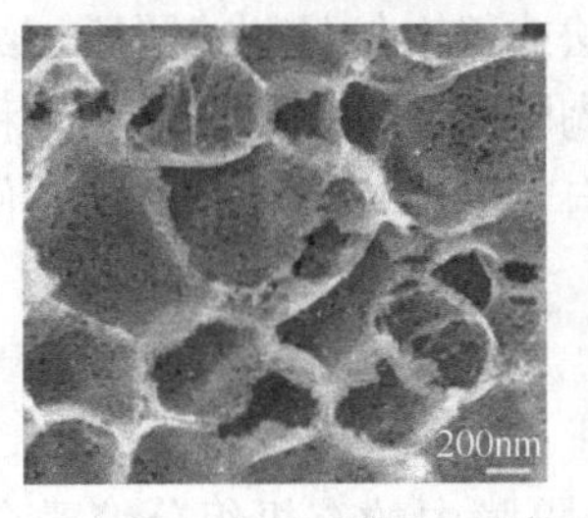

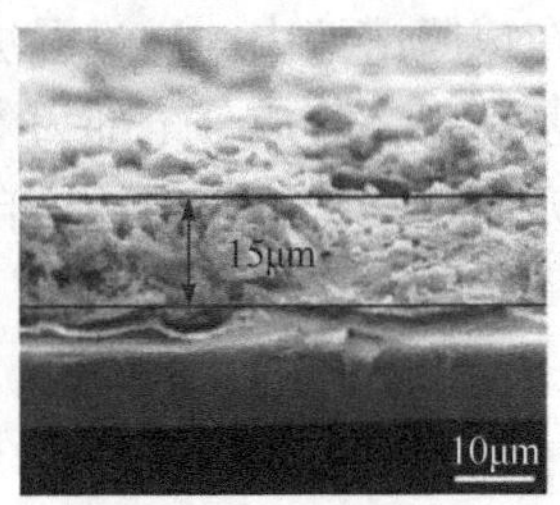

图 6.55 隔膜 HC 修饰层表面与截面 SEM 图[38]

习 题

一、选择题

1. 锂离子电池充电时 $LiCoO_2$ 中 Li 被氧化，Li^+迁移并以原子形式嵌入电池碳负极材料中，以 LiC_6 表示，下列说法正确的是（　　）。

A. 充电时，电池的负极反应为 $LiC_6 - e^- = Li^+ + C_6$

B. 放电时，电池的正极反应为 $CoO_2 + Li^+ + e^- = LiCoO_2$

C. 酸、醇等含活泼氢气的有机物可用作锂离子电池的电解质

D. 该锂离子电池的比能量低

2. LFP 是空间群为 *Pmnb* 的（　　）夹层化合物。

A. 橄榄石型　　B. 尖晶石型　　C. α-$NaFeO_2$ 型　　D. 钙钛矿型

3. 电池长循环后以下哪种负极材料的体积膨胀问题最小？（　　）

A. 硅碳负极　　B. 锡基材料

C. 石墨　　D. 过渡金属氧化物

4. 以下哪一项不是 $LiPF_6$ 的优点？（　　）

A. 在非水溶剂中具有合适的溶解度和较高的离子电导率

B. 能在 Al 集流体表面形成一层稳定的钝化膜

C. 在电化学过程中不易发生分解，具有良好的热稳定性

D. 能协同碳酸酯溶剂在石墨电极表面生成一层稳定的 SEI 膜

5. 以下哪个选项不属于“第一代离子液体”的优点？（　　）

A. 黏度低　　B. 电导率极高

C. 熔点低　　D. 具有水氧稳定性

二、填空题

1. 目前常见的三种正极材料都是由美国得克萨斯大学奥斯汀分校的_______课题组研究发明的，包括：_______、_______、_______。

2. 除了难以精确化学计量（或接近化学计量）合成，$LiNiO_2$ 的挑战还包括_______中的_______，以及暴露于空气/水分和储存过程中的_______。

3. NCM 正极材料拥有_______的氧化还原电对，且结构致密，因此电势和_______较高，有利于其_______的输出。

4. 目前对尖晶石型 $LiMn_2O_4$ 的改性方法主要是_______、_______和_______等。可以采用 Y_2O_3、Fe_2O_3 纳米薄膜包覆改性 $LiMn_2O_4$，阻止 Mn 在电解液中的_______，提高了 $LiMn_2O_4$ 的_______。

5. 天然石墨采用 PC 基电解液，有严重的_______现象，导致石墨层_______，电池性能失效。硬碳材料在_______充放电过程中还存在严重的_______的损失。

6. 硅导电性_______，电子和空穴的输运长度_______，倍率性能_______。常用的纳米硅与电解质接触表面_______也会导致与电解质的副反应增加。

7. TiO_2 负极材料的理论比容量_________，嵌锂电压也较高，可以避免生成 SEI 膜以及析出_________，体现了很好的安全性能。此外，TiO_2 结构稳定，其在脱嵌离子过程中的_________也较小。

8. 常用于与碳酸乙烯酯共同使用的复合溶剂主要是线型碳酸酯，线型碳酸酯的黏度和熔点_______，但_______和介电常数小，在电解液中主要起_______的作用，有利于_______，目前常使用的线型碳酸酯有 DMC、EMC、DEC 等。

三、简答题

1. 对正极材料的选择应满足哪些条件？

2. 简述三元正极材料的电化学机理，列举其优点。

3. 针对三元正极充放电过程中的析锂现象，有什么改进方法？

4. 与石墨碳材料相比，锡基材料具有什么优点？

5. 常见的锂离子电池负极有哪些？分别有哪些优缺点？

6. 简述各种常见电解液中无机和有机锂盐的特点。

参考文献

[1] Li J Y, Lin C, Weng M Y, et al. Structural origin of the high-voltage instability of lithium cobalt oxide[J]. Nature Nanotechnology, 2021, 16(5): 599-605.

[2] Zhang J, Wang P F, Bai P, et al. Interfacial design for a 4.6V high-voltage single-crystalline $LiCoO_2$ cathode[J]. Advanced Materials, 2022, 34(1): 2108353.

[3] Abebe E B, Yang C C, Wu S H, et al. Effect of Li excess on electrochemical performance of Ni-rich $LiNi_{0.9}Co_{0.05}Mn_{0.05}O_2$ cathode materials for Li-ion batteries[J]. ACS Applied Energy Materials, 2021, 4(12): 14295-14308.

[4] Takahashi I, Kiuchi H, Ohma A, et al. Cathode electrolyte interphase(CEI) formation and electrolyte oxidation mechanism for Ni-rich cathode materials[J]. The Journal of Physical Chemistry C, 2020, 124(17): 9243-9248.

[5] Qian G N, Huang H, Hou F C, et al. Selective dopant segregation modulates mesoscale reaction kinetics in layered transition metal oxide[J]. Nano Energy, 2021, 84(1): 105926.

[6] Hwang J, Myeong S, Lee E, et al. Lattice-oxygen-stabilized Li- and Mn-rich cathodes with sub-micrometer particles by modifying the excess-Li distribution[J]. Advanced Materials, 2021, 33(18): 2100352.

[7] Hatakeyama-Sato K, Akahane T, Go C, et al. Ultrafast charge/discharge by a 99. 9% conventional lithium iron phosphate electrode containing 0.1% redox-active fluoflavin polymer[J]. ACS Energy Letters, 2020, 5(5): 1712-1717.

[8] Song X, Liu T, Amine J, et al. *In-situ* mass-electrochemical study of surface redox potential and interfacial chemical reactions of $Li(Na)FePO_4$ nanocrystals for Li(Na)-ion batteries[J]. Nano Energy, 2017, 37: 90-97.

[9] Yu X L, Deng J J, Yang X, et al. A dual-carbon-anchoring strategy to fabricate flexible $LiMn_2O_4$ cathode for advanced lithium-ion batteries with high areal capacity[J]. Nano Energy, 2020, 67: 104256.

[10] Shi P, Hou L P, Jin C B, et al. A successive conversion-deintercalation delithiation mechanism for practical composite lithium anodes[J]. Journal of the American Chemical Society, 2022, 144(1): 212-218.

[11] Pan Z Y, Ren J, Guan G Z, et al. Synthesizing nitrogen-doped core-sheath carbon nanotube films for flexible lithium ion batteries[J]. Advanced Energy Materials, 2016, 6(11): 1600271.

[12] Xu H, Li S, Zhang C, et al. Roll-to-roll prelithiation of Sn foil anode suppresses gassing and enables stable full-cell cycling of lithium ion batteries[J]. Energy & Environmental Science, 2019, 10(1): 1-16.

[13] Mo R W, Tan X Y, Li F, et al. Tin-graphene tubes as anodes for lithium-ion batteries with high volumetric and gravimetric energy densities[J]. Nature Communications, 2020, 11(1): 14859.

[14] Zhu R, Hu X, Chen K, et al. Double-shelled hollow carbon nanospheres as an enclosed electrochemical reactor to enhance the lithium storage performance of silicon nanodots[J]. Journal of Materials Chemistry A, 2020, 8: 12502-12517.

[15] Jin D, Yang X F, Ou Y, et al. Thermal pyrolysis of Si@ZIF-67 into Si@N-doped CNTs towards highly stable lithium storage[J]. Science Bulletin, 2020, 65(6): 452-459.

[16] Hou J, Zhang H M, Lin J J, et al. Hollow TiO_2 submicrospheres assembled by tiny nanocrystals as superior anode for lithium ion battery[J]. Journal of Materials Chemistry A, 2019, 7(41): 23733-23738.

[17] Zhang M, Yin K, Hood Z D, et al. *In situ* TEM observation of the electrochemical lithiation of N-doped anatase TiO_2 nanotubes as anodes for lithium-ion batteries[J]. Journal of Materials Chemistry A, 2017, 5(39): 20651-20657.

[18] Hong Y L, Liu Z B, Wang L, et al. Chemical vapor deposition of layered two-dimensional $MoSi_2N_4$

materials[J]. Science, 2020, 369(1): 670-674.

[19] Eshetu G G, Judez X, Li C, et al. Ultrahigh performance all solid-state lithium sulfur batteries: salt anion's chemistry-induced anomalous synergistic effect[J]. Journal of the American Chemical Society, 2018, 140(31): 9921-9933.

[20] Fan W, Li N W, Zhang X L, et al. A dual-salt gel polymer electrolyte with 3D cross-linked polymer network for dendrite-free lithium metal batteries[J]. Advanced Science, 2018, 5(9): 1800559.

[21] An K, Tran Y H T, Kwak S, et al. Design of fire-resistant liquid electrolyte formulation for safe and long-cycled lithium-ion batteries[J]. Advanced Functional Materials, 2021, 31(48): 2106102.

[22] Liu X, Shen S H, Li H, et al. Ethylene carbonate-free propylene carbonate-based electrolytes with excellent electrochemical compatibility for Li-ion batteries through engineering electrolyte solvation structure[J]. Advanced Energy Materials, 2021, 11(19): 2003905.

[23] Qiu J, Liu X Y, Chen R S, et al. Enabling stable cycling of 4.2V high-voltage all-solid-state batteries with PEO-based solid electrolyte[J]. Advanced Functional Materials, 2020, 30(22): 1909392.

[24] Liu Y, Hu R Z, Zhang D C, et al. Constructing Li-rich artificial SEI layer in alloy-polymer composite electrolyte to achieve high ionic conductivity for all-solid-state lithium metal batteries[J]. Advanced Materials, 2021, 33(11): 2004711.

[25] Wu F, Fang S, Kuenzel M, et al. Dual-anion ionic liquid electrolyte enables stable Ni-rich cathodes in lithium-metal batteries[J]. Joule, 2021, 5(8): 2177-2194.

[26] Hyun W J, Thomas C M, Luu N S, et al. Layered heterostructure ionogel electrolytes for high-performance solid-state lithium-ion batteries[J]. Advanced Materials, 2021, 33(13): 2007864.

[27] Aurbach D, Markevich E, Salitra G. High energy density rechargeable batteries based on Li metal anodes. The role of unique surface chemistry developed in solutions containing fluorinated organic Co-solvents[J]. Journal of the American Chemical Society, 2021, 143(50): 21161-21176.

[28] Li Z, Peng M Q, Zhou X L, et al. *In situ* chemical lithiation transforms diamond-like carbon into an ultrastrong ion conductor for dendrite-free lithium-metal anodes[J]. Advanced Materials, 2021, 33(37): 2100793.

[29] Shin M, Song W J, Son H B, et al. Highly stretchable separator membrane for deformable energy-storage devices[J]. Advanced Energy Materials, 2018, 8(23): 1801025.

[30] 谢晓华, 李晓哲, 李为标, 等. PET 基陶瓷隔膜的制备及性能研究[J]. 无机材料学报, 2016, 31(12): 1301-1305.

[31] Cai B, Cao J H, Liang W H, et al. Ultraviolet-cured Al_2O_3-polyethylene terephthalate/polyvinylidene fluoride composite separator with asymmetric design and its performance in lithium batteries[J]. ACS Applied Energy Materials, 2021, 4(5): 5293-5303.

[32] Lee P, Thangavel V, Guery C, et al. Etched ion-track membranes as tailored separators in Li-S batteries[J]. Nanotechnology, 2021, 32(36): 365401.

[33] Wan J Y, Xie J, Kong X, et al. Ultrathin, flexible, solid polymer composite electrolyte enabled with aligned nanoporous host for lithium batteries[J]. Nature Nanotechnology, 2019, 14(7): 1.

[34] Song Y Z, Liu X, Ren D S, et al. Simultaneously blocking chemical crosstalk and internal short circuit via gel-stretching derived nanoporous non-shrinkage separator for safe lithium-ion batteries[J]. Advanced Materials, 2022, 34(2): 2106335.

[35] Zhang X, Ma F, Srinivas K, et al. Fe_3N@N-doped graphene as a lithiophilic interlayer for highly stable lithium metal batteries[J]. Energy Storage Materials, 2022, 45(1): 656-666.

[36] Huang Z, Chen Y F, Han Q Y, et al. Vapor-induced phase inversion of poly(*m*-phenylene isophthalamide) modified polyethylene separator for high-performance lithium-ion batteries[J]. Chemical Engineering Journal, 2022, 429(1): 132429.

[37] Hao Z D, Wu Y, Zhao Q, et al. Functional separators regulating ion transport enabled by metal-organic

frameworks for dendrite-free lithium metal anodes[J]. Advanced Functional Materials, 2021, 31(33): 2102938.

[38] Gao H, Ning S L, Lin J J, et al. Molecular perturbation of 2D organic modifiers on porous carbon interlayer: promoted redox kinetics of polysulfides in lithium-sulfur batteries[J]. Energy Storage Materials, 2021, 40(1): 312-319.

第7章

锂电池材料与表征

7.1 锂电池发展概述

锂离子电池一般是指以锂嵌入型化合物为正/负极材料的电池，而锂金属电池一般是指以锂金属或富锂合金为负极的电池。1913 年，G. N. Lewis 首先采用最具理想电极电势的锂金属作为电极，拉开了锂电池研究的序幕。但由于锂金属化学性质十分活泼，几乎没有任何东西接触锂金属后可以保持热力学惰性。因此，找到一种可以与锂金属负极或任何具有类似电极电势的含锂材料一起工作的电解质十分具有挑战性。1958 年，Harris 首次提出了使用环状碳酸酯作为溶剂的非水电解质来提高锂金属的沉积效率，并对该电解质进行了全面评估，尽管他本身并非打算将金属锂用作电化学条件下的电极材料，但却为锂金属/电解质的兼容性建立了坚实的理论基础。20 世纪 60 年代，由于政府和军方对高能量密度化学存储的重视，锂金属电池研究迎来了第一波热潮。1962 年，在波士顿召开的电化学学会的冬季会议上诞生了真正意义上的锂金属电池，来自洛克希德 · 马丁公司的 Jr J. Chilton 和 G. M. Cook 提出了利用金属锂作为电池的负极，过渡金属卤化物作为电池正极，有机溶剂和锂盐的混合溶液作为电解液的锂金属电池。这是人类历史上第一次公开报道的具有完整体系的锂金属电池。20 世纪 70 年代，日本松下电器和美国军方研究院先后提出碳氟化合物与金属锂组装成的一次电池，并由日本松下电器实现量产，虽然锂-碳氟化物电池在今天看来具有较大的缺陷，但其却代表了人类第一次实现锂电池的商业化。

锂二次电池相比一次电池具有明显的成本优势和环境友好性，人们对它的探究也从未停止。20 世纪 60 年代末期，美国贝尔实验室的 Broadhead 和斯坦福大学的 Armand 等开始研究电化学嵌入反应的机理，并在 1972 年对离子在固体中的迁移做出了详细的解释，成为锂二次电池的研究理论基础。在该理论的支撑下，1972 年，Exxon 公司的 M. S. Whittingham 等提出了以金属锂为负极，以 TiS_2 为正极的锂二次电池。20 世纪 80 年代初，Peled 等提出在电极材料与电解液之间存在 SEI 膜，为锂二次电池的稳定性提供了新的理论支持。加拿大 Moli 能源公司在 20 世纪 80 年代末期推出 Li-MoS_2 电池，并成功实现商业化，这是历史上第一个实现商业化的锂二次电池。但好景不长，多次电池起火事故极大地打击了市场信心，锂金属二次电池的研究和商业化自此几乎陷入停滞状态。与此同时，锂离子电池由于其卓越的安全性取得了巨大的成功。

2009 年，L. Nazar 等提出了一种新型的锂-硫电池正极，可逆比容量达到 1320mAh · g^{-1}。2012 年，P. G. Bruce 总结了锂-空气电池和锂-硫电池的潜在价值，为锂金属电池提供了极为广阔的可能应用场景。凭借纳米层级的材料设计知识和原子分辨与原位操作技术，研究人员恢复了对锂金属电池的研究热情，锂电池发展时间轴如图 7.1 所示。

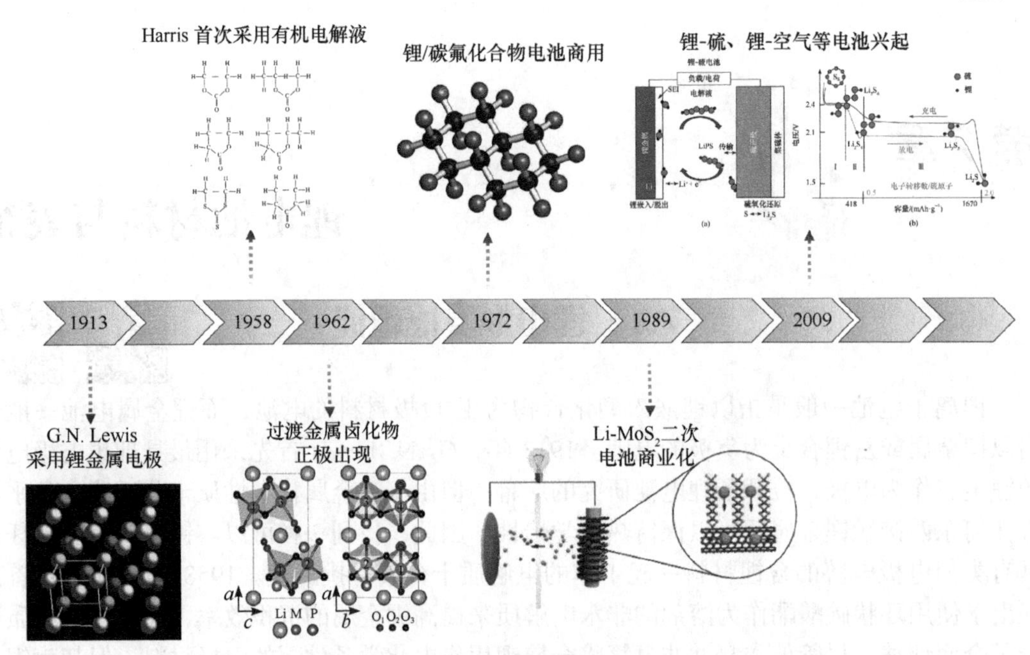

图 7.1　锂电池发展时间轴

全球第一家上市的锂金属电池供应商 SES 在 2022 年 2 月于纽约证券交易所成功挂牌，这预示着锂金属电池商业化进程的展开。中国在其产业化进程中也发挥着关键作用，盟维科技 2022 年启动的锂金属电池自动制造线突破了 500Wh · kg^{-1} 能量密度的关键节点。

7.2　正极材料

7.2.1　单质硫

1. 结构及特点

硫元素在 20 世纪 60 年代就已经作为轻金属（Li，Na）基电化学池的正极材料出现，但是直到 20 世纪 70 年代，硫才因其优点受到极大的关注并被深入研究，成为锂-硫电池中最常见的正极材料。单质硫在自然界中最稳定的存在形式为冠状硫八元环结构（α-S_8），如图 7.2 所示。其在室温下为淡黄色结晶固体。硫正极通过放电产生硫化锂（Li_2S），可以提供的理论比容量高达 1675mAh · g^{-1}。这一高比容量可以补偿其比过渡金属氧化物正极更低的氧化还原电位，因此锂-硫电池可以提供约 2600Wh · kg^{-1} 的理论能量密度，远大于锂离子电池（$LiMO_2$/石墨系统：约 500Wh · kg^{-1}）。在工业上，单质硫作为天然气和石油脱硫过程的副产物而被生产。据估计，全世界每年生产的硫黄超过 6000 万吨，每吨价格不到 30 美元，远低于用作锂离子电池正极材料的钴酸锂（$LiCoO_2$）（每吨价格超过 50000 美元）。

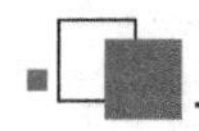

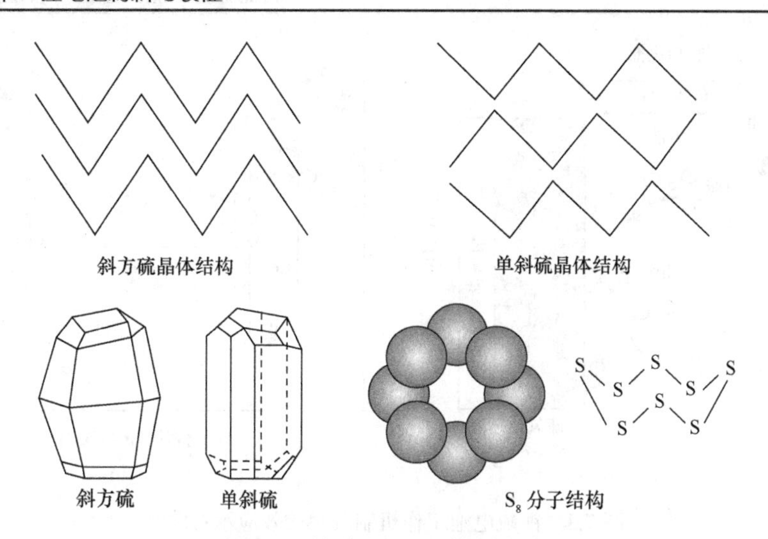

图 7.2 单质硫的空间排列方式

2. 电化学机理

尽管具有诸多优点，为了开发实用的锂-硫电池，硫正极仍面临巨大的技术挑战。α-S_8 晶态的硫在 25℃下密度为 $2.07g \cdot cm^{-3}$，放电产物 Li_2S 在 25℃下的密度为 $1.66g \cdot cm^{-3}$，这将导致充放电过程中发生大约 80%的体积变化，造成硫正极的结构坍塌。另外，单质硫在室温下的电导率仅为 $5\times10^{-30}S \cdot cm^{-1}$，$Li_2S$ 的电导率也在 $10^{-13}S \cdot cm^{-1}$ 量级，与钴酸锂相差 26 个数量级，S 和 Li_2S 的电子绝缘性限制了 S 与 Li_2S 之间的固固转换过程。另外，由于较差的电子和离子电导率，放电过程中在正极表面形成和生长的 Li_2S 阻碍了硫的进一步锂化。可溶的多硫化物是实现单质硫向 Li_2S 转化的关键中间产物，多硫化物在醚类电解液中的溶解和迁移使其能够在电极/电解液界面得失电子和离子，因此多硫化物的存在使 S 与 Li_2S 之间的电化学反应成为可能。同时，溶解的多硫化物也会导致正极活性材料的损失和穿梭效应。为了改善多硫化物的溶解扩散问题，许多复杂的电极结构和各种新骨架材料被设计开发出来，如合成二元金属硫化物、硫/金属氧化物复合材料、硫/碳复合材料、硫/聚合物复合材料等。

锂-硫电池的总反应为 $S_8 + 16Li^+ + 16e^- \rightleftharpoons 8Li_2S$，虽然该反应看上去简单，但是实际的充放电过程十分复杂[1]，如图 7.3 所示。一方面，电池反应涉及多步电化学及化学过程，会生成一些具有不同链长度的多硫化物中间产物；另一方面，穿梭效应的存在使得体系更加混乱。在正极侧，初始形成的多硫化物会溶解到电解液中，其中一些高阶多硫化物一旦扩散到负极侧便会被电化学还原或化学还原，生成低阶多硫化物或不溶性的 Li_2S_2 和 Li_2S。

负极侧的低阶多硫化物也会扩散到正极侧而被重新氧化为高阶多硫化物。溶解的多硫化物在两极之间来回迁移、反应，即为穿梭效应。其不仅消耗活性硫物种、腐蚀金属锂负极，而且形成的不溶性 Li_2S_2 以及 Li_2S 会沉积到锂表面，恶化锂负极，使电池极化电压增大，从而导致电池容量衰减。

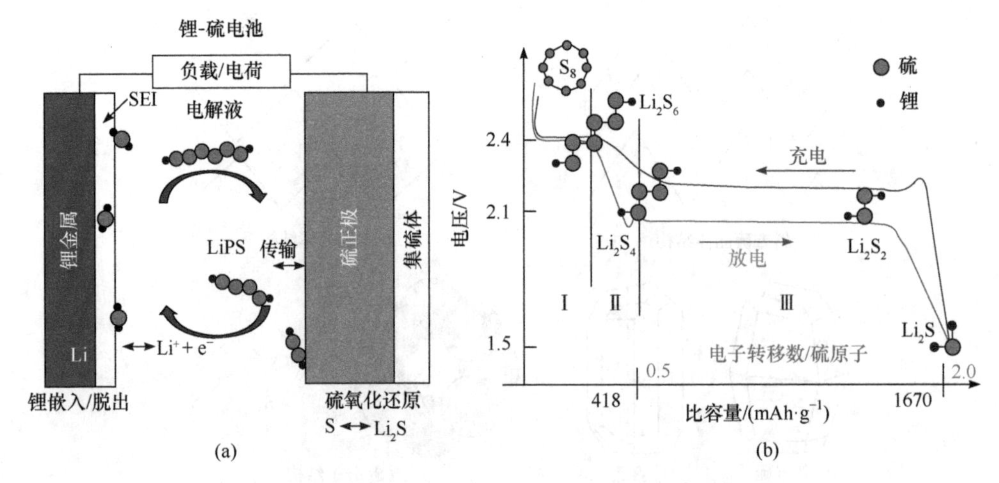

图 7.3 锂硫电池工作机制及穿梭效应示意图[1]

3. 应用案例

1）全液相反应机制实现低温锂硫电池

近年来，一些专业领域对低温可充电电池的需求正在增长，而现有的锂-硫电池在低温下容量损失严重。在低温下，硫正极第二个放电平台所涉及的固-固反应固有的缓慢动力学导致容量显著缩减，因此增强固-固反应的氧化还原动力学是提高锂-硫电池低温性能的关键所在。苏州大学晏成林以及南通大学的钱涛等[2]将所有放电中间体都溶解在硫醚基电解质中，显著提高了低温下锂-硫电池的反应动力学，提出了锂-硫电池在低温下的全液相反应机制。将常规电解液和烯丙基甲基二硫化物（AMDS）改性电解液电池在室温下放电到一定阶段，然后在不同温度下进行 EIS 测试，可以获得不同放电状态下的表观活化能（E_a），如图 7.4（b）和（c）所示。图 7.4（d）显示使用 AMDS 改性电解液的电池在

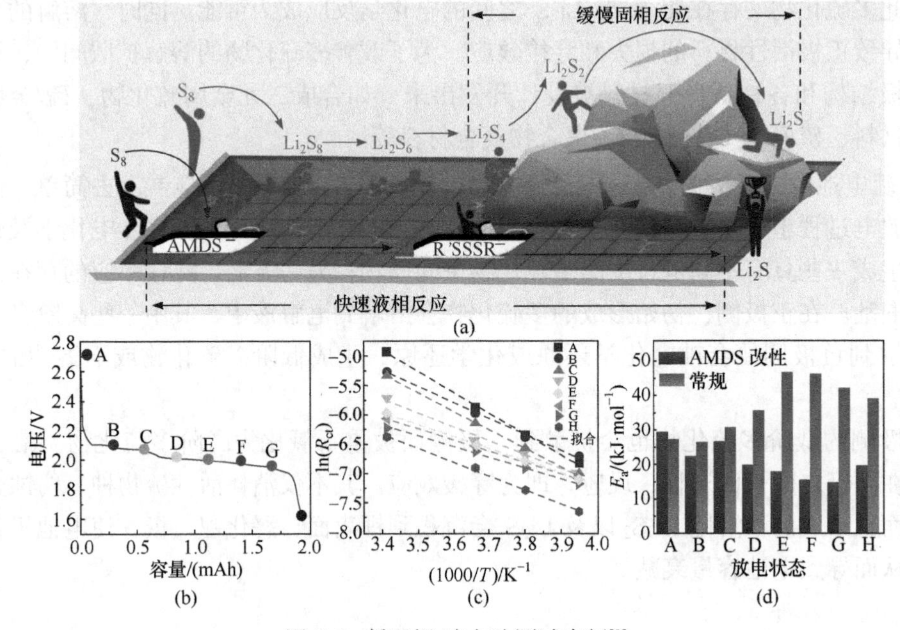

图 7.4 低温锂-硫电池测试表征[2]

放电过程中的 E_a 呈下降趋势，整体低于使用常规电解液的电池，表明传统电解质中硫的还原是比较困难的。AMDS 改性电解质中的液相反应机制避免了固-固转化途径，显著提高了充放电过程中硫的还原动力学[图 7.4（a）]，从而有利于锂-硫电池在低温时的容量释放。

2）揭示固相硫正极的衰减机制

锂-硫电池 SEI 膜的演变和失效机制，目前仍缺乏系统的研究。华中科技大学黄云辉、李真等[3]发现 SEI 在循环过程中的完整性与硫的含量和电解液的用量有很大的关系。当硫的还原产物硫化锂的体积超过碳载体的孔体积时，生成的 SEI 由于无法承受反复的锂化/去锂化后的体积变化会进一步破碎，在不断地破碎与修复 SEI 的过程中会持续性地消耗电解液和活性物质硫，从而导致电池失效。因此，只有当硫的含量和碳载体的内部空间相匹配时，锂-硫电池才可以通过这种固相转换机制获得长的循环寿命，如图 7.5 所示。

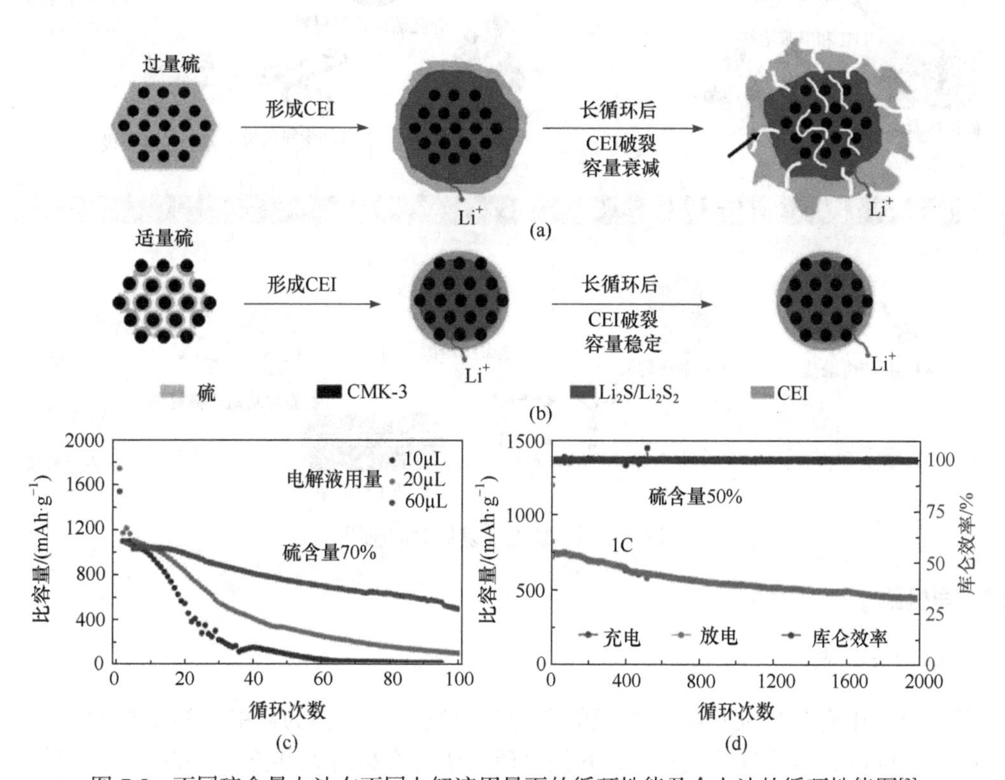

图 7.5　不同硫含量电池在不同电解液用量下的循环性能及全电池的循环性能图[3]

锂-硫电池发展历史

元素硫（S），也称为硫黄，是地球上古老的非金属之一，S 最初是作为黑色火药的重要成分。S 在能量存储和转换系统的开发最早可以追溯到 1962 年，当时 Herbert 和 Ulam 首次引入了 S 正极的概念。1967 年，美国阿贡国家实验室通过使用熔融的锂和硫作为两个电极开发了一种高温锂-硫系统。然而，电极的密封问题仍然没有得到解决。在接下来的几年里，E. Peled 的团队评估了室温下 S 正极在有机电解质中的电化学行为，这为与溶

剂相关的氧化还原机制提供了新的见解，并为在后续研究活动中定制合适的电解质组分奠定了基础。2009 年，通过合理的正极设计，室温锂-硫系统的开发出现了另一个显著的突破，当时 L. Nazar 的团队率先开发了用于 S 封装的高度有序的介孔 CMK-3，成功提高了电池的容量和循环寿命。仅一年后，Sion Power 宣布了他们的研究成果，一种由太阳能和专有的锂-硫电池驱动的无人机（UAV），连续飞行时间已超过 336h（14 天），打破了最长的世界纪录。目前，通过世界各地大学和公司对锂-硫系统的深入研究，已将其比能量提高到 500Wh · kg^{-1}。锂-硫电池发展时间轴如图 7.6 所示[4]。

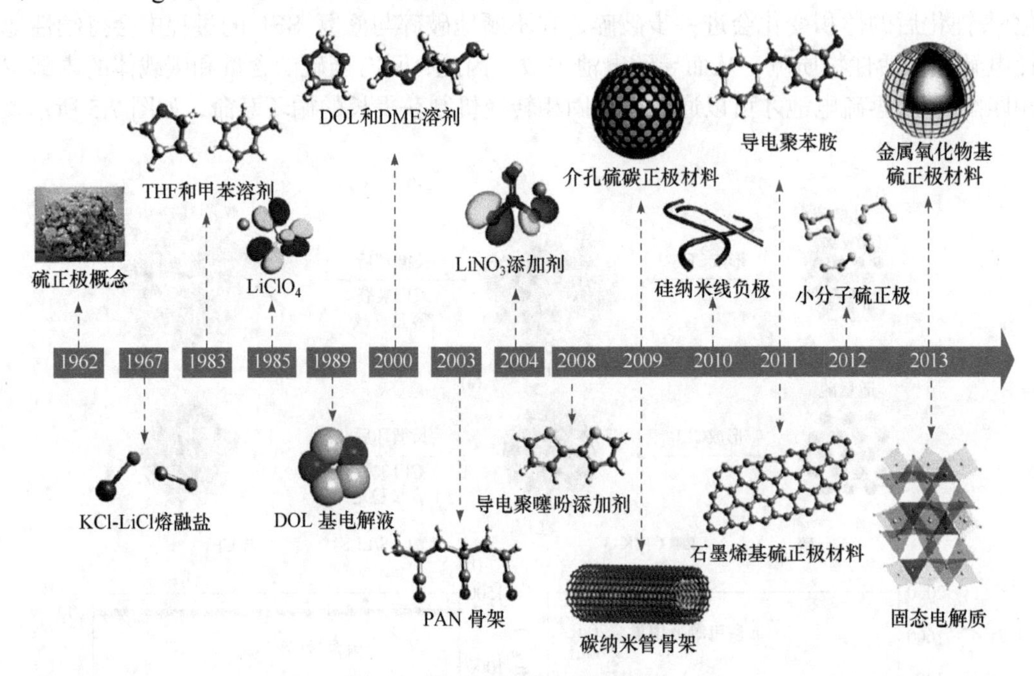

图 7.6 锂-硫电池发展时间轴[4]

7.2.2 有机硫

1. 结构及特点

有机硫是由有机单元和硫链组成的含硫化合物，已被作为新的正极活性材料，它们易于制造、价格低廉且对环境友好，并提供硫原子与有机骨架共价键合的结构。该结构含有均匀分散的硫，避免了硫团聚，并且其有机单元与硫及其衍生物（尤其是多硫化锂）之间具有高度的相互作用，提高了硫的利用率并抑制了穿梭效应。通过改变合成条件可以控制硫链和有机单元的形成。通过控制硫链的长度，可以调节硫含量来影响电化学过程，并且可以通过减短链的长度直到没有多硫化锂产生来消除穿梭效应。有机单元也会影响有机硫化合物的电化学性能，包括离子电导率、电化学动力学及吸附多硫化锂的能力等。

有机硫化物正极材料按分子结构可以划分为有机二硫化物、有机多硫化物和硫化聚合物三类。有机二硫化物多为线型聚合物，离子迁移率高，活性物质的能量利用率高，易涂覆于复合电极表面，适合大电流放电。有机多硫化物的分子中含有多个 S—S 键，主要分为线形和网状两种结构，其中网状结构由于高度交联可减少小分子放电产物的生成，防止极片塌陷，有利于提高电池的循环性能，常见有机硫化物的分子结构如图 7.7 所示。

图 7.7　常见有机硫化物的分子结构

2. 电化学性能

用作活性材料的有机硫化物需要具有高硫含量、高离子电导率、稳定的结构和快速的电化学动力学。它们基本上由硫链和有机单元组成，它们之间的相互作用决定了它们的特性。随着含硫量的增加，线型有机硫化物分子的理论比容量不断增大，$CH_3—S_n—CH_3$ 被认为是具有最低分子量的有机硫化物。线型有机硫化物分子在不完全还原反应中，会形成多硫化物或二硫化物等产物。具备多电子存储能力和小分子量的分子具有较高的理论比容量。

二甲基三硫化物（DMTS）理论上每个分子可以存储 $4e^-$和 $4Li^+$，理论比容量为 $849mAh \cdot g^{-1}$。其在 S—S 键的形成和断裂过程中可能发生自由基反应。在放电过程中，1 个 DMTS 分子还原生成 2 个 $LiSCH_3$ 和 1 个 Li_2S。在充电过程中，DMTS 通过脱锂和自由基结合与副产物二甲基二硫化物和二甲基四硫化物一起被重塑，具有 $720mAh \cdot g^{-1}$ 的初始比容量和在 0.1 C 倍率下 50 次循环的良好循环稳定性。DMTS 中的给电子甲基使放电电压低。此外，充电和放电之间的电压滞后较大，导致电压和能量效率低。芳香族三硫化物（DPTS）中吸电子苯基可以显著提高放电电压，使能效高达 95%，且 DPTS 在 100 次循环中表现出稳定的性能。

当有机硫化物在锂-硫电池中充当正极时，电化学过程具有不同的反应路径，如图 7.8 所示[5]。第一类是具有固-液-固状态转换路径（P-SLS）的有机硫聚合物，表现出典型的

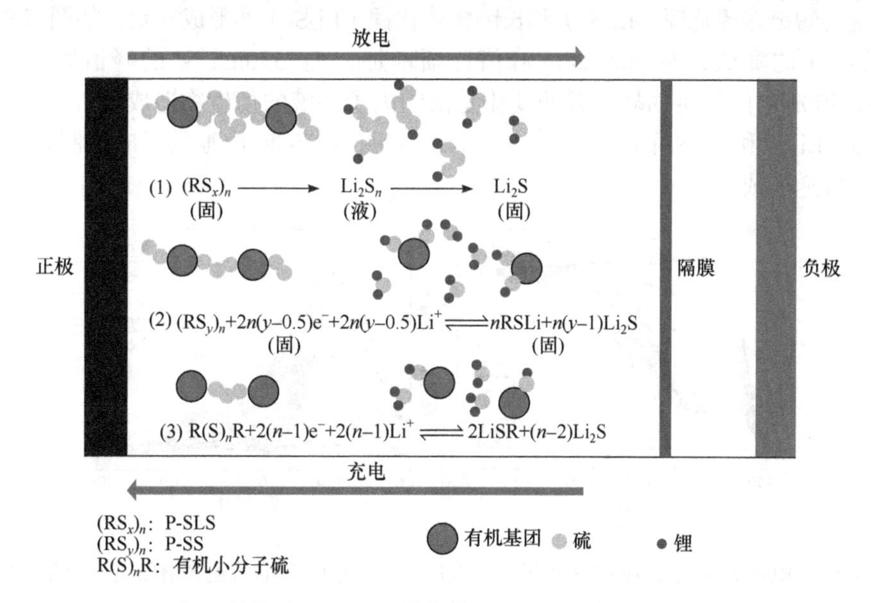

图 7.8　固-液-固转换路径、固-固转换路径和小分子有机硫的电化学过程[5]

S_8 电化学过程。P-SLS 在放电过程中会经历一系列还原反应，包括形成多硫化锂和硫化锂。第二类是具有固-固相转换路径（P-SS）的有机硫聚合物，其在电化学过程中表现出固-固反应而不会形成多硫化锂。P-SLS 和 P-SS 的区别在于初始产物、放电产物、充电产物和中间体溶解度的不同。P-SS 有两个特点：①电化学过程中所有产物和中间体在电解质中的溶解度有限；②放电曲线中只有一个电位阶段。第三类是小有机硫分子，区别于具有 1～2 个典型还原峰的有机硫聚合物，不同的小有机硫分子表现出特定数量的还原峰。在电化学过程中，尤其是在放电过程中，会存在一个或多个电位。尽管在电化学过程中会产生除多硫化锂以外的中间体，但由于许多小有机硫分子为液态，转化过程通常是液固反应。

3. 应用案例

1）有机硫正极的全非晶转换过程提高锂-硫电池低温性能

锂-硫电池中使用的主要电解质溶剂，如 1,3-二氧戊环和 1,2-二甲氧基乙烷，具有超低的冰点，这使得锂-硫电池在低温下有望具有出色的性能。苏州大学晏成林等[6]通过 S_8 在 159℃以上发生平衡开环聚合，与顺式-1,4-聚异戊二烯（RUB）分子链反应形成高度交联的骨架，得到硫含量高达 75wt%的富硫硫化黏土橡胶（SRVCR），其中硫与 RUB 的长分子链共价键合。利用原位紫外/可见光谱法研究了 SRVCR 正极循环过程中溶解在电解液中的多硫化锂的中间产物。图 7.9（a）和（c）分别显示了放电过程中 RUB/S 和 SRVCR 正极的吸收曲线。RUB/S 电池的光谱显示了向高波长反射的明显变化，而 SRVCR 电池则与此相反。根据不同的中间产物的峰值位置，可以从一阶导数曲线中获得隔膜中放电中间产物的更准确信息，长链多硫化物的吸收光谱会转移到更高的波长（向红外区域），而短链多硫化物吸收的光线更接近光谱的紫外部分。图 7.9（b）显示了 RUB/S 电池的一阶导数曲线，在电池放电到 2.1V 之前可以检测到从短波到长波的峰值，这是由于可溶性长链多硫化锂的形成。进一步放电到 1.6V 时，衍生峰的位置逐渐向短波长移动，这表明多硫化锂的链长减少。SRVCR 电池放电时，观察到两个突出的峰值，分别位于 470nm 和 530nm，这与短链多硫化锂（Li_2S_3）和长链多硫化锂（Li_2S_6）的形成一致，如图 7.9（d）所示。随着电压的降低，470nm 处的峰值逐渐增加，而 530nm 处的峰值则减弱。位于 650nm 和 400nm 的衍生物峰位置的变化是由阴离子溶液的衍生物造成的。在充电过程中可以观察到 Li_2S_3 和 Li_2S_6 两个峰的相反移动，表明 SRVCR 电池的反应机制是基于 Li_2S_3 和 Li_2S_6 的可逆形成。

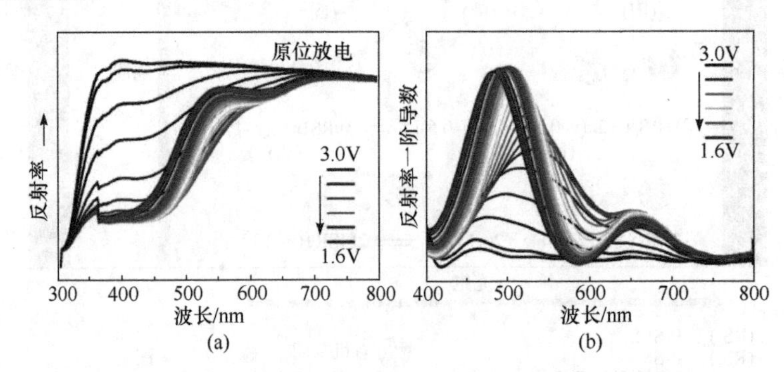

图 7.9 RUB/S 正极和 SRVCR 正极在放电过程中的原位紫外/可见光谱图及一阶导数[6]

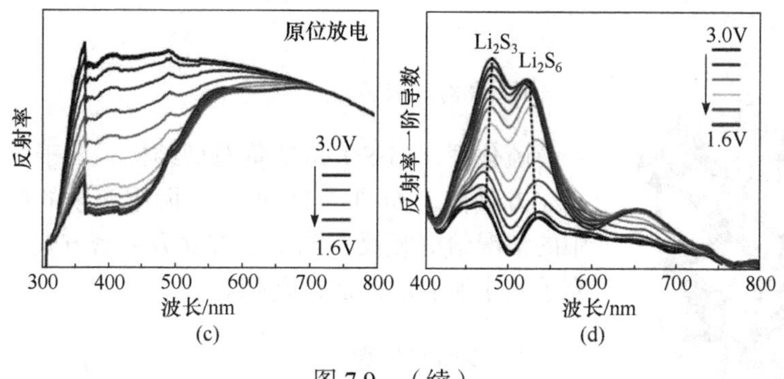

图 7.9 （续）

2）用于高倍率锂-硫电池正极材料的三维互连富硫聚合物的合成

硫元素因其较高的理论比容量而成为锂电池中最具吸引力的正极活性材料之一。但锂-硫电池的应用仍被其严重的容量衰减和倍率性能有限而阻碍。韩国浦项科技大学 H. Kim 等[7]合成多孔三硫氰酸（TTCA）晶体作为软模板，使硫元素的开环聚合沿着硫醇表面进行，以产生三维互连的富硫相，晶体中有序的胺基提高了锂离子的转移速率。图 7.10（a）为 Li/S-TTCA-Ⅰ电池的充放电电压曲线，在第一次放电过程中，只出现一个明显的高峰，与 Li/S-C 电池在 2.35V 和 2.10V 的高峰形成对比（虚线），这表明 S-TTCA-Ⅰ电极中的大部分硫通过形成二硫键与 TTCA 框架结合。在第一次充放电循环后，在 2.33V 和 2.06V 处出现了两个稳定的放电平台，这归因于电化学断裂后 S_8 的出现和二硫键的循环再生。图 7.10（b）为 Li/S-TTCA-Ⅰ、Li/S-TTCA-Ⅱ和 Li/S-C 电池在 0.2C 下的放电/充电比容量。Li/S-TTCA-Ⅰ电池显示了 813mAh · g^{-1} 的首次放电比容量，在 5 次循环后稳定在 1050mAh · g^{-1} 左右，在 100 次循环后，保持了 945mAh · g^{-1} 的高比容量，与第二次放电比容量相比，容量保持率为 92%，整个过程的库仑效率高达 99%以上，Li/S-TTCA-Ⅱ电池也表现 86%的良好容量保持率和 99%的高库仑效率。因此，可以推断在循环过程中，封闭在 S-TTCA-Ⅰ内的多硫化物中间物是不可渗透的，这清楚地表明硫在多孔 TTCA 框架上的共价附着对提高循环性能的作用。

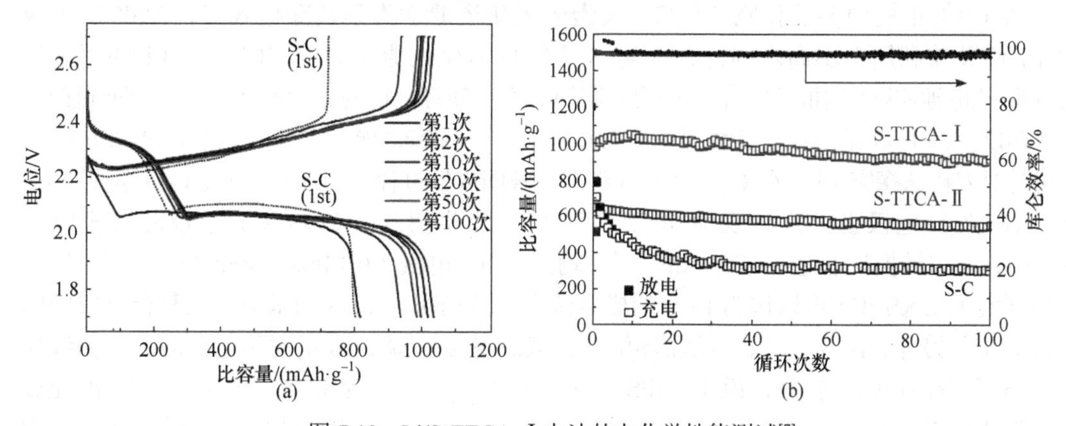

图 7.10 Li/S-TTCA-Ⅰ电池的电化学性能测试[7]

7.2.3 硫化锂

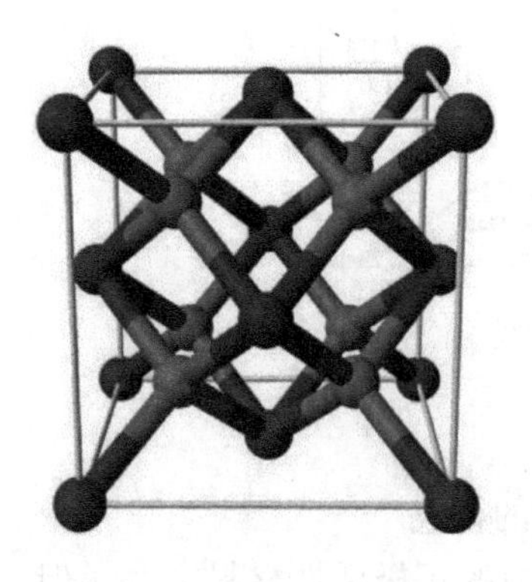
图 7.11 硫化锂晶体结构

1. 结构及特点

硫化锂（Li_2S）是反萤石型结构，属于立方晶系，为面心立方晶体，如图 7.11 所示。阴阳离子的位置与萤石结构中的情况恰好相反：阴离子按立方紧密方式堆积，阳离子填充了其中所有的四面体孔隙。

2. 电化学机理

Li_2S 是锂-硫电池硫正极放电的终产物，可以看作是硫的预锂化。因此，二者存在共性问题。硫具有电子绝缘性，Li_2S 也是电子绝缘材料，电导率很低（电导率约 $10^{-13}S\cdot cm^{-1}$），在其氧化过程中，也同样存在 Li_2S_n 的穿梭效应和氧化还原反应动力学缓慢等问题。区别之处是 Li_2S 对水较敏感，在空气中易吸收水蒸气发生水解，放出剧毒硫化氢气体。因此，Li_2S 的制备条件也相对苛刻，主要采用球磨法、溶剂法、直接碳复合法等。另外，Li_2S 作为正极材料，其初始氧化时还需要克服一个很大的活化能垒。不过，Li_2S 的理论比容量高达 $1166mAh\cdot g^{-1}$。

当以 Li_2S 为正极材料时，电池的电极反应如下：

正极 $$8Li_2S \rightleftharpoons S_8 + 16Li^+ + 16e^-$$

负极 $$Li^+ + e^- \rightleftharpoons Li$$

尽管，硫化锂正极材料的使用可以避免硫的首次锂化过程中体积膨胀问题，但仍存在导电性差和穿梭效应问题。因此，研究人员常将硫化锂与导电剂复合以提高其电导率。

3. 应用案例

1）计时安培法探究 Li_2S 在复合材料上的成核行为

硫（S）正极中多硫化物（LPS）缓慢的氧化还原动力学及穿梭效应，导致 S 正极和 Li 负极的利用率不高。因此，提高 S 正极的氧化还原动力学同时减少 Li 的用量是实现锂-硫电池实际应用的关键。美国得克萨斯大学奥斯汀分校的 A. Manthiram 等[8]通过简单的碳热反应将 Li_2S 纳米颗粒负载到一个由 Co_9S_8 和 Co 修饰的碳主体上（Li_2S-Co_9S_8/Co），并通过计时安培法探究 Li_2S 在 Co_9S_8/Co 和碳上的液固成核过程。图 7.12（a）、（b）表明 Li_2S 在 Co_9S_8/Co 电极上的成核反应比在 C 电极上发生得早。Co_9S_8/Co 电极的沉积电流（0.25mA）和转换比容量（$170mAh\cdot g^{-1}$）均高于 C 电极（0.14mA，$86mAh\cdot g^{-1}$）。这一结果证实了 Co_9S_8/Co 可以作为 Li_2S 的成核位点，从而引导 Li_2S 纳米粒子在复合材料中的均匀分布。另外，图 7.12（c）的循环伏安测试发现含 Co_9S_8/Co 的对称电池的 CV 曲线显示出 6 个峰，且电流较高，说明 LiPS 的氧化还原动力学更为迅速。图 7.12（d）的充放电曲线表明与 Li_2S-C 电池相比，Li_2S-Co_9S_8/Co 电池的充放电曲线电压滞后更低，说明 Li_2S-C 电池具有快速的 LiPS 氧化还原动力学。另外，使用 Li_2S-Co_9S_8/Co-Te 的电池具有最低的电压滞后，说明 Te 也可以促进 LiPS 转换。

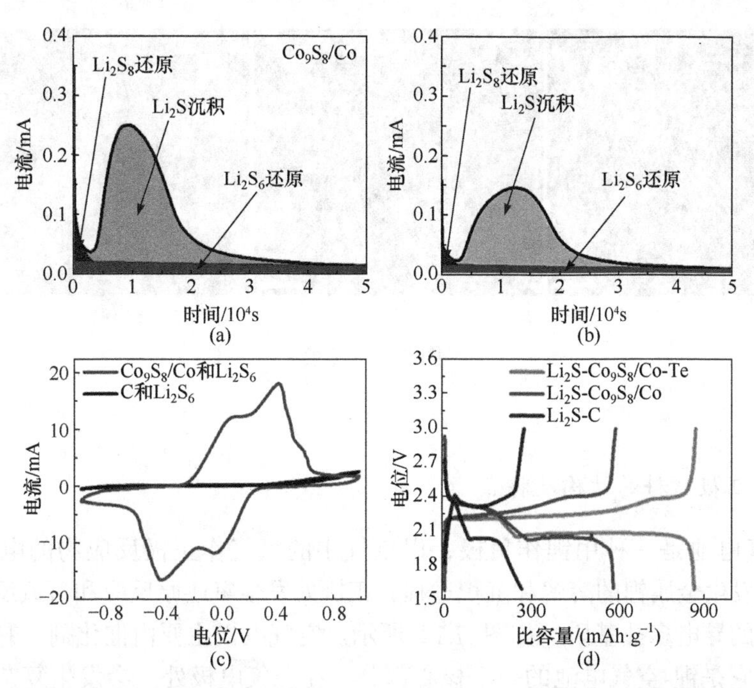

图 7.12 （a、b）Li_2S_8/四甘醇溶液在 Co_9S_8/Co（a）、C（b）上放电至 2.05V 的计时电流曲线；（c）两种正极材料的 CV 曲线；（d）无负极电池中三种正极在 0.1 C 下的充放电曲线[8]

2）SEM 观察复合材料形貌特征

锂-硫电池在未来智能生活应用中具有无可比拟的能量密度优势，其中，放电产物（Li_2S）与多硫化锂物质的可逆性在锂-硫电池电化学中起决定性作用。由于 Li_2S 的电子离子绝缘特性，在初始活化过程中会面临较高的脱锂转化能垒，使硫物质的氧化反应（SOR）受到离子和电子动力学的严重限制，转换速率非常缓慢。中国科学院苏州纳米技术与纳米仿生研究所王健与蔺洪振等[9]合作研究一种具有催化效应的"Li-N"桥梁位点用于高面积载量正极以激活 SOR，并深入阐明了"Li-N"桥梁位点催化促进 SOR 动力学的机制。图 7.13（a）为 LNB-Li_2S@PDC 的合成过程，他们采用新颖的原位转化法将作为氮提供剂的聚丙烯腈与成本极低的 Li_2SO_4 转化为片状的具有丰富催化 Li—N 键连接的纳米复合材料（表示为 LNB-Li_2S@PDC）。如图 7.13（b）、（c）所示，制备的 LNB-Li_2S@PDC 表现出由超薄纳米片状的 Li_2S 组成的层纳米结构。然而，图 7.13（d）显示出在没有 Li—N 键桥的情况下，合成的 Li_2S@C 纳米复合材料没有任何特定的片状纳米结构的聚集结构。这表明在形成活性 Li—N 键桥部位时施加 N-纳米碳的优势。

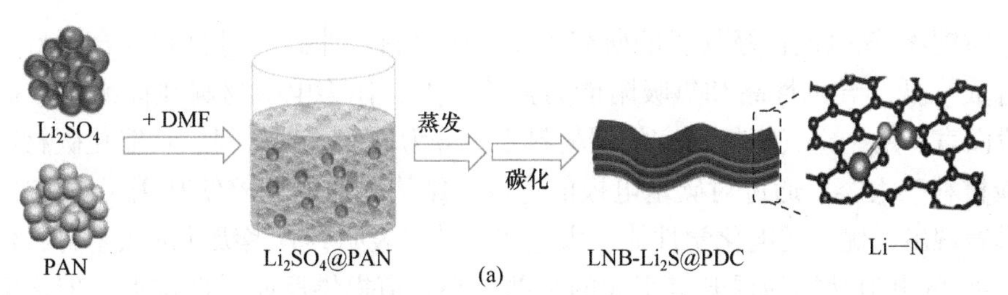

图 7.13 （a）LNB-Li_2S @ PDC 复合正极材料制备过程；（b、c）LNB-Li_2S@PDC 复合材料 SEM 图；（d）Li_2S@C 复合材料 SEM 图[9]

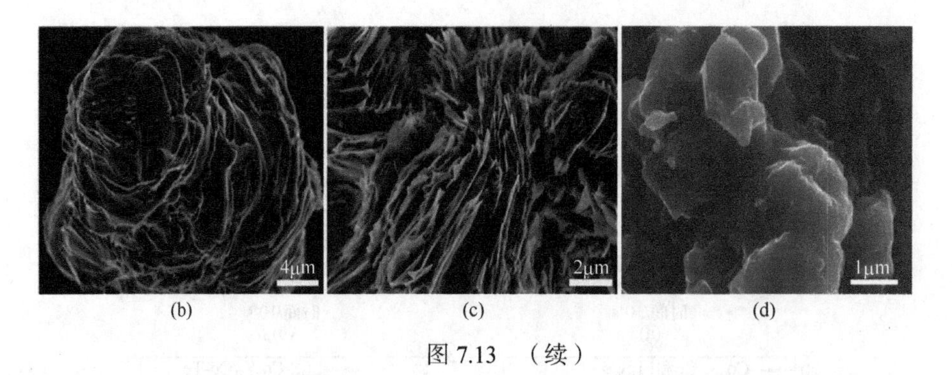

图 7.13 （续）

7.2.4 空气

1. 空气正极材料的结构及特点

锂-空气电池是一种用锂作负极，以空气中的氧气作正极反应物的电池，电池工作时，负极处发生金属锂的溶解和沉积过程，正极处发生氧还原反应和析氧反应，正极材料是一种复合的导电多孔基质，如图 7.14 所示。空气电极主要由催化剂、黏结剂、导电添加剂组成，它是锂-空气电池的一个核心部分。在空气电极处，会发生复杂的氧化还原反应，需要传输氧气；而放电产物 Li_2O_2 沉积在正极电极上，堵塞毛孔，从而阻碍了氧气的扩散运输，同时放电产物的绝缘性将增加电极的电阻，从而导致电池的性能降低。因此，空气电极的结构和孔径分布影响锂-空气电池的稳定性。

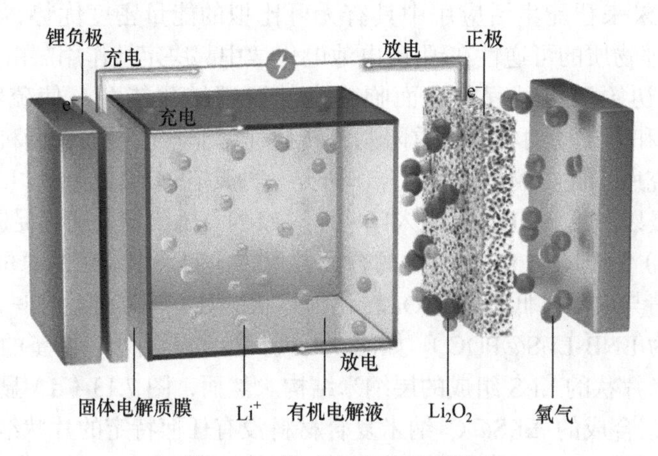

图 7.14 锂-空气电池示意图

目前对锂-空气电池正极材料的研究主要有碳材料、非碳类材料和复合材料。碳材料由于具有成本低、导电性高和氧吸附能力强等特点，作为电极材料在能源领域被广泛应用。一般而言，用于空气正极研究的碳材料主要分为商业化碳材料、功能化碳材料和异原子掺杂碳材料三大类。通过对碳基电极的选取，结构孔道的调控使其用于锂-空气电池电极时，都展现出了优良的电化学性能。大量实验结果表明具有多级孔的碳基材料作为空气正极对锂-空气电池性能的提升有很大的帮助。小孔道提供反应活性位点，催化反应的进行；大孔道为电解液及氧气提供传输通道，同时也为反应中间物及产物提供寄宿和反应空间，从而保障反应的顺利进行。非碳类材料主要为金属及金属氧化物材料，其作为有机体系锂-空气电池的催化剂，可以有效降低充放电过程中产生的过电势，提高电池的整体性能，金属及金属氧化物材料主要分为贵金属及其氧化物材料和非贵金属及其氧化物材料。贵金属及其氧化物由于造价昂贵，地球储量稀少，大多以复合材料的形式用于锂-空气电池的研究。在非贵金属及其氧化物材料中，过渡金属氧化物已广泛用于锂-空气电池正极材料及催化剂的研究。过渡金属氧化物材料价格便宜，储量丰富，其对放电过程中的氧还原反应和充电过程中的析氧反应都有催化活性，且不与放电产物发生副反应，不仅能提高电池的能量转换效率，还能增加电池的放电比容量。

2. 空气正极材料的电化学性能

对于有机体系锂-空气电池，一个理想的正极材料不仅应为多孔结构，对电解液有浸润性，最重要的是，正极材料及催化剂还需具备以下功能：有利于（或加速）氧气还原和氧气析出反应的进行，保证放电产物（或中间产物）的稳定，提高电池反应的可逆性，提高能量转换效率。

Super P、ketjen black、Vulcan XC-72、乙炔黑、活性炭等商业化碳材料已经广泛用于锂-空气电池正极材料的研究。虽然商业化碳材料具有廉价、批量化生产等优势，但由于其催化活性低、杂质较多等缺点，在实际应用中，存在能量转换效率低、循环性能差等诸多问题。因此，商业化碳材料在锂-空气电池中通常用作导电剂或催化剂碳载体。

与商业碳材料不同，功能性碳材料，如石墨烯、介孔碳、碳纳米管、碳纳米纤维和碳微纤维，由于其独特的结构和更多的缺陷/空位，在非水锂-空气电池的正极反应中有一些独特的功能。石墨烯具有高电子转移率、大比表面积、高导电性以及良好的化学稳定性等优点，这些优点归功于其理想的三维三相电化学区域和电解质与氧气的扩散通道，以及其独特的结构，导致电池放电比容量远高于使用 BP 2000 和 Vulcan XC-72 等商业碳材料的电极。以介孔泡沫硅为模板，制备介孔泡沫碳材料作为锂-空气电池的正极，相应电池的放电比容量与 Super P 比有所提高。该材料的大孔容和介孔孔道有利于放电产物的生长和氧气的扩散，这是放电比容量增加的主要原因。许多研究结果证明在碳材料中掺杂一定量的非金属元素（N、S、P），其电化学性能明显提高，这是因为异原子掺杂能够改变碳材料本身的电子分布，增强碳材料表面的催化活性，还能引入官能团，为反应提供额外的活性位点。

3. 应用案例

1）金属有机骨架作为锂-空气电池的正极骨架材料

最近，锂-空气电池因其更高的理论能量密度而引起广泛的研究。然而氧气（O_2）电极的设计和构造仍然存在一些挑战：① O_2 分子与电极之间的弱相互作用阻碍了 O_2 的利用；② 电解质和产物沉积到电极材料孔中会阻碍 O_2 扩散的路径，影响反应有效进行；③ 一些电池的电化学行为缺乏高度的可重复性，由于所用电解质的分解，Li_2O_2 形成的可逆性也会受到反应的影响。复旦大学李巧伟等[10]通过使用包含两种孔隙类型的复合材料作为电极材料来解决这些问题，此材料具有定义明确的 MOF 微孔，微孔内有开放的金属

位点，可以增强与 O_2 的结合，并且具有较大的碳材料介孔，适合电解质扩散和产物沉积。选择 MOF-5[$Zn_4O(BDC)_3$，BDC=1,4-苯二甲酸酯]、HKUST-1[$Cu_3(BTC)_2$，BTC=苯-1,3,5-三羧酸酯]和 M-MOF-74[M_2(DOBDC)，M=Mg、Mn、Co，DOBDC=2,5-二羟基对苯二甲酸]作为 O_2 电极材料，评估它们的结构属性对性能的影响，其结构如图 7.15（a）所示。实验结果证明 Mn-MOF-74 可以在 273K 的环境压力下将微孔中的 O_2 浓度增加多达 18 倍，如图 7.15（b）所示。

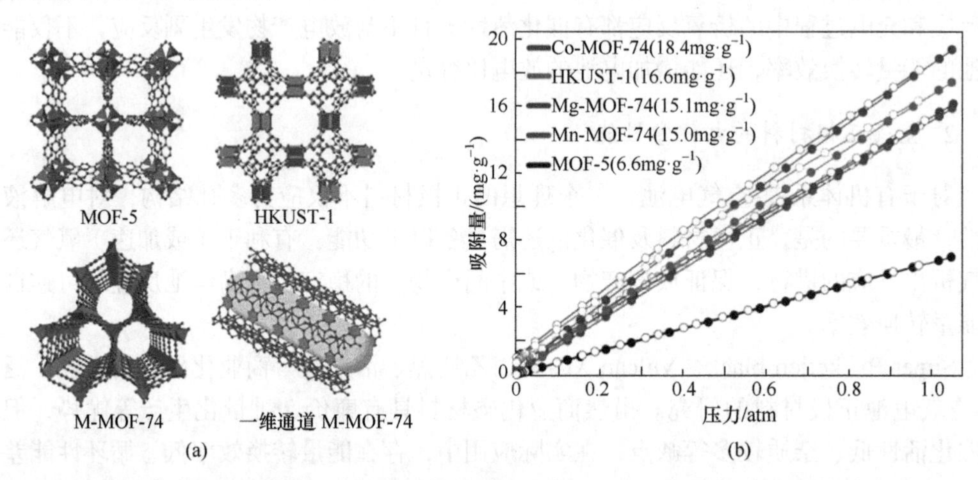

图 7.15 MOF-5、HKUST-1、M-MOF-74 的晶体结构图（a）及在 273K 的低压 O_2 吸附等温线（b）[10]
1atm = 1.01325 × 10^5Pa

2）金装饰裂纹碳管阵列作为无黏结剂的锂-空气电池正极

由于极高的能量密度，锂-空气电池在最近的研究中受到越来越多的关注。然而，放电产物（Li_2O_2）的沉积严重限制锂-空气电池的电化学性能。浙江大学谢健等[11]设计内壁装饰有金纳米粒子的裂纹碳亚微米管（CST）阵列构成的催化正极。金纳米粒子的引入不仅提高了电极的导电性，而且提供了催化位点，引导薄层 Li_2O_2 在 CST 的裂缝内共形生长。Li_2O_2 的这种生长行为使其更易分解，防止碳管电极完全快速失活，并为 O_2 的传输保留了自由空间。

图 7.16（a）显示了 Au@CST 催化的锂-空气电池在不同电流密度下的放电-充电曲线。当电流密度为 400mA · g^{-1} 时，电池的放电比容量为 5488mAh · g^{-1}，充电比容量为 5391mAh · g^{-1}。即使在 1000mA · g^{-1} 的高电流密度下，仍然可以达到 1208mAh · g^{-1} 的高放电比容量，这表明该电池具有良好的倍率性能。图 7.16（b）为 Au@CST 电极在 2.0～4.5V 的电压范围内，以 0.05mV · s^{-1} 扫描速率测试的循环伏安曲线。第一次扫描中，在 2.56V 处表现出一个还原峰，在 4.29V 处表现出一个氧化峰，这与图 6.16（a）中的电位平台一致。Au@CST 催化的锂-空气电池如图 7.16（c）所示，在第一次循环中，放电平台保持在 2.74V，平均充电平台在 3.78V，显示了相对较低的中等比容量过电位。第二次和第三次循环中的初始放电电位远高于 Li_2O_2 形成电位的理论值，放电比容量分别为 125mAh · g^{-1} 和 142mAh · g^{-1}，这归因于电池的残留极化。在 500mAh · g^{-1} 的有限比容量下，可稳定循环 112 次[图 7.16（d）]。

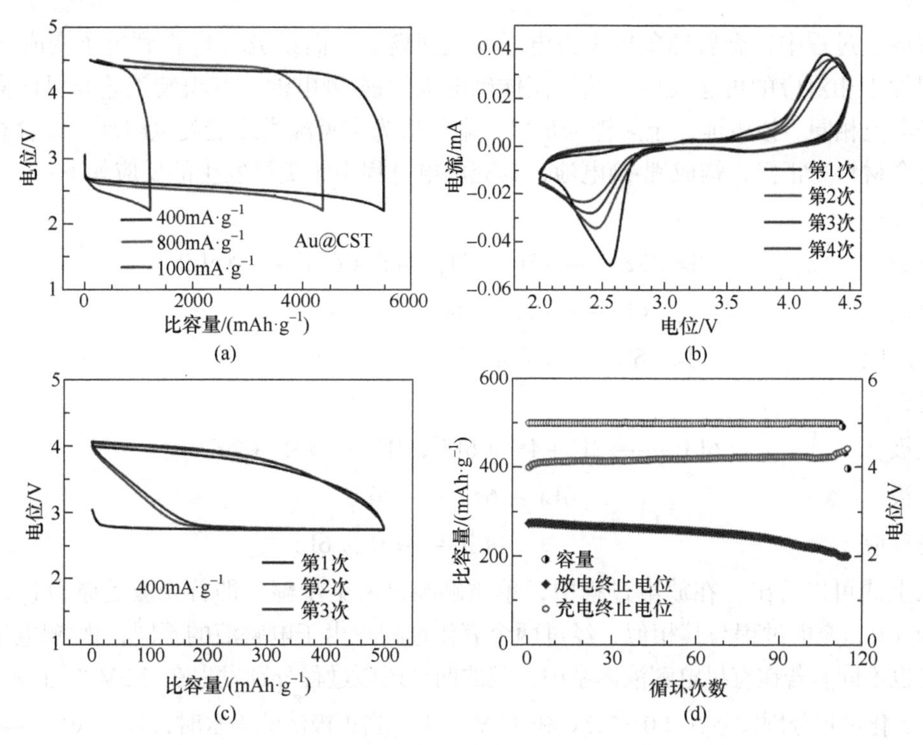

图 7.16 Au@CST 催化的锂-空气电池电化学性能表征[11]

7.2.5 碘

1. 结构及特点

20 世纪 60 年代，锂-碘电池已被研发出来，当时电池的组成为锂/碘-聚乙烯吡咯烷酮（PVP）复合材料。由于其具有高的能量密度和可靠性及自放电小等优点，广泛应用于医疗电子设备，1972 年，锂-碘电池就作为心脏起搏器的电源使用。这些优点也激发了人们研究二次可充锂-碘电池的兴趣。锂-碘电池具有平均 3V 左右的工作电位，并且 1mol 单质碘在电化学反应中可以转移 2mol 电子，理论比容量达到 $211mAh\cdot g^{-1}$。此外，单质碘的密度达到 $4.93kg\cdot L^{-1}$，与锂离子电池商业化的正极材料钴酸锂（$5.08kg\cdot L^{-1}$）接近。因此，锂-碘电池也展示出优异的体积能量密度，高达 $1040mAh\cdot cm^{-3}$（基于碘计算）。碘单质较为廉价，碘元素广泛分布在海洋中，丰度达到 $50\sim60\mu g\cdot L^{-1}$ 海水，满足可持续发展的要求。目前，二次锂-碘电池主要分为两类，一类是利用流动的碘基氧化还原电对，组成基于液态活性物质的锂-碘电池，另一类是与正常锂离子电池一样，用碳材料将碘单质进行吸附，构建固体正极的锂-碘电池。

2. 电化学机理

液体正极的锂-碘电池一般以金属锂为负极，以水溶性较好的碘基化合物为正极，即将单质碘和碘化物在水中进行混合形成以碘离子为主的活性物质溶液。由于单质碘活性物质在水溶液中的溶解度较高，而金属锂负极会与水发生反应，因此需要特殊隔膜将其隔

开。在放电过程中，金属锂负极失去电子变成锂离子，而正极端 I_3^- 得到电子变成 I^-，充电过程发生相对应的可逆反应。基于固体碘电极的锂-碘电池，其组装工艺与目前商业的锂离子电池相同。该电池以金属锂为负极，电解质为常见酯类或醚类电解液，以含有单质碘的复合材料为正极，构成锂-碘电池，其充放电过程中正负极发生的反应如下：

放电过程：

正极 $3I_2 + 2e^- \longrightarrow 2I_3^-$，$2I_3^- + 4e^- + 6Li^+ \longrightarrow 6LiI$

负极 $6Li \longrightarrow 6Li^+ + 6e^-$

总反应 $3I_2 + 6Li \longrightarrow 6LiI$

充电过程：

正极 $6LiI \longrightarrow 2I_3^- + 4e^- + 6Li^+$，$2I_3^- \longrightarrow 3I_2 + 2e^-$

负极 $6Li^+ + 6e^- \longrightarrow 6Li$

总反应 $6LiI \longrightarrow 3I_2 + 6Li$

从上式可以看出，在放电过程中，单质碘经过两个步骤，即首先被还原为 I_3^-，再被还原为 LiI。充电过程与其相似，经过两个氧化过程。由于电解液的不同，锂-碘电池的反应电势也不同。若在有机电解液体系中，碘的两个还原过程分别发生在 3.3V 以上和 2.7～2.9V，氧化过程分别发生在 3.0～3.2V 和 3.3V 以上。当正极溶液为水时，$I_3^- + 2e^- \longrightarrow 3I^-$ 相对于标准氢电极的电势为 0.536V，其相对于 Li^+/Li 的还原电势和氧化电势分别为 3.57V 和 3.68V。

尽管锂-碘电池具有很多优点，但在过去十年里，其发展一直较为缓慢。首先，对物理性质而言，单质碘的导电性较差，易升华，热稳定性较差，因此在电极的制备方面不易控制。此外，与锂-硫电池相似，采用有机电解液体系的锂-碘电池同样存在严重的穿梭效应。单质碘以及充放电过程中产生的聚碘阴离子易溶解于有机电解液中，在充电过程中，其在正负极之间往返穿梭，造成库仑效率较低、循环性能较差等问题。

3. 应用案例

1）全固体锂-碘电池

全固体锂-碘电池采用固体电解质，在提高电池安全性的同时，完全避免了多碘离子的穿梭效应，是非常具有吸引力的下一代新型电池体系。但固体锂-碘电池由多碘离子界面化学过程缓慢导致的实际放电容量低、循环寿命差等问题一直难以解决。南京大学何平、周豪慎团队[12]提出多碘离子“限域溶解”的策略，将多碘化物的溶解定位于碘正极附近的有限空间内。同时，多碘化物向负极侧的穿梭被完全阻断。该工作设计了由分散层和阻挡层组成的组合电解质。聚（环氧乙烷）作为分散层，可以在很大程度上溶解在放电和充电过程中产生的多碘化物，而单锂离子导体 $Li_{1.5}Al_{0.5}Ge_{1.5}(PO_4)_3$ 作为阻挡层，可以有效避免多碘化物的穿梭效应。这种组合结构的电解质可以成功地诱导多碘化物的氧化还原反应。由于多碘化物氧化还原反应快速而稳定，全固体锂-碘（Li-I）电池表现出优异的电化学性能和高安全性，如图 7.17 所示。

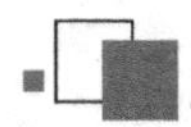

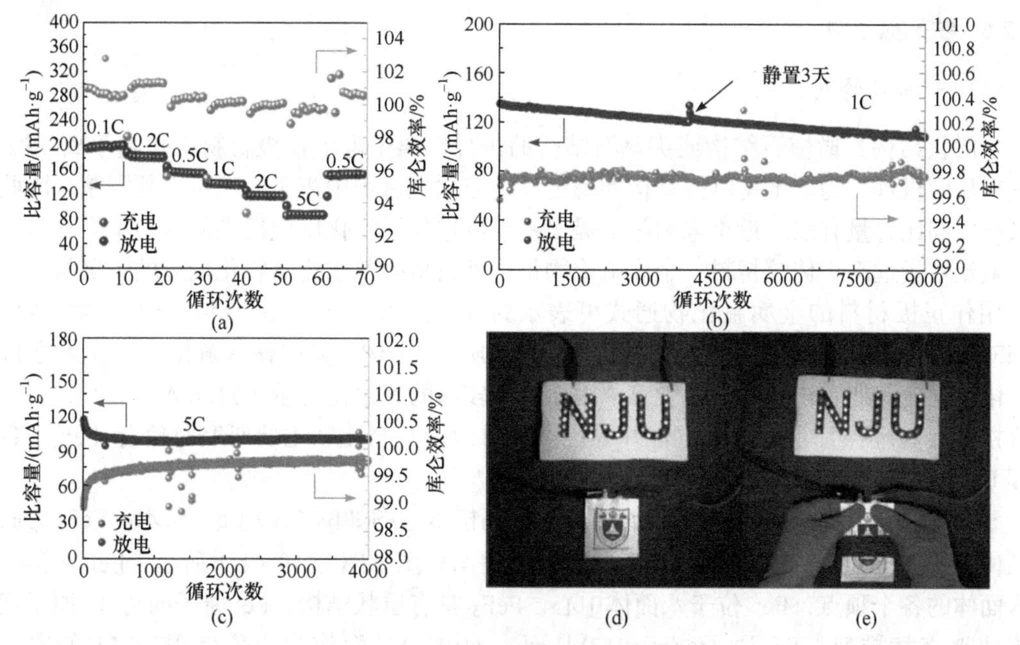

图 7.17 全固体锂-碘电池电化学性能[12]

2）基于两电子转化化学的高性能锂-碘转化电池

目前所报道的有机锂-碘电池均基于碘单质和碘离子之间的可逆转变，即一个单电子类型的转化模式。香港城市大学的支春义等[13]提出了一种高效的电解液调制策略来实现卤素碘在有机锂金属体系中的可逆多价态转变，并选取卤化盐作为活性碘源替代传统碘单质，构建了基于两电子转化化学的有机高性能锂-碘电池。图 7.18（a）给出了电池在电流密度 0.5～5.0A · g^{-1}的倍率性能。即使在超高的 5.0A · g^{-1}条件下，放电容量保持率仍超过 73%，表明电池具有优异的氧化还原动力学和可逆性。图 7.18（b）中，在所有扫描速率下，放电曲线中的两个放电平台始终保持完好。同时，其充放电曲线间极化极低，在 2.91V 平台处的极化值约为 0.08V，3.42V 平台处的极化值仅为 0.07V。

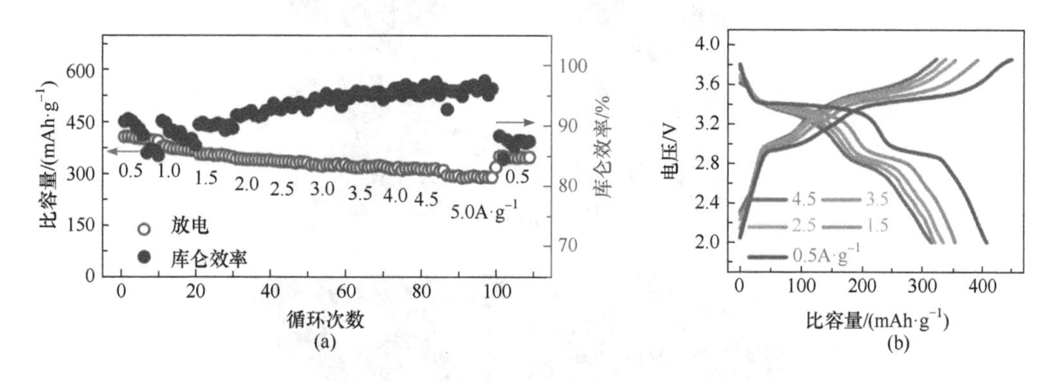

图 7.18 锂-碘转化电池的电化学性能[13]

7.2.6 铁基氟化物

1. 结构及特点

层状结构、橄榄石结构或尖晶石结构的传统锂离子电池正极材料都是基于离子嵌入/脱出反应机理。为了维持电极结构的稳定性，充放电过程中离子脱出量必须限制，因此能量密度和比容量有限。近年来国际上提出基于可逆化学转化反应机理的新型正极材料，其放电比容量远高于传统材料。金属氟化物是一种典型的基于化学转化反应的正极材料。常被用作正极材料的金属氟化物通式可表示为 MF_3（M=Fe、Co、Mn、Ni），如 FeF_3、NiF_3、CoF_3、MnF_3，具有典型的钙钛矿（ABO_3）型结构。其中铁基氟化物中较强的 Fe—F 化学键使其拥有较高的电化学势，因而具有较高的理论比容量（712mAh · g^{-1}），且具有价格低廉、环保且具有热稳定性好等优点。目前铁基氟化物主要研究对象有 FeF_2、FeF_3 和 $FeF_3 \cdot xH_2O$（x=0.33、0.5 等）。

FeF_2 为金红石结构，空间群 $P42/mnm$，晶格示意图如图 7.19（a）所示。FeF_3 为斜方晶体结构，空间群分布为 $R\bar{3}C$ 三方晶系，晶格示意图如图 7.19（b）所示，$FeF_{6/2}$ 位于正八面体的各个顶点，Fe^{3+}位于八面体中心，FeF_3 具有层状结构，Fe 原子面与 F 原子面有规律地交替排列，Fe 原子位于(012)晶面，而(024)晶面作为空位面用于 Li^+的嵌入。$FeF_3 \cdot 0.33H_2O$ 为钨青铜型结构，是一种特殊的隧道型结构，晶胞尺寸为 710Å^3，晶体结构中存在由 FeF_6 八面体构成的较大尺寸的一维锂离子扩散通道，如图 7.19（c）所示。水分子沿(001)方向位于巨大的六边形隧道空腔中心。水分子在晶格中起到了稳定结构的重要作用，避免了锂离子嵌入和脱出过程中造成氟化铁的结构坍塌，晶格中的水分子还可以增大晶体隧道的尺寸，有利于 Li^+的快速扩散。$FeF_3 \cdot 0.5H_2O$ 为烧绿石型结构，晶胞尺寸为 1123Å^3，晶体结构中由 FeF_6 八面体构成的一维 Li^+扩散通道较 $FeF_3 \cdot 0.33H_2O$ 更大，如图 7.19（d）所示。6 个 F 和 Fe^{3+}形成六个配位体，F 和 2 个 Fe^{3+}原子一起形成二配位体，构成了 FeF_6 八面体，FeF_6 八面体之间共享 F 原子顶点相连形成巨大的六边形空腔，晶胞面积与 $FeF_3 \cdot 0.33H_2O$ 相比更加巨大（1.130nm^3），六边形空腔更有利于离子传输。

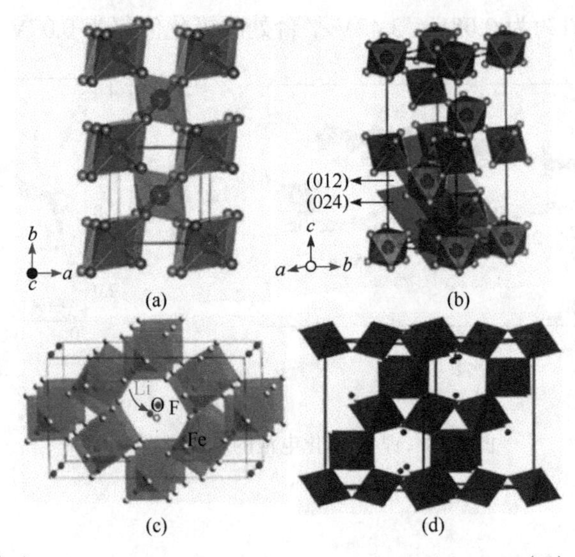

图 7.19 FeF_2（a）、FeF_3（b）、$FeF_3 \cdot 0.33H_2O$（c）、$FeF_3 \cdot 0.5H_2O$（d）晶体结构示意图

2. 电化学性能

FeF_3 在小电流下的电化学性能曲线如图 7.20 所示，从图中可见相应的固溶反应阶段和转化反应阶段，同时曲线中也存在实际放电电压低于理论电压、不可逆比容量较大、充放电电势间较明显的极化等现象。FeF_3 电极首先在 C/60 下进行 3 次循环，约 3mol 锂与 FeF_3 在第一次放电时发生反应，与 712mAh · g^{-1} 的理论比容量一致。在随后的循环中，大约 600mAh · g^{-1} 比容量是可逆的，这对应于约 2.5mol 的锂。此外，图 7.20 中有超过 1V 的滞后现象，归因于当 FeF_3 和 FeF_2 发生转化反应时，将生成与原结构完全不同的新相 Fe 和 LiF，新相 LiF/Fe 的形核及相分离需要克服一定的能垒。在第一个循环中观察到稍大的滞后现象，这是由较低的放电电压造成的。

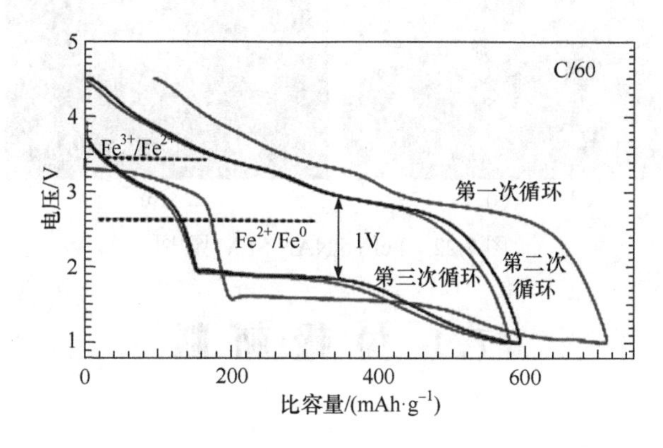

图 7.20 Li/ FeF_3 锂电池在 C/60 倍率下的前三次充放电曲线

3. 应用案例

1）氟化铁-碳纳米复合纳米纤维作为高能锂电池正极

美国佐治亚理工学院 G. Yushin 等[14]制备了 FeF_3-碳纳米纤维（CNF）复合电极材料。传统的 FeF_3 电极是将包含活性材料、聚合物黏结剂和导电添加剂的浆料涂覆到集流体上来制备的。氟化物的低电导率、黏结剂的绝缘性质以及活性材料的体积变化通常会在循环过程中导致活性材料的电化学分离。相比之下，FeF_3-CNF 纳米复合电极结构中没有任何黏结剂，且 CNF 不仅增强了电极导电性，而且还提供了更好的机械性能维持长期循环的稳定性。图 7.21 比较了不同电极的循环稳定性。与商用 FeF_3 相比，FeF_3-CNF 电极表现出更好的稳定性。

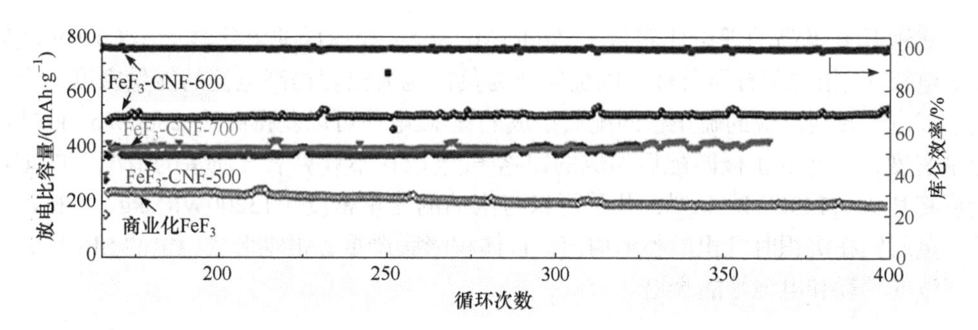

图 7.21 基于 FeF_3-CNF 和商用 FeF_3 的电池在 100mA · g^{-1} 电流密度下的循环性能[14]

2）FeF_3@NAN 作为锂离子电池正极材料

氟化铁（FeF_x）因其出色的比容量和电化学性能，有望成为替代商业钴酸锂的正极材料，但是氟化物本身的离子扩散速率慢和导电性差，导致其倍率性能较差，活性利用率很低，比容量很差，循环寿命有限，严重阻碍其研究和发展。西南大学徐茂文等[15]提出使用薄层硝酸镍铵[$Ni_3(NO_3)_2(NH_3)_6$，NAN]基质作为可行的封装材料来分散 FeF_3 纳米颗粒，通过绿色原位封装方法构建这种核壳混合体。在整个循环测试过程中，NAN 基体避免了 FeF_3 纳米活性物质聚集成块状晶体。

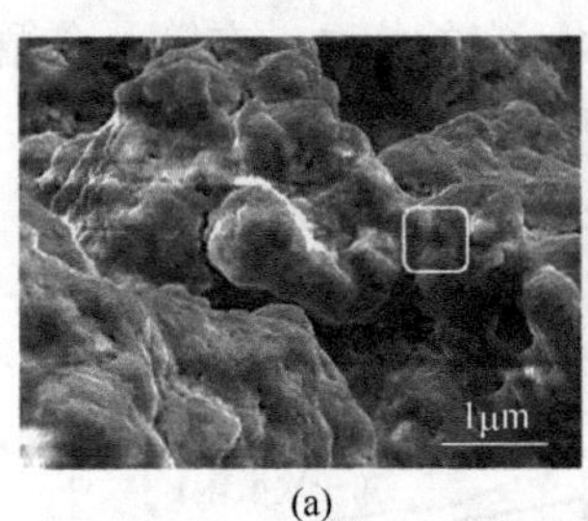

(a)

(b)

图 7.22 FeF_3@NAN SEM 图[15]

7.3 负极材料

7.3.1 金属锂

1. 结构及特点

金属锂负极具有较高的理论比容量和较低的还原电位，是最具前景的高比能锂电池负极材料之一。锂金属会与几乎所有的液体电解质在界面发生反应，并在电极表面形成一层薄薄的 SEI 膜，但金属锂具有很高的化学和电化学反应活性，SEI 膜的致密性和机械强度不足以抑制电极/电解质界面上的进一步反应，导致界面副反应进一步加剧，SEI 膜经历连续的破碎重新生成的过程，从而降低了锂金属负极的库仑效率和循环稳定性。在锂离子沉积过程中，电极表面非均匀电场分布导致的锂离子流分布不均匀，会引起不均匀的锂沉积，最终产生锂枝晶。锂枝晶在带来严重安全问题的同时会降低电池循环性能。

2. 电化学性能

金属锂具有极高的理论比容量（3860mAh · g^{-1}）和最低的电化学势（3.040V 相对于标准氢电极）。相对于石墨负极，以金属锂为负极能大幅度提高电池的能量密度。金属锂与基于多电子转换反应的硫正极匹配后组成的锂-硫电池可以获得高达 2600Wh · kg^{-1} 的理论能量密度，与空气正极匹配后形成的锂-空气电池在不计算氧气质量的情况下的理论能量密度将达到 11400Wh · kg^{-1}，几乎可以与汽油的能量密度（13200Wh · kg^{-1}）相媲美。然而，金属锂在沉积时沉积形貌不均匀，且体积膨胀严重，很难形成稳定的 SEI 膜，加速了电解液的消耗和电池性能衰退。

3. 应用案例

用于高能锂电池的高连续性抗粉末化锂金属负极：金属锂是下一代高比能电池负极材料之一。北京理工大学陈人杰等[16]报道了一种由少量固体电解质（SSE）纳米颗粒作为填料和铜（Cu）箔作为集流体组成的抗粉末化锂金属负极。这种新的负极促进了锂的成核，有助于在循环过程中形成圆形、微型和无枝晶的电极，从而有效减缓了锂枝晶的生长。该团队比较了碳酸盐基电解液中不同负极在 50 次剥离/沉积循环后的锂沉积形貌。对于空白 Li@Cu 负极[图 7.23（a）～（d）]，表面发现了大量的锂枝晶。枝晶平均直径为几百纳米，长度可达几十微米。这种丝状形貌和相互交织的树枝状结构导致锂金属负极形成疏松、多孔和树枝状结构。此外，从电极上可以观察到严重的裂纹，导致电极的电子连续性差。与 Li@Cu 电极相比，Li_6PS_5Cl-Li@Cu 复合负极的整体形貌更加光滑，循环后没有明显的锂枝晶形成[图 7.23（e）～（h）]，未观察到裂纹，Li_6PS_5Cl-Li@Cu 金属锂负极的孔隙率明显降低。锂负极中的 SSE 颗粒可以防止锂枝晶的形成和进一步的腐蚀，并在电池循环过程中形成稳定负极的 SEI。

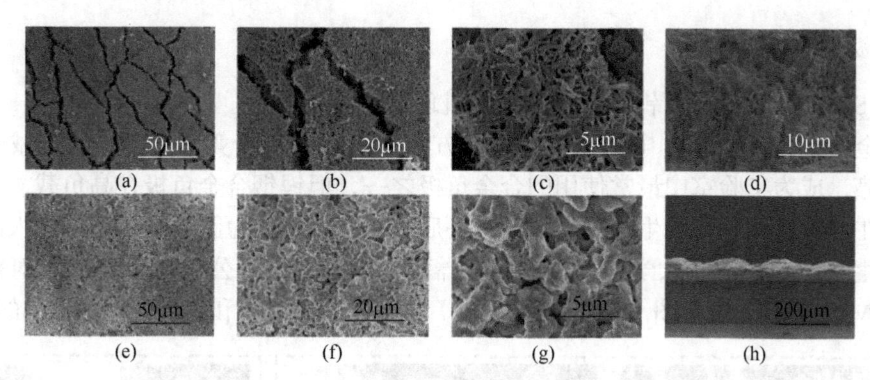

图 7.23 碳酸盐基电解液中不同负极的形态与性能[16]

7.3.2 锂合金

1. 结构及特点

将合金或可以与金属锂发生合金反应的元素作为负极材料，在电池充电时此类负极材料通常会与锂合金化形成金属间化合物。在电池放电时，金属间化合物去合金化。整个充放电期间没有出现金属锂单质，从而避免锂枝晶等问题。已报道的锂合金有 Li-Si、Li-Mg、Li-Al、Li-In、Li-Cd、Li-B、Li-Pb、Li-Sn、Li-Ga、Li-Sb、Li-Bi 等。锂合金往往作为安全性更高的电极材料取代纯锂金属。作为负极材料，锂合金可减少锂枝晶的生成和粉末化膨胀。但锂合金相比于纯锂金属活性更低，会降低电池的工作电压平台；其他非活性物质的引入往往会造成一些不可预期的副反应，加速电解液的分解；非活性物质的加入使得活性物质锂的占比下降，导致电池的总体比能量不可避免地降低。

2. 电化学性能

将 Li-B 合金应用于锂-硫电池中发现，Li-B 合金可以使电流分布更均匀，且抑制锂枝晶和改善循环性能的效果显著。图 7.24 对比了 Li 金属和 Li-B 合金作为锂-硫电池负极

的充放电性能，可以看到 Li-B 合金作负极时电池的库仑效率更高，并且放电时平台电压高，极化趋势小[17]。

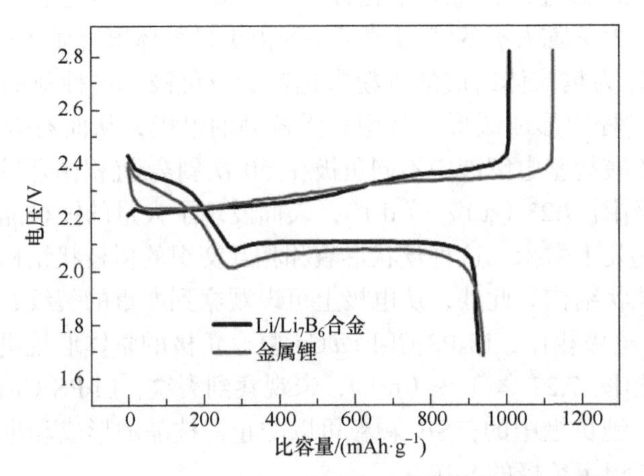

图 7.24 Li/S 电池和 Li-B/S 电池首次充放电曲线[17]

3. 应用案例

1）STEM-EELS 分析锂铟枝晶的生长机理

合金负极是全固体锂电池重要的发展方向，而锂铟负极凭借其良好的机械性能和稳定的电势，成为实验室中最常使用的合金负极之一，但锂铟合金负极在高负载、大电流循环中存在“锂铟枝晶”的生长现象，长循环后易引发电池的短路失效。为了深入研究锂铟枝晶的生长机理，清华大学张兴和桂林电器科学研究院有限公司朱凌云等[18]对枝晶进行了 STEM-EELS 分析。图 7.25（a）和（b）分别展示了低倍和高倍下锂铟枝晶的 STEM-

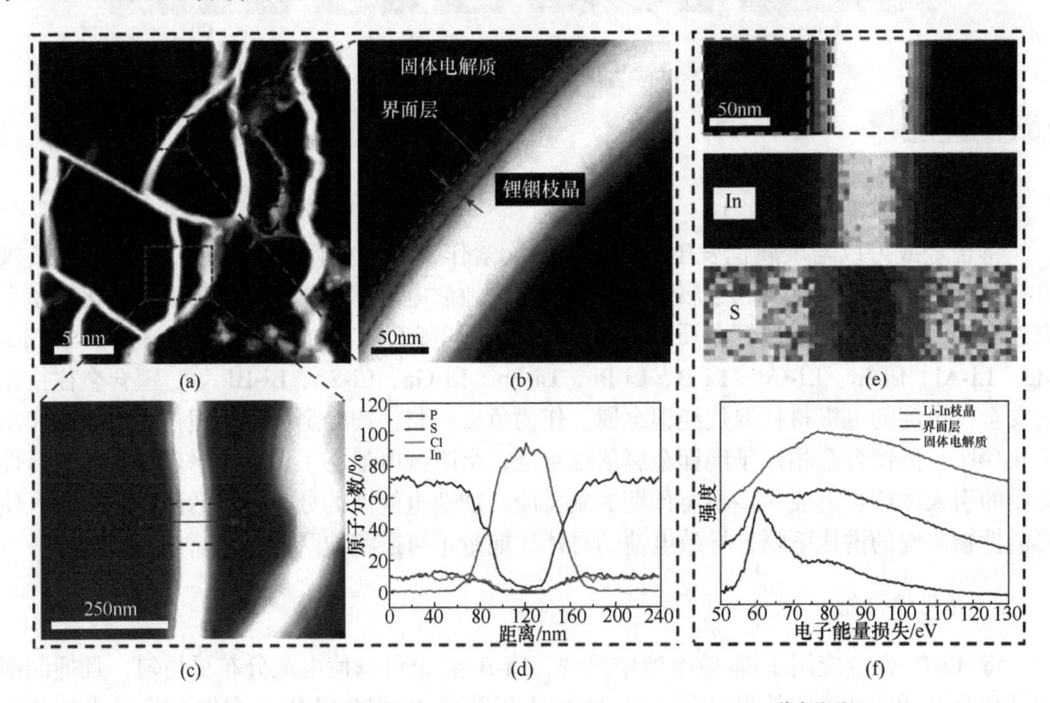

图 7.25 锂铟枝晶的 STEM-HAADF 图、EDX 及 EELS 分析[18]

HAADF 图，图 7.25（b）为 LPSCl-LiIn 的中间界面层。从图中可以清楚地看出，锂铟枝晶-电解质界面处存在厚度约为 15nm 的中间层。从图 7.25（c）和（d）所示的 STEM 图和 EDX 表征可以发现，中间层中元素 P、S、Cl 和元素 In 呈现相反的变化趋势，EELS 扫描同样证实了这一结果[图 7.27（e）]。由于硫化物电解质中 S 元素的含量较高，中间层主要由 S 与 In 元素组成，因此其中可能有铟硫化物生成。图 7.25（f）所示的 EELS 谱图进一步证明在中间层产生了不同于锂铟枝晶和 LPSCl 电解质的新相。

2）原位恒电流电化学阻抗谱监测锂离子动力学演化过程

近年来，随着具有更高能量密度和更好安全性的固体电池的蓬勃发展，锂离子传输动力学进入了固体离子学和电化学等全新领域。清华大学张强等[19]选用锂铟合金为研究对象，研究了锂离子传输动力学过程中的载流子和速控步骤。利用恒电流电化学阻抗谱（GEIS）原位监测反应过程。如图 7.26 所示，阻抗演化分为四个阶段。半圆形在整个第一次放电平台的初始阶段表现出持续的收缩（Li_xIn，$0 < x < 1$），阻抗从 30Ω 降低到 8Ω。随后，半圆在第二次放电平台处逐渐扩大，在 15～50Ω 之间呈递增趋势。随着 Li_xIn 中 Li 含量的增加（$x > 1.2$），锂离子动力学发生了剧烈变化，在从第二个平台到第三个平台过渡期间，阻抗迅速增加到大于 600Ω。总阻抗在第二个平台和第三个平台之间的临界锂含量点达到最大值，最终阻抗的形状变为一个半圆，并且达到了 250Ω。

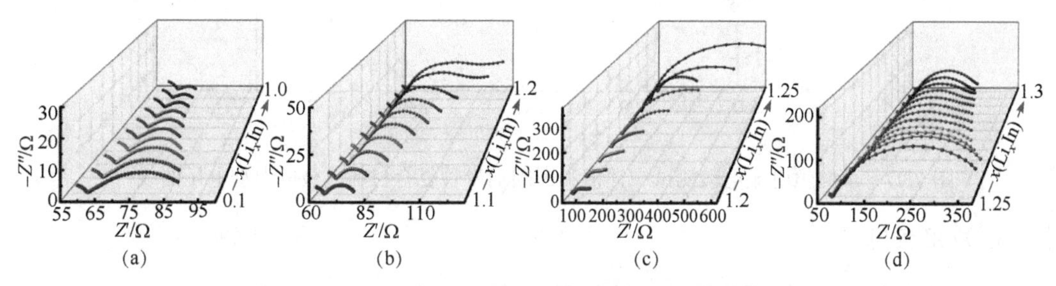

图 7.26 Li-In 合金持续锂化过程中的 Li^+ 动力学演化[19]

7.3.3 锂碳复合材料

1. 结构及特点

金属锂与电解液激烈的电化学反应将会在消耗金属锂的同时，大量消耗电解液。因而在使用酯类电解液，并且较大循环容量的情况下，金属锂负极的库仑效率通常低于 90%。另外，金属锂在脱出时由于根部优先溶解，也会产生大量的“死锂”，降低金属锂的利用率。使用电镀法、熔融加热法和机械混合法等将金属锂和 3D 骨架材料混合得到金属锂-骨架材料复合物，其中碳基材料是充当金属锂骨架的理想候选者之一，乙炔黑、碳纳米管、科琴黑和导电炭黑等碳材料常用于锂碳复合材料中，锂碳复合材料在反应过程中不易生成“死锂”，且碳骨架的高机械强度可保证结构稳定，应用于锂电池表现出优异的循环稳定性。

2. 电化学性能

以锂碳纳米管复合材料（Li-CNT）为例，Li-CNT 复合材料的独特结构为其用作锂负极提供了有利的电化学性能。通过将熔融的锂金属注入碳纳米管微球中可以获得高锂含量的锂碳纳米管复合材料。与锂箔相比，Li-CNT 复合材料较少形成锂枝晶。在单向恒电流电镀测试中，锂在不同的电流密度下被连续电镀到电极上，树枝状晶体生长穿过 100mm 厚的环形间隔物并将内部短路所需的时间记录为短路时间 T_{sc}。如图 7.27 所示，当以 $0.5mA \cdot cm^{-2}$ 充电时，带有锂箔电极的电池电压先升高后迅速降低，并在 23h 内观察到由于枝晶导致短路而突然下降至 0mV。而具有 Li-CNT 复合材料电极的电池电压在开始时显示更缓慢地增长，然后在很长一段时间内稳定下降，直到 72h 发生短路[20]。

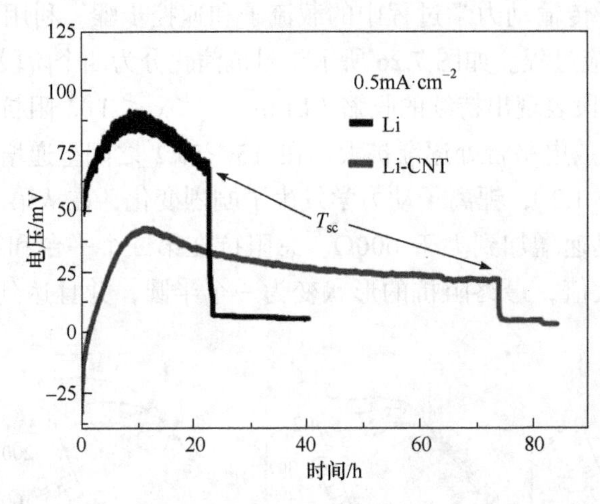

图 7.27 单向恒电流电镀测试中锂箔和锂碳纳米管复合材料电极的典型电压曲线[20]

3. 应用案例

1）锂-石墨复合电极用作固体电池的界面兼容负极

采用陶瓷基固体电解质（SSE）的全固体电池（ASSB）具有传统锂离子电池无法实现的高安全性。锂金属是具有最高比容量的负极材料，也可与 ASSB 中的不易燃 SSE 一起使用，锂金属负极在石榴石型氧化物 SSE 中最稳定，然而 ASSB 的快速发展因锂/陶瓷界面的大界面电阻受到了严重阻碍。同济大学黄云辉等[21]制造了锂-石墨（Li-C）复合负极，与纯锂相比，Li-C 复合材料的流动性更低，黏度更高，该负极与石榴石型 SSE 的润湿性更高。图 7.28（a）～（c）显示石榴石颗粒在浸入熔融 Li-C 复合材料之前和之后的光学照片。在 3s 内，石榴石被 Li-C 完全包覆。而纯锂无法包覆石榴石颗粒[图 7.28（d）～（f）]，即石榴石具有疏锂表面。界面形态进一步证明了 Li-C/石榴石和 Li/石榴石界面之间的明显差异。Li-C/石榴石界面呈现紧密接触[图 7.28（g）]，即使在加热下将 Li 压到石榴石颗粒上后，Li/石榴石界面仍存在间隙[图 7.28（h）]。Li-C/石榴石界面的 EDX 映射图像也证实了锂基体中锂化石墨的存在以及 Li-C 和石榴石颗粒之间的良好接触[图 7.28（i）～（l）]。以上结果表明，Li-C 复合材料是与石榴石型 SSE 界面相容的负极材料。

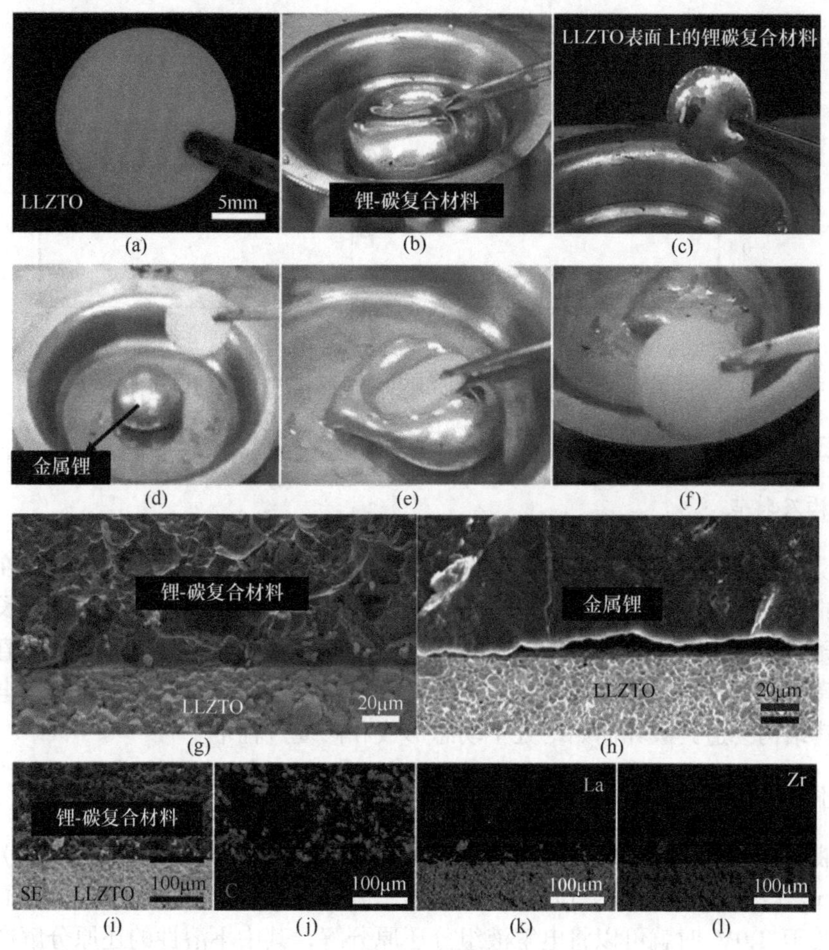

图 7.28 （a~f）石榴石型锂镧锆钽氧（LLZTO）颗粒在熔融 Li-C[（a）~（c）]和纯锂[（d）~（f）]中浸渍前后的光学照片；（g、h）Li-C/石榴石（g）和纯锂/石榴石（h）界面的 SEM 图；（i）~（l）Li-C/石榴石界面的 EDX 元素映射[21]

2）金属锂-碳纳米管复合负极用于高性能锂-氧气电池

非质子锂-氧气电池因其高理论比能量（$3458Wh \cdot kg^{-1}$，基于 Li_2O_2 为放电产物）而备受关注。但锂金属负极因易与电解质成分（溶剂、阴离子、添加剂等）反应，产生固体电解质界面膜（SEI 膜）并在循环时产生锂枝晶而很少满足锂-氧气电池所需的可逆性和可循环性。上海交通大学陈立桅等[22]设计了一种用于非质子锂-氧气电池的先进锂-碳纳米管（Li-CNT）复合负极。Li-CNT 复合负极材料具有微球外观、由交织的 CNT 形成的坚固内部电子传导网络和通过十八烷基膦酸（OPA）在 Li-CNT 表面形成的人造 SEI 膜。由于其独特的结构设计和表面化学性质，Li-CNT 复合负极在放电和再充电时基本没有体积膨胀和锂枝晶生长。图 7.29 为在电流密度为 $0.5mA \cdot cm^{-2}$ 时对称电池的电压曲线。对于 Li-CNT||Li-CNT 电池，在循环的初始阶段观察到放电和充电时的低极化小于 10mV，甚至在 300 次循环后极化仍然小于 30mV，表明与 Li-CNT 复合电极高度稳定的锂剥离/电镀过程。

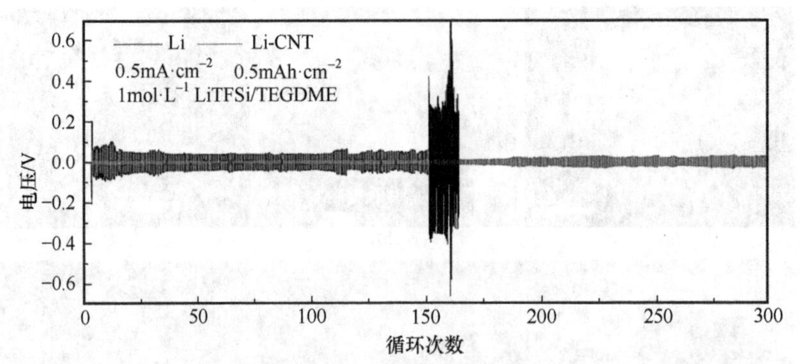

图 7.29 Li-CNT||Li-CNT 和 Li||Li 电池中锂剥离/电镀的电压曲线[22]

7.3.4 人工 SEI 膜

1. 结构及特点

SEI 膜是指锂离子电池在首次充电过程中由电解液被氧化还原分解并沉积在电极材料表面形成的界面膜。具有离子导通、电子绝缘特性的 SEI 膜是锂离子电池能够长期稳定工作的保障条件，对其容量、倍率、循环、安全性能等都有至关重要的作用。值得注意的是，SEI 膜并不是在首次化成过程中形成就一直稳定存在，而是伴随着锂离子电池的循环充放电，其结构会遭到破坏而始终处于动态形成和修复过程中。

2. 电化学机理

电解液的最低未占分子轨道（LUMO）能级和最高占据分子轨道（HOMO）能级分别约为 1.0V *vs.* Li^+/Li 和 4.7V *vs.* Li^+/Li，当锂离子电池首次充电时，负极材料表面电势不断降低，当低于 1.0V 时就可以将电解液组分还原分解，其中不溶性的还原分解产物会逐渐沉积在负极材料表面形成 SEI 膜，如图 7.30 所示。

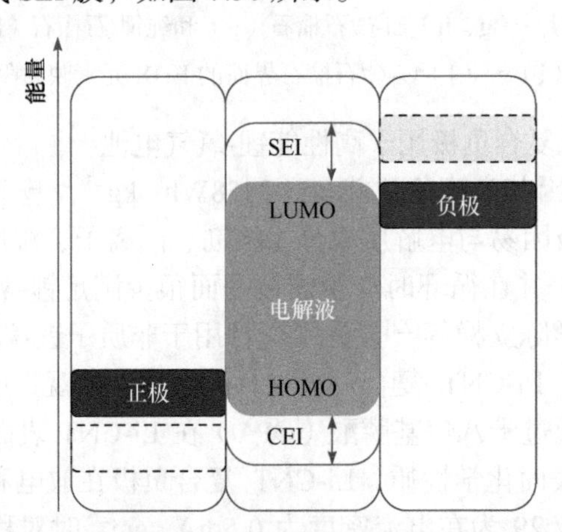

图 7.30 电解液在电极表面被氧化还原的能级示意图

只要锂金属浸泡在非水电解质中，就会在负极/电解质界面快速形成 SEI 膜。然而，原位形成的 SEI 膜通常是不稳定的，容易在循环过程中破裂，这导致库仑效率降低和锂枝晶穿透。因此，形成均匀且稳定的 SEI 膜是解决这些问题的关键。“人工 SEI 膜”的构建已被证实是解决这些问题的有效手段之一。人工 SEI 修饰是通过非原位手段，在金属锂负极包覆一层低电子电导率、高离子电导率、高机械强度的薄膜，达到抑制枝晶生长的目的。电池在循环时人工 SEI 可以起到均匀分散锂离子，调节到达锂金属负极的离子分布，同时对锂沉积形成的枝晶进行机械阻挡的作用，从而延长电池循环寿命。

3. 应用案例

1）实现锂负极超致密锂沉积的自适应人工 SEI 膜

锂金属被认为是有望应用于新一代电池的负极材料，然而不可控的锂枝晶生长和脆弱的 SEI 阻碍了锂金属负极的实际应用。在电化学体系中，自然形成的 SEI 具有化学不均匀性和结构不均匀性，在长期循环下，均匀锂沉积会导致 SEI 的成分和结构不断演变，而大多数人工合成的 SEI 膜不具有亲锂性，在高容量循环过程中容易与基体分离，导致保护机制失效，因此很少有通过应用界面膜来实现高容量和稳定致密的锂金属层。中南大学赖延清等[23]通过简单的酸化作用利用羧甲基纤维素钠（CMC-Na）制备羧甲基纤维素-锂（CMC-Li）薄膜以稳定锂负极。丰富的氢键结构使 CMC-Li 大分子交联成均匀的致密层，在羧甲基纤维素中取代锂离子可以提高离子导电性并重新分配锂离子通量，从而在铜箔集流体上实现超致密沉积。SEM 图和锂连续电镀过程的原位观察证明，CMC-Li 膜是一种自适应的人工 SEI 膜，具有高离子转移数（0.66）和高杨氏模量（24.6GPa），可防止锂枝晶的穿透，并适应锂沉积过程中的体积膨胀。CMC-Li 膜可被电解质溶液渗透，自由移动的锂离子含量增加，使 Li^+迁移数增加，如图 7.31 所示。

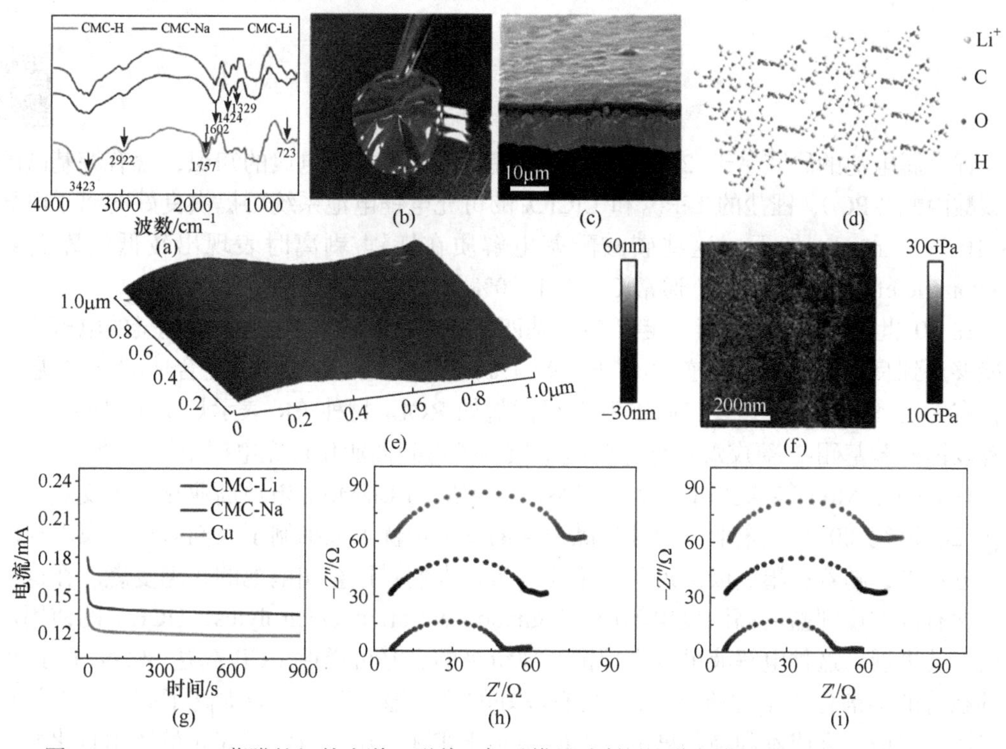

图 7.31 CMC-Li 薄膜的红外光谱、形貌、杨氏模量映射及电位极化曲线和相应 EIS 图[23]

2）单离子导电聚合物刷人工 SEI 膜

锂枝晶生长带来的严重安全问题一直是锂金属电池实用化面临的挑战。中山大学吴丁财、刘如亮等[24]开发了一种新型超结构单离子导电聚合物刷（CNF-*g*-PSSLi）作为人工 SEI 膜来抑制锂金属电池中锂枝晶的生长。实验结果表明，CNF-*g*-PSSLi 薄膜具有良好的力学性能（弹性模量为 5.30GPa），可以抑制电池循环过程中枝晶的生长，并且具有良好的界面接触和快速的离子传输。以 CNF-*g*-PSSLi 为人工 SEI 膜的对称 Li|Li 电池在超高电流密度（$20mA \cdot cm^{-2}$）下表现出优异的镀锂/剥离稳定性。此外，基于 CNF-*g*-PSSLi 薄膜的 Li|$LiFePO_4$ 全电池具有较长的使用寿命，在 5C 倍率下，每次循环的容量衰减率仅为 0.08%，如图 7.32 所示。

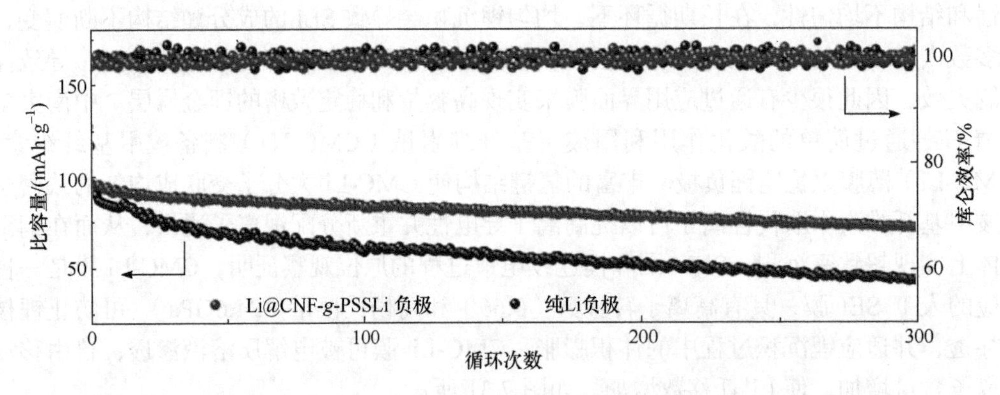

图 7.32 基于纯 Li 和 Li@CNF-*g*-PSSLi 负极的 Li|$LiFePO_4$ 电池的电化学性能[24]

7.4 电 解 质

锂金属电池的研究始于 20 世纪 60 年代初期。根据锂电镀的知识，含有烷基碳酸酯的碳酸丙酯（PC）、锂盐的 $LiPF_6$ 和 $LiClO_4$ 的可充电锂电池系统可提供良好的离子电导率（$\approx 10^{-3}S \cdot cm^{-1}$）。然而，这些碳酸酯基电解质在镀锂/剥离时表现出较低的库仑效率（coulombic efficiency，CE）（通常 CE 小于 90%）。

在 20 世纪 70 年代后期，醚与 2-甲基四氢呋喃（2-Me-THF）等烷基醚的电解质被发现能够达到良好的锂电极可逆性（CE≈97.4%），这可能是因为形成更合适的 SEI 层，其中含有无机锂盐如氟化锂、Li_2CO_3 和有机锂盐如 ROLi 物种（R 表示烷基）。1978 年，埃克森以锂四苯基硼-二氧戊烷溶液作为电解质制备得到商业化可充电锂金属电池。

1985 年，Moli 能源公司将含有 $LiAsF_6$ 电解质的 Li||MoS_2 电池商业化，大受欢迎。然而在 20 世纪 80 年代末期，由锂枝晶引起的安全担忧大大抑制了人们对锂金属电池的热情。近年来，随着石墨负极接近其理论比容量，人们对锂金属电池的兴趣复燃。在这一阶段，含有高浓度锂盐的高浓度电解质（high concentration electrolytes，HCE）的使用取得了很大的进展。这种电解液可以实现锂金属负极的良好可逆性（CE 高达 99.3%）。此外由于其独特的溶剂化化学性质，HCE 具有较好的氧化稳定性，从而提高了高压正极材料的稳定性。然而，高成本和高黏度的 HCE 不利于实际应用。对此研究人员使用氟化醚作为 HCE 的稀释剂，进一步提高了锂金属负极的循环性能。

7.4.1　醚类电解液

1. 结构及特点

目前，锂-硫电池电解液使用最广泛的溶剂是醚类，如二甲氧基乙烷（DME）、二噁烷（DOL）和四甘醇乙醚（G4）等。醚类溶剂具有锂盐溶解性好、化学和电化学稳定性较高、介电常数（ε）适中、离子电导率高的特点。应用较多的锂-硫电池电解液是以 LiTFSI 或 $LiCF_3SO_3$ 为锂盐，DME 与 DOL 体积比 1：1 混合的有机液态电解液体系。另外，为了优化电解液，研究人员还将添加剂 $LiNO_3$ 加入电解液中，已被证明可以有效地缓解锂-硫电池的穿梭效应，并延长电池的循环寿命以及提高电池的库仑效率。常见电解质溶剂及锂盐分子结构如图 7.33 所示。

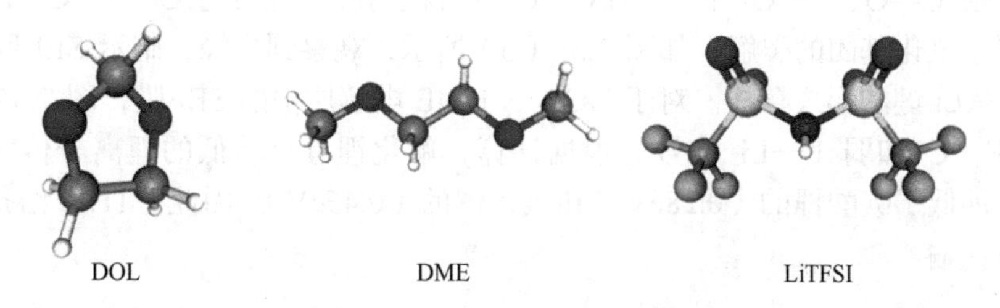

图 7.33　常见电解质溶剂及锂盐分子结构

2. 电化学性能

电解液在锂-硫电池的电化学行为中起至关重要的作用。醚基电解液因其对多硫化锂（$Li_2S_{4\sim8}$，LPSs）中间体的高溶解度、与锂负极的良好相容性和适当的离子导电性而最受欢迎。电解液与硫的比值（E/S 比）是决定锂电池实际能量密度的关键参数之一。高 E/S 比会降低能量密度，带来安全隐患，但锂-硫电池在贫醚类电解液下会发生失效问题。锂-硫电池在乙醚电解液中的典型放电曲线有两个放电平台，分别是 2.4～2.1V 的高压放电平台和 2.1～1.9V 的低压放电平台。理论上，高压平台贡献了 418mAh · g^{-1} 的放电比容量，占全放电比容量的 25%，而低压平台贡献剩余的 75%比容量（1254mAh · g^{-1}），如图 7.34 所示[25]。

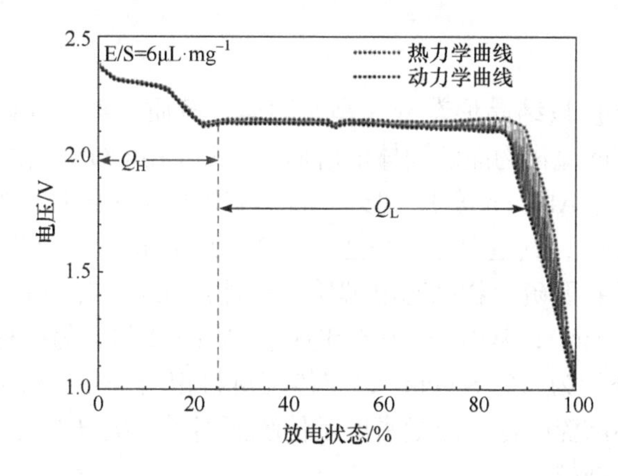

图 7.34　锂硫电池的归一化 GITT 曲线[25]

GITT：恒电流间歇滴定，galvanostatic intermittent titration technique

3. 应用案例

X 射线光电子能谱（XPS）分析 SEI 膜成分：锂金属电池被认为是面向未来的能量存储装置，以满足高比容量、长周期和高倍率能量存储的要求。然而，当前的锂金属电池仍然存在显著的缺点，包括由于锂金属的高反应性引起的容量快速衰减、低倍率容量和安全问题，这些都归因于商用电解液体系下锂离子溶剂化较大的能量势垒和锂负极/电解液界面较低的离子电导率。哈尔滨工业大学何伟东、澳大利亚阿德莱德大学郭再萍、中国科学技术大学王功名等[26]合作设计了基于 2,2,2-三氟乙基-1,1,2,3,3,3-六氟丙基醚（THE）的电解液体系，有效提高了锂金属电池的长周期和高倍率性能。图 7.35 显示了在 60% THE 电解质和 DOL + DME 电解质中的 SEI 膜的 XPS。图 7.35（a）用 C 1s 光谱研究了用醚电解质溶剂，包括 C═O、C—O 和 C—H/C—C 的有机物质。观察到 CF_3 和 C—F 的明显信号，这归因于氟化基团的裂解。如图 7.35（b）所示，观察到主峰，暗示 SEI 膜中的 F 元素主要以 F—Li 键的形式存在。对于 DOL + DME 电解质中的 SEI 膜，图 7.35（c）观察到显著的 F—C 和弱 F—Li 信号。根据计算，氟化锂具有较低的锂离子传输能量势垒（0.19eV），远低于碳酸锂的（0.28eV）和氧化锂的（0.45eV）。因此，THE 溶剂能促进锂离子的高效传输。

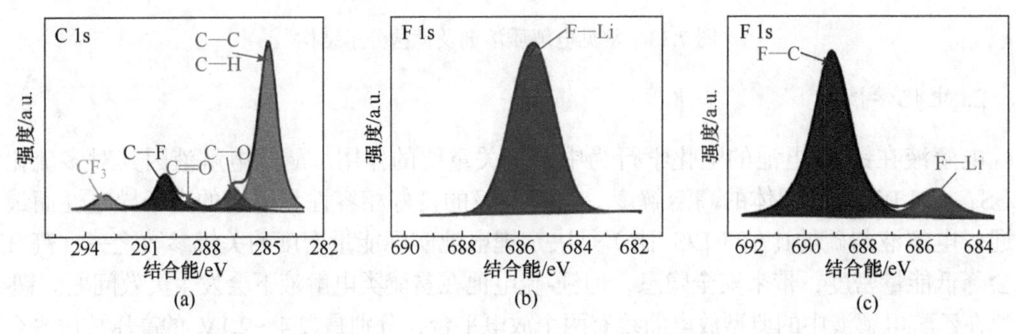

图 7.35　60% THE 电解质（a、b）和 DOL + DME 电解质（c）的 XPS 图[26]

7.4.2　硫化物固体电解质

1. 结构及特点

硫化物固体电解质按结晶形态分为晶态固体电解质、玻璃固体电解质及玻璃陶瓷固体电解质。最为典型的硫化物晶态固体电解质是 thio-LISICON。化学通式为 $Li_{4-x}A_{1-y}B_yS_4$（A=Ge、Si 等，B= P、Al、Zn 等）。另外一种具有锂离子三维扩散通道的硫化物晶态电解质 $Li_{10}GeP_2S_{12}$（LGPS），其室温电导率达到 $1.2\times10^{-2}S\cdot cm^{-1}$，电化学稳定窗口宽（5V 以上）。2016 年，两种新型硫化物晶态电解质：一种是 $Li_{9.54}Si_{1.74}P_{1.44}S_{11.7}Cl_{0.3}$，27℃下离子电导率为 $2.5\times10^{-2}S\cdot cm^{-1}$，基本是 $Li_{10}GeP_2S_{12}$ 材料的 2 倍；另一种电解质是 $Li_{9.6}P_3S_{12}$，室温下锂离子电导率约为 $10^{-3}S\cdot cm^{-1}$，与传统材料相当，并且对金属锂稳定。采用这些材料试制出了全固体陶瓷电池，能量密度是传统锂离子二次电池的 2 倍以上，且在−30～100℃可循环 200～1000 次。

硫化物玻璃态电解质通常由 P_2S_5、SiS_2、B_2S_3 等网络形成体以及网络改性体 Li_2S 组成，体系主要包括 $Li_2S-P_2S_5$、Li_2S-SiS_2、$Li_2S-B_2S_3$，组成变化范围宽，室温离子电导率高，可达 10^{-4}～10^{-2}S · cm^{-1}，同时具有热稳定性好、安全性能好、电化学稳定窗口宽（达 5V 以上）的特点，在高功率以及高低温固体电池方面优势突出，是极具潜力的固体电池电解质材料。在硫化玻璃中添加另一种网络形成体，利用“混合阴离子效应”也可以起到提高电导率的作用。早在 1981 年 Malugani 等就发现锂卤化物 LiI 的掺入可以提高 Li_2S-P_2S_5 玻璃电解质的电导率（可达 10^{-3}S · cm^{-1} 以上），如图 7.36 所示。

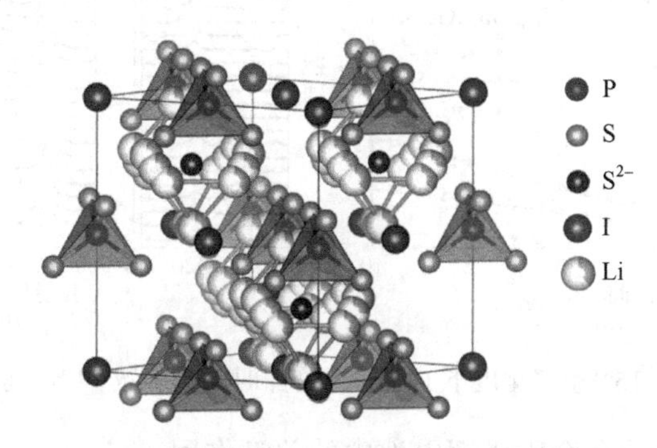

图 7.36　晶态硫化物固体电解质结构

玻璃陶瓷态硫化物电解质一般通过对玻璃态硫化物电解质进行高温析晶处理获得，通过调控结晶温度的方式来控制结晶相的组成，最终的产物往往为晶态和玻璃态的有机结合。

2. 电化学性能

硫化物固体电解质具有高的离子电导率、低的晶界电阻和高的氧化电位。这是由于硫的离子半径大，极化能力强，构建了更大的锂离子传输通道；硫的电负性比氧低，弱化了锂离子与相邻骨架结构间的键合作用，增大了自由锂离子浓度；许多主族元素与硫能够形成更强的共价键，所得到的硫化物更稳定，不与金属锂反应，使得硫化物电解质具有更好的化学和电化学稳定性。尽管硫化物固体电解质与液体有机电解质相比在离子电导率方面不再逊色，但严重的界面阻抗阻碍了锂离子的传输并对全固体电池性能造成了巨大影响。

3. 应用案例

1）高离子导电性和空气稳定性的银矿硫化锂电解质用于全固体锂离子电池

固体电解质在提高传统锂离子电池的能量密度和安全性方面具有广阔的应用前景。近年来，硫代锑酸锂碘化物因其高的离子电导率和空气稳定性而被认为是很有前途的固体电解质。因此，韩国科学技术院 S. Yu 等[27]利用高能球磨合成了 Ge 取代的硫代锑酸盐银氧化物，得到的 $Li_{6.5}Sb_{0.5}Ge_{0.5}S_5I$ 离子电导率为 16.1mS · cm^{-1}，通过笼间路径的协同迁移大大提高了离子的导电性，为全固体电池的发展提供了广阔的前景。15%空气湿度下的 H_2S 气体的演化量表现出 $Li_{6+x}Sb_{1-x}Ge_xS_5I$（x=0、0.5 和 0.75）在空气中的稳定性。如图 7.37（a）所示，Li_6PS_5I 产生了大量的 H_2S 气体。$Li_{6+x}Sb_{1-x}Ge_xS_5I$（x=0、0.5 和 0.75）中 H_2S 气体的减少表明 Sb—S 键和 Ge—S 键比 P—S 键具有更高的抗性。通过原位拉曼光谱测量与 S 的键合强度来检查空气稳定性，$Li_{6.5}Sb_{0.5}Ge_{0.5}S_5I$ 在空气稳定性方面具有明

显的优势，见图 7.37（b）。

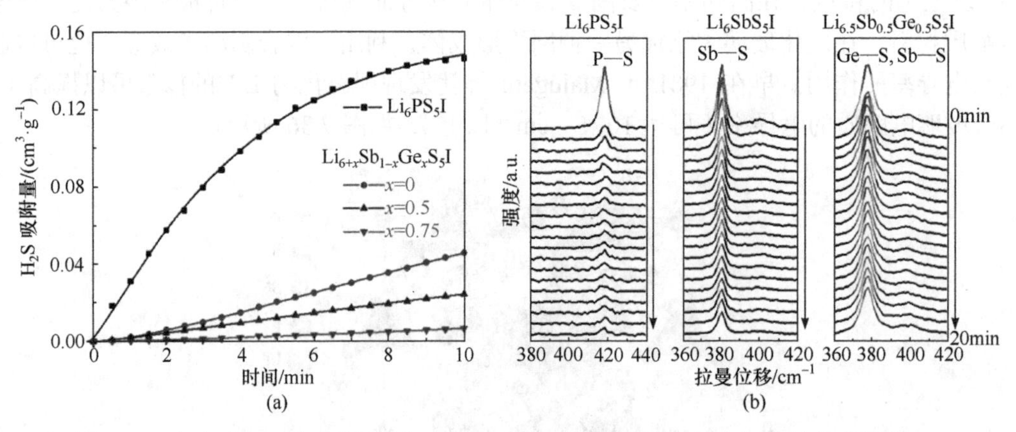

图 7.37 （a）在 15%空气湿度下 H_2S 量与暴露时间的函数；（b）原位拉曼光谱[27]

2）揭示界面离子传导在全固体锂电池中的关键作用

全固体锂离子电池的发展受到了很大的界面电阻的阻碍，这主要源于氧化物正极和固体硫化物电解质之间的界面反应。为了抑制界面反应，正极和电解质之间的界面涂层是必不可少的。然而，涂层中的界面传输动力学尚未得到很好的理解。因此，加拿大韦仕敦大学孙学良和美国布鲁克海文国家实验室苏东等[28]通过控制退火后的温度调整了涂层的界面离子导电性，发现界面离子导电性决定了界面传输动力学，提高界面离子导电性可以显著提高固体电池的电化学性能。为了研究不同界面离子电导对离子扩散系数的影响，对LNTO@NMC532 进行了 GITT 技术分析。三种 LNTO@NMC532 在首次放电过程中的GITT 曲线如图 7.38（a）所示。在同样的电流密度下，具有较高离子电导的LNTO@NMC532-450 极化程度最小，直流电压降（IR_{drop}）只有 31.8mV，远小于 91.6mV（LNTO@NMC532-350）和 161.3mV（LNTO@NMC532-550），如图 7.38（b）所示。通过不同放电深度下的锂离子扩散系数证实了界面离子传导在硫化物基固体电池的重要性[图 7.38（c）]，LNTO@NMC-450 的平均锂离子扩散系数远超过 LNTO@NMC532-450 和LNTO@NMC532-550。显而易见，高离子电导的界面包覆正极材料在固体电池中具有较高的锂离子扩散系数，而较低的离子电导包覆的正极材料则表现出较差的锂离子传输动力学。

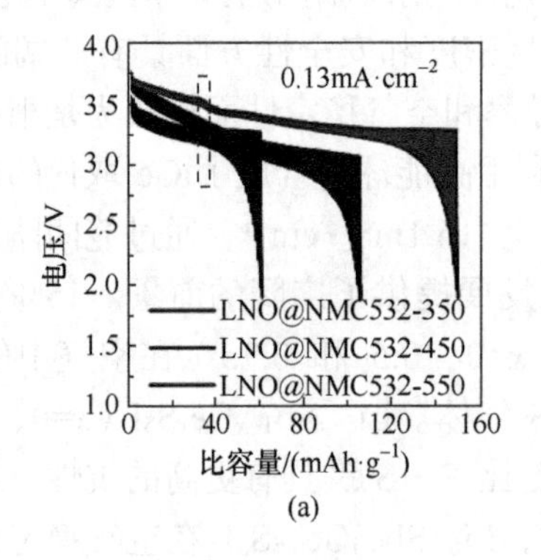

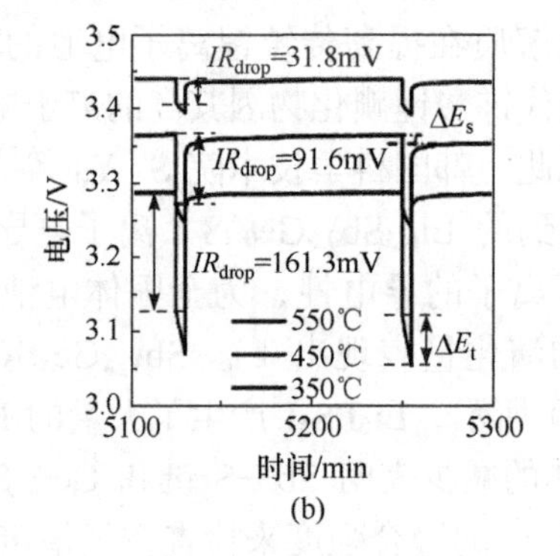

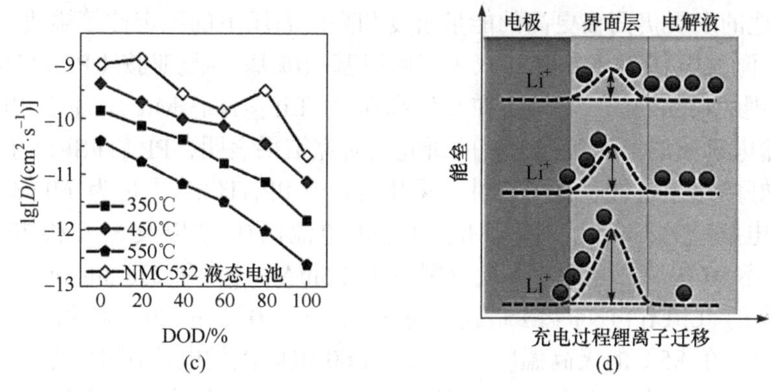

图 7.38 LNTO 包覆的 NMC532 锂离子传输动力学分析[28]

DOD：放电深度，depth of discharge

7.4.3 $PP_{14}TFSI$ 和 $Pyr_{13}TFSI$ 离子液体

1. 结构及特点

离子液体具有导电率高、挥发性小、不可燃、电化学窗口宽、化学和热稳定性高等优点，作为锂二次电池电解质的组成部分，主要有以下几种方式：①离子液体+锂盐；②离子液体+锂盐+有机添加剂；③锂盐+有机溶剂+离子液体（离子液体的含量少，作为添加剂）；④锂盐+有机溶剂+离子液体（离子液体的含量较多，作为阻燃剂）。目前，研究较多的离子液体有咪唑、吡咯、吡啶和哌啶盐等，其中哌啶型离子液体对锂电极动力学性质稳定，但其黏度较高，会降低电解液的电化学性能。研究发现，与其他阴离子（PF_6^-、BF_4^-、Cl^-等）相比，$TFSI^-$在低电势下容易被还原成不溶锂离子的化合物，并在锂、石墨负极表面形成钝化膜。所以，目前研究离子液体电解液时，阴离子多为 $TFSI^-$，$Pyr_{13}TFSI$ 与 $PP_{14}TFSI$ 的分子结构式如图 7.39 所示。

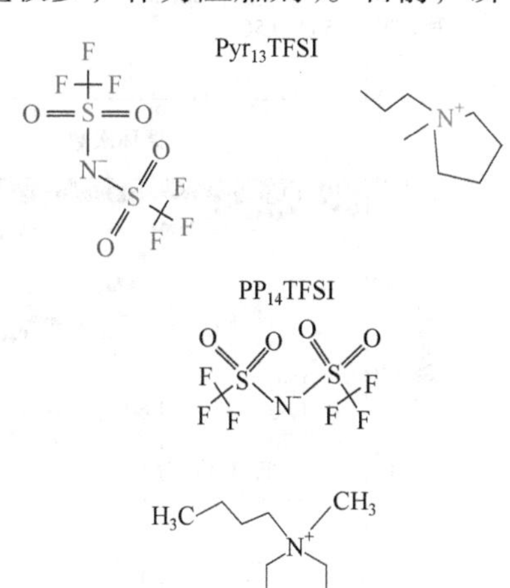

图 7.39 $Pyr_{13}TFSI$ 与 $PP_{14}TFSI$ 的分子结构式

2. 电化学机理

$PP_{14}TFSI$ 和 $Pyr_{13}TFSI$ 离子液体的电导率高，电化学稳定性好，具有良好的溶解性能，并且还具有难挥发、不可燃的性质，可以提高电池的稳定性，消除安全隐患，适合用作锂离子电池的电解液。例如，以天然石墨作为正负极材料，以 $Pyr_{13}TFSI$ 离子液体作为电解质，可以制备出一种具有高电压平台的离子液体电池系统。

3. 应用案例

高温高压下含有离子液体-环丁砜/LiDFOB 电解质的安全锂离子电池：锂离子电池具有比能量高、倍率容量大、循环寿命长等优点，已广泛应用于电动汽车（electric vehicle，EV）、混合动力汽车（hybrid electric vehicle，HEV）和消费电子产品中。但是目

前锂离子电池的发展仍面临更高的能量密度和高温高压下的稳定性等挑战。深圳大学的董亮等[29]研究了 1-甲基-1-丁基哌啶双（三氟甲基磺酰基）-酰亚胺（$PP_{14}TFSI$）-环丁砜/二氟草酸硼酸锂（LiDFOB）电解质在高温高压 $Li/Li_{1.15}(Ni_{0.36}Mn_{0.64})_{0.85}O_2$ 电池中作为传统 $LiPF_6$/碳酸盐电解质的潜在替代材料的研究。研究结果表明，$PP_{14}TFSI$-环丁砜/LiDFOB 电解质具有良好的热稳定性和低可燃性。采用 E60（$PP_{14}TFSI$ 含量为 60wt%，环丁砜含量为 40wt%）电解液的 $Li/Li_{1.15}(Ni_{0.36}Mn_{0.64})_{0.85}O_2$ 电池在 0.5C 以及 55℃和 70℃下，在 2.0～4.6V 之间循环 50 次后，电池比容量分别为 $172.5mAh \cdot g^{-1}$ 和 $238.8mAh \cdot g^{-1}$。此外，采用 E60 电解液的 $Li/Li_{1.15}(Ni_{0.36}Mn_{0.64})_{0.85}O_2$ 电池在 70℃的 3C 高倍率放电比容量为 $97.9mAh \cdot g^{-1}$。在 85℃的极高温度下，采用 E60 电解液的电池在 1C 循环 50 次后放电比容量为 $218.7mAh \cdot g^{-1}$。高压 $Li/Li_{1.15}(Ni_{0.36}Mn_{0.64})_{0.85}O_2$ 电池在高温下的优异循环性能归功于其固有的氧化稳定性和 E60 电解液形成的致密稳定的正极-电解质界面膜（CEI 膜），如图 7.40 所示。

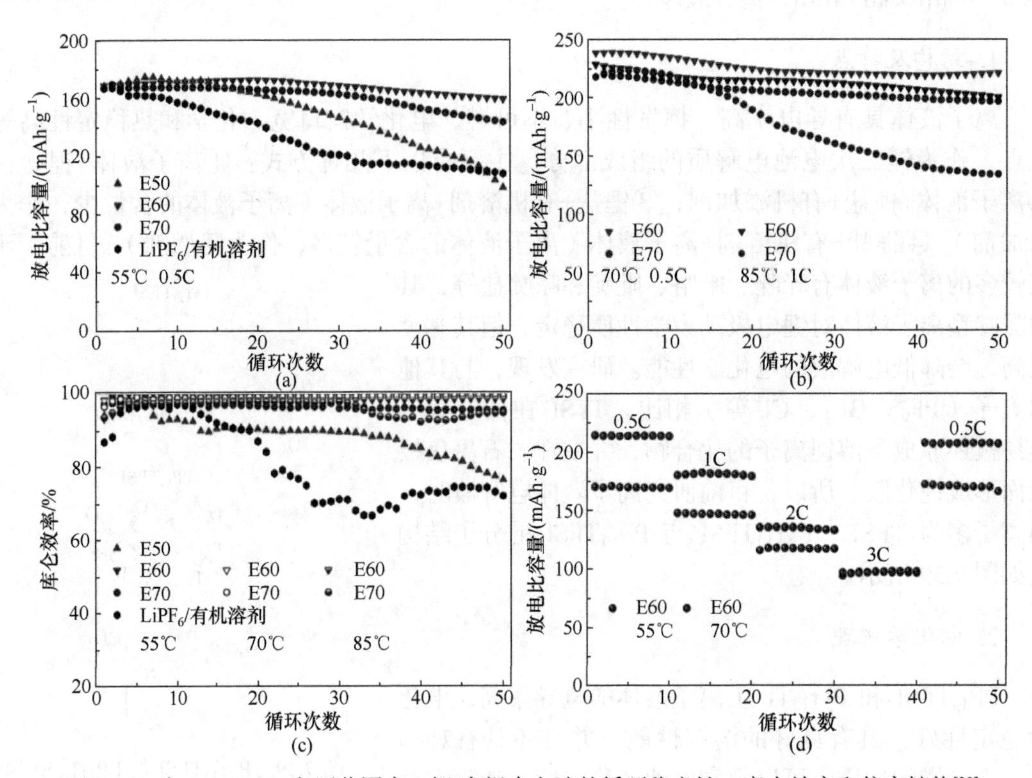

图 7.40 在 2.0～4.6V 电压范围内，锂/富锂半电池的循环稳定性、库仑效率和倍率性能[29]

7.4.4 二氟草酸硼酸锂

1. 结构及特点

LiDFOB 是一种新型硼酸类锂盐，分子结构类似于二草酸硼酸锂（LiBOB）和四氟硼酸锂（$LiBF_4$）的组合，如图 7.41 所示。硼酸锂中硼为阴离子的中心，草酸根中的两个氧原子连接在硼上，与此同时，硼与其他三个阴离子上的三个氧原子相互作用，五重配位结构由此构成，而且易于结合其他分子，构成正八面体配位的结构。LiDFOB 属于斜方晶系，空间群

为 *Cmcm*，晶胞参数为 $a = 0.62623(8)$nm、$b = 1.14366(14)$nm、$c = 0.63002(7)$nm、$\beta = 90.0°$。LiDFOB 在碳酸酯中的溶解度大、电化学窗口宽、有良好的高低温性能，与 $LiCoO_2$、$LiMnO_2$ 及 $LiFePO_4$ 等正极材料均有优异的相容性。

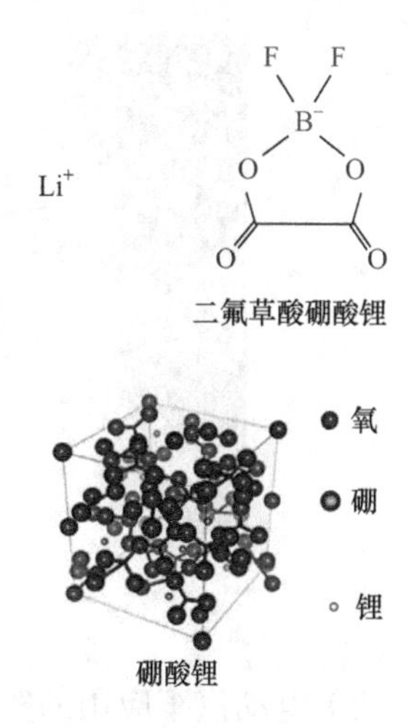

图 7.41　二氟草酸硼酸锂和硼酸锂结构图

2. 电化学性能

在同样的有机溶剂下，温度高于 10℃时，LiDFOB 的电导率小于 LiBOB 的，温度低于–30℃领先于 LiBOB 的，说明其具有良好的低温稳定性，同时对铝箔有很好的钝化作用。LiDFOB 在 1.5～1.7V 处有一个形成石墨电极 SEI 膜的小平台。LiDFOB 与石墨电极材料、三元材料组成电池的高温循环性能优异，高温下循环 100 次的不可逆损失容量仅为相同条件下 $LiPF_6$ 的一半。LiDFOB 的优异性能引起公司、学校和科研院所等机构的广泛研究，部分已经实现了产业化。

3. 应用案例

1）通过人工正极-电解液界面实现超快充电和稳定循环双离子电池

香港城市大学 Denis Y. W. Yu 等[30]通过电解液中添加二氟草酸硼酸锂盐，在石墨表面原位形成坚固耐用的正极-电解液界面膜（CEI 膜），这使得石墨/锂电池在 5℃下进行 4000 次循环后的容量保持率达到 87.5%，为保护石墨正极提供了一种有效的界面稳定策略。为了探索 LiDFOB 添加剂提高性能的根本原因，通过 TEM 研究了正极在完全充电状态下的形态演变。图 7.42 显示了第 2 次和第 150 次循环后的石墨电极的 TEM 图，电池分别采用空白电解液和含有 0.5wt% LiDFOB 的电解液。对于在空白电解液中循环的石墨电极，在第 2 次循环后，在材料表面上观察到一层厚且不均匀的 CEI 膜[图 7.42（a）]。CEI 膜厚度进一步增加至约 150 次循环后为 56nm[图 7.42（b）]。电解液和石墨表面之间的持续副反应导致 CEI 膜增厚，从而产生较大的界面电阻，并阻碍 PF_6^- 运输阴离子进入石墨正极。相比之下，对于在含有 0.5wt% LiDFOB 的电解液中循环的石墨电极，在充电和放电状态下，在石墨表面观察到 3nm 厚的 CEI 膜[图 7.42（c）]。在第 150 次循环后，CEI 膜保持在 7nm 左右[图 7.42（d）]，表明经 LiDFOB 添加剂改性的 CEI 膜的界面稳定性增强。因此，使用 LiDFOB 添加剂原位形成的稳定 CEI 膜可显著减少副反应并提高循环稳定性。

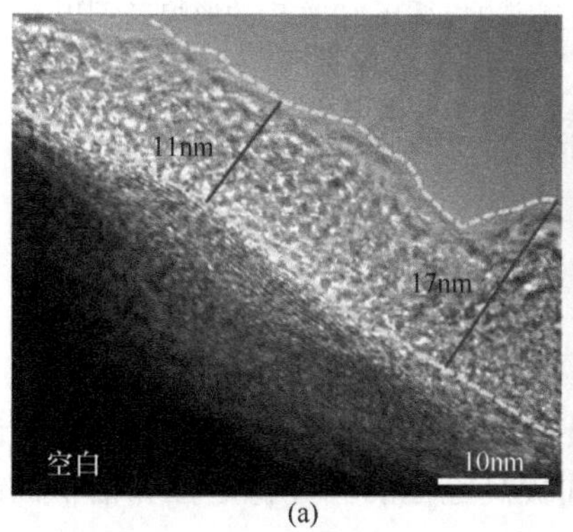

(a)

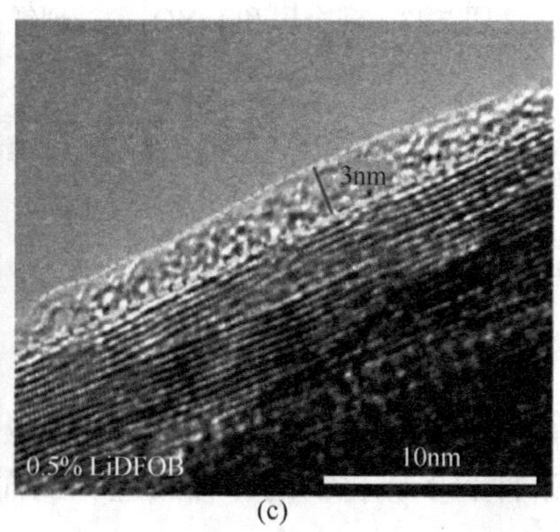

(c)

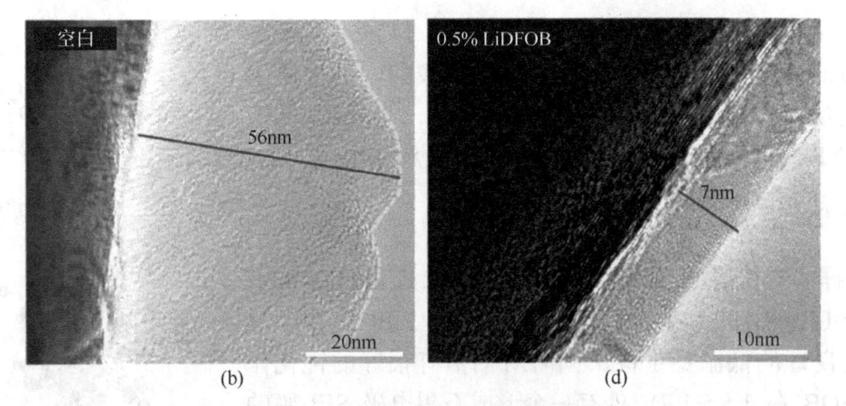

图 7.42 石墨电极形态的表征[30]

2）电动汽车应用的实际运行条件下运行的锂金属电池

锂金属理论比容量为 3860mAh · g^{-1}，被认为是高能量密度电池的替代负极。锂金属电池用于电动汽车时，需要在实际运行条件下运行。然而，锂枝晶生长导致了在快速充电速率和高活性材料负载下的低循环效率，阻碍了 LMB 在电动汽车中的应用。韩国汉阳大学能源工程系 Y. K. Sun 等[31]使用改性有机电解液和锂金属预处理，在锂负极表面形成稳定而坚固的 SEI 膜，在 300 次循环中实现了前所未有的循环稳定性。循环锂金属表面的 AFM 图突出了锂表面原位和非原位处理的协同效应。裸露的锂金属显示出粗糙的表面形态，而经硝酸锂（$LiNO_3$）处理的锂金属即使在重复沉积-剥离过程后仍保持相对均匀和光滑的表面，如图 7.43 所示。

图 7.43 锂金属和 $LiNO_3$ 预处理锂金属电极循环 10 次后的形貌表征[31]

7.5 隔 膜

7.5.1 碳基涂层隔膜

1. 分类及特点

碳基涂层隔膜分为纯碳涂层隔膜和碳复合材料涂层隔膜。一般将涂层改性隔膜用于锂-硫电池来抑制多硫化物的穿梭效应，从而提高电池的循环稳定性和倍率性能。纯碳材料主要有多壁碳纳米管、超导电炭黑、石墨烯、乙炔黑等。

2. 电化学性能

这些纯碳材料具有良好的导电性、易分散性、吸液性以及较大的比表面积，它们作为隔膜涂层具有较多优点：①在隔膜表面形成导电网络增加隔膜表层导电性能；②有效地捕获和储存多硫化物；③可作为二次氧化还原反应的场所；④提高隔膜对电解液的亲液性。纯碳涂层孔隙大小有限，不能很好地缓解硫在反应过程中的体积变化，且不能给聚硫化物提供足够的储存空间，导致活性物质损失较严重，且纯碳材料导电能力有限，不能有效提高电池导电率。而将不同碳材料复合、添加特殊的试剂激活碳涂层，可以有效地解决这类问题。

3. 应用案例

1）原位拉曼检测多硫化物的穿梭

哈尔滨工业大学张嘉恒等[32]采用在商用聚丙烯（PP）上涂覆的多壁碳纳米管和 N、F、B 共掺杂的 $CoFe_2O_{4-x}$ 复合涂层（$NFBCoFe_2O_{4-x}$@MWCNT）用作锂-硫电池的多功能屏障隔膜。并利用原位拉曼技术检测该改性隔膜对多硫化物穿梭效应的抑制作用。从图 7.44 可以看出基于 PP 隔膜的锂-硫电池放电过程在开始时（A 点）可以清晰地检测到多硫化物信号，表明其很容易形成长链多硫化物并通过 PP 隔膜转移。相比之下，$NFBCoFe_2O_{4-x}$@MWCNT 隔膜的电池在整个放电过程中几乎不显示拉曼信号，表明 $NFBCoFe_2O_{4-x}$@MWCNT 可以有效地捕获从正极产生的多硫化物并抑制穿梭效应。

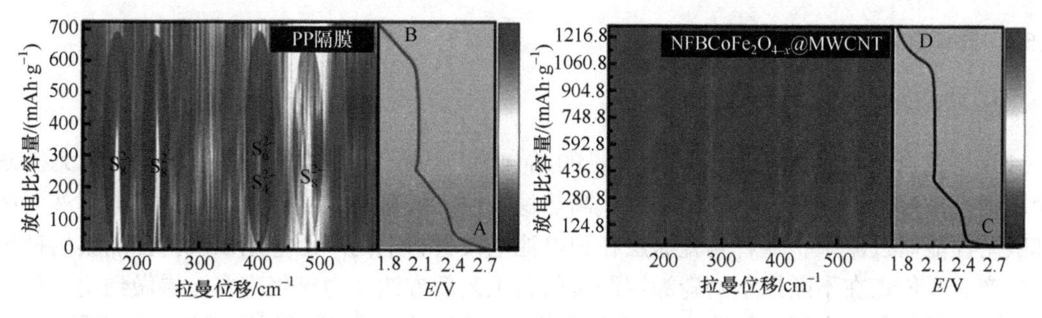

图 7.44 基于 PP 隔膜和 $NFBCoFe_2O_{4-x}$@MWCNT 隔膜在 0.2C 下的时间分辨拉曼光谱[32]

2）扫描电子显微镜观察改性隔膜形貌

磷负极具有高的理论比容量（2596mAh · g^{-1}），相对低且安全的储锂电位（0.7V *vs.* Li^+/Li），同时储量丰富、价格低廉，应用于高能量密度锂离子电池具有广阔的前景。但其循环稳定性差，首周库仑效率低，限制了磷负极的实际应用。最近研究发现，磷负极的锂化过程伴随着可溶性的多磷化锂中间体。而多磷化物的溶解和跨隔膜扩散是磷负极性能衰减的主要原因之一。天津大学孙洁等[33]针对新发现的磷负极存在中间产物溶解/穿梭的现象，通过简易的真空辅助组装的方法，将轻质的 CNT 改性层与商用电池隔膜有效复合，利用 SEM 对改性隔膜形貌进行了分析。图 7.45（a）为原始隔膜的 SEM 图，显示出典型的大孔（100nm 孔径），通过该典型的大孔，锂离子和多磷化物均可自由迁移。图 7.45（b）为改性隔膜 SEM 图，显示出基板中的大孔被 CNT 层覆盖，该 CNT 层具有交联的蜘蛛

网样形态，能提供有效的物理屏障。图 7.45（c）显示出 CNT 层的厚度约为 3μm，并且质量负载仅为 0.13mg · cm^{-2}，远小于隔膜基材（25μm 和 1.35mg · cm^{-2}）。因此，该薄型和轻质的阻挡层使隔膜在没有稀释能量密度的情况下，有效地限制多磷化物。此外，图 7.45（d）显示了 CNT 改性的隔膜在折叠实验之后仍保持完整，这表明其优异的机械强度和柔韧性。

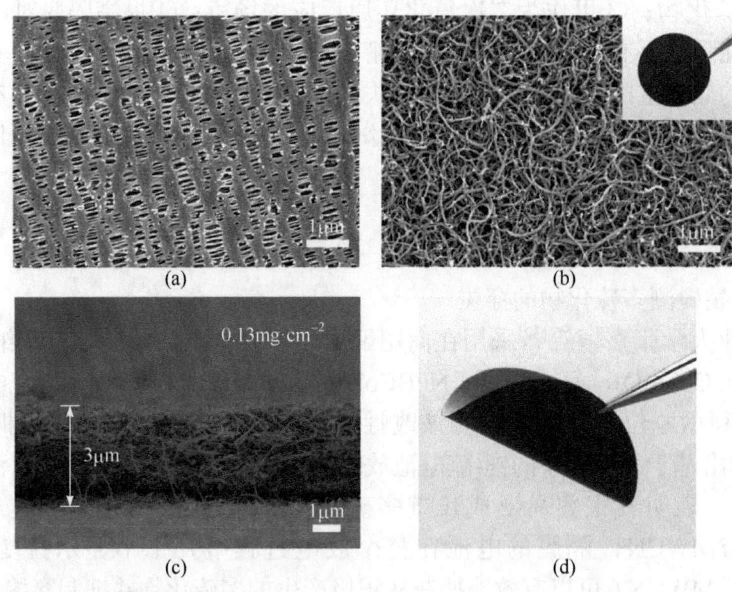

图 7.45 CNT 改性前后隔膜 SEM 图和折叠照片[33]

7.5.2 陶瓷涂层隔膜

1. 结构及特点

无机复合膜也称陶瓷膜，是由少量的黏合剂与无机粒子复合而成的多孔膜。无机复合膜具有良好的柔韧性、高力学强度、高热稳定性、优良的耐高温性、优良的电解液润湿和吸附性能。近年来，随着陶瓷涂层在锂电池电极材料上的广泛应用以及陶瓷隔膜的批量化生产，人们正在不断探索陶瓷涂层制备的新工艺新方法，力求将陶瓷涂层做到均一化、轻薄化和微纳化。在锂电行业中，溶胶-凝胶法、相转化法和原子层沉积技术应用最多。

2. 电化学性能

通过引入无机涂层的方法，能够保持隔膜的完整性，防止隔膜收缩而导致的正负极大面积接触，而且还能提高其耐刺穿能力，防止电池在长期循环中产生的锂枝晶刺穿隔膜引发的短路。在负极表面进行涂覆，可以增加负极表面的钝化效果，增强电子绝缘的方式，从而有效抑制电池高温存储条件下的电性能恶化。另外，聚乙烯或聚丙烯隔膜都是非极性的，表面疏水且表面能较低，对极性的碳酸乙烯酯、碳酸丙烯酯等有机电解液较难润湿和保持，这直接影响了电池的循环性能和使用寿命。无机陶瓷表面由于羟基的存在而亲水，它的引入能够极大地提高隔膜或电极对电解液的润湿和保持能力，提升电池的性能。

3. 应用案例

用于缓解锂电池内部短路的纳米复合 Janus 隔膜：加利福尼亚大学圣迭戈分校纳米工程系 P. Liu 等[34]通过限制自放电电流来防止电池升温，从而减轻内部短路的影响。设计了一种纳米复合 Janus 隔膜，具有负极接触的全电子绝缘面及正极接触的部分导电性涂层，可以拦截枝晶，控制内部短路电阻，并缓慢地放空电池容量。通过对隔膜横截面的 SEM 和 EDS 分析，在图 7.46 中可以看到枝晶穿过 Janus 隔膜的电子绝缘侧被 PEC 层拦截。相反，在单层隔膜横截面中观察到枝晶已完全刺透隔膜，导致内部短路。

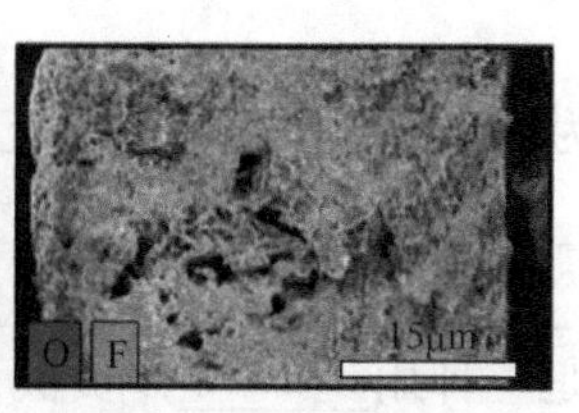

Janus 隔膜横截面

单层隔膜横截面

图 7.46 两种隔膜的 SEM 和 EDS 谱图对比[34]

习 题

一、选择题

1. 硫正极通过放电产生硫化锂（Li_2S），可以提供的理论比容量高达（　　）。

A. $1675mAh \cdot g^{-1}$　　B. $3860mAh \cdot g^{-1}$　　C. $2600Wh \cdot kg^{-1}$　　D. $712mAh \cdot g^{-1}$

2. 相比其他钙钛矿结构的金属氟化物，铁基氟化物因（　　）而具有更大潜力。

A. 当 FeF_3 和 FeF_2 发生转化反应时，电压有超过 1V 的滞后现象

B. 拥有高机械强度的碳骨架，从而保证结构稳定

C. 较强的 Fe—F 化学键使其拥有较高的电化学势

D. 整个充放电期间没有出现金属锂单质，从而避免锂枝晶等问题

3. 添加剂（　　）加入到电解液中可以有效地缓解锂硫电池的穿梭效应。

A. VC　　B. $LiNO_3$　　C. PFA　　D. 含硼添加剂

4. 离子液体锂二次电池电解质有哪些组成方式？（　　）

①离子液体+锂盐；②离子液体+锂盐+有机添加剂；③锂盐+有机溶剂+少量离子液体；④锂盐+有机溶剂+大量离子液体。

A. ①　　B. ①②④　　C. ①②③　　D. ①②③④

5. 以下哪个选项不属于陶瓷涂层隔膜的优点？（　　）

A. 良好的柔韧性　　B. 高热稳定性

C. 可捕获多硫化物　　D. 优良的电解液润湿和吸附

二、填空题

1. α-S_8 晶态的硫在 25℃下密度为 2.07g · cm^{-3}，而放电产物 Li_2S 在 25℃下的密度为 1.66g · cm^{-3}，这将导致充放电过程中发生大约_______，导致硫正极的_______。

2. _______结构中含有均匀分散的硫，避免了_______，并且其有机单元与硫及其衍生物（尤其是多硫化锂）之间具有高度的_______，提高了硫的_______，并抑制了_______。

3. 写出 Li_2S 作为锂硫电池正极材料时充放电的电极反应。

正极反应：___________________________________

负极反应：___________________________________

4. 锂-空气电池是一种用_______作负极，以空气中的_______作正极反应物的电池，电池工作时，负极处发生金属锂的_______过程，正极处发生氧还原反应和_______反应。

5. 目前二次锂-碘电池主要分为两种，一种是利用_______，组成基于液态活性物质的锂-碘电池，另一种是与正常的锂离子电池一样，用_______将碘单质进行吸附，构建_______的锂-碘电池。

6. 将合金或可以与金属锂发生合金反应的元素作为_______，在电池充电时此类负极材料通常会与锂合金化形成______，而在电池放电时金属间化合物______。整个充放电期间没有出现_______，从而避免_______等问题。

7. 固体电解质界面膜（SEI 膜）是指锂离子电池在首次充电过程中由于电解液_______并沉积在电极材料表面形成的界面膜。具有_______、_______特性的 SEI 膜是锂离子电池能够长期稳定工作的保障条件。

8. 纯碳材料具有良好的_______、_______、吸液性及较大的_______，它们作为隔膜涂层具有较多优点：①在隔膜表面形成导电网络增加隔膜表层导电性能；②有效地捕获和存储_______；③可作为_______的场所；④提高隔膜对电解液的亲液性。

三、简答题

1. 目前使用单质硫充当锂-硫电池正极材料面临哪些挑战？

2. 简述锂-空气电池中的 O_2 电极的缺点。

3. 写出锂-碘电池充放电过程中正负极发生的电化学反应，并简述其充放电过程。

4. 人工 SEI 膜需要具备哪些条件？

5. 简述硫化物固体电解质具有高的离子电导率、低的晶界电阻和高的氧化电势的原因。

参考文献

[1] 熊润荻，向经纬，李想，等. 锂硫电池综合性能协同提升策略[J]. 科学通报, 2022, 67(11): 16.

[2] Wang Z, Ji H Q, Zhou L Z, et al. All-liquid-phase reaction mechanism enabling cryogenic Li-S batteries[J]. ACS Nano, 2021, 15(8): 13847-13856.

[3] Chen X, Ji H J, Rao Z X, et al. Insight into the fading mechanism of the solid-conversion sulfur cathodes and designing long cycle lithium-sulfur batteries[J]. Advanced Energy Materials, 2022, 12(1): 2102774.

[4] Chen R J, Zhao T, Wu F. From a historic review to horizons beyond: Lithium-sulphur batteries run on the wheels[J]. Chemical Communications, 2014, 51: 18-33.

[5] Zhang X Y, Chen K, Sun Z H, et al. Structure-related electrochemical performance of organosulfur compounds for lithium-sulfur batteries[J]. Energy & Environmental Science, 2020, 13: 1076-1095.

[6] Wang Z, Shen X W, Li S, et al. Low-temperature Li-S batteries enabled by all amorphous conversion process of organosulfur cathode[J]. Journal of Energy Chemistry, 2022, 64: 496-502.

[7] Kim H, Lee J, Ahn H, et al. Synthesis of three-dimensionally interconnected sulfur-rich polymers for cathode materials of high-rate lithium-sulfur batteries[J]. Nature Communications, 2015, 6: 7278.

[8] He J, Bhargav A, Manthiram A. High-performance anode-free Li-S batteries with an integrated Li_2S-electrocatalyst cathode[J]. ACS Energy Letters, 2022, 7(2): 583-590.

[9] Wang J, Zhang J, Duan S R, et al. Interfacial lithium-nitrogen bond catalyzes sulfide oxidation reactions in high-loading Li_2S cathode[J]. Chemical Engineering Journal, 2022, 429: 132352.

[10] Wu D F, Guo Z Y, Yin X B, et al. Metal-organic frameworks as cathode materials for Li-O_2 batteries[J]. Advanced Materials, 2014, 26(20): 3258-3262.

[11] Tu F F, Hu J P, Xie J P, et al. Au-decorated cracked carbon tube arrays as binder-free catalytic cathode enabling guided Li_2O_2 inner growth for high-performance Li-O_2 batteries[J]. Advanced Functional Materials, 2016, 26(42): 7725-7732.

[12] Cheng Z, Pan H, Li F, et al. Achieving long cycle life for all-solid-state rechargeable Li-I_2 battery by a confined dissolution strategy[J]. Nature Communications, 2022, 13: 125.

[13] Li X L, Wang Y L, Chen Z, et al. Two-electron redox chemistry enabled high-performance iodide-ion conversion battery[J]. Angewandte Chemie International Edition, 2022, 61(9): 1-10.

[14] Fu W B, Zhao E B, Sun Z F, et al. Iron fluoride-carbon nanocomposite nanofibers as free-standing cathodes for high-energy lithium batteries[J]. Advanced Functional Materials, 2018, 28(32): 1801711.

[15] Jiang J, Li L P, Xu M W, et al. FeF_3@thin nickel ammine nitrate matrix: smart configurations and applications as superior cathodes for Li-ion batteries[J]. ACS Applied Materials & Interfaces, 2016, 8(25): 16240-16247.

[16] Ye Y S, Zhao Y Y, Zhao T, et al. An antipulverization and high-continuity lithium metal anode for high-energy lithium batteries[J]. Advanced Materials, 2021, 33(49): 2105029.

[17] Zhang X L, Wang W K, Wang A B, et al. Improved cycle stability and high security of Li-B alloy anode for lithium-sulfur battery[J]. Journal of Materials Chemistry A, 2014, 2(30): 11660-11665.

[18] Luo S T, Wang Z Y, Li X L, et al. Growth of lithium-indium dendrites in all-solid-state lithium-based batteries with sulfide electrolytes[J]. Nature Communications, 2021, 12(1): 6968.

[19] Lu Y, Zhao C Z, Zhang R, et al. The carrier transition from Li atoms to Li vacancies in solid-state lithium alloy anodes[J]. Science Advances, 2021, 7(38): 5520-5520.

[20] Wang Y L, Shen Y B, Du Z L, et al. A lithium-carbon nanotube composite for stable lithium anodes[J]. Journal of Materials Chemistry A, 2017, 5: 23434-23439.

[21] Duan J, Wu W, Adelaide M, et al. Lithium-graphite paste: an interface compatible anode for solid-state batteries[J]. Advanced Materials, 2019, 31(10): 1807243.

[22] Guo F, Kang T, Liu Z J, et al. Advanced lithium metal-carbon nanotube composite anode for high-performance lithium-oxygen batteries[J]. Nano Letters, 2019, 19(9): 6377-6384.

[23] Dong Q Y, Hong B, Fan H L, et al. A self-adapting artificial SEI layer enables superdense lithium deposition for high performance lithium anode[J]. Energy Storage Materials, 2022, 45: 1220-1228.

[24] Zeng J K, Liu Q T, Jia D Y, et al. A polymer brush-based robust and flexible single-ion conducting artificial

SEI film for fast charging lithium metal batteries[J]. Energy Storage Materials, 2021, 41(1): 697-702.

[25] Jin Q, Qi X Q, Yang F Y, et al. The failure mechanism of lithium-sulfur batteries under lean-ether-electrolyte conditions[J]. Energy Storage Materials, 2021, 38(1): 255-261.

[26] Dong L W, Liu Y P, Wen K C, et al. High-polarity fluoroalkyl ether electrolyte enables solvation-free Li^+ transfer for high-rate lithium metal batteries[J]. Advanced Science, 2022, 9(5): 2104699.

[27] Lee Y, Jeong J, Lee H J, et al. Lithium argyrodite sulfide electrolytes with high ionic conductivity and air stability for all-solid-state Li-ion batteries[J]. ACS Energy Letters, 2022, 7(1): 171-179.

[28] Wang C H, Liang J W, Hwang S, et al. Unveiling the critical role of interfacial ionic conductivity in all-solid-state lithium batteries[J]. Nano Energy, 2020, 72(1): 104686.

[29] Dong L L, Liang F X, Wang D, et al. Safe ionic liquid-sulfolane/LiDFOB electrolytes for high voltage $Li_{1.15}(Ni_{0.36}Mn_{0.64})_{0.85}O_2$ lithium ion battery at elevated temperatures[J]. Electrochimica Acta, 2018, 270: 426-433.

[30] Wang Y, Zhang Y J, Wang S, et al. Ultrafast charging and stable cycling dual-ion batteries enabled via an artificial cathode-electrolyte interface[J]. Advanced Functional Materials, 2021, 31(29): 2102360.

[31] Hwang J, Park S J, Yoon C S, et al. Customizing a Li-metal battery that survives practical operating conditions for electric vehicle applications[J]. Energy & Environmental Science, 2019, 12(7): 2174-2184.

[32] Hu S Y, Yi M J, Wu H, et al. Ionic-liquid-assisted synthesis of N, F, and B Co-doped $CoFe_2O_{4-x}$ on multiwalled carbon nanotubes with enriched oxygen vacancies for Li-S batteries[J]. Advanced Functional Materials, 2022, 32(14): 2111084.

[33] Zhang Y M, Zhang S J, Cao Y, et al. Facile separator modification strategy for trapping soluble polyphosphides and enhancing the electrochemical performance of phosphorus anode[J]. Nano Letters, 2022, 22(4): 1795-1803.

[34] Gonzalez M S, Yan Q, Holoubek J, et al. Draining over blocking: nano-composite janus separators for mitigating internal shorting of lithium batteries[J]. Advanced Materials, 2020, 32(12): 1906836.

第8章

非锂电池材料与表征

8.1 非锂电池发展概述

目前，非锂电池可以分为基于一价阳离子的钠电池和钾电池以及基于多价阳离子的镁电池和铝电池。钠电池和锂电池的工作原理相似，钠离子电池的研究可以参照锂离子电池的发展路径。1976 年，Whittingham 研究了钠离子在 TiS_2 中的可逆脱嵌。1979 年，Armand 提出“摇椅式电池”的概念，开启了锂离子和钠离子电池的研究。19 世纪 80 年代，一系列具有商用价值的层状氧化物钠离子电池正极材料被发现，包括：Na_xCoO_2、Na_xMO_2（M = Ni、Ti、Mn、Cr、Nb）。2000 年是钠离子电池发展的转折点，Stevens 和 Dahn 发现了一系列具有商用价值的硬碳类钠离子电池负极材料，储钠比容量达到 $300mAh \cdot g^{-1}$。从 2010 年开始，钠离子电池的研究向低成本和实用化方向努力，材料和技术日趋成熟，相关研究论文迅速增加。2015 年，世界上首颗 18650 型圆柱钠离子电池诞生。2017 年，我国国内首家专注于开发与制造钠离子电池的企业中科海钠科技有限责任公司（简称中科海钠）成立。2021 年，中国企业中科海钠和宁德时代新能源科技股份有限公司（简称宁德时代）均推出和运用了性能优异的钠离子电池，标志着我国钠离子电池的应用和发展从此变得清晰。

钾与钠、锂同属碱金属族元素，钾电池也具有与锂电池相似的工作原理。钾元素在地壳中的含量比锂高，成本低廉，钾离子电池（KIB）被认为是锂离子电池的合适替代品。截至 2020 年底，我国已探明钾盐储量占全球 2.46%，达到 3.17 亿吨。然而，钾元素具有较高的相对原子质量和较大的离子半径，限制了其发展和运用。2004 年，Eftekhari 等最早将普鲁士蓝作为非水系钾离子电池的正极材料进行研究。直到 2015 年，与钾离子电池相关的论文发表数量才开始不断增加。2015 年，Komaba 等证明钾离子可以通过电化学方法嵌入石墨中，可达 $273mAh \cdot g^{-1}$ 的可逆比容量。2017 年，快离子导体 NASICON 型的 $K_3V_2(PO_4)_3$/C 复合物首次作为钾离子电池的正极材料被研究。2022 年，我国科学家制备出富氧三维蜂窝状碳负极可以实现钾离子电池长达 18 个月的超长循环。

镁电池的开发较早，应用领域较少，主要供军事、航空航天和气象测候等使用。1990 年，Gregory 等首次组装了完整的镁二次电池。2014 年，日本京都大学教授内本喜晴领导的研究小组开发出一款镁蓄电池，使用一种铁硅化合物作为电池正极，充电量达锂电池的 1.3 倍，材料费用仅为锂电池的 10%。2017 年，中国科学院青岛生物能源与过程研究所的崔光磊课题组开发出一种由无机 $MgCl_2$、镁粉与氟代硼酸酯原位反应得到的电解液，其与硫正极匹配显示出良好的倍率性能，这为镁电池进一步实用化提供了坚实的基础。2020 年，休斯敦大学姚彦团队携手北美丰田研究中心，使用有机醌正极和基于硼分

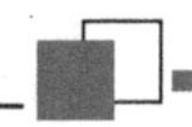

子簇[$Mg(CB_{11}H_{12})_2$]的电解液，开发了一种高功率型的镁电池，具有 30.4Wh · kg^{-1} 的能量密度，展现出使用高能量密度金属进行快速能量储存的可能性。2022 年，崔光磊研究团队开发出能量密度为 560Wh · kg^{-1} 的镁金属单体电池，突破了镁电池的关键技术瓶颈。

铝离子电池具有超高质量比容量，同时具有更高的安全性。1972 年，Holleck 等根据使用 $AlCl_3$-KCl-NaCl 作为非水熔盐电解质还原 Cl_2 的原理，报道了玻璃碳电极中的 Al-Cl_2 电池。1980 年，在 100℃以上的高温下以及 $AlCl_3$-NaCl 电解质中，FeS_2 被用作 Cl_2 的替代品。1984 年，Dymek 等报道了一种基于 1-甲基-3-乙基咪唑氯化物与 $AlCl_3$ 的物理混合的离子液体电解质，实现了室温下的离子转移和充放电。1988 年，TakAmi 和 Koura 报道了在 150～300℃温度下工作的 Al-FeS 电池，同时，Gifford 等报道了配备离子液体电解质的铝-石墨电池。2011 年，Archer 等报道了 Al-V_2O_5 电池，并使用 $AlCl_3$/1-乙基-3-甲基咪唑氯化物离子液体作为电解质。2015 年，Archer 等报道了使用离子液体电解质的铝-硫电池。2017 年，Chen 等用优质石墨烯作为正极材料构建了铝离子电池。2019 年，Yin 等报道了 MOF 衍生的 $Co_3(PO_4)_2$ 可以作为新一代高性能铝电池正极材料。2022 年，印度公司 Saturnose 计划对一种固体可充电铝离子电池进行投产和商业化。非锂电池发展时间轴如图 8.1 所示。

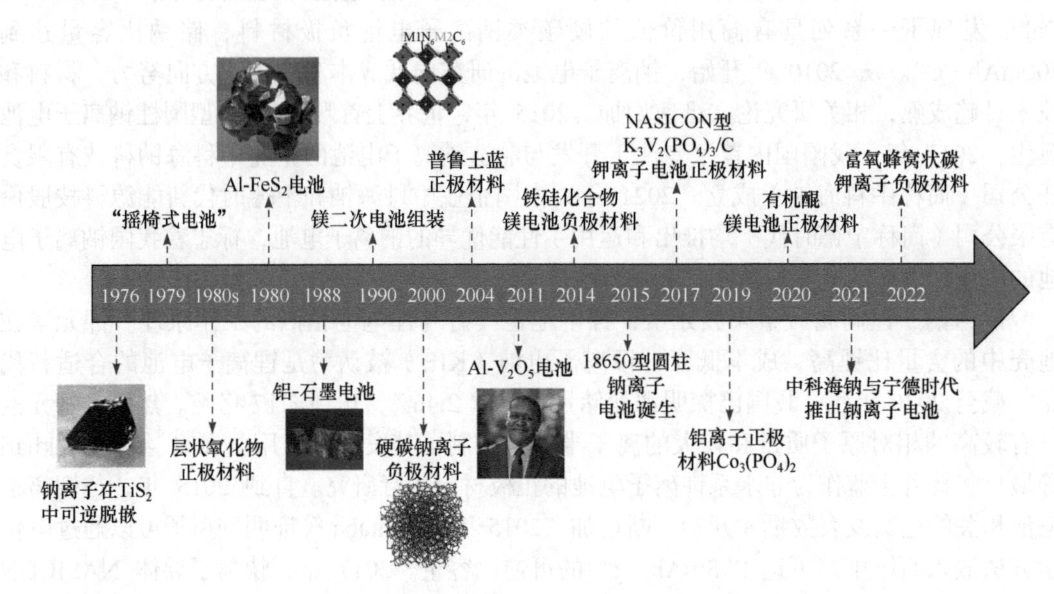

图 8.1　非锂电池发展时间轴

8.2　基于一价阳离子的钠电池和钾电池

8.2.1　过渡金属氧化物正极材料

1. 结构及特点

自 1980 年首次报道层状 $LiCoO_2$ 和 $NaCoO_2$ 的电化学 Li 和 Na 的插层现象以来，过渡金属层状氧化物 AMO_2 材料（A 为碱金属，M 为 Fe、Mn、Co、V、Cr 等中的一种或多种）作为锂离子电池和钠离子电池的正极材料得到了广泛的研究[1]。而关于钾离子电池过渡金属层状材料的研究，直到 2016 年才有在非水系钾离子电池中电化学插层行为的报道[1]。当前商用的锂离子电池正极材料，如 $LiCoO_2$、$LiNi_{0.8}Co_{0.15}Al_{0.05}O_2$ 和 $LiNi_{1/3}Mn_{1/3}Co_{1/3}O_2$ 都是与 α-$NaFeO_2$ 结构相同的化合物。因此，α-$NaFeO_2$ 也是电池研究领域中最常见的含碱金属层状氧化物之一，这种材料具有层状岩盐型结构，$R\bar{3}m$ 空间群。

2. 电化学机理

层状过渡金属氧化物具有合成方便、结构简单和原料来源广等优点，是钠离子电池正极材料的有力竞争者。它能够提供高于 $100mAh \cdot g^{-1}$ 的比容量和高于 3.5V 的电压。典型的层状结构材料：$Na_{2/3}Ni_{1/3}Mn_{2/3}O_2$（NNMO），通过 Fe 取代 NNMO 中部分的 Mn 可以得到 $Na_{2/3}Ni_{1/3}Mn_{7/12}Fe_{1/12}O_2$。$Fe^{3+}$的引入降低了 Na^+的有序性，使该材料具有优异的倍率性能和较好的循环稳定性，如图 8.2 所示[2]。

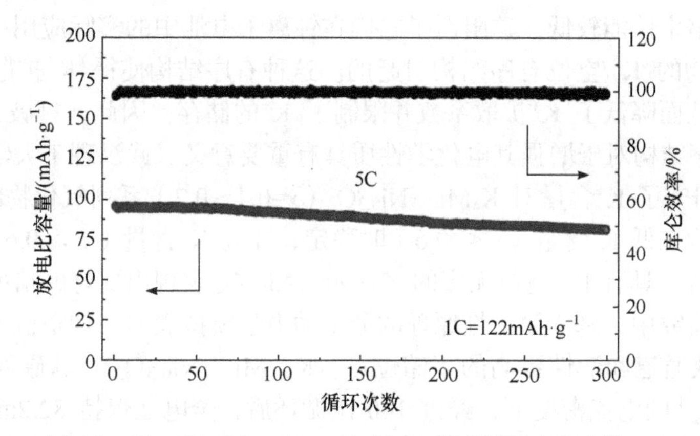

图 8.2　$Na_{2/3}Ni_{1/3}Mn_{7/12}Fe_{1/12}O_2$ 以 5C 倍率循环 300 次[2]

3. 应用案例

1）提升钠电层状氧化物正极材料空气稳定性和倍率性能的一种策略

高比容量的钠基层状过渡金属氧化物作为钠离子电池正极材料表现出巨大的潜力。然而，它们的实际应用受到其固有的空气敏感性和缓慢动力学的限制。目前一般的改进策略很难实现这两方面性能的同时提升，因此寻找一种简单且通用的策略同时实现空气稳定性和动力学性能的提升，对于促进钠基层状氧化物的商业应用至关重要。中国科学院化学研究所郭玉国、福建师范大学姚胡蓉和黄志高等[3]提出在钠基层状氧化物正极中引入适量钠空位，一方面提高过渡金属价态增强材料的抗氧化能力进而抑制材料和空气中水与二氧化碳的反应，另一方面优化钠离子迁移路径并扩大层间距改善材料的动力学性能，为过渡金属氧化物正极材料的性能优化提供了新的方向。图 8.3（a）、（b）显示在 $40mA \cdot g^{-1}$ 的电流密度下合成的 $NaLi_{0.12}Ni_{0.25}Fe_{0.15}Mn_{0.48}O_2$（NaLNFM）和具有钠空位的 $Na_{0.93}Li_{0.12}Ni_{0.25}Fe_{0.15}Mn_{0.48}O_2$（$Na_{0.93}$LNFM）两种材料均能提供 $130mAh \cdot g^{-1}$ 的比容量，但 $Na_{0.93}$LNFM 具有更优的倍率性能[图 8.3（c）]。

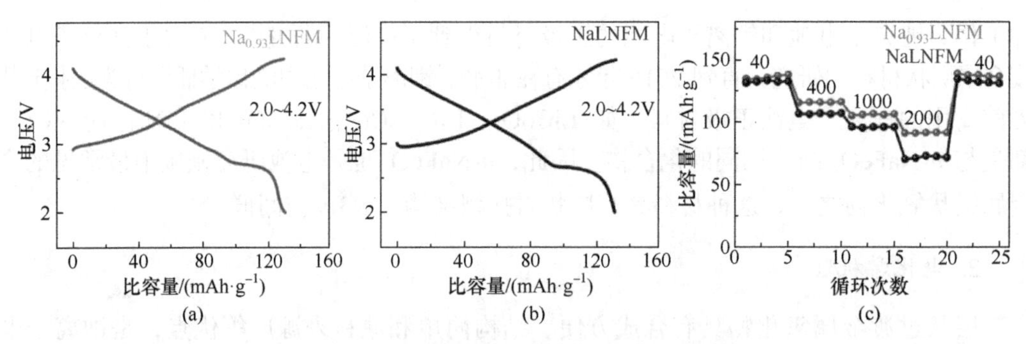

图 8.3　钠电层状氧化物正极材料电化学性能测试[3]

2）设计钾电高性能层状氧化物正极

层状过渡金属氧化物由于其相对较高的理论比容量而被认为是最有希望的正极材料之一，但是由于钾离子的输运动力学缓慢以及钾离子（K^+）的储存位点有限，导致可实现的比容量和倍率性能较低，这阻碍了它们在钾离子电池中的实际应用。性能较差是层状过渡金属氧化物的 K^+/空位有序结构引起的。这种有序结构使得 K^+扩散势垒升高，K^+储存位点减少，从而降低了 K^+扩散系数并限制了 K^+的储存。因此，打破 K^+/空位有序以形成 K^+/空位无序结构对于增强其电化学性质具有重要意义。武汉理工大学的吴劲松、麦立强等[4]系统地研究了 K^+含量对 $K_xMn_{0.7}Ni_{0.3}O_2$（x=0.4～0.7）系列氧化物的影响，发现 K^+/空位有序超结构在低 K^+含量（$x < 0.6$）时稳定，在高 K^+含量（$x > 0.6$）时形成 K^+/空位无序结构。同时，具有 K^+/空位无序的 $K_{0.7}Mn_{0.7}Ni_{0.3}O_2$ 表现出更好的倍率性能和更高的放电比容量。在研究中，基于第一性原理的分子动力学模拟表明，钾空位无序结构具有相互交联的 K^+扩散通道和活性更高的存储位点。$K_{0.7}Mn_{0.7}Ni_{0.3}O_2$ 与软碳匹配的钾离子全电池，在 0.1A · g⁻¹的电流密度下，经过 100 次循环后，全电池保持 82.2mAh · g⁻¹的可逆比容量，容量保持率达 86.4%[图 8.4（a）、（b）]。在 0.5A · g⁻¹ 的电流密度下仍具有

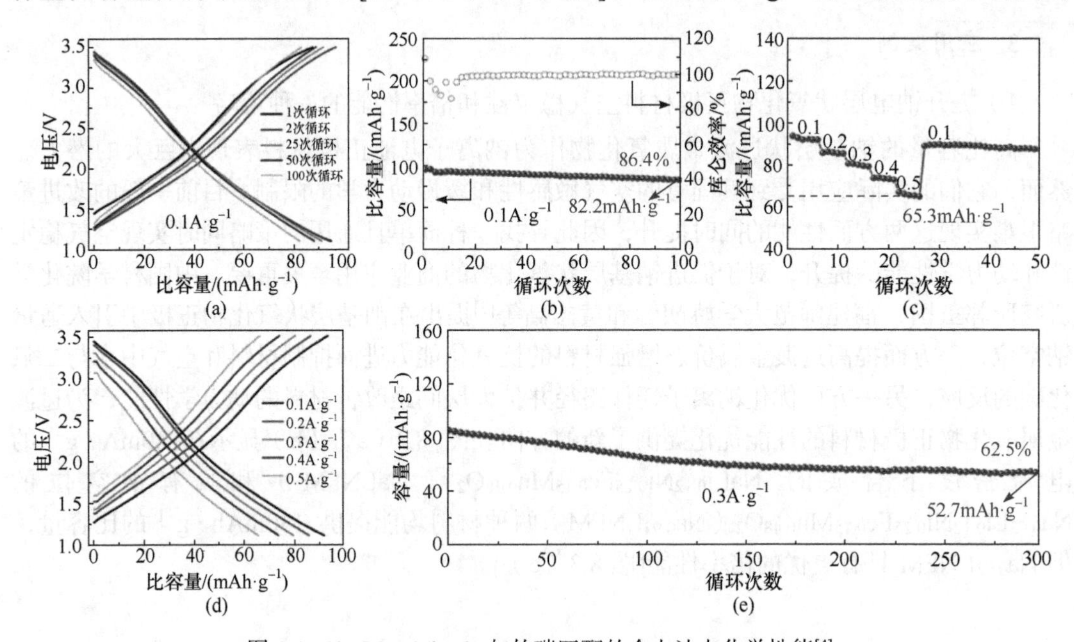

图 8.4　$K_{0.7}Mn_{0.7}Ni_{0.3}O_2$ 与软碳匹配的全电池电化学性能[4]

65.3mAh · g^{-1}的高比容量[图 8.4（c）]。甚至在 0.3A· g^{-1}下循环 300 次后，全电池仍表现出 52.7mAh · g^{-1}的可逆比容量，容量保持率为 62.5%[图 8.5（e）]。

8.2.2 普鲁士蓝类正极材料

1. 结构及特点

普鲁士蓝{$Fe_4[Fe(CN)_6]_3$}是一种传统颜料，早在 18 世纪就有报道。起初它被用作颜料，随着研究的深入，研究人员发现普鲁士蓝类似物可用于电化学领域。普鲁士蓝类似物（Prussian blue analogue，PBA）典型的化学式为 $A_xM[Fe(CN)_6]_y \cdot zH_2O$，其中 A 为碱金属离子，M 可以为 Mn、Fe、Ni、Cu 等，x 随 $M[Fe(CN)_6]$中 M 和 Fe 的化学价变化而变化。普鲁士蓝类似物通过具有以面为中心的立方结构，结构的 MN_6 八面体和 FeC_6 八面体交替连接，形成具有开放离子通道和间隙的三维刚性框架。这种结构能提供较快的离子插层动力学和结构稳定性，这是普鲁士蓝及其类似物作为碱金属离子电池正极材料的关键优势。此外，由于过渡金属离子 M 和 Fe 离子的高电化学活性，M 离子和 Fe 离子都参与电子转移反应，为普鲁士蓝类似物提供较高比容量。

2. 电化学特点

对于钠离子电池，普鲁士蓝类材料的三维开放性骨架结构和大的间隙为钠离子快速扩散提供了有利条件，但电子传输速率对反应同样有巨大的影响，材料的电子导电性对钠离子在晶格中的迁移速率有明显的作用。钠离子扩散也会受到晶体缺陷含量的影响。对于有机体系电池，结晶水的含量也会影响到钠离子的扩散。一般结晶性高、电子导电性好的材料，具有更高的钠离子扩散系数，有利于钠离子快速迁移。

使用单一铁源的水热法代替传统的化学沉淀法，即只使用 $Na_4Fe(CN)_6$ 溶液并利用高温和酸性条件的水热方法，使得 $Na_4Fe(CN)_6$ 解离出 Fe^{2+}，随后该 Fe^{2+}与剩余的 $Na_4Fe(CN)_6$ 发生反应获得普鲁士蓝材料。由于 Fe^{2+}解离的速率非常缓慢，降低了生成普鲁士蓝材料的速率，起减少晶体缺陷的目的，从而获得高质量晶体材料。中国科学院化学研究所郭玉国等[5]使用单一铁源的水热法，加入一定量盐酸并在 60℃下制备出水含量只有 15.7%的高质量 $Na_{0.61}Fe[Fe(CN)_6]_{0.94}$，如图 8.5 所示，在 25mA · g^{-1} 下释放出 170mAh · g^{-1} 理论比容量并循环 150 次无明显衰减，表现出优异的储钠性能。

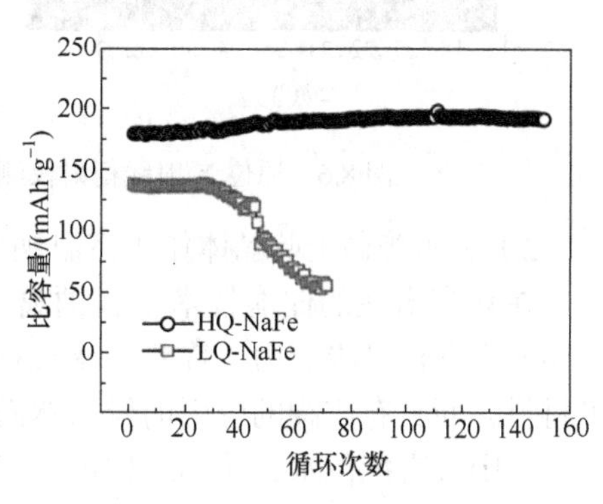

图 8.5 单一铁源的水热法制备 $Na_{0.61}Fe[Fe(CN)_6]_{0.94}$ 的电化学性能[5]

3. 应用案例

1）高可逆钠离子电池用六氰亚铁酸钾超结构的拓扑定向外延自组装

Mn^{3+}的 Jahn-Teller（JT）效应引起的 $NaMn^{II}[Fe^{III}(CN)_6]$到 $Mn^{III}[Fe^{III}(CN)_6]$的巨大畸变，降低了钠离子电池正极 $Na_2Mn[Fe(CN)_6]$（NMF）的循环稳定性和电压稳定性。新加坡科技设计大学 Y. H. Ying 与北京工业大学商旸等[6]提出一种拓扑定向外延工艺，通过调

节拓扑定向转变的动力学，生成 $K_2Mn[Fe(CN)_6]$（KMF）亚微米八面体，并将它们组装成超晶格八面体（octahedral superstructures，OSs）。其作为钠离子电池正极使用时，结构稳定性得到提高，与电解液的接触面积减小，过渡金属在电解液中的溶解现象减弱，抑制了整体的 JT 畸变，显著提高了电化学性能。由于 K^+含量的不同，$K_xMn[Fe(CN)_6]$一般有三个相，即 *ort* $K_2Mn^{II}[Fe^{II}(CN)_6]$、*cub* $KMn^{II}[Fe^{III}(CN)_6]$和 *tet* $Mn^{III}[Fe^{III}(CN)_6]$，并且这三个相共享一个经典的 NaCl 框架。其中，*cub* 相沿[100]方向生长，*ort* 相和 *tet* 相沿[110]方向生长。17°处的 X 射线衍射峰对应于 a_{ort}、c_{cub}和 c_{tet}的晶格参数，24°处的峰归属于 b_{ort}和 a_{tet}的晶格参数，25.5°处的峰对应于 b_{ort} 的晶格参数。为了阐明 KMF-OS 具备优异循环性能的原因，进行了原位 X 射线衍射，研究了前两次循环中晶格参数的变化，如图 8.6（a）所示。在第一次充电时，第一个 K^+在 3.65V 下被提取，并且 *ort* 晶胞略微扩展到 *cub*，这一电压高于第一次从 NMF 中提取 Na^+的电压（3.45V），这是由于 K^+与 $MnFe(CN)_6$骨架之间的结合能高于 Na^+的结合能。在这一步中，$Fe^{2+}(3d^6)$通过第二次 K^+提取被氧化为 $Fe^{3+}(3d^5)$，如图 8.6（b）所示。事实上，KMF 用作钾离子电池正极时，表现出高度可逆的相变和良好的循环稳定性，这也证明了 KMF 对 JT 畸变的抑制作用。

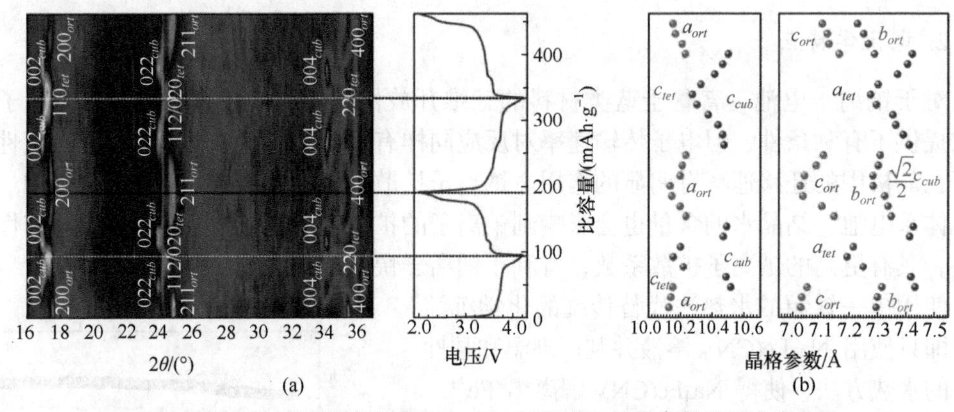

图 8.6 原位 X 射线衍射仪测得 KMFOS 的强度和晶格参数的相应变化[6]

2）优质普鲁士蓝晶体作为室温钠离子电池优良正极材料

在众多潜在的储能技术中，钠离子电池由于储量丰富、成本低廉的优势在大规模固定储能方面极具吸引力。普鲁士蓝具有合成简单、无毒、成本低等优点，在钠离子电池正极材料方面具有广阔的应用前景。然而，传统合成方法制备的普鲁士蓝由于空位较多且晶体骨架中含有配位水，晶体结构不完善和不稳定，从而导致库仑效率低，循环稳定性差。中国科学院化学研究所郭玉国等[5]以 $Na_4Fe(CN)_6$ 为唯一铁源，开发了一种简便的合成工艺，制备了低晶体含水量和少量$[Fe(CN)_6]$空位的高质量普鲁士蓝晶体。这些普鲁士蓝晶体表现出高比容量、循环稳定性和库仑效率。使用高质量的普鲁士蓝晶体为设计高性能、高稳定性的室温钠离子电池正极材料提供新的思路。图 8.7（a）为 SEM 图像，合成了尺寸为 300～600nm 的 HQ-NaFe 立方体。通过与直接混合含有$[Fe(CN)_6]^{4-}$的两种溶液合成的低质量普鲁士蓝纳米颗粒（LQ-NaFe）对比，发现 LQ-NaFe 在很短的时间内析出，并呈现出尺寸为 20nm 的颗粒状形貌（图 8.7）。HQ-NaFe 和 LQ-NaFe 的所有 X 射线衍射峰都表现为纯面心立方相[图 8.7（c）]，表明它们具有相同的晶体结构。HQ-NaFe 中的$[Fe(CN)_6]$空位含量仅为 6%，远低于 LQ-NaFe 中的$[Fe(CN)_6]$空位含量（32%）。此外，水分子倾向于聚集在$[Fe(CN)_6]$空位上，与 Fe^{3+}八面体配位以保持电中性。因此，HQ-NaFe 的水含量降低，这一点通过热重和差热分析得到证实[图 8.7（d）]。

图 8.7 优质普鲁士蓝晶体形貌结构测试[5]

8.2.3 聚阴离子正极材料

1. 结构及特点

自从 Padhi 和 Goodenough 等在 1997 年报道了 $LiFePO_4$的锂离子插入特性后，聚阴离子材料被广泛地用于锂、钠、钾离子电池。与普鲁士蓝类似物相似，各种聚阴离子化合物也具有三维开放的骨架结构，由 MO_x（M 为过渡金属元素）和$(XO_4)_n$（X 可以是 P、S、As、Si、Mo、W）多面体构成，结构如图 8.8 所示。

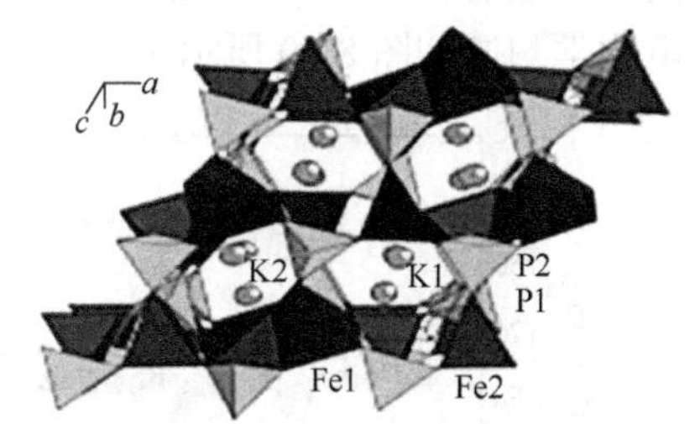

图 8.8 $K[Fe(PO_4)]$的晶体结构

聚阴离子化合物具有开放式的骨架结构，离子扩散速度快。聚阴离子型材料可以用 $K_xM_y(XO_4)_n$（X=S、P、Si、As、Mo、W；M 为过渡金属）表示，其中四面体阴离子单元$(XO_4)^{n-}$及其衍生物$(X_mO_{3m+1})^{n-}$与 MO_x 多面体以强共价键连接。

2. 电化学机理

由于 X—O 键的强共价相互作用，多阴离子化合物具有相对孤立的价电子，导致过渡

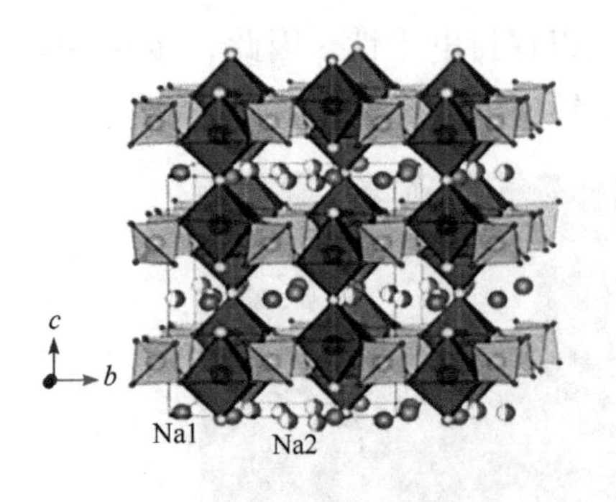

图 8.9 $Na_3V_2(PO_4)_2F_3$的晶胞结构

金属具有较高的氧化还原电势。此外，它们稳健的三维骨架极大地减少了钠离子/钾离子脱插过程中的结构变化。例如，NASICON 结构的 $Na_3V_2(PO_4)_3$ 钠离子电池正极材料，其高度开放的骨架结构为钠离子提供了三维扩散通道和较大的迁移间隙，钠离子的扩散系数可达 $10^{-10}cm^2 \cdot s^{-1}$。此外，通过引入 F 可以增强阴离子基团的电负性，通过诱导效应获得更高的电化学反应电位。例如，性能较好的 $Na_3V_2(PO_4)_2F_3$，晶胞结构如图 8.9 所示。

3. 应用案例

机械化学法快速制备聚阴离子型钠电正极材料：目前钠离子电池的能量密度、循环寿命和安全性能都高度依赖于正极材料。在各类开发的正极材料中，聚阴离子型正极由于具有三维骨架结构、聚阴离子的诱导效应和稳定的电化学性能，是钠离子电池中极有应用前景的正极材料之一。其中，氟磷酸钒钠系列化合物 $Na_3(VO_{1-x}PO_4)_2F_{1+2x}$（$0 \leqslant x \leqslant 1$，NVPF）属于一类重要的钠离子电池正极材料，具有较高的电压和可逆比容量，理想能量密度高达 $480Wh \cdot kg^{-1}$，迄今一直得不到应用，主要原因是其成本较高，电化学性能还不能很好地发挥。中国科学院过程工程研究所赵君梅团队与中国科学院物理研究所清洁能源团队合作[7]，在室温共沉淀成功合成氟磷酸钒钠的基础上，率先开发出无溶剂的室温固相机械化学法快速合成 NVPF，并可以一步构建碳纳米骨架，增加导电性的同时，产生的界面储钠行为使材料具有超理论比容量的特性，产品在高功率和长循环方面具有独特优势。该方法相比于高温固相法，能耗低、产品纯度高；相比于溶液法，摆脱了多参数的调控，工艺简单，易于规模化制备。该方法从本质上可显著降低反应活化能，有利于实现材料的高效合成、晶粒细化及界面强化，且对多种钒源具有普适性。根据球磨合成-原位包碳一体化的思路，该研究直接在投料过程中引入不同含量的科琴黑（KB）作为碳源，获得含有纳米碳骨架的产品并且展示出超高比容量特性。此外，含有 8%KB 的材料展示出最优的综合性能，$Na_3(VOPO_4)_2F$/8%KB 材料在 20C 下循环 10000 次后容量保持率高达 98%，电化学测试如图 8.10 所示。

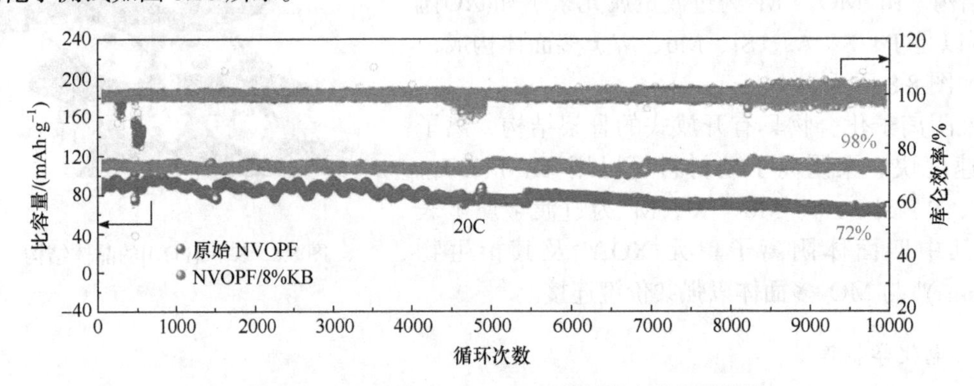

图 8.10 $Na_3(VOPO_4)_2F$/8%KB 材料的电化学性能[7]

8.2.4 碳基复合负极材料

1. 结构及特点

1991 年，索尼公司商业化的第一代锂离子电池使用石墨化碳作为负极材料。其由 sp^2 碳层组成，层间距较天然石墨的 3.354Å 更大。早在 20 世纪 80 年代，就有人研究过用石墨作碱金属离子电池，但由于钠离子和钾离子半径较大，反应生成焓明显高于锂离子，所以比容量也低得多。除此以外，石油焦、炭黑、沥青和 PVC，在 20 世纪 90 年代进行了测试，但也显示出有限的能力。但随着碱金属离子在非石墨化碳中的插入研究，碳基材料的研究热度又重新燃起。非石墨化碳（002）面的层间距很大，有随机分布但相互间有很强交联的短簇涡轮层状纳米域形成的分子筛骨架，如图 8.11 所示，这些天然的优势为大体积离子的嵌入提供了有利条件，非石墨化碳也因此成为极具吸引力的碱金属离子电池负极材料。

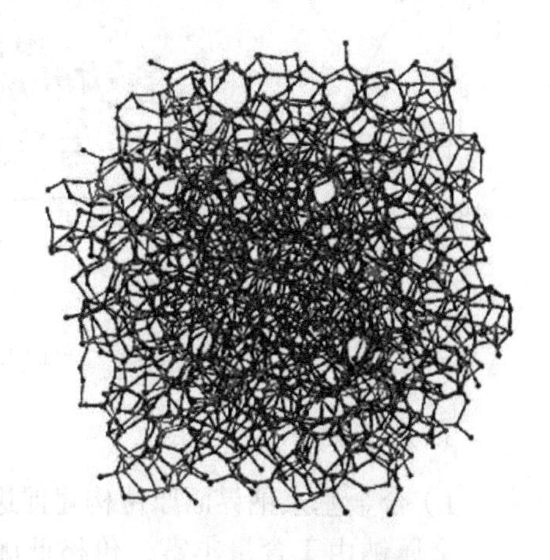

图 8.11 非石墨化碳结构

对于不同的碳基材料来说，结晶程度越大，稳定性越差，碳层间距越大，碱金属离子嵌入越容易。所以目前改性措施主要是适当降低碳材料结晶程度和优化碳材料的微观结构。掺杂碳材料对碳层间距的扩大和活性位点的增多效果明显，方法一般是在生成碳材料之前用含掺杂原子的化合物或单质进行反应，常见的掺杂原子有硼、氮、磷、硫，最终效果不仅与掺杂原子种类有关，与采用的掺杂方法和掺杂原子分散程度关系也十分密切。

2. 电化学性能

堆积的石墨微晶层和大量的微孔及缺陷构成了硬碳的主体，其储钠机理至少有两种，在充放电曲线中显示为高压斜线区域（>0.1V）和低压平台区域（<0.1V）。对于硬碳储钠的机理，学术界目前还在探索。Dahn 在 2000 年首次提出了“Card House”模型的储钠机制，他们使用原位小角/广角 X 射线散射（SAXS/WAXS）研究了层间距和孔结构变化与充放电反应的关系，提出了著名的“插层-填孔”机理模型，该模型认为高压斜线区的比容量与钠离子在碳层间的嵌入脱出相关，而低压平台区比容量应归于钠离子在微孔中的填充行为。有其他研究者通过非原位 XRD 观测到充放电过程中在低电压平台区存在碳层间距的变化，显然低电压平台区的储钠机理与石墨储锂的机理相同，都是离子在层间的嵌-脱，斜线区为钠离子在硬碳缺陷位点和杂质原子上的吸附，提出了“吸附-插层”机制。Tarascon 等采用原位 XRD 探测了钠离子嵌入硬碳的过程，并未观察到层间距的变化，认为硬碳储钠过程不包含插层行为，而是“吸附-填孔”机制[8]。相同的测试得到了相互矛盾的结果，这可能与测试条件的微小差异有关，也可能是受表征手段的局限性影响，想要得到更加令人信服的储钠机制，需要更多的表征方式相互印证，如图 8.12 所示。

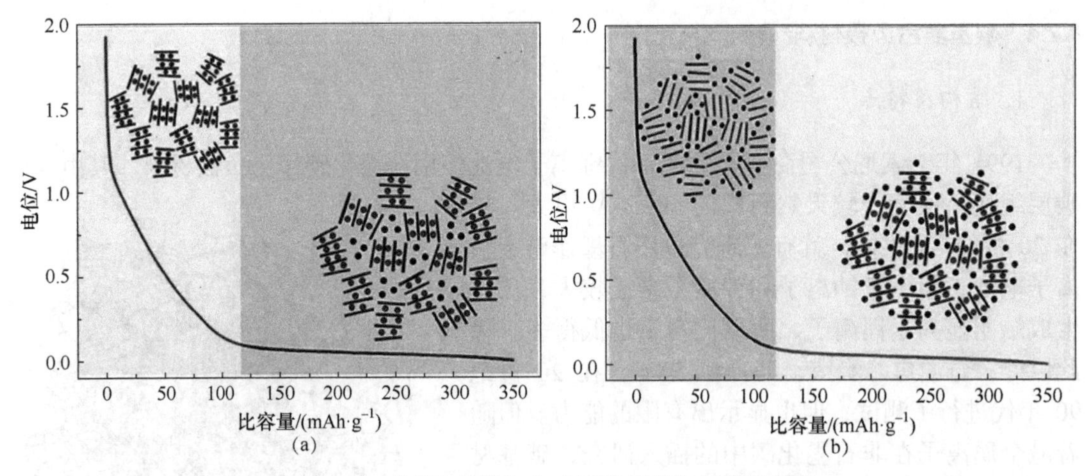

图 8.12 "插层-吸附"和"吸附-插层"储钠机制[8]

3. 应用案例

1）合金基亲钠界面原位构建促进稳定镀钠和剥离电化学

金属钠由于含量丰富、价格低廉，用作电池负极材料比容量高的优势再次受到人们的关注。但室温下的钠电池循环性能较差。康奈尔大学 Archer 等[9]使用原位光学可视化和恒电流极化测量在恒电流电镀/剥离反应中研究了室温钠负极的可逆性。发现苔藓状金属钠沉积的电子断开是液体电解液中负极不可逆性的主要来源。在此基础上，设计了非平面钠电极这种非平面电极结构，该电极在室温液体电解液中表现出极高的可逆性。通过将测试电池置于可视化实验装置下方，可以直接观察到钠负极上的形态演变。图 8.13 是在 $2mA \cdot cm^{-2}$ 电流密度下重复电镀/剥离循环期间不同时间点钠电沉积形态的快照。在放电过程中，首先观察到沉积的钠尺寸减小，不久之后尺寸停止变化。在随后的充电过程中，最大的结构似乎沿电场方向扩大并在横向收缩，最后沉积的钠完全从基板上剥离。这项工作表明，钠负极的形态和化学不稳定性会导致库仑效率非常低和苔藓状钠的形成。钠负极的库仑效率低主要是由苔藓钠电沉积物与钠金属负极的机械断裂和电子断开造成的。

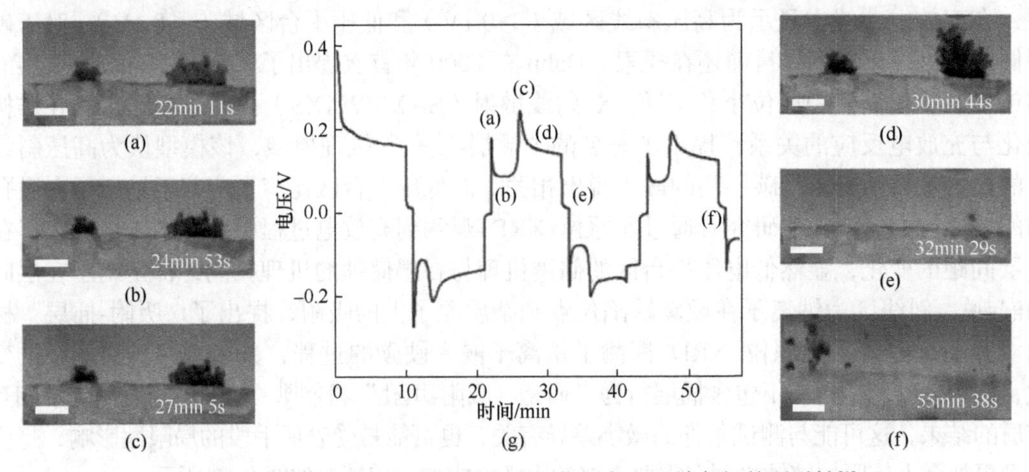

图 8.13 原位光学可视化和恒电流极化研究室温钠负极的可逆性[9]

2）用于增强钠储存的介孔单层过渡金属硫化物/碳复合材料的多功能制备

过渡金属硫化物对于钠具有丰富的活性位点、较大的层间空间和较高的理论比容量，是一种很有前途的电化学储能材料。然而，高电流密度下的低电导率和较差的循环稳定性阻碍了其应用。武汉大学高等研究院的顾栋等[10]报道了一种通用的双模板方法来制备具有高比面积、均匀孔径和大孔体积的有序介孔单层 MoS_2/碳复合材料。所获得的纳米复合材料显示出较强的钠储存能力、优异的倍率容量和非常好的循环性能。图 8.14 显示了 MoS_2/碳复合材料第一个循环的原位拉曼结果。随着放电过程进行，A_{1g}（$406cm^{-1}$）和 E_{2g}^{1}（$384cm^{-1}$）的峰逐渐衰减，电压从开路电位（OCP）降低到 0.8V，两个峰值几乎消失，这种情况表明 MoS_2 的消失。在充电过程中，上述两个峰值在 1.5V 左右逐渐出现，当电压增加到 3.0V 时更明显，表明 MoS_2 重新出现。根据原位拉曼光谱从 $395cm^{-1}$ 到 $425cm^{-1}$ 的详细图，A_{1g} 峰略有偏移，表明 Na^+嵌入/脱嵌过程不明显，这种现象归因于单层 MoS_2 有足够的层空间快速吸附 Na^+。循环后两个峰的位置几乎没有明显的变化，进一步解释了 MoS_2/碳复合材料非凡的结构稳定性。

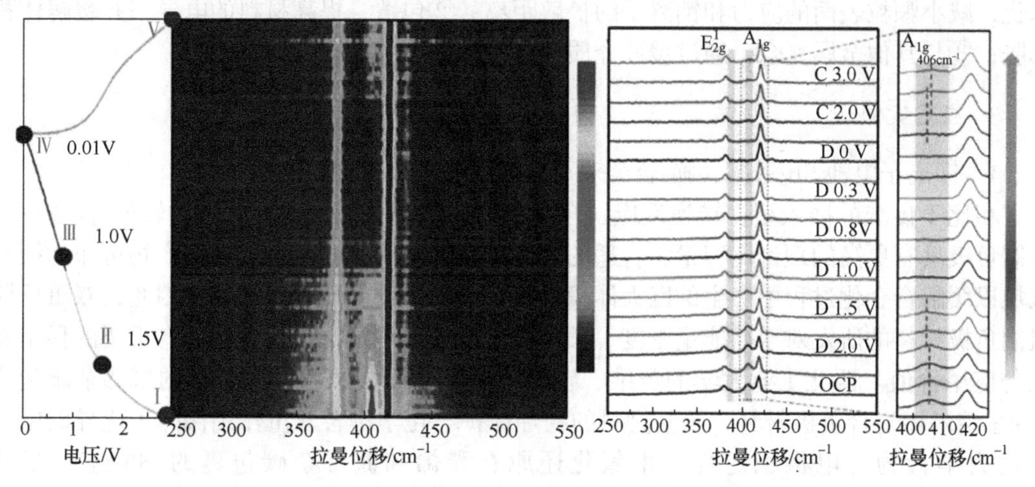

图 8.14　MoS_2/碳复合材料 Na^+嵌入/脱出的原位拉曼图[10]

8.2.5　合金类负极材料

1. 结构及特点

目前研究过的合金类负极材料主要有 Si、Sb、Sn、Ge、Bi、P 等元素，这类材料往往能容纳更多的碱金属，拓扑插入并提供比碳材料更高的比容量，其结构如图 8.15 所示。

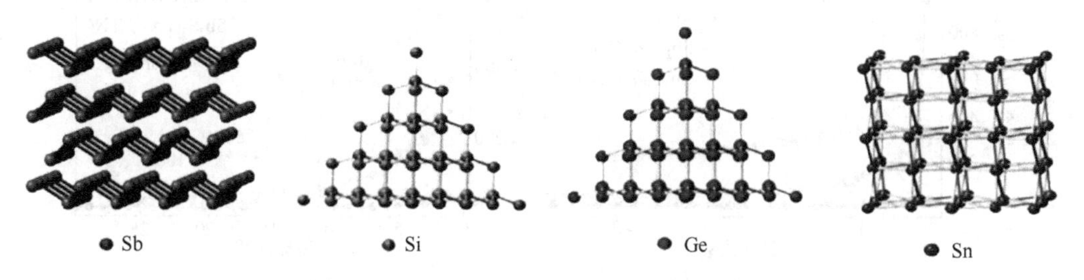

图 8.15　Sb、Si、Ge、Sn 的晶型结构示意图

在较低的电压下，在脱合金状态和最终合金状态之间可能存在各种中间合金产物，在反应过程中，中间化合物的形成往往会改变材料的充放电曲线形状，如电压平台和斜坡。合金材料碱金属化的最终产物非常重要，其决定了理论比容量、体积变化等。此外，合金负极在充放电过程中会发生严重的体积膨胀，导致循环寿命差、容量衰减和电极镀层退化等现象。

2. 电化学机理

在合金类负极材料中，Si、Sb、Sn、Bi、Ge 等元素与 Na 发生合金化反应的一般方程式为

$$M + xNa^+ + xe^- \longrightarrow Na_xM$$

其中，M=Si、Sb、Sn、Bi、Ge 等。该反应是具有多电子的合金化反应，其理论比容量一般较高，但高的合金化容量容易导致循环过程中严重的体积膨胀，从而使活性物质粉化脱离电接触，引起容量的快速衰减。为了解决上述问题，通常可以采用的方法主要有：①纳米化，减小颗粒表面的应力和钠离子的扩散距离；②包覆，提高材料的电导率并缓解体积膨胀；③与其他金属复合，通过缓冲介质抑制体积膨胀并增强导电性。

3. 应用案例

1）钾离子电池 Sb_2S_3 基转换-合金双重反应机制负极材料

相比于传统的插入型、转换反应、合金化反应机制负极材料，新型的转换-合金双重机制负极具有更高的理论比容量、合适的钾离子脱嵌电压；同时转换反应产物可作为缓冲区域以缓解合金化过程中产生的巨大体积膨胀，进而改善循环稳定性能。因此，双重反应机制负极材料的研发对于高能量密度、长循环寿命钾离子全电池的发展具有重要的科学意义与应用价值。西北工业大学的黄维、崇少坤团队[11]合成了石墨烯负载的氮掺杂碳包覆 Sb_2S_3 纳米棒复合负极材料，碳基材料的物理保护与化学键合双重作用保障了优异的电化学动力学行为与电极稳定性。由氧化还原石墨烯和氮掺杂碳包裹的 Sb_2S_3 纳米棒（Sb_2S_3@rGO@NC）在 50mA · g^{-1}下具有 505.6mAh · g^{-1}的高可逆比容量，在 200mA · g^{-1}下具有超过 200 次的循环寿命，电化学测试如图 8.16 所示。该研究还利用了一系列非原位研究手段探索了其钾化机理，钾离子通过转化和合金化的双重机制插入材料或从材料中脱出。这项工作为高性能钾离子电池负极材料的构建以及钾离子储存机理的理解提供了全新思路。

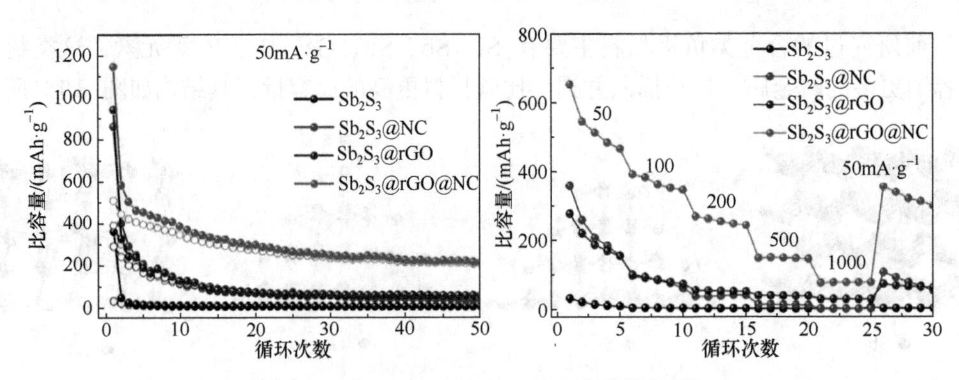

图 8.16 Sb_2S_3@rGO@NC 的电化学性能[11]

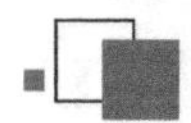

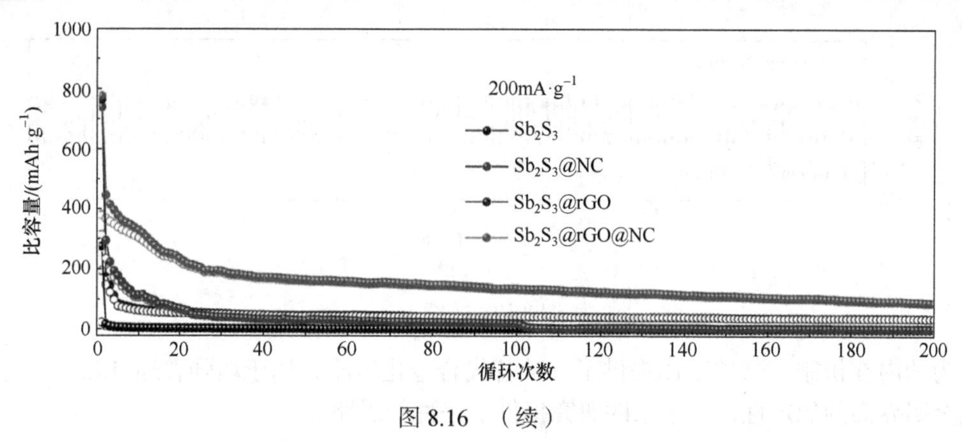

图 8.16 （续）

2）Na/In/C 复合阳极使 EC/PC 电解液实现优异的 Na^+沉积

在传统的碳酸乙烯酯（EC）/碳酸丙烯酯（PC）电解液中，金属钠会自发地与溶剂分子发生反应，极大地限制了高压钠金属电池的实际可行性。郑州大学的李新建团队[12]提出一种钠金属合金的策略，通过在 Na/In/C 复合材料中引入 NaIn 和 Na_2In 相，从而提高常见 EC/PC 电解质中的钠离子沉积稳定性。如图 8.17 所示，具有 Na/In/C 电极的对称电池分别在 $1mA \cdot cm^{-2}$（>870h）和 $5mA \cdot cm^{-2}$（>560h）下具有较好的长期循环能力（容量为 $1mAh \cdot cm^{-2}$）。此外，原位光学显微镜清楚地揭示了在 Na/In/C 复合电极表面上稳定的钠离子动态沉积过程，并且还通过理论模拟揭示了复合 Na/In/C 电极可逆钠离子沉

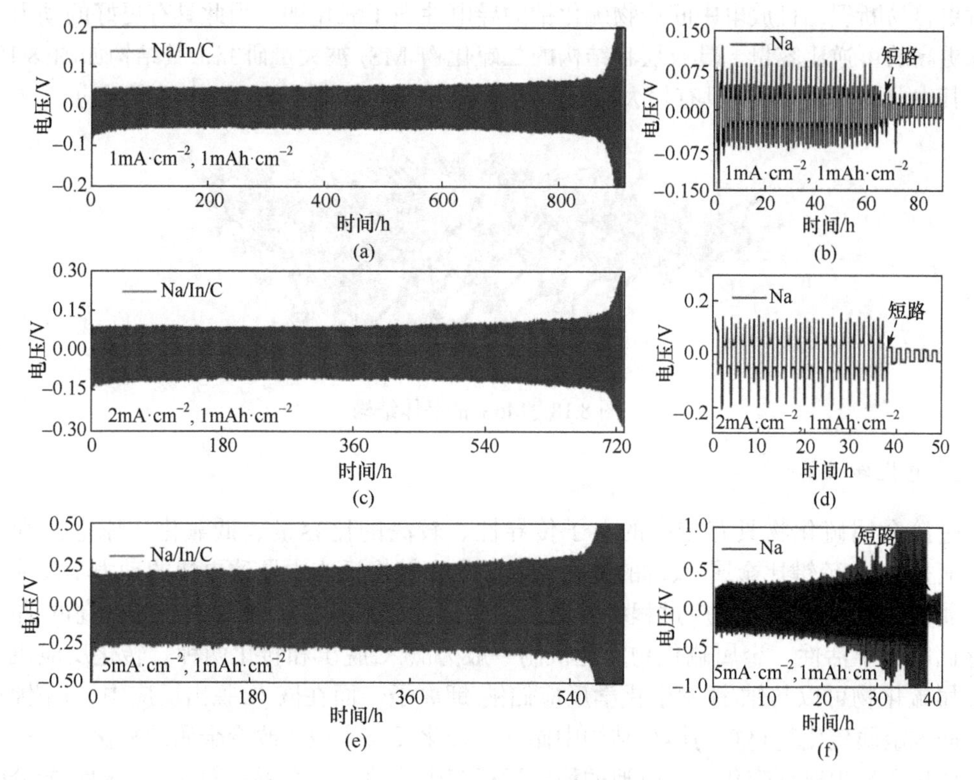

图 8.17 Na/In/C 复合对称电池及纯钠金属组装对称电池的电镀/剥离曲线[12]

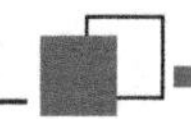

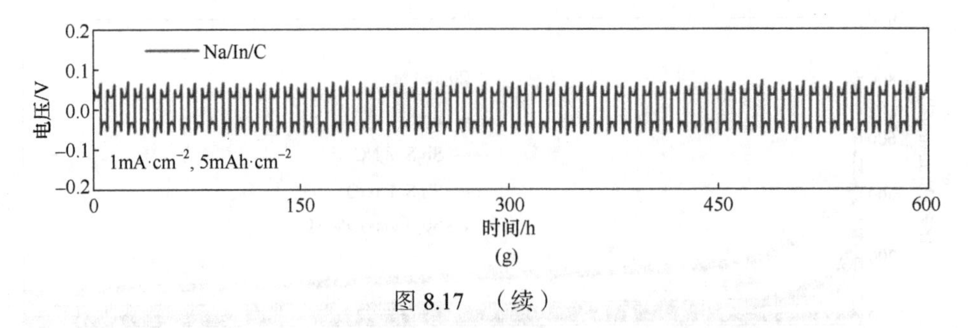

图 8.17 （续）

积行为的内在机制。这项工作提供了一种替代合金化策略，用于增强普通 EC/PC 电解质中钠金属界面的稳定性，为未来的研究提供了一种新思路。

8.2.6 硫化物负极材料

1. 结构及特点

与氧化物类似，过渡金属硫化物作为碱金属离子电池负极材料引起了人们的关注。过渡金属硫化物的典型晶体结构，即具有比石墨和过渡金属层状氧化物更宽的层状空间的二维层状结构。在锂离子电池硫化物的研究中，TiS_2 为最典型的二维层状硫化物。近年，钠离子、钾离子插入过渡金属硫化物中的研究得到广泛关注，如 TiS_2、VS_2、MoS_2 和 WS_2 等。与氧化物相比，过渡金属硫化物中由于 M—S 键比 M—O 键弱，其与钠离子反应时更容易断裂，且放电中间产物硫化钠的导电性强于氧化钠，因此具有更好的动力学性能和更高的可逆比容量。具有层状结构的二硫化物 MS_2 被大量研究，其结构如图 8.18 所示，其中典型代表 MoS_2 具有较大的层间距，可与钠离子和钾离子发生插层反应。

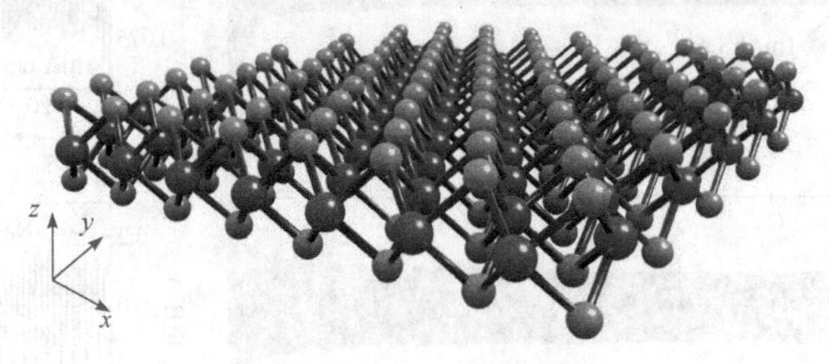

图 8.18 MoS_2 的晶体结构

2. 电化学性能

过渡金属硫化物具有较高的电子传导性、较高的比容量、低氧化还原电位和长寿命，而且金属-硫键比金属-氧键的键能更弱，会在转换反应中导致更快的动力学反应。因此金属硫化物在充放电反应过程中具有较好的电化学可逆性，表现出相对较高的钠/钾离子存储电化学活性。金属硫化物储能机制一般为嵌入/脱出和转化两种。转化反应机制是指金属硫化物可以与钠/钾发生化学反应储钠/钾离子。而在嵌入/脱出反应中，钠/钾离子通过嵌入金属硫化物材料的体相结构中储存。转化反应一般会改变金属的氧化态，电极材料的体积会发生剧烈变化，对电池的稳定运行产生威胁。研究者一般通过结构和成分的设计进行优化。类似锂-硫电池，多硫化物的产生也会大大降低循环效率。

3. 应用案例

1）原位磁学测试助力重新认识 FeS_2 钠离子电池的电化学转换机制

尽管过渡金属化合物在锂离子电池（LIB）中具有优异的电化学性能，但在钠离子电池（sodium ion battery，SIB）中，过渡金属化合物通常表现出较低的容量和循环性能，这意味着两种体系的反应机制不同。青岛大学李强、李洪森联合中国科学院物理研究所葛琛等[13]将磁测量与电化学测量相结合，对典型的 FeS_2-Na（Li）电池的离子嵌入机理与电化学性能之间的内在联系进行了全面的研究，为高容量、长寿命的新型钠离子电池材料的研究开辟了一条新的途径。在循环伏安测试过程[图 8.19（a）和（c）]中对 FeS_2 钠离子电池和锂离子电池进行原位磁性测试[图 8.19（b）和（d）]，并对材料结构物相演化与电子转移变化进行分析。发现随着放电程度加深，FeS_2 逐渐转化为金属 Fe，磁化强度逐渐增强；但在低电位区间，出现了自旋极化电容现象，磁化强度明显下降；充电脱锂过程中，在高电位区间，磁化强度趋于稳定状态，排除了铁磁性 Fe_7S_8 作为充电最终产物的可能。通过对比放电至 0.01V 的电极磁化强度，发现钠离子电池磁化强度明显低于锂离子电池。这说明 FeS_2 在钠离子电池中可能没有完全反应或者其转化反应产生的超顺磁性 Fe 颗粒尺寸更小。

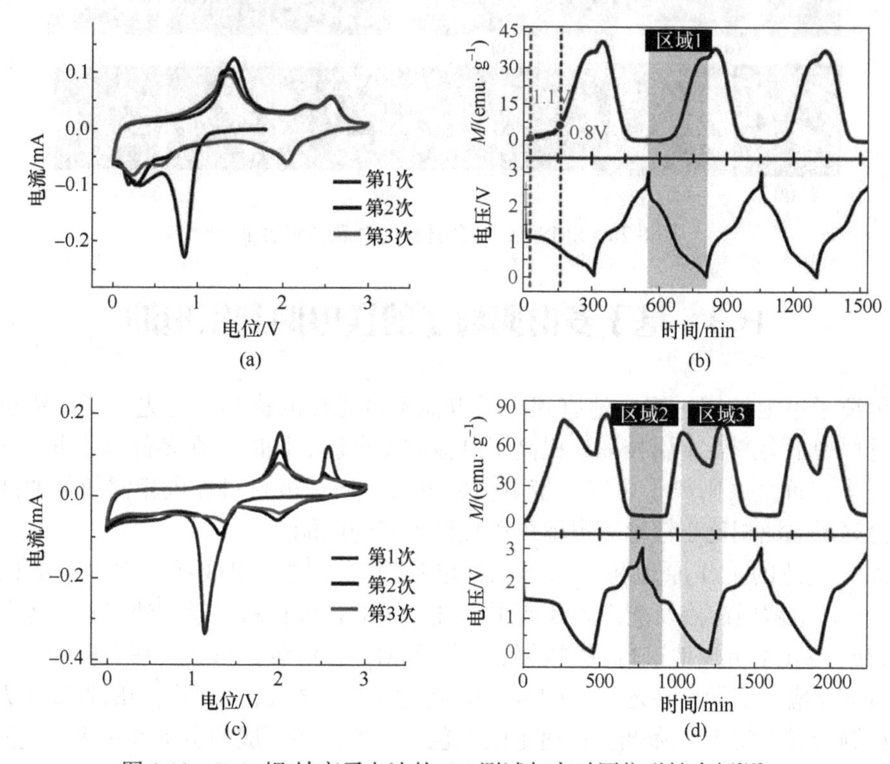

图 8.19 FeS_2 锂/钠离子电池的 CV 测试与实时原位磁性表征[13]

2）链式异质结构绣球状二元金属硫化物用于高效钠离子电池

长期以来，金属硫化物一直被认为是 SIB 的先进负极材料。然而，固有缺陷（如导电性差和体积变化大）降低了这种材料达到的实际效果。吉林师范大学李海波等联合加拿大滑铁卢大学陈忠伟等[14]设计了一种独特的链式 Sb_2S_3/MoS_2 绣球状结构，表现出较大的比表面

积和界面电荷传输速度的同时具有较强的结构稳定性，为设计具有优异性能的 SIB 负极材料提供了新途径。扫描电子显微镜图像和透射电子显微镜图像[图 8.20（a）～（e）]显示，绣球状结构由许多平均厚度约为 120nm 的纳米片相互连接而成，电解液的渗透可以通过纳米片间的孔道和间隙快速进行，从而加快钠离子从电解液向体相的扩散过程。如图 8.20（f）所示，选定区域的 HRTEM 图像展示了 MoS_2 和 Sb_2S_3 相间清晰的异质界面。同时，元素 Mapping 结果[图 8.20（h）]表明整个绣球状复合材料 Sb、Mo、S、C 和 N 元素是均匀分布的。

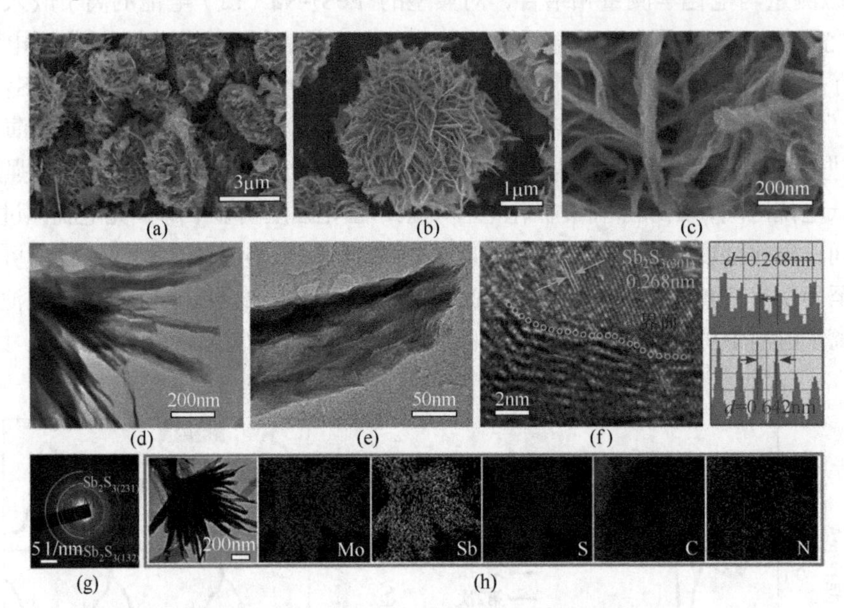

图 8.20　SMS@C 复合材料的微观形貌表征[14]

8.3　基于多价阳离子的镁电池和铝电池

多价离子电池如镁、铝电池有锂离子电池不可比拟的优势。首先，镁、铝负极在电池循环过程中不会产生金属枝晶，提高了电池的安全性。同时，在多价离子电池充放电过程中，一个多价金属阳离子可以携带更多的电荷，当正极材料提供相同数量的嵌入位点时，多价离子电池相比于锂离子电池可以提供更多的电能。

镁离子电池的工作原理与锂离子二次电池原理相同，组成镁二次电池的核心是镁（Mg）负极、电解质溶液及能嵌入镁离子（Mg^{2+}）的正极材料。镁电池以 Mg 为负极，要求 Mg/Mg^{2+}电化学可逆地进行沉积/溶解。由于 Mg 较活泼，只适宜在有机非质子极性溶剂中进行该反应。铝元素在地壳中的含量位于金属元素之首，如果铝金属直接作为负极材料，电池制造成本将大大降低。铝离子电池包含一个由铝制成的负极和一个可逆脱嵌铝离子的正极材料。另外，铝离子电池电解液包含可以来回输运电荷的含铝基团。目前，很多铝金属基电池中正极材料并不是铝离子的嵌入和脱出，而是含铝基团的嵌入和脱出。

8.3.1　碳基正极材料

铝离子电池（aluminum ion battery，AIB）是一种以金属铝为对电极、以铝盐离子液体溶液为电解质的新型电化学储能器件，具有资源丰富、成本低及安全性高等优点。然而，铝离子电池的发展主要受限于其正极材料电化学性能，如比容量低、循环稳定性差等，这严重限制了其进一步的发展和未来的实际应用。碳基正极材料由于具有资源丰富、结构多样性以及可调氧化还原性能等优点被广泛应用于AIB正极材料，并表现出优异的电化学性能。

1. 结构及特点

目前，应用在铝离子电池的碳基正极材料有石墨、石墨烯和碳纳米管等。碳纳米管（CNT）是单层或多层石墨片卷曲而成的中空纳米级管状材料，管间孔隙相互连通。根据石墨管壁的层数，可分为单壁碳纳米管（single walled carbon nanotube，SWCNT）和多壁碳纳米管。它具有大的比表面积和易渗透的中空结构，与石墨纳米管相比，其具备更高的比容量。同时，其管状结构可充当各种分子和原子的宿主，且中空腔可提供一定空间，减少重复插层/脱出引起应变相关的结构变化，有利于提高电池的循环稳定性。

天然石墨为层状结构，具有生产成本低、导电性好、结晶度高等优点。石墨烯是具有碳原子紧密堆积成单层二维蜂窝状晶格结构的一种新型碳材料，其完美的π-π键耦合可使载流子迁移率达到$2\times10^5 cm^2\cdot V^{-1}\cdot s^{-1}$，有利于电子和离子的传输，其具有较高的放电电位、出色的循环稳定性及良好的储铝性能。

2. 电化学机理

与其他金属化合物充放电机制不同，碳基正极材料是氯铝酸盐阴离子（$AlCl_4^-$）在石墨层之间可逆地插层和脱出。充电时，电解液中的$Al_2Cl_7^-$得电子在金属铝负极沉积铝并产生$AlCl_4^-$。在正极侧，$AlCl_4^-$主要嵌入石墨层中。放电时，$AlCl_4^-$从正极侧的石墨层中脱出，同时金属Al和$AlCl_4^-$转化为$Al_2Cl_7^-$。化学方程式可写作：

负极 $$4Al_2Cl_7^- + 3e^- \rightleftharpoons Al + 7AlCl_4^-$$

正极 $$C_n + AlCl_4^- \rightleftharpoons C_n[AlCl_4] + e^-$$

3. 应用案例

1）宽温度范围应用的碳基正极材料用于铝离子电池

使用离子液体的铝离子电池（AIB）避免了水系电解液中存在的铝负极加氢作用以及形成钝化氧化层的问题，提高了AIB的循环效率。然而，基于IL的AIB存在低温下容量衰减、低倍率容量及稳定性较差等问题，因此在可充电AIB中构建具有高比容量、长循环稳定性和倍率性能强的新型结构电极材料非常重要。澳大利亚昆士兰大学王连洲联合南京航空航天大学彭生杰等[15]设计一种自支撑且无黏合剂的碳纳米管（CNT）包裹金属有机骨架（MOF）衍生的碳包覆FeS_2（FeS_2@C/CNT）作为高比容量宽温域AIB的正极材料。图8.21（a）为Fe-MOF SEM图，图8.21（b）～（e）所示为FeS_2@C的SEM图及TEM图，可以看出该材料为中空的蛋黄壳结构，拥有额外的孔隙空间。因此，这种最外层为碳层包覆的蛋黄壳结构抑制了活性材料的膨胀，内部的孔隙空间足以承受体积变化，这有利于电极的稳定性。图8.21（f）为FeS_2@C元素分布图。图8.21（g）和（h）为包

裹碳纳米管后 FeS_2@C/CNT 材料的 SEM 图，可以看出纳米球状 FeS_2@C 被碳纳米管基底包围，CNT 的引入减少了 FeS_2 颗粒的团聚，使其在 CNT 中均匀分布。图 8.21（i）为 FeS_2@C/CNT 的应力-应变曲线。

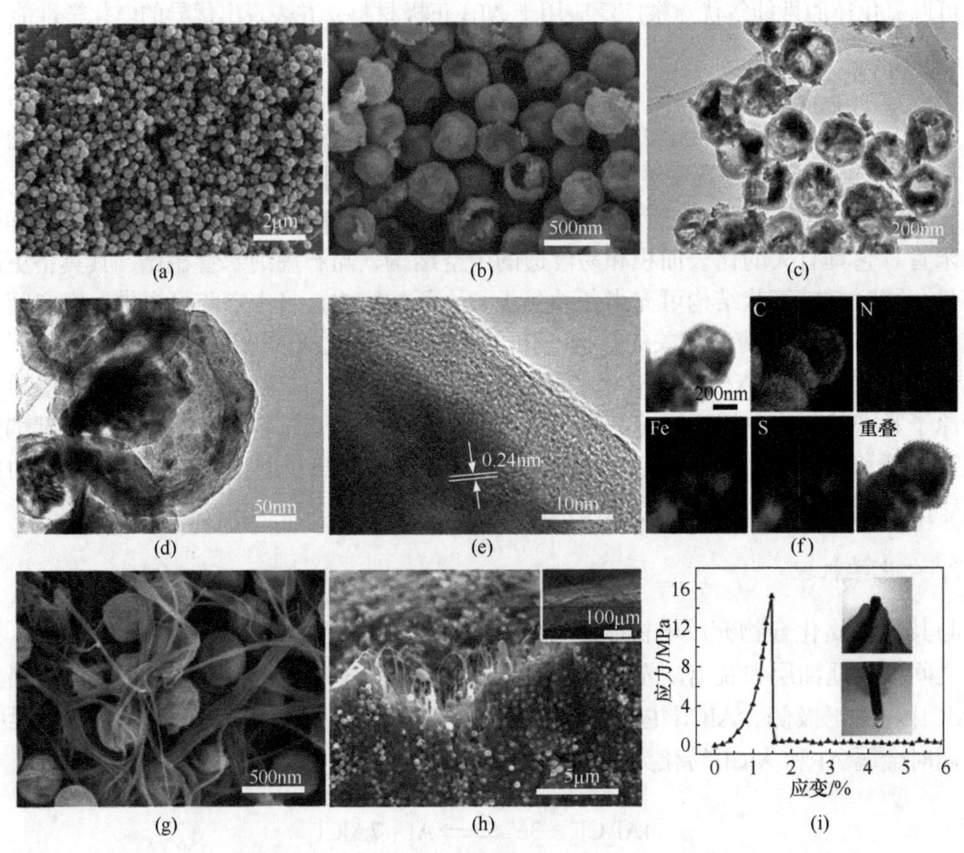

图 8.21 FeS_2@C 及 FeS_2@C/CNT 材料的 SEM 图和 TEM 图及力学性质[15]

2）石墨烯正极材料用于高比容量铝离子电池

石墨烯材料具有出色的离子储存能力，被广泛应用于多种二次电池技术的研究中。在这些电池技术中，铝离子电池（AIB）因成本低、安全性高、铝负极质量比容量大（2980mAh · g^{-1}）等独特优点而具有广阔前景。由于石墨层间距（3.35Å）远小于氯铝酸根离子的平均直径（$AlCl_4^-$，5.28Å），石墨烯基正极材料在铝离子电池中的比容量表现偏低，目前为 60～150mAh · g^{-1}。澳大利亚昆士兰大学余承忠、黄晓丹课题组等[16]提出独特的热还原开孔策略，制备出表面开孔且高还原度的石墨烯材料，使石墨烯层间晶格扩张，便于 $AlCl_4^-$的嵌入与脱出，从而提升了电池比容量。研究人员利用 XRD 技术对石墨烯层间距进行测量确定其层间距是否扩大。图 8.22 为表面开孔石墨烯材料（SPG）的 XRD 图，其中在 400℃处理 G3 的原始材料（G3-400）显示了一个以 26.6°

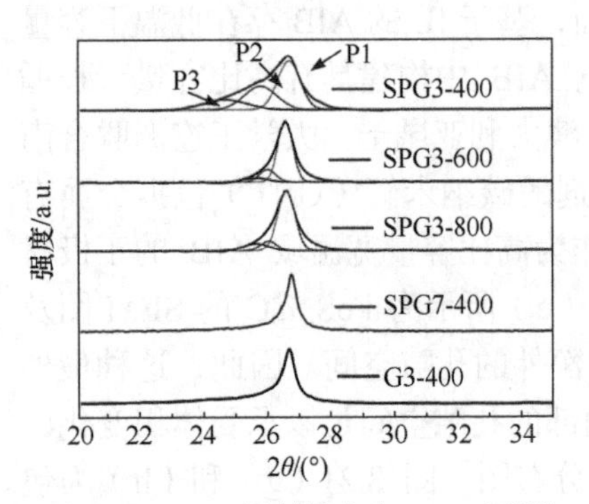

图 8.22 SPG 材料的广角 XRD 图[16]

为中心的窄峰。相比之下，SPG3-400 有一个更宽的峰，主峰约在 26.6°（P1），两个肩峰约在 25.74°（P2）和 24.75°（P3）。P2 和 P3 的 *d* 值分别为 3.46Å 和 3.60Å。这表明热还原开孔处理后的 SPG3-400 具有良好的结晶性和膨胀性的层间距。

8.3.2 过渡金属氧化物正极材料

1. 结构及特点

除了碳基材料外，过渡金属氧化物也被用作可充电电池的正极材料。由于铝电池和镁电池是多价离子电池，过渡金属氧化物可能是其最佳正极材料的候选者，因为它们可以容纳更多电子，理论上将提高电化学性能，尤其是提升能量密度。目前的研究主要集中于钒氧化物、MnO_2、MoO_3 和尖晶石相 AM_2O_4 等。MnO_2 的开放性结构或层状结构能实现多种碱金属离子的嵌入，镁离子等在其晶格中可逆地嵌入/脱出。MoO_3 的空间三维结构由[MoO_6]八面体组成，八面体之间共享边角形成层状结构，层与层之间通过范德华力相连接，因此镁离子（Mg^{2+}）能够嵌入两层间的孔隙中，并且在可逆的嵌入/脱出过程中不会改变 MoO_3 的晶体结构。尖晶石相 AM_2O_4 材料的三维结构由金属离子四面体配体集群与灵活排列的 MO_6 正八面体集群交替键合，成为具有交叉环结构通道的三维点阵并可供阳离子嵌入。这种 3D 结构对金属离子嵌入/脱出而言更具优势，能避免大溶剂分子的共同嵌入，且嵌脱过程中产生的体积变化更小。

钒氧化物具有开放式层状结构，层内部由较强的共价键结合，层与层之间由较弱的范德华力或氢键结合，使得体积较小的原子或分子能嵌入层间间隙。此外，钒元素具有+2～+5 之间多种价态，五氧化二钒（V_2O_5）是目前相关研究最多的钒氧化物。V_2O_5 属三斜方晶系，具有典型的层状结构，其晶体结构如图 8.23 所示。钒原子与周围 5 个氧原子配位形成 V—O 键并构成一个四方锥，还有一个长而弱的 V—O 键垂直 *ac* 平面使得 *ac* 平面像云母状一样被劈开，因而镁离子能够嵌入 V_2O_5 中。V_2O_5 结构可看作是[VO_4]四面体基本单元之间通过桥氧结合成链，两条链之间通过双氧键与第三条链上的 V 结合，从而构成锯齿状排列的层状结构，层间孔隙提供 Mg^{2+} 的嵌入位点。V_2O_5 有 α 和 δ 两种同素异形体，主要差别在于垂直于 *bc* 面上的层堆垛结构。

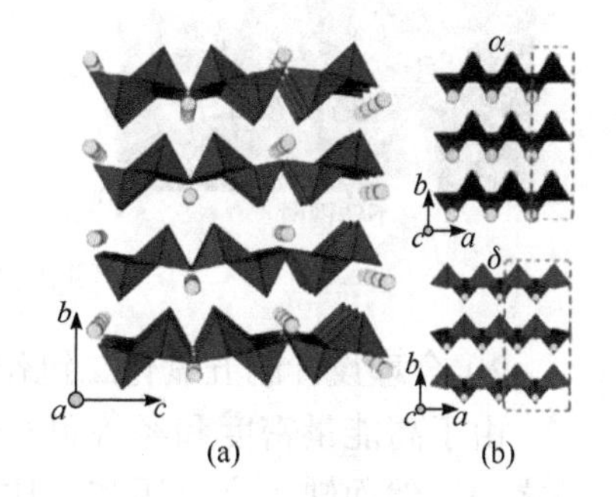

图 8.23 V_2O_5 的晶体结构示意图

2. 电化学性能

V_2O_5 是目前相关研究最多的过渡金属氧化物。1mol V_2O_5 理论上可结合 2mol Mg^{2+}，钒元素从+5 价被还原至+3 价，按此计算其理论比容量可达 589mAh · g^{-1}，然而目前实验中获得的比容量不足理论值的 1/3，主要原因是 V_2O_5 较低的电导率，Mg^{2+} 在其晶格中的扩散过程极为缓慢。纳米化能有效增大材料的比表面积并缩短 Mg^{2+} 的扩散距离。已有研究者通过多种方法获得纳米线、纳米片等不同形貌的 V_2O_5，以提高材料的电化学性能。

3. 应用案例

1）$V_2O_5 \cdot nH_2O$ 纳米薄片作为单价和多价插层电池的可逆正极材料

由于市场需求的增加，开发低成本、高能量密度和高功率密度的可充电电池是当务之急。除锂离子电池外，钠离子电池和铝离子电池因成本低且电池材料丰富而具有一定发展潜力。铝离子与主体材料之间较大的静电相互作用使得插层更加困难，因此需要设计独特晶体结构的主体材料。$V_2O_5 \cdot nH_2O$ 具有良好的离子迁移率，是一种很有前途的可充电电池正极材料。然而，$V_2O_5 \cdot nH_2O$ 存在颗粒团聚、孔隙闭塞、结构退化及低电子电导率导致的容量衰减等问题。北京理工大学吴川等[17]使用简单绿色的方法在不锈钢基板上合成具有定向生长纳米片结构的 $V_2O_5 \cdot nH_2O$ 正极，该材料在锂离子、钠离子和铝离子电池中表现出优异的性能。$V_2O_5 \cdot nH_2O$ 纳米薄片在不锈钢基材上的形成过程如下。首先，溶解在过量过氧化氢中的 V_2O_5 形成橙色的二过氧阴离子溶液$[VO(O_2)_2]^-$。在高温下，它在基体表面和本体溶液中逐渐重新分解为 $V_2O_5 \cdot nH_2O$ 和 O_2。同时，不锈钢表面产生氧化膜和晶间应力腐蚀开裂。$V_2O_5 \cdot nH_2O$ 沿裂缝沉积在基体上，与氧化膜形成固溶体。在 12h 内实现了纳米薄片的完全生长，此时基板表面完全被纳米薄片覆盖，纳米薄片高度约为 5μm，厚度为几十纳米，几乎垂直于不锈钢基材，形成连续纳米薄片阵列，如图 8.24 所示。

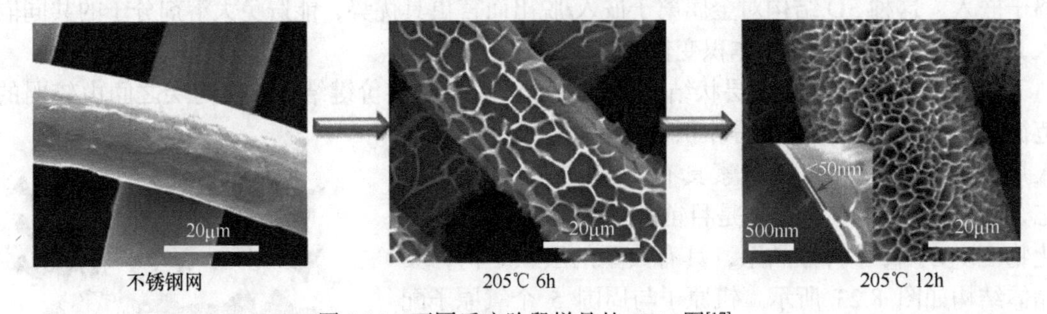

图 8.24 不同反应阶段样品的 SEM 图[17]

2）合理设计的五氧化二钒作为镁离子的高比容量插入材料

由于高能量密度和经济可行性，可充电镁电池被认为是锂离子电池最具潜力的替代品之一，然而缺乏高电压和高比容量正极阻碍了镁电池的应用。先前的研究表明，V_2O_5 具有可逆插入/提取镁离子的潜力，然而，由于镁离子在固体中的迁移率受阻，许多利用 V_2O_5 的尝试都表现出有限的电化学响应。巴伊兰大学 Mukherjee 等[18]通过一种简单且可扩展的方法，合理设计了具有层次结构的单分散球体 V_2O_5，V_2O_5 球体表现出很高的第 1 次和第 2 次放电比容量（>190mAh · g^{-1}）和非常好的长期稳定性，即使在不同电流密度下长时间循环时也没有任何明显的退化。球状形态是通过颗粒组装成微观结构的定向聚集控制形成，图 8.25（a）和（b）描绘了 V_2O_5 的形态，V_2O_5 是直径为 230～250nm 的均匀球状形态，并且在整个样品中保持单分散性。纳米球的形成受奥斯特瓦尔德熟化后聚集的纳米粒子组装体的方向控制，为了深入了解颗粒结构，图 8.25（c）所示的 TEM 图证实 V_2O_5 保持其球状形态并具有出色的结晶度。HRTEM 图[图 8.25（d）]中显示的晶格条纹与正交 V_2O_5 的（010）平面相匹配。

图 8.25　V_2O_5球体的低倍率（a）、高倍率（b）SEM 图及 TEM（c）、HRTEM（d）图[18]

8.3.3　硫化物正极材料

近年来，多种过渡金属硫化物（FeS_2、Ni_3S_2、NiS、CuS、TiS_2、VS_2、SnS_2 和 Mo_6S_8 等）正极材料都已应用到镁电池中。

1. 结构及特点

1）MoS_2 正极材料

MoS_2 是层状结构的过渡金属硫化物，单层的 MoS_2 具有优异的电导率、超高的金属弹性模量、较宽的能隙（1.8eV）及较多的催化活性位点，作为镁离子电池正极材料被广泛研究。

2）TiS_2 正极材料

TiS_2 具有层状结构，导电性高，便于离子嵌入，拥有较好的电化学性能。

3）Chevrel 相硫化物正极材料

Chevrel 相硫化物是由大量块状 Mo_6S_8 组合而成，是将 6 个钼原子组成的八面体置于 8 个硫原子组成的正方体结构。此结构有利于 Mg^{2+}在材料上实现可逆脱嵌，从而实现在镁离子电池上的应用。

2. 电化学机理

在 MoS_2、TiS_2 等过渡金属二硫化物中，S 原子与金属原子之间存在较弱的范德华力，因而可以实现镁离子的嵌入和脱出。

关于 MoS_2 用于镁离子电池正极材料时的反应原理为：

正极

$$6MoS_2 + 4Mg^{2+} + 8e^- \rightleftharpoons Mg_4Mo_6S_{12}$$

负极 $$4Mg \rightleftharpoons 4Mg^{2+} + 8e^-$$

总反应 $$6MoS_2 + 4Mg \rightleftharpoons Mg_4Mo_6S_{12}$$

Chevrel 相 Mo_6S_8 为正极材料时，Mg^{2+}的嵌入需要两步：

$$Mg^{2+} + 2e^- + Mo_6S_8 \rightleftharpoons MgMo_6S_8$$

$$Mg^{2+} + 2e^- + MgMo_6S_8 \rightleftharpoons Mg_2Mo_6S_8$$

3. 应用案例

1）FeS_2 正极材料用于高比能镁电池

硫化物 FeS_2 材料基于多电子反应的理论比容量达 894mAh · g^{-1}，是具有重要发展前景的二次电池电极材料。当 FeS_2 与金属镁组合成镁电池电极对（Mg-FeS_2）时，理论比能量达 851Wh · kg^{-1}，且完全放电后的理论体积变化仅为 2.44%，显著低于锂电池 Li-FeS_2（17.9%）电极对的体积变化。然而，已报道的微纳 FeS_2 电极材料因缓慢的反应动力学，均表现出较差的电化学储镁性能。南京工业大学沈晓冬等[19]通过铜集流体原位引入铜纳米线导电网络和非腐蚀性氟化硼基镁离子电解液构筑稳定电极/电解液界面，实现了镁电池 FeS_2 正极材料基于四电子转换反应的高比容量/比能量（679mAh · g^{-1}/714Wh · kg^{-1}）和长循环稳定的（1000 次）储镁性能。为了研究 FeS_2 正极储镁机理，研究人员使用非原位 XRD、XPS 对不同电化学状态下的 FeS_2 电极进行了研究。图 8.26（a）为在 10mA · g^{-1} 电流密度下 FeS_2 正极首次循环的充放电曲线，图 8.26（b）为不同电化学状态下 FeS_2 正极的 XRD 图谱，其中Ⅰ为制备时，Ⅱ为首次放电至 0.8V，Ⅲ为首次放电至 0.01V，Ⅳ为首次充电至 2.3V，Ⅴ为首次充电至 2.4V。可以发现在放电过程中，FeS_2 在 28.5°、33.1°、37.1°、40.7°、47.4°、56.3°的衍射峰发生了明显的减弱甚至消失，并且观察到 FeS 和 MgS 的衍射峰。在充电过程中，FeS_2 的衍射峰再次增强，但未完全回复到原始的强度，这与晶粒细化有关。

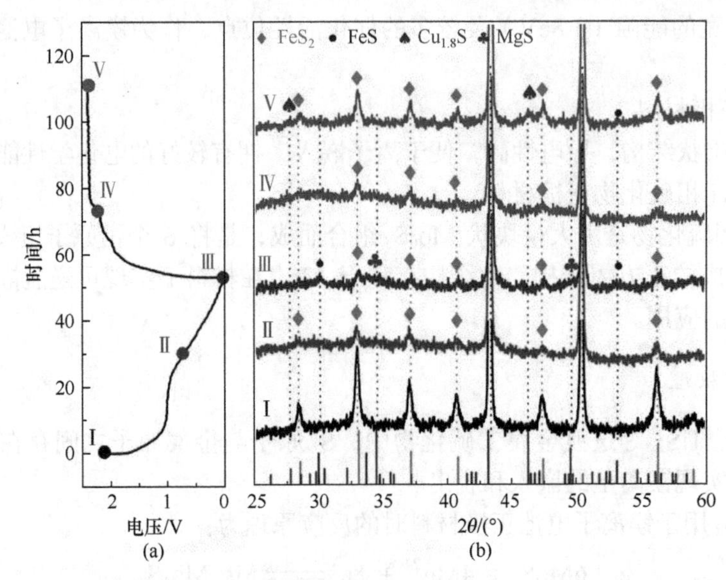

图 8.26 FeS_2 正极的充放电曲线及不同电化学状态下 FeS_2 正极的 XRD 图谱[19]

2）CuS 纳米片状正极材料用于镁电池

可充电镁电池由于其高体积能量密度、丰度和无枝晶等特点，具有广阔的应用前景，然而它们的实际发展主要受正极材料和化学相容的电解质的限制。CuS 具有较高的理论比容量（560mAh · g^{-1}）。但大多数报道的 CuS 正极存在可逆比容量低、倍率性能差或循环稳定性差等问题。因此，北京理工大学曹传宝等[20]提出了一种阴离子 Te 取代策略，制备出 Te 取代的 $CuS_{1-x}Te_x$ 纳米薄片正极。提升了储镁性能。图 8.27（a）为 X 射线吸收近边结构（XANES）光谱，阴离子 Te 取代的 $CuS_{1-x}Te_x$ 纳米片表现出明显不同的 XANES 轮廓，具有相对较弱的前边缘峰和更高的白线峰，显示出轻微的吸收边缘偏移到高结合能位置。图 8.27（b）中所示的 XANES 衍生一阶导数曲线进一步证明了 Te 取代的 $CuS_{1-x}Te_x$ 纳米片中的 Cu 物种部分氧化。

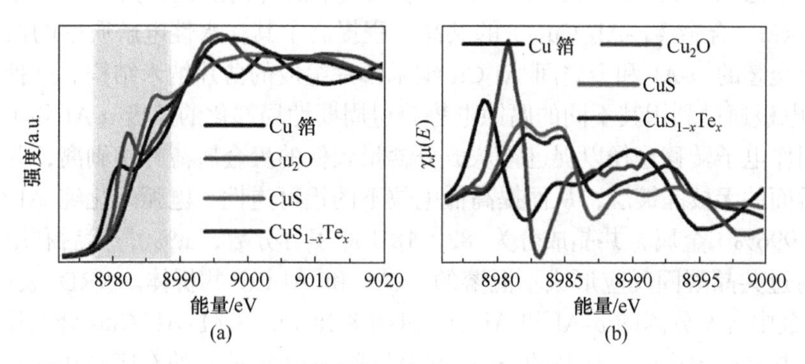

图 8.27　$CuS_{1-x}Te_x$ 纳米片的同步辐射 Cu K-边 XANES 及一阶导数图[20]

8.3.4　合金负极材料

1. 结构及特点

镁合金根据合金成分的不同分为 4 个系列：AZ 系列 Mg-Al-Zn、AM 系列 Mg-Al-Mn、AS 系列 Mg-Al-Si、AE 系列 Mg-Al-RE。我国铸造镁合金主要有以下三个系列：Mg-Zn-Zr 系列、Mg-Zn-Zr-RE 系列和 Mg-Al-Zn 系列。镁合金除镁元素外还有很多基础合金元素，常见的有 Al、Mn、Zn 等。镁合金中的基础合金元素含量对镁合金的耐腐蚀性能有很大的影响，在镁合金中 Al 含量大于 2%时，除了有固溶形式，还参与构成 β 相。提高固溶 Al 含量能提高镁合金表面膜层的稳定性，从而提高镁合金的耐蚀性能；β 相对镁合金的耐蚀性能具有双重功能，当 β 相体积分数大时，抑制 α 基相的溶解，从而减缓镁合金的腐蚀；而当其体积分数太小，无法形成网状结构时，会加速镁合金的腐蚀。但是通常 Al 与 Mg 形成合金，都会提高合金的耐腐蚀性能，这可能与铝和镁形成的 $Mg_{17}Al_{12}$（β）在晶界析出有关。

2. 电化学性能

近年来，ⅢA、ⅣA、ⅤA 族元素和多金属合金已被研究作为镁离子电池的潜在负极。ⅢA、ⅣA、ⅤA 族元素（M）可以与 Mg 合金形成 Mg_xM，在低合金化电位下提供高理论比容量。此外，合金负极显示出与各种传统电解质的潜在相容性，还可以衍生个别

金属不具备的新特性，产生协同效应以改善其镁储存性能。其中纳米结构的铋基负极（Bi 纳米管、Bi 纳米晶体、Mg_3Bi_2 纳米团簇）显示出优异的结构稳定性、有效的 Mg^{2+}传输特性和可逆性。同时，各种改性的策略如使用金属间系统（如 Sn-Sb 合金）、纳米结构的 Sn 负极、双相 Bi-Sn 合金的设计或共晶合金的合成也可以改善电池性能。

3. 应用案例

高能水性铝电池的铝铜合金负极材料：水性可充电铝金属电池（AR-AMB）作为安全电源具有很好的应用前景，因为金属铝通过三电子氧化还原反应提供高体积/质量比容量，但 AR-AMB 通常表现出低库仑效率和不足的循环稳定性，主要是由于绝缘和钝化氧化铝（氧化铝）层的形成，限制了 Al^{3+}在剥离/电镀中的传输。吉林大学蒋青等[21]证明了基于共晶 $Al_{82}Cu_{18}$ 合金（E-$Al_{82}Cu_{18}$）的共晶工程提高了其在水性电解质中的铝可逆性，该合金具有由交替的 α-Al 和金属间 Al_2Cu 纳米薄片组成的薄片纳米结构。这种纳米结构使 E-$Al_{82}Cu_{18}$ 电极通过利用其不同的腐蚀电势获得周期性局部化的负极 α-Al 和正极 Al_2Cu 电偶。薄片用作电子转移途径以促进铝从成分含量较低的贵金属薄片中剥离，并用作纳米图案以指导后面的无枝晶镀层，从而提高低电位下的铝可逆性。电弧熔化纯 Al（99.994%）和 Cu（99.996%）金属，共晶成分为 82∶18（原子百分数，at%），然后利用水循环辅助炉冷却，通过共晶凝固反应形成不混溶的 α-Al 和 Al_2Cu 共析体。XRD 表征证明了 E-$Al_{82}Cu_{18}$ 合金中自发分离的 α-Al 和 Al_2Cu 相[图 8.28（a）]。E-$Al_{82}Cu_{18}$ 合金片的光学显微照片显示，共晶凝固产生了交替的 α-Al 和金属间 Al_2Cu 薄片的有序层状纳米结构，厚度为 150nm 和 270nm[图 8.28（b）]，即层间距约为 420nm。如图 8.28（c）所示，Al 和 Cu 原子在 E-$Al_{82}Cu_{18}$ 合金中周期性分布，这是由于 Al 和 Al_2Cu 纳米片的交替存在。

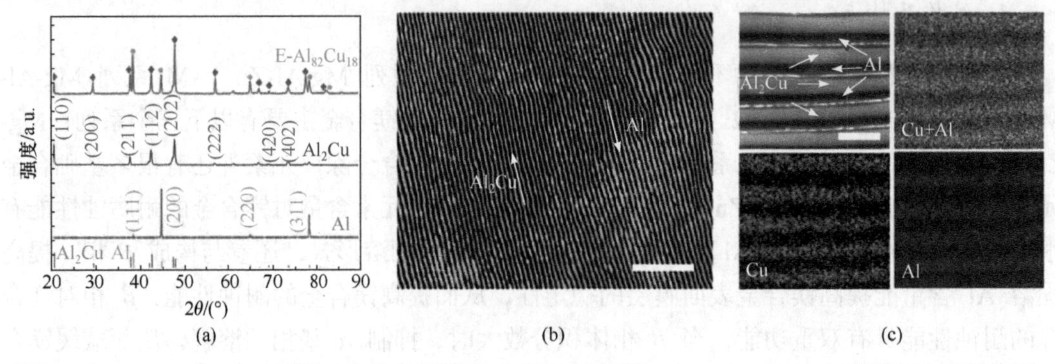

图 8.28 E-$Al_{82}Cu_{18}$XRD 图谱、光学显微照片及不同对比度的 E-$Al_{82}Cu_{18}$ 的 SEM 背散射电子图像[21]

习 题

一、选择题

1. 目前已经报道的钠离子电池正极材料体系不包括（ ）。

A. 氟磷酸盐　　B. 橄榄石结构磷酸盐

C. 层状过渡金属氧化物　　D. 铁基氟化物

2. 普鲁士蓝类似物（PBA）典型的化学式为 $A_xM[Fe(CN)_6]_y \cdot zH_2O$，其中 A 为碱金属离子，M 可以为（　　）。

A. Pt　　B. Ni　　C. Si　　D. Ca

3. 以下哪个选项不属于硬碳储钠模型？（　　）

A. “插层-填孔”模型　　B. “吸附-插层”模型

C. “吸附-填孔”模型　　D. “插层-吸附”模型

4. 合金阳极在充放电过程中会发生严重的体积膨胀，从而导致（　　）。

①循环寿命差；②容量衰减；③电极镀层退化；④生成枝晶。

A. ①③　　B. ②④　　C. ①②③　　D. ①②③④

二、填空题

1. α-$NaFeO_2$ 型 AMO_2 化合物的结构是由共边的______和 MO_2 板以及______组成。当 MO_2 板沿______以不同的堆叠顺序堆叠时，会出现多种形态结构。

2. ______通过具有以面为中心的______，结构的 MN_6 八面体和 FeC_6 八面体交替连接，形成具有______和间隙的三维刚性骨架，这种结构能提供较快的______和结构稳定性。

3. 由于 X—O 键的______相互作用，多阴离子化合物具有______的价电子，导致过渡金属具有______的氧化还原电势。

4. 聚阴离子化合物具有______的骨架结构，离子扩散速度______。聚阴离子型材料可以描述为 $K_xM_y(XO_4)_n$（X=S、P、Si、As、Mo、W；M 为过渡金属），其中四面体阴离子单元$(XO_4)_n^-$及其衍生物$(X_mO_{3m+1})_n^-$与 MO_x 多面体以______连接。

5. 对于不同的碳基材料，结晶程度越______，稳定性越差，碳层间距越______，碱金属离子嵌入越______。

6. 在较低的电压下，在脱合金状态和最终合金状态之间可能存在各种______，在反应过程中，中间化合物的形成往往会改变材料的______的形状，如______和______。

7. 过渡金属硫化物的典型晶体结构为______，具有比石墨、过渡金属层状氧化物______的层状空间。与氧化物相比，过渡金属硫化物中由于______比 M—O 键弱，其与 Na^+反应时更______，且放电中间产物硫化钠的______强于氧化钠，因此具有更好的动力学性能和更高的可逆比容量。

三、简答题

1. 使用哪种制备方法可以获得高质量的普鲁士蓝晶体材料？

2. 硬碳储钠机理分别有哪些不同的观点？

3. 高合金化容量会造成什么问题？如何解决？

4. 简述金属硫化物储能的两种机制。

参考文献

[1] Yabuuchi N, Kubota K, Dahbi M, et al. Research development on sodium-ion batteries[J]. Chemical Reviews, 2014, 114(23): 11636-11682.

[2] Yang Q, Wang P F, Guo J Z, et al. Advanced P2 $Na_{2/3}Ni_{1/3}Mn_{7/12}Fe_{1/12}O_2$ cathode material with suppressed P2-

O_2 phase transition toward high-performance sodium-ion battery[J]. ACS Applied Materials & Interfaces, 2018, 10(40): 34272-34282.

[3] Yuan X G, Guo Y J, Gan L, et al. A universal strategy towards air-stable and high-rate O_3 layered oxide cathodes for Na-ion batteries [J]. Advanced Functional Materials, 2022, 32: 2111466.

[4] Xiao Z T, Meng J S, Xia F J, et al. K^+ modulated K^+/vacancy disordered layered oxide for high-rate and high-capacity potassium-ion batteries[J]. Energy & Environmental Science, 2020, 13: 3129-3137.

[5] You Y, Wu X L, Yin Y X, et al. High-quality prussian blue crystals as superior cathode materials for room-temperature sodium-ion batteries[J]. Energy & Environmental Science, 2014, 7(5): 1643-1647.

[6] Li X X, Shang Y, Yan D, et al. Topotactic epitaxy self-assembly of potassium manganese hexacyanoferrate superstructures for highly reversible sodium-ion batteries[J]. ACS Nano, 2022, 16: 453-461.

[7] Shen X, Zhou Q, Han M, et al. Rapid mechanochemical synthesis of polyanionic cathode with improved electrochemical performance for Na-ion batteries[J]. Nature Communications, 2021, 12: 2848.

[8] Qiu S, Xiao L F, Sushko M L, et al. Manipulating adsorption-insertion mechanisms in nanostructured carbon materials for high-efficiency sodium ion storage[J]. Advanced Energy Materials, 2017, 7(17): 1700403.

[9] Deng Y, Zheng J X, Warren A, et al. On the reversibility and fragility of sodium metal electrodes[J]. Advanced Energy Materials, 2019, 9(39): 1901651.

[10] Zhang X, Weng W, Gu H, et al. Versatile preparation of mesoporous single-layered transition-metal sulfide/carbon composites for enhanced sodium storage[J]. Advanced Materials, 2022, 34(2): 2104427.

[11] Chong S K, Qiao S Y, Wei X, et al. Sb_2S_3-based conversion-alloying dual mechanism anode for potassium-ion batteries[J]. iScience, 2021, 24(12): 103494.

[12] Wang H, Wu Y, Wang Y, et al. Fabricating Na/In/C composite anode with natrophilic Na-In alloy enables superior Na ion deposition in the EC/PC electrolyte[J]. Nanomicro Letters, 2021, 14(1): 23.

[13] Li Z H, Zhang Y C, Li X K, et al. Reacquainting the electrochemical conversion mechanism of FeS_2 sodium-ion batteries by operando magnetometry[J]. Journal of the American Chemical Society, 2021, 143(32): 12800-12808.

[14] Wang D, Cao L, Luo D, et al. Chain mail heterostructured hydrangea-like binary metal sulfides for high efficiency sodium ion battery[J]. Nano Energy, 2021, 87: 106185.

[15] Hu Y X, Huang H J, Yu D S, et al. All-climate aluminum-ion batteries based on binder-free MOF-derived FeS_2@C/CNT cathode[J]. Nano-micro Letters, 2021, 13(1): 159.

[16] Kong Y Q, Tang C, Huang X D, et al. Thermal reductive perforation of graphene cathode for high-performance aluminum-ion batteries[J]. Advanced Functional Materials, 2021, 31(17): 2010569.

[17] Wang H L, Bi X X, Bai Y. Open-structured $V_2O_5 \cdot nH_2O$ nanoflakes as highly reversible cathode material for monovalent and multivalent intercalation batteries[J]. Advanced Energy Materials, 2017, 7(14): 1602720.

[18] Mukherjee A, Taragin S, Aviv H, et al. Rationally designed vanadium pentoxide as high capacity insertion material for Mg-ion[J]. Advanced Functional Materials, 2020, 30(38): 2003518.

[19] Shen Y L, Zhang Q H, Wang Y J, et al. A pyrite iron disulfide cathode with a copper current collector for high-energy reversible magnesium-ion storage[J]. Advanced Materials, 2021, 33(41): 2103881.

[20] Cao Y H, Zhu Y Q, Du C L, et al. Anionic Te-substitution boosting the reversible redox in CuS nanosheet cathodes for magnesium storage[J]. ACS Nano, 2022, 16: 1578-1588.

[21] Ran Q, Shi H, Meng H, et al. Aluminum-copper alloy anode materials for high-energy aqueous aluminum batteries[J]. Nature Communication, 2022, 13: 576.

第9章

燃料电池材料与表征

9.1 燃料电池发展概述

早在1839年，英国科学家Grove在做电解水实验时，就发现存留在电极上的氢气和氧气能发出电。根据这一现象，他采用铂电极以及硫酸溶液作为电解质做出一个燃料电池雏形。然而他发明的燃料电池中缺少合适的电极材料和电解质材料，导致这个燃料电池性能并不能满足现实世界中的很多要求。1950年左右，美国NASA和GE公司一起联合开发质子交换膜燃料电池（proton exchange membrane fuel cell，PEMFC）。1983年，加拿大Ballard电力公司重新开始做质子交换膜燃料电池。从1991年到2000年的10年时间，将燃料电池的功率从5kW提升至80kW，这样一个系统可以装在汽车中进行使用，自此燃料电池在民用行业得到极大的发展。燃料电池发展时间轴如图9.1所示。

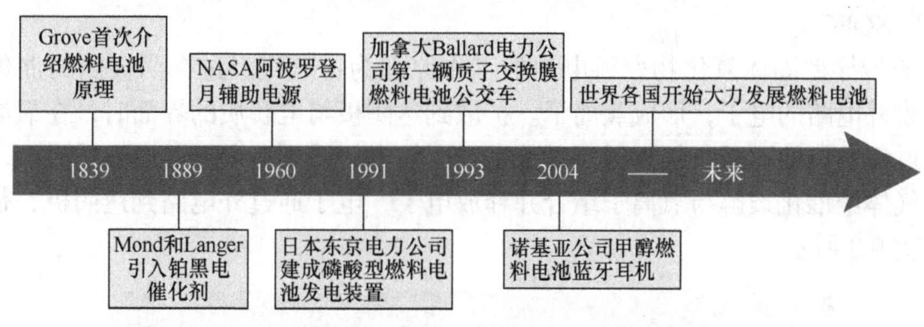

图9.1 燃料电池发展时间轴

目前，我国燃料电池专利数量在全球排名第五。从技术细节、技术分类两方面来看，我国更关注电极、催化剂和质子交换膜燃料电池技术。我国企业在燃料电池专利方面的申请数量相对较少，主要集中于高校和科研院所。与此同时，与先进国家相比，我国氢燃料电池技术水平差距仍然较大。一方面，相关技术还处于工程化开发阶段，与世界标杆产品相比，可靠性、冷启动、功率特性等主要技术性指标还存在很大差距；另一方面，尽管我国拥有数量较为丰富的专利，但对核心技术的涉及较少，成本高，技术标准有待进一步完善。

9.2 固体氧化物燃料电池

燃料电池是一种将燃料和氧化剂中的化学能转化为电能的电化学装置。燃料电池本身不储存活性物质，而是作为催化转换的元器件，仅需要不断供给燃料和氧化剂就能持续使用。从工作方式来说，燃料电池类似于汽油发电机，但是不需要经过燃料化学能→热能→

机械能→电能的转化过程，不受卡诺循环限制，其能量转换效率更高，可以达到 40%～60%。固体氧化物燃料电池（solid oxide fuel cell，SOFC）属于第三代燃料电池，是一种在中高温下直接将储存在燃料和氧化剂中的化学能高效、环境友好地转化成电能的全固体化学发电装置。

SOFC 具有其他一些燃料电池无法超越的优点：①SOFC 的工作温度较高，一般在600℃以上，有效地提升了电极的反应活性，因此 SOFC 可以使用廉价的氧化物电极材料。与之相比，低温燃料电池需要贵金属催化剂。②可适应高温工作的特点使得 SOFC 的燃料选用范围广泛，可以使用价格相对较低的烷烃类燃料，烷烃类燃料可以在电池内部重整和氧化产生电能，从而避免使用昂贵的氢气。这一特点还使得电池对硫化物的耐受性提高，其耐受能力比其他电池高 2 个数量级以上。③高温工作可提高系统效率，且 SOFC 工作时产生大量余热，可进行热电联用，进一步提高发电效率。理论上其效率可达 80%左右。④SOFC 是全固体结构，可以避免腐蚀、电解液流失等液体电解质所具有的问题。同时，全固态结构有利于电池的模块化设计，降低设计和制作成本，提高电池的体积比容量。

固体氧化物燃料电池由三部分构成，致密的电解质及分布在电解质两侧的多孔阴极和多孔阳极，这种结构又被称为三明治结构。在电极两侧发生不同的化学反应，固体电解质具有传导离子，隔离阴极与阳极以避免发生短路的作用。根据电解质的传导机制，可以将 SOFC 分为氧离子传导型固体氧化的燃料电池（O-SOFC）和质子传导型固体氧化物燃料电池（H-SOFC）。

氧离子传导型固体氧化物燃料电池的工作原理为：氧气经过在阴极侧的催化解离，并同时接收外电路的电子，形成氧离子。扩散到达阴极与电解质的界面时，在氧浓度的作用下，通过氧空位的跳跃，氧离子穿过致密的固体电解质到达阳极与电解质界面。在阳极侧，燃料气体经催化裂解与氧离子结合并释放电子，电子通过外电路到达阴极，带动电器工作，如图 9.2 所示。

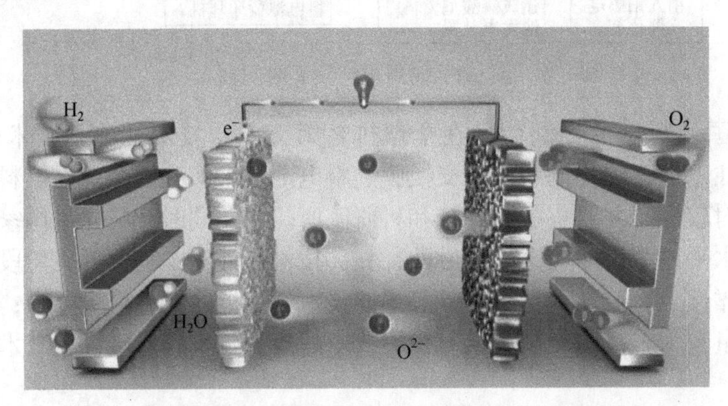

图 9.2　氧离子传导型 SOFC 氧离子传导图

质子传导型固体氧化物燃料电池的工作原理与氧离子传导型固体氧化物燃料电池的不尽相同，其工作原理为：燃料气体以氢气为例，首先氢气在燃料电池的阳极侧经过催化解离生成质子和电子，质子通过质子导体的传输到达阴极侧，电子通过外电路到达阴极。在阴极的三相界面处，阴极的氧气与传输来的质子和电子结合生成水，使化学能转化为电能。

SOFC 中，极化的损失大多数来自阴极，阴极材料的选取直接影响电池性能的好坏。阴极又称为空气电极，它是氧气发生还原反应的场所。SOFC 阴极材料种类众多，主要分为贵金属材料、ABO_3 单钙钛矿型氧化物、$AA'B_2O_{5+\delta}$ 型双钙钛矿氧化物及其复合材料等，其中，钙钛矿材料凭借成本优势目前被广泛应用。阴极应具有以下特性要求：

（1）阴极材料的导电性能强弱主要由电子电导率决定，电子电导率至少高于 $100S \cdot cm^{-1}$；且需要一定的离子电导率，对氧的电化学反应有高催化活性。

（2）由于在反应过程中涉及反应物和产物的传质扩散，阴极材料应具有适当的孔隙率，疏松多孔，比表面积大。

（3）具有优异的化学稳定性和物理稳定性。在反应进行时，阴极材料不能与密封材料或电解质发生化学反应；同时电池内部会产生大量的热，阴极材料不能因为温度的变化不断地膨胀收缩发生变形。

（4）阴极材料的热膨胀特性应该与其他组件的特性相匹配（如电解质、连接体及密封材料等），否则会产生异相界面间应力，从而造成电池运行不稳定。

SOFC 已广泛应用于多个领域，其应用领域包括家庭电站、固定电站、便携式全天候电源、动力辅助电源等。例如，轿车、商用车、军用车及固定电源等都可以使用 SOFC 动力辅助电源装置。2001 年 2 月 16 日，第一辆使用 SOFC 作为动力辅助电源系统的汽车在德国慕尼黑问世，由 BMW 公司与 Delphi 公司合作研发。

9.2.1　钙钛矿型氧化物阴极材料

1. 结构及特点

1839 年，德国化学家古斯塔夫 · 罗斯在俄罗斯乌拉尔山探险时发现天然矿物钛酸钙 $CaTiO_3$。此后，研究人员将形如 ABO_3 结构的晶体均称为钙钛矿材料。ABO_3 单钙钛矿型氧化物具有简单立方结构，立方体的中心是离子半径较大的 A^{n+}，8 个 BO_6 在立方体的 8 个顶点上，BO_6 八面体由离子半径小的 B^{m+}和 O^{2-}构成，彼此共用 O^{2-}，氧离子的总电荷满足 $n+m=6$，如图 9.3 所示。

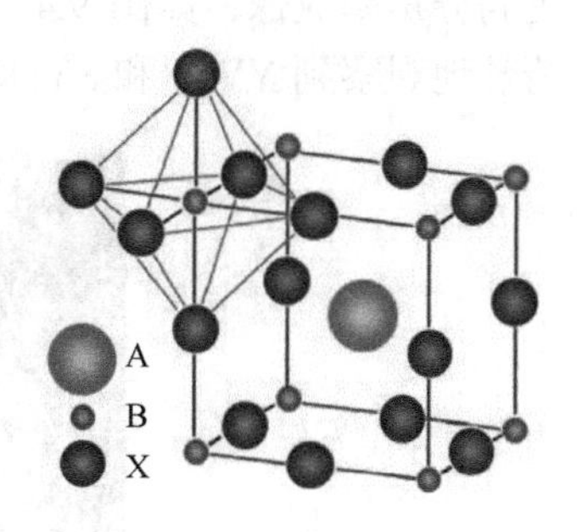

图 9.3　ABO_3 型钙钛矿氧化物结构示意图

其中，A 位多为离子半径较大的 Ln 系稀土元素，如 La、Sm、Nd、Pr 和碱土金属离子 Ca、Ba、Sr 等，B 位为离子半径较小的过渡金属元素，如 Fe、Mn、Ni、Cu 等。目前，优化钙钛矿型氧化物阴极材料的方法有取代或掺杂等，使其氧空位浓度增加，有利于优化电化学性能。例如，在保证电中性的条件下，在 A 位和 B 位掺杂低价元素，会产生氧离子空位，从而提升材料的氧离子电导率。此外，通过 A、B 位的掺杂还可以提升材料的稳定性，调控材料的传输特性以及提高催化活性。

双钙钛矿型氧化物是由 ABO_3 结构衍生来的，其通式为 $AA'B_2O_{5+\delta}$，其中 A 为稀土金属元素、A′为 Ba 或 Sr 元素，B 为第一行过渡金属元素。单钙钛矿氧化物 A 位元素是随机分布的，而双钙钛矿型氧化物 A 和 A′交替排列为高度有序分布。这种有序化的离子排列方式降低了氧结合强度，提供有序的离子扩散通道，从而有效提高氧的体相扩散能力。目前研究最多的是 $LnBaCo_2O_{5+\delta}$，其中 Ln 为 Pr、La、Gd、Sm、Nd 和 Y 等。该类材料沿

c 轴方向呈层状交替排列结构，按[CoO_2][BaO][CoO_2][LnO_δ]顺序堆叠，Ln^{3+}和 Ba^{2+}有序地占据 A⁻位晶格，氧空位则集中在 Ln^{3+}层，为氧离子在阴极中的迁移提供了通道，利于氧离子在材料中的扩散并提高了氧表面反应活性。

2. 应用案例

XRD、XPS、SEM 和 TEM 表征钙钛矿型阴极材料物相和微观结构：钙钛矿阴极材料凭借超高的氧化还原活性及电导率一直受到研究者的广泛关注。然而这类材料的热膨胀系数（thermal expansion coefficient，TEC）较高，导致电池阴极与电解质这一关键功能界面处发生分层或断裂。针对这一问题，南京工业大学邵宗平团队[1]提出了“负热膨胀补偿调节”概念，通过固相烧结将具有高电化学活性和热膨胀系数的钴基钙钛矿（SNC）与负热膨胀材料[$Y_2W_2O_{12}$（YWO）]结合在一起，从而形成与电解质 TEC 几乎一致的复合电极材料（SYNC），实现与电解质良好匹配的热膨胀性能。该工作应用于 SOFC 时，可以使阴极与电解质界面稳定性显著提升，所获得的复合电极材料表现出出色的热机械稳定性，此外该材料的电化学催化活性也得到了提升——比表面积极化阻抗值低至 $0.041\Omega\cdot cm^{-2}$；使用复合阴极材料的固体氧化物燃料电池的峰值功率密度在 750℃时达到 $1690mW\cdot cm^{-2}$。为了揭示这一现象，团队通过对复合电极 NTE 颗粒和钴基钙钛矿催化颗粒界面表征，发现两者之间有益的界面反应提供了具有较高氧空穴浓度和较低 TEC 的新型主相材料，提高了电催化活性，同时提供了热膨胀缓冲层，并在多相共同作用下达到整体降低 TEC 的作用，40 次热循环后电极性能下降仅 8%。为了确认形貌，将 c-SYNC 颗粒样品转移到球像差校正的扫描透射电子显微镜高角度环形暗场（STEM-HAADF）进行更高分辨率成像，如图 9.4 所示。利用相应的元素分布图像，识别元素分布。此外，可以清楚地观察到 YWO 和 SYNC 界面处晶间 $SrWO_4$（SWO）相的形成。

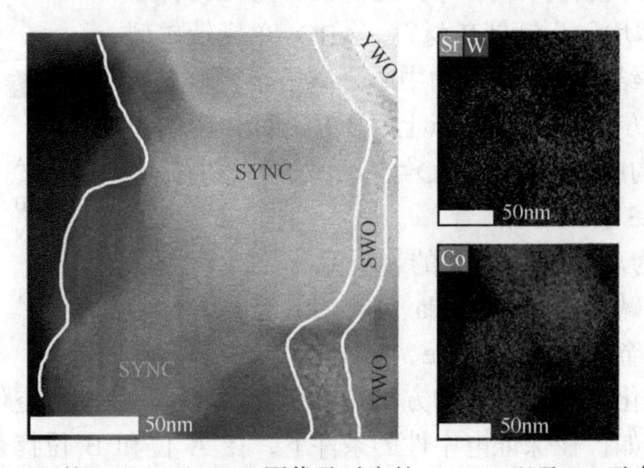

图 9.4 c-SYNC 的 STEM-HAADF 图像及对应的 Sr、W 以及 Co 元素的能谱图[1]

9.2.2 镍基阳极材料

1. 结构及特点

SOFC 阳极又称为燃料极，起到催化剂的作用，主要功能在于提供燃料电池催化氧化的反应场所，同时实现电子和气体的转移。在中、高温度 SOFC 中，适合作为阳极催化剂的材料主要有贵金属、过渡金属、Ni 基金属陶瓷、Cu 基金属陶瓷、CeO_2基复合材料、钙钛矿结构的氧化物和其他氧化物等材料。其中Ni基金属陶瓷的应用最为成熟。

Ni基阳极中，Ni的主要用途是作为阳极室反应的催化剂，同时将氧化反应生成的电子传送至外电路。Ni阳极具有良好的化学稳定性、高电子电导率、价格较低等优势，但仍然存在放电过程中Ni颗粒长大和团聚导致阻塞阳极的气孔结构，以及热膨胀系数与电解质差距较大，导致阳极断裂或分层等问题。所以，最佳的选择是将金属Ni分散于导电陶瓷材料中，制备成金属陶瓷电极。

多孔的Ni/高温超导薄膜的单晶基片ZrO_2（YSZ）是常用的金属陶瓷阳极。YSZ起阳极骨架的作用，极大地增加阳极与导电陶瓷两相界面的化学兼容性，增加的孔隙率使金属镍分散性增强，阻止金属Ni团聚导致的晶粒长大，防止烧结，增加反应活性。Ni作为氧化反应的催化剂提高阳极的催化活性，同时起传输氧化反应产生的电子的作用，图9.5展示了Ni/YSZ的工作示意图[2]。YSZ导电陶瓷的加入有效降低了Ni的热膨胀系数，使之与导电陶瓷的膨胀系数接近，保证电极与电解质的良好接触。另外，导电陶瓷的加入提供离子传导路径，使离子导电扩展到阳极反应区。Ni/YSZ作为阳极材料具有相当可观的电化学性能，但碍于其自身难涂敷、难烧结、易脱落、易团聚、易积碳等缺点，暂时无法大规模商业化。

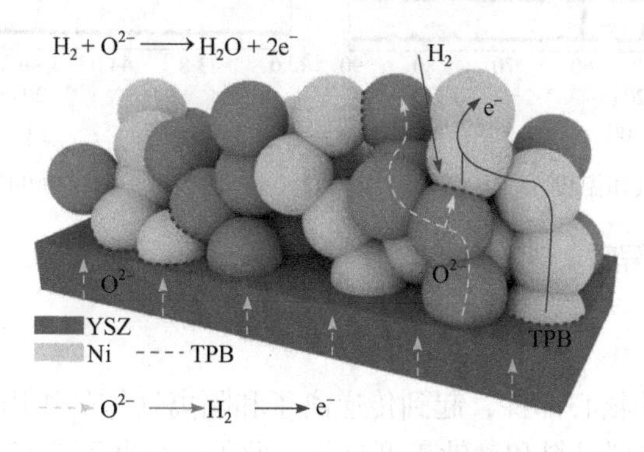

图9.5　Ni/YSZ工作示意图[2]

2. 应用案例

1）修饰镍基阳极材料的SEM表征

镍基陶瓷材料具有较好的电化学活性，是传统的氢燃料SOFC的首选电极材料。然而，直接利用天然气和碳氢化合物作为燃料的电池对于碳沉积、燃料杂质中毒以及氧化还原降解等问题仍然亟须寻找可替代的SOFC阳极材料。近期，美国西北大学Barnett和清华大学韩敏芳等[3]研究报道了一种新型钙镍基阳极材料：$Sr_{0.95}(Ti_{0.3}Fe_{0.63}Ni_{0.07})O_{3-\delta}$（STFN），它具有较小的阳极极化电阻。在燃料电池运行过程中，STFN材料可析出Ni-Fe合金纳米颗粒，在低温低氢分压下仍然能够促进氢的吸附分解，进而提高燃料电池的性能。图9.6 SEM表征结果显示，STFN阳极层厚度约为10μm，孔结构为2～3μm。由于Ni较Fe更容易析

图9.6　电池测试前后的STFN阳极微观结构表征[3]

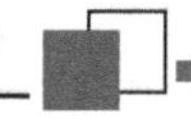

出，电池测试后的 STFN 阳极有明显的纳米颗粒析出。

2）原位 XRD 观察 Ni-YSZ 金属陶瓷高温下的晶体结构变化

Yu 等[4]采用原位 XRD 研究了 Ni-YSZ 金属陶瓷高温下 Ni 与甲烷相互作用时的晶体结构变化。图 9.7（a）和（b）显示了 Ni-YSZ 金属陶瓷在室温、650℃和 800℃下 H_2 气氛以及在 650℃和 800℃下 CH_4 气氛的原位 XRD 图谱。Ni 的主峰峰值随温度升高向左移动，表明晶格参数随温度升高而增大。

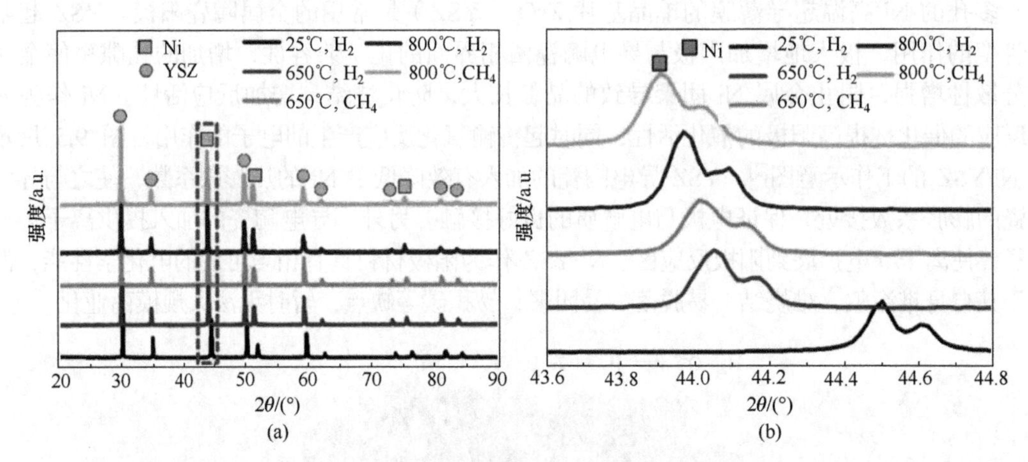

图 9.7 不同气氛和温度下 Ni-YSZ 金属陶瓷（a）和 Ni（b）主峰的原位 XRD 图谱[4]

9.2.3 氧化锆基固体电解质

1. 结构及特点

电解质是 SOFC 的核心部件，起到传递离子和隔离气体的作用。目前，SOFC 常用的电解质材料有萤石结构型材料和钙钛矿型材料，此外，磷灰石类氧化物电解质、质子导电氧化物电解质材料也逐渐得到重视。萤石结构型电解质包括氧化锆基、氧化铈基和氧化铋基材料，其中氧化锆基材料是常用的 SOFC 电解质之一。

氧化锆（ZrO_2）是萤石结构，有三种晶型，不同温度下晶型的转变是可逆的，在室温下为单斜相，温度超过 1170℃时转变为四方相，温度超过 2370℃时转变为立方相。冷却过程中晶型转化将引起 7%的体积变化，对材料的尺寸和结构稳定性造成影响。掺杂二价或三价阳离子后，ZrO_2 的立方相晶型可以稳定存在，可以消除晶型转化造成的体积膨胀，同时引入阳离子后，产生的电荷补偿效应增加了氧离子的空位浓度。通常掺杂材料有 Y_2O_3、Yb_2O_3、Sc_2O_3、Gd_2O_3、Dy_2O_3、Nd_2O_3、Sm_2O_3、CaO 和 MgO 等。

研究最早且应用最广泛的是掺杂 Y_2O_3 稳定的 ZrO_2（YSZ），其在氧化和还原气氛中表现出良好的稳定性，并且不会与 SOFC 中其他组件材料发生化学反应。同时这种材料储备非常丰富，而且相对廉价，制备也简单。随着 Y_2O_3 掺杂量的增加，YSZ 电导率呈现先增大后减小的趋势，在 Y_2O_3 掺杂量为 8%（摩尔分数）时电导率达到最大值。高掺杂量下电导率的下降是由于缺陷有序化、空位团簇及电子态关联导致的缺陷迁移率下降。YSZ 电解质存在烧结温度高、机械强度低的缺点，添加助剂可以在一定程度上缓解这些情况。

另一种有前景的材料是 Sc 掺杂的 ZrO_2（ScSZ），Sc^{3+}与 Zr^{4+}的离子半径最接近，Sc^{3+}掺杂的 ZrO_2具有最低的离子迁移焓和最高的缔合焓，离子电导率比 YSZ 的更高。但是在 SOFC 运行过程中，随着电解质的老化，YSZ 和 ScSZ 的电导率下降，ScSZ 的电导率下降速度快于 YSZ。YSZ 和 ScSZ 电导率的下降是由于高电导率的萤石相随着老化转变为低电导率的四方相，相对于 YSZ 来说，ScSZ 中萤石相对电导率的贡献所占比重更大。此外，随着工业技术（如 3D 打印）的发展，用料成本将极大程度减少。

2. 应用案例

1）燃料电池电化学性能及 SEM 表征

科罗拉多矿业大学 Ryan O'Hayre 等[5]设计合成了适合低温运行的新型阴极材料和电解质，在此基础上开发了全新的抗积碳、耐硫性、多种燃料通用的超长寿命质子陶瓷燃料电池，为燃料电池的发展提供了新的技术方向。研究人员以碳酸钡、氧化铈、氧化锆、氧化钇、氧化镍和氧化铜为原料制备了阴极材料（BCY）、阳极材料（BZY）和电解质，并由此组装了燃料电池，系统研究了在 500℃条件下这种 PCFC 对氢气、甲烷、天然气（含硫和不含硫）、丙烷、正丁烷、异丁烷、异辛烷、甲醇、乙醇、氨等 11 种未经过预处理燃料的适用性。图 9.8（a）展示了电池的 *I-V* 性能随温度的变化，可以看到该电池在 350℃低温下仍然可以产生较高的功率密度（约 $100mW\cdot cm^{-2}$）。图 9.8（b）显示电池在 500℃、电流密度为 $300mA\cdot cm^{-2}$、氢气/空气条件下长期测试时的工作电压和功率密度的稳定性。在 1100h 的测试过程中，电池电压和功率密度略有增加，其微结构[图 9.8（c）]与未测试的电池几乎相同。阴极/电解液和阳极/电解液界面未出现分层现象，界面连接良好，未见明显开裂或孔隙形成，表明电极与电解液具有良好的热膨胀相容性和稳定性。此外，图 9.8（c）插图中阴极的高倍放大图像显示，即使经过长期的测试，阴极仍然保持了良好的纳米结构。

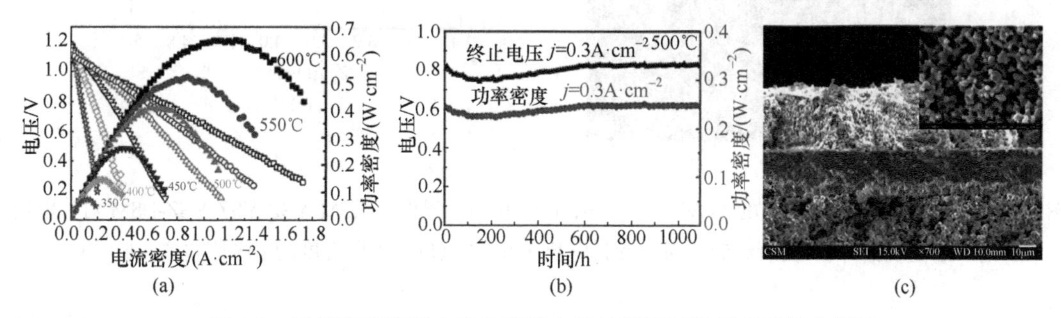

图 9.8 质子陶瓷燃料电池性能及电极长期测试后微观形貌表征[5]

2）扫描电子显微镜及电化学阻抗表征 3D 打印氧化锆固体电解质

法兰西公学院 Masciandaro 等[6]利用 3D 打印机打印了氧化钇稳定氧化锆的自支撑电解质，分别用镧锶锰酸盐-氧化镍-钇稳定氧化锆复合材料的阴极层和阳极层进行了电池组装并进行了性能测试。图 9.9（a）中的插图展示了由 3D 打印制作的 YSZ 自支撑膜。根据图 9.9（a）显示的 SEM 顶视图，所制备的 YSZ 具有致密均匀的结构，平均晶粒尺寸达到亚微米级。图 9.9（b）、（c）也显示了相似的均匀结构，并且厚度可以达到约 340μm。这种较好的致密性可以确保燃料电池的稳定性，并且尽量减少电解质对电池总电阻的贡

献。SEM 图像还可以观察到一些以暗颗粒形式存在的点状缺陷，这些缺陷成分主要是氧化铝，并且由于密度较低，对 YSZ 的电化学性能没有显著影响。该组进一步采用优化的 LSM/YSZ 电极在对称电池结构下评估了打印 YSZ 电解质的性能。在 350～900℃的温度下，进行了电化学阻抗谱测量。图 9.9（d）为高温下得到的典型光谱的 Nyquist 图和相应的等效电路模型。通过将实验值拟合到等效电路中，可以得到与电解质中离子扩散相关的总电阻。可以看到随着温度升高，阻抗逐渐降低。从图 9.9（e）中可以看出利用 3D 打印制备的 3YSZ 所组装的对称燃料电池展现出完美的半圆形状，这主要是由电解液对于阻抗的贡献占据主导地位导致的。

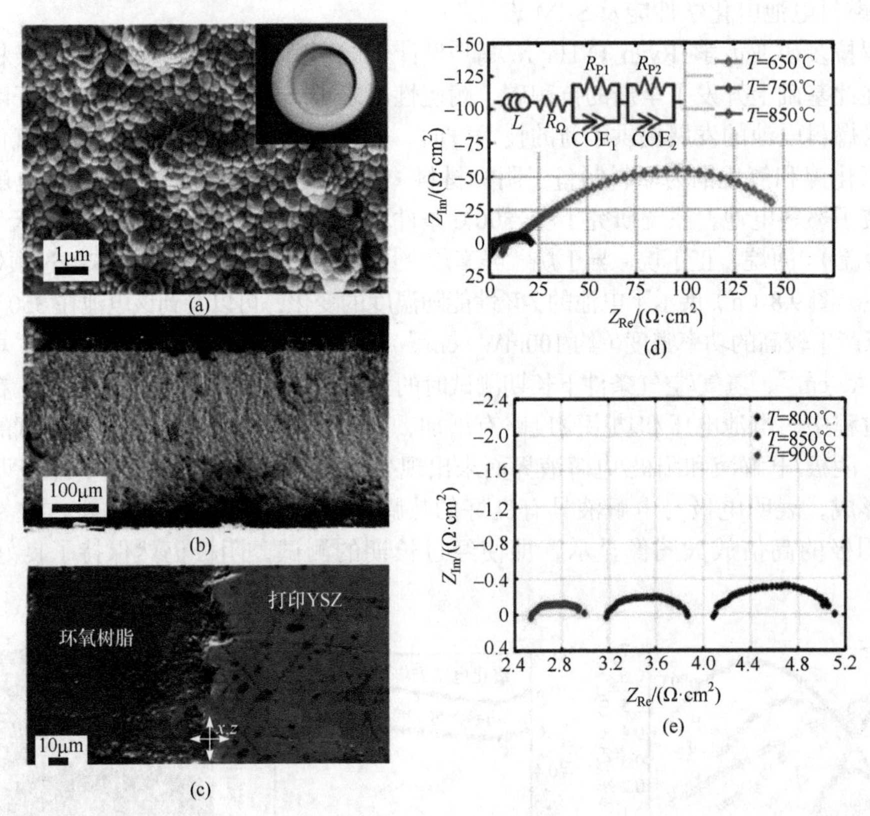

图 9.9 3D 打印的 YSZ 电解质的 SEM 图（a，b，c）、在不同温度下 LSM-YSZ/YSZ/YSZ-LSM 对称电池的 EIS 阻抗谱（d）及所组装的对称燃料电池在 0.7V 电位下不同温度的 EIS 阻抗谱（e）[6]

9.3 碱性燃料电池

碱性燃料电池（AFC）是最成熟的燃料电池技术，已经在潜艇和航天技术中成功应用。早在 19 世纪 60 年代，美国惠普公司开发的氢气-氧气碱性燃料电池就已成功应用于阿波罗号飞船上。氢气-氧气碱性燃料电池不但为飞船提供电力，还可以为宇航员提供饮用水。

AFC 主要由电极、电解质、双极板和密封材料等组成。AFC 采用 KOH 或 NaOH 等强碱溶液为电解质，电解质内部传输的离子导体为氢氧根离子 OH^-。氢气-氧气型 AFC 以纯氢为燃料，纯氧气或脱出微量 CO_2 的空气为氧化剂。氧化极催化剂为 Pt/C、Ag、Ag-Au、Ni 等，氢电极的催化剂为 Pt-Pd/C、Pt/C、Ni 或硼化镍等。氧化极和氢电极制备成多孔电极，利于气体扩散。双极板材料采用无孔碳板、镍板或镀镍、镀银、镀金的金属板。

氢气-氧气 AFC 工作时，阳极释放氢气，在催化剂作用下与电解质中的氢氧根反应生成水；阴极上，氧气在催化剂作用下，与电解质中的水反应生成氢氧根。阴极生成的氢氧根再传递至阳极。同时外电路形成由阴极到阳极的电流，向负载提供电能，由此形成闭合回路。其电极反应如下：

阳极 $$2H_2 + 4OH^- \longrightarrow 4H_2O + 4e^-$$

阴极 $$O_2 + 2H_2O + 4e^- \longrightarrow 4OH^-$$

总反应 $$O_2 + 2H_2 \longrightarrow 2H_2O$$

上述反应中水在阳极生成，为防止稀释电解质，阳极生成的水需及时排出。

与其他燃料电池相比，AFC 具有以下优点：

（1）AFC 可以在较宽温度范围（80～230℃）和较宽压力范围（2.2×10^5～45×10^5Pa）内运行，因此启动速度快。

（2）AFC 效率较高（50%～55%）。碱性电解液的动力学反应比酸性燃料电池的快，尤其是氧的还原反应，因此活性损耗非常低。

（3）AFC 的生产成本是燃料电池中最低的。由于碱性燃料电池的快速动力学效应，可使用非贵金属作催化剂，银或镍也可以替代铂作为催化剂。电池单体可使用耐碱塑料和碱性电解液，价格低廉。

（4）AFC 电解液可以完全循环。电解液可用作冷却介质，易于热管理；电解液在阴极附近分布更均匀，解决了电解液浓度分布问题；若电解液已被 CO_2 过度污染，可提供替换电解液的选项。

9.3.1 储氢合金

1. 结构及特点

氢的安全和高效储存是制约氢燃料电池实际应用的瓶颈。目前，氢气的储存方式主要有三种：①高压气态储氢，即在室温下将氢气压缩储存在高压储气瓶中；②冷却液态储氢，即在标准大气压下，将氢气冷却至液化温度（–252.8℃）以下形成液态氢，储存在绝热储氢容器中；③固体储氢，即借助固体材料对氢气的物理吸附或化学成键作用，将氢储存在固体材料中。高压气态储氢需要高压压缩氢气，存储效率低、体积密度低，储存的氢气仅占钢瓶质量的 1%～2%（质量分数），体积密度仅达 $0.089kg\cdot m^{-3}$。冷却液态储氢的温度低、能耗高，且对储存容器的隔热性和强度有极高的要求，目前仅在航天、军事等领域使用。气态和液态储氢都不具备大规模商用化的市场前景，而固体储氢，如储氢合金，具有储氢密度高、使用安全、运输便利等优势，是一种具有广阔市场应用前景的储氢技术，尤其适用于车载燃料电池系统。

某些合金在一定的温度或压力下，能快速、大量地吸氢，生成合金氢化物。随后合金氢化物又能在加热或减压条件下发生分解，将储存的氢气放出。将这类能够快速、可逆吸放氢气的合金称为储氢合金。

储氢合金 A_mB_n 中两种组元金属的性能迥异。通常情况下，A 元素为ⅠA～ⅤB 族金属，容易与氢反应形成稳定的氢化物，过程伴随一定的热量放出。B 元素主要是ⅢA 族金属或ⅥB～Ⅷ族过渡金属，一般不与氢反应，但 B 与 A 形成合金后，能促进氢气可逆地吸收与放出。因此，A 元素主要控制储氢量，B 元素主要控制吸放氢的可逆性。根据储氢合金两组元原子配比的不同，应用于燃料电池的储氢合金分为四类：AB_5 型稀土系合金、A_2B 型镁系合金、AB 型钛系合金和 AB_2 型锆系合金。

储氢合金中性能最好、应用最广泛的是 AB_5 型稀土系合金，以 $LaNi_5$ 系为主。$LaNi_5$ 为 $CaCu_5$ 型六方结构，属 $P6/mmm$ 空间群。晶格常数 a_0 = 5.017Å，c_0 = 3.983Å，c_0/a_0 = 0.794Å，晶胞体积 V_0 = 86.80Å^3。在 $LaNi_5$ 的晶胞中，有 37 个间隙位置可以储氢，但由于原子尺寸和电子浓度的限制，室温下 $LaNi_5$ 晶胞最多能与 6 个氢原子结合生成 $LaNi_5H_6$，理论储氢量约为 1.37%（质量分数）。在吸氢后，$LaNi_5H_6$ 仍为六方结构，属于 $P31m$ 空间群，晶格常数 a = 5.388Å，c = 4.250Å，c/a = 0.789，晶胞体积 V = 106.83Å^3，体积膨胀约 23.5%。由于氢化后氢原子存在于合金晶格间隙位置，仅发生晶格膨胀不改变合金原有的相结构，因此具有较适宜的吸放热力学性能，25℃放氢平台压力约为 0.2MPa，分解热约为 30kJ · mol^{-1}；此外还具有吸放氢快、易活化、滞后小等优点。但材料在吸/放氢循环过程中，由于材料晶格膨胀会造成合金的严重粉化，影响使用寿命。其解决方法通常是掺入其他元素，以减小体积变化，增加循环寿命。例如，用 Co 部分取代 Ni，用 Nd 部分取代 La，通过 Co 和 Nd 的渗入抑制晶格膨胀，改善合金粉化的问题。

A_2B 型镁基储氢合金是颇具潜力的高容量轻质储氢材料，其密度小、储氢量大、价格便宜。在镁基储氢合金中，MgH_2 的理论储氢量为 7.6%（质量分数），但 Mg—H 键的热力学稳定性过高，导致 MgH_2 放氢温度高于 400℃，对应的脱氢反应焓变为 75kJ · mol^{-1}。氢分子在金属镁表面的解离和氢原子在 MgH_2 表层的重组相对困难，氢原子在 Mg，尤其是 MgH_2 基体中扩散速率较慢，所以镁基储氢材料活化难度较大，吸放氢动力学性能较差，限制了其规模化的商业应用。

AB 型钛系合金是有序体心立方，CsCl 型结构，空间群为 $Pm\overline{3}m$。AB 型钛系合金典型代表是 TiFe。TiFe 合金活化后室温下可大量吸氢，有两个吸氢平台（分别为 $TiFeH_{1.04}$ 和 $TiFeH_{1.95}$），理论吸氢量为 1.86%（质量分数），室温下平衡氢压为 0.3MPa，此外，其价格便宜、资源丰富，在工业生产上有一定优势。但 TiFe 合金存在粉化、CO 中毒、氢释放的活化能高的问题，掺入少量的 Zr、Co、Cr、V 可以改善性能。

AB_2 型储氢合金的典型代表是 $ZrCr_2$、$ZrMn_2$、ZrV_2。这些合金普遍拥有储氢量相对较大、动力学性能好、易活化等特点，可用于热泵、空调领域；但在碱性溶液中电化学性能非常差，氢化物生成热高，吸放氢平台压力过低，价格昂贵，不适宜作电极材料。

为了提高阳极储氢材料的储氢容量、平台电压稳定性、导电性、导热性，目前对储氢合金的改性方法主要有元素掺杂和表面处理。对几种 A_mB_n 型的储氢合金，通常对 B 侧元素进行取代和掺杂，如 V、Cr、Mn、Fe、Co，形成 $A_mB_{n-x}M_x$ 型合金（M 为掺杂元素）。也可以对 A 侧元素进行取代，如 Al、Ca 等，形成 $A_{m-x}M_xB_n$ 型合金。表面处理一般通过在储氢合金表面包覆、热碱处理等，还原合金表面的氧化物、增强氢在表面的透过性，细化合金，从而增加合金的比表面积。此外，包覆层还可以提高合金的电导率和氢的扩散系数，有利于电极表面的电化学反应进行。

2. 应用案例

HRTEM 表征镁系储氢合金：氢化镁（MgH_2）是一种理想的固体储氢材料，具有储氢密度高、成本低、安全性好的优势，但其过于稳定的热力学及缓慢的吸放氢动力学性能严重制约了其应用范围。“纳米限域”被认为是一种提高镁基储氢材料性能的有效途径，可提升热/动力学性能。然而传统的“纳米限域”用碳基体材料（如多孔活性炭、碳凝胶、碳纳米管等）很难兼具高的 MgH_2/Mg 装载率及良好的吸放氢催化效应。由于具有高比表面积、良好的化学/物理稳定性、较高的热导率及优异的催化作用等特点，二维过渡金属碳/氮化物（MXenes）材料被认为是限域 MgH_2/Mg 的理想材料，其具有高比表面积、良好的化学/物理稳定性、较高的热导率及优异的催化作用等特点。然而，由于 MXenes 表面的含氧化学基团（—OH、—O 等）会引起纳米片层间堆叠及氧化问题。针对此现状，上海交通大学邹建新等[7]利用十六烷基三甲基溴化铵（CTAB）与 $Ti_3C_2T_x$（MXene）之间的静电作用构建了一种三维褶皱结构，有效地抑制了纳米片层间的堆叠问题，通过利用煅烧处理的三维褶皱 $Ti_3C_2T_x$ 作为基体成功地对不同尺寸纳米 MgH_2 颗粒进行了均匀负载[图 9.10（a）～（e）]，获得的复合储氢材料（MgH_2 Ti-MX）具有较高的储氢容量（质量分数 4.1%）。图 9.10 的 SAED 图进一步证明了 MgH_2 和 Ti-MX 的复合，在整个材料体系中，Ti-MX 不仅为 Mg/MgH_2 纳米颗粒提供大量的限域位点，而且对 Mg/MgH_2 的吸放氢表现出显著的催化作用。

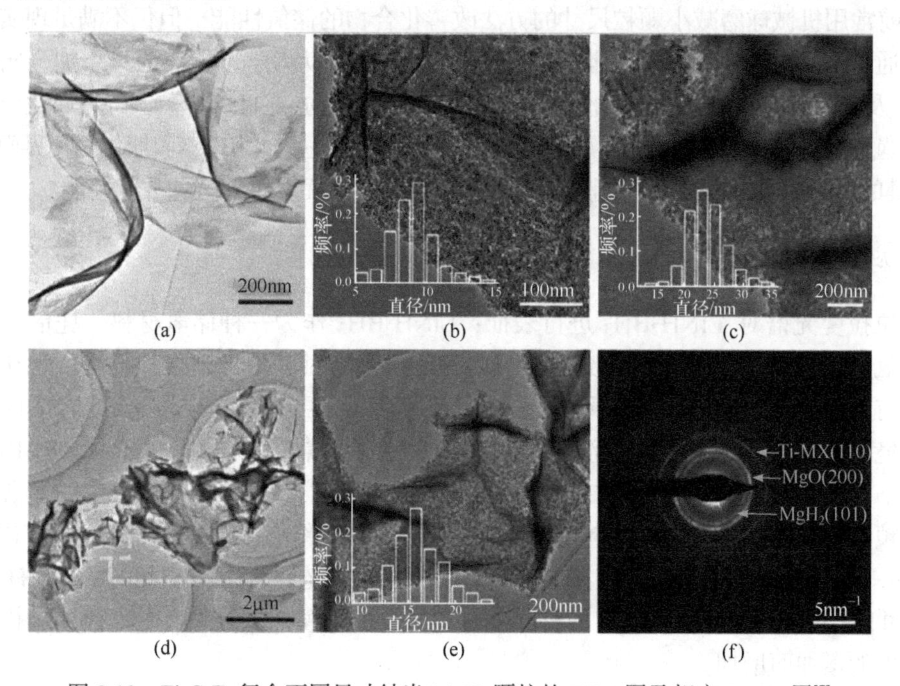

图 9.10　$Ti_3C_2T_x$ 复合不同尺寸纳米 MgH_2 颗粒的 TEM 图及相应 SAED 图[7]

9.3.2 氨基化合物储氢材料

1. 结构及特点

氨基-亚氨基体系，即金属-N-H 体系（金属主要为一种或多种碱金属或碱土金属），一般认为其吸/放氢的反应涉及 $LiNH_2$ 和 LiH 的生成。

$LiNH_2$ 为四方晶型，空间群为 $I4$，晶格常数 $a = 5.03442Å$，$c = 10.25558Å$。第一性原理计算表明，$LiNH_2$ 存在两种高压稳定相：β-$LiNH_2$（正交结构，*Fddd*）和 γ-$LiNH_2$（正交结构，$P2_12_12$）。它是一种离子化合物，Li^+的平均价态为+0.86，Li 原子与$[NH_2]^-$基团以离子键结合，$[NH_2]^-$基团中的 N 原子和 H 原子分别以两种不同的共价键结合。由于 N 原子与两个 H 原子的作用不完全相同，因此 $LiNH_2$ 的解离包括两种中间步骤，即产生 Li^+和$[NH_2]^-$或$[LiNH]^-$和 H^+。

目前研究较多的为 Li-N-H 和 Li-Mg-N-H 体系。Li-N-H 体系主要使用 $LiNH_2$-LiH 复合材料，具有优良的储氢热力学和动力学性能。一般认为氨基化合物储氢体系有两种放氢机理。第一种为金属氨基化合物 $LiNH_2$（存在带正电的 H^+）与金属氢化物 LiH（存在带负电荷的 H^-）两个固相之间存在协同效应，因此可以在较低的温度下放出氢气。第二种为 $LiNH_2$ 解离为 Li^+和$[NH_2]^-$，而$[NH_2]^-$和 H^+容易结合生成 NH_3，因此第二种放氢机理分为两步。第一步 $LiNH_2$ 分解为 Li_2NH 和 NH_3（反应吸热），NH_3 内部扩散，第二步 NH_3 与 LiH 反应生成 $LiNH_2$ 和 H_2（反应放热），新生成的 $LiNH_2$ 再分解生成 Li_2NH 和 NH_3，直到 LiH 和 $LiNH_2$ 全部消耗。由于第一步反应吸热且存在 NH_3 的扩散，因此该体系放氢的控制步骤为第一步反应。

目前常用机械球磨减小颗粒尺寸的方法改善化合物的储氢性能，但仍不满足现实需求。还需要通过添加催化剂、成分调整和掺杂来改善吸/放氢动力学性能。通过添加金属催化剂（如 Al 及其化合物）、过渡金属化合物（如 Ti、V 氧化物、卤化物等）、碱金属化合物（如 K、Na 氢氧化物等）、碳纳米材料、配位氢化物[如 $Mg(NH_2)_2$、$LiBH_4$ 等]催化固相界面反应和 N—H 键的断裂，或形成金属-氮键，降低放氢的温度，从而改善储氢和放氢性能。

2. 应用案例

原位拉曼光谱对 $LiNH_2BH_3$ 进行表征：$LiNH_2BH_3$ 作为一种储氢材料，凭借其良好的低温储氢性能受到广泛关注。研究这种材料的键合行为对进一步改善其脱氢行为和实现再加氢具有重要意义，佛罗里达国际大学 Najiba 等[8]利用原位拉曼光谱研究了 $LiNH_2BH_3$ 在高压环境中的不同键拉伸模式的演化。图 9.11 展示了从常温常压到 19GPa $LiNH_2BH_3$ 的相变过程。第一次相变发生在 3.9GPa，这种相变可以通过 B—H 拉伸区发生的显著变化证明。低频 B—H 伸缩模分裂，高频 B—H 伸缩模合并成单线态[图 9.11（a）]。随着进一步压缩，另一个相变发生在 12.7GPa，随着 N—H 拉伸振动模态的明显分裂和高频 B—H 拉伸模态的合并[图 9.11（a）～（c）]，两种相变都与主要振动模态的分裂有关，表明结构复杂性随着压力的增加而增加。

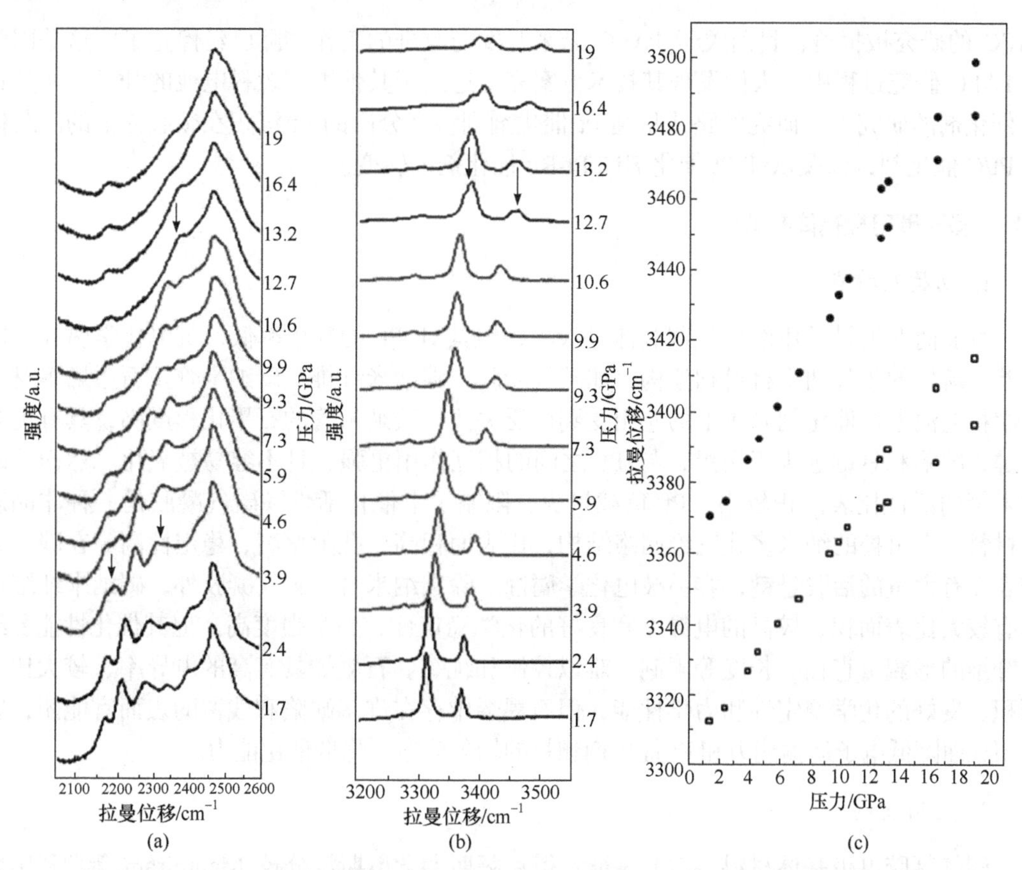

图 9.11　高压下 N—H 和 B—H 拉伸模的演化：B—H（a）和 N—H（b）拉伸模式；（c）N—H 拉伸模式拉曼位移的压力依赖性[8]

9.4　磷酸型燃料电池

磷酸型燃料电池（phosphoric acid fuel cell，PAFC），以磷酸为电解质，以多孔碳负载 Pt 的催化剂为电极，以氧气为阴极氧化物，以重整气为主的富氢气体为阳极燃料，电化学反应在离子、碳颗粒、气相的三相界面上进行，工作温度为 160～200℃。PAFC 结构如图 9.12 所示。一般以 Pt/C 为电极基底，吸附在 SiC 上的 100%磷酸溶液作为电解液。与其他燃料电池相比，磷酸易制备，反应温度较温和，但温度比 PEMFC 高，阴极反应速率快。PAFC 的发电效率仅 40%～45%，且存在一氧化碳中毒问题。硫酸电解质的腐蚀作用使 PAFC 的寿命难以超越 40000h。PAFC 是燃料电池中发展最快、研究最成熟的一种，产品已经达到商业化，多作为特殊用户的分布式电源、现场可移动电源和备用电源等。

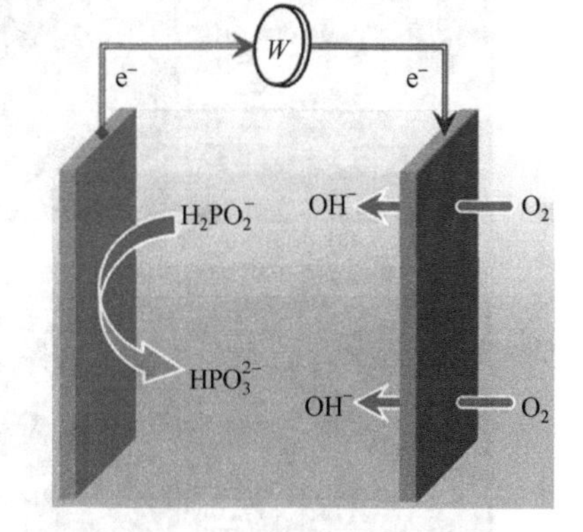

图 9.12　磷酸型燃料电池工作示意图

PAFC 的开发源于 20 世纪 60 年代，然而，30 年后，从 1995 年开始，鲜少有关于

PAFC 的研究被报道，目前关于 PAFC 未来开发与改进的工作实际已经停止了。这是因为在 PAFC 研究过程中，人们发现其技术方案完全适用于其他类型燃料电池的开发。尤其在 Pt 催化剂的研究上，研究的路线从纯 Pt 催化剂到将高分散的 Pt 沉积在碳载体上的碳载体型 Pt/C 催化剂，以及从纯 Pt 催化剂向 Pt-Ru 催化剂的转变。

9.4.1 多孔碳电极基体材料

1. 结构及特点

目前商业上最常用的催化剂载体是炭黑，但其对 Pt 的利用率低，抗电化学腐蚀性能较差。新型的碳基纳米材料和架构，如碳气凝胶、碳纳米纤维、碳纳米管及石墨烯等材料在燃料电池电极催化剂载体中的应用受到广泛关注。碳纳米管的石墨化程度高，具有更多 π 键，缺陷和悬键远少于炭黑，与 Pt 之间的相互作用更强，且不容易被氧化。然而，碳纳米管的活性比表面积较小，Pt 负载量少，限制了电催化活性。碳气凝胶是一种非晶态碳材料，有可控的纳米多孔三维网络结构，比表面积高、孔隙率高、稳定性高。在碳气凝胶表面有大量的活泼悬键，容易被电化学腐蚀。除碳纳米管、碳气凝胶外，碳纳米纤维也具有较大比表面积、较高的电导率和良好的化学稳定性，力学强度高。但其催化性能受纳米纤维的形貌、直径、长度等限制，难以控制和统一。石墨烯具有高的电导率、较大比表面积、良好的化学稳定性和力学性能，但石墨烯中存在许多缺陷和残留的表面官能团，容易团聚而降低电子运输能力和 Pt 催化剂颗粒的均匀分布，降低催化能力。

2. 应用案例

碳气凝胶电极基体材料 SEM 表征：得克萨斯大学奥斯汀分校 Manthiram 等[9]利用生物质衍生三维碳气凝胶生长 CNT 包覆金属纳米颗粒，作为电催化剂应用于燃料电池，并利用扫描电子显微镜对所得样品进行表征。N/S 掺杂碳气凝胶具有三维多孔骨架[图 9.13（a）、（b）]。图 9.13（c）、（d）分别为经过复合 Pt 纳米颗粒和 Pt/Ni 纳米颗粒后的形貌，将复合金属后的材料进行化学气相沉积（chemical vapor deposition，CVD）可以在碳气凝胶基底上生长 CNT，如图 9.13（e）～（h）所示。

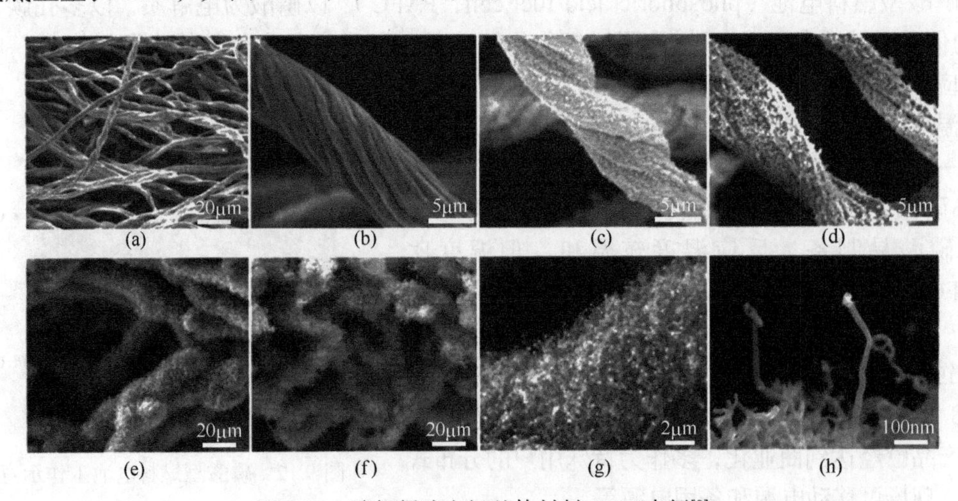

图 9.13 碳气凝胶电极基体材料 SEM 表征[9]

9.4.2 铂-钌合金催化剂

1. 结构及特点

铂作为催化剂，在燃料电池、锂离子电池等多种电池中都有重要的应用。然而在燃料电池中，铂基催化剂存在毒化及颗粒长大的问题。碳氧化物等杂质会以稳定的吸附态附着在 Pt 粒子的活性位点上，从而减少催化剂的活性位点，降低催化活性。Ru 同样是工业中常用的催化剂，而应用于燃料电池中的 Ru，其纳米化程度较难控制。Pt-Ru 合金阳极催化剂具有良好的抗中毒能力，已经成功用于 PAFC。目前，PtRu 合金催化剂的报道多见于直接甲醇燃料电池。

Pt-Ru 合金催化甲醇的具体机理存在争议，一般认为有两种机理。其中一种是双功能机理。甲醇在电氧化反应中的具体反应式如下：

$$CH_3OH + Pt \longrightarrow Pt\text{-}CO_{ads} + 4H^+ + 4e^-$$

$$Ru + H_2O \longrightarrow Ru\text{-}OH_{ads} + H^+ + e^-$$

$$Pt\text{-}CO_{ads} + Ru\text{-}OH_{ads} \longrightarrow Pt + Ru + CO_2 + H^+ + e^-$$

甲醇先在 Pt 表面解离并吸附，生成 H^+和 CO 等中间毒物，之后生成 CO_2 产物。双功能机理认为，Pt-Ru 在催化时形成了金属氧化物，可以氧化 CO。在 Pt 中加入 Ru 后，H_2O 被 Ru 催化，生成吸附态分子 OH_{ads}，其可以在低电势下氧化 CO，从而提高 Pt 催化剂的抗毒化性能。

另外一种为电子效应机理，认为 Pt 和 Ru 原子之间有相互作用，导致 Pt 的电子转移，5d 轨道空穴增加。在这两种机理协同作用下，甲醇中间产物在 Pt 上的吸附强度减弱，由此增强了催化活性。

目前对 Pt-Ru 合金催化剂的改进，主要是改变 Pt、Ru 的比例，其他金属是掺杂改性和粒子形貌调控。可以通过将 Pt、Ru 等金属粒子附着在碳基上，减少贵金属的使用；或制备成核壳结构、球形、纳米线等形式，以探索优化催化剂的催化活性等性能。

2. 应用案例

1）三元铂钌合金催化剂的 TEM 表征

重庆大学王青梅等[10]制备了一种 PtFe@PtRuFe 核壳结构纳米催化剂，以有序 PtFe 金属间化合物为核，3～5 个原子层厚度的 PtRuFe 为壳，研究其对甲醇氧化反应（methanol oxidation reaction，MOR）的催化性能和抗 CO 毒化能力，图 9.14（a）为 PtFe@PtRuFe 样品晶体结构的 XRD 谱图。与 Pt/C 相比，PtFe@PtRuFe 的特征峰略向高角方向偏移，说明 Fe^{3+}和 Ru^{3+}成功还原并与 Pt 结合形成合金，晶格收缩。通过 TEM 表征 PtFe@PtRuFe 纳米颗粒的形貌和结构。图 9.14（b）中 PtFe@PtRuFe 纳米颗粒粒径为 4～5nm，均匀分散在碳载体表面上。

2）Pt 基催化剂微观结构表征

高活性铂基催化剂的设计已经取得突破，但催化剂仍然面临在实际燃料电池器件中的服役水平与寿命的重大挑战。针对上述难题，华中科技大学夏宝玉等[11]采用（电）化学腐蚀的方法对铂基催化剂的近表面结构和组分进行调控，获得了具有一维结构的串状铂

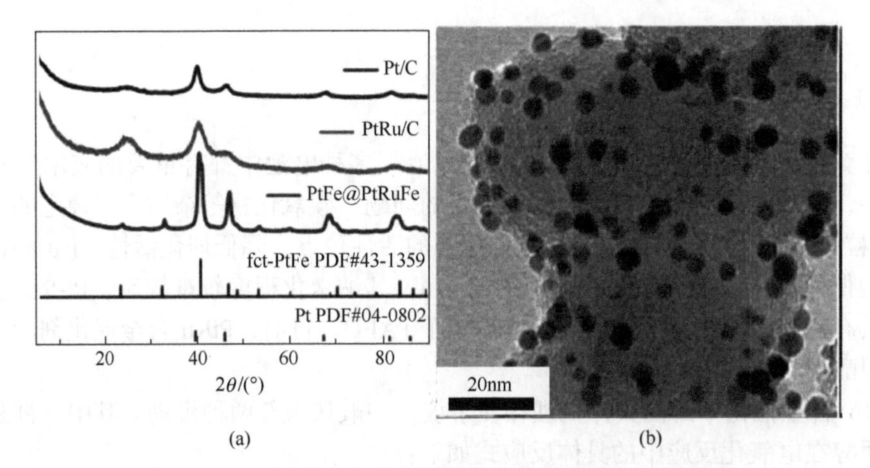

图 9.14 三元铂钌合金催化剂晶体结构及微观形貌表征[10]

镍纳米笼结构（PtNi-BNC/C），实现了高稳定性的一维结构和高活性的合金空心结构等特征的有效结合，从而大幅提升了高效铂镍合金催化剂在全电池中的使用寿命。通过 TEM 表征（图 9.15）可以看出，所制备的 PtNi-BNC/C 具有较好的结构完整性，呈现出枝晶状。

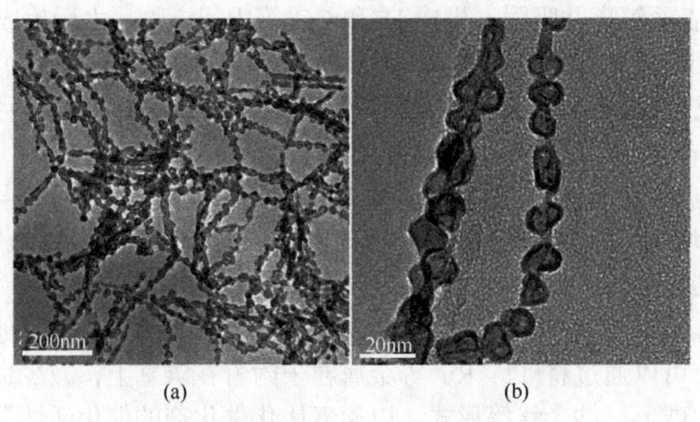

图 9.15 PtNi-BNC/C 的 TEM 图[11]

9.5 质子交换膜燃料电池

PEMFC 又称高分子电解质膜燃料电池，以全氟磺酸固体聚合物膜（质子交换膜）为电解质，铂为电催化剂，氢或净化重整气为燃料，空气或氧气为氧化剂，工作环境温度一般为 60～80℃，属低温燃料电池。PEMFC 组成结构包括：①夹板；②密封垫；③极板；④集流板；⑤扩散层；⑥催化层；⑦质子交换膜。其中，夹板、密封垫起固定和密封作用；扩散层、催化层和质子交换膜组成电极三合一组件——膜电极（MEA）。MAE 是质子交换膜燃料电池的核心部分，中间一层是质子交换膜（PEM），是氢离子的优良导体，不传导电子，它既作为电解质提供氢离子的通道，又作为隔膜隔离两极反应气体。PEM 的两边是气体电极，由碳纸和催化剂组成，阳极为氢电极，阴极为氧电极。PEMFC 的工作原理如图 9.16 所示，阳极中氢气在催化剂作用下发生电极反应：$H_2 \longrightarrow 2H^+ + 2e^-$。氢离子经过质子交换膜到达阴极，同时，反应产生的电子经过外电路到达阴极，发生电极反应：$2H^+ + 1/2O_2 + 2e^- \longrightarrow H_2O$。生成的水通过电极并随着反应尾气排出。

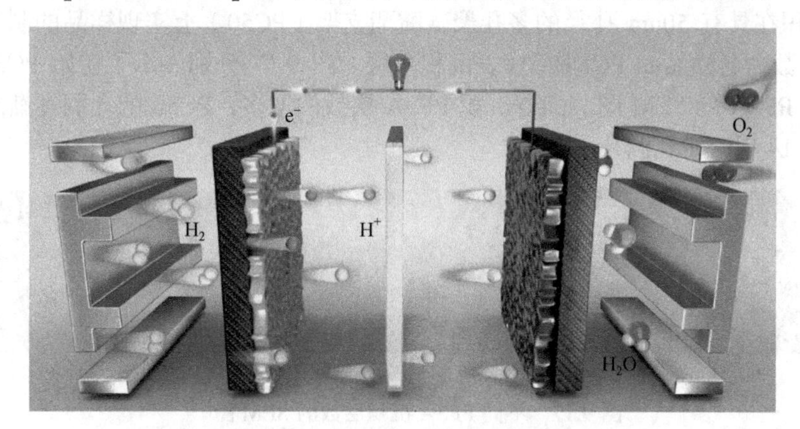

图 9.16 PEMFC 工作原理示意图

PEMFC 具有以下特点：

（1）不存在像磷酸型燃料电池的磷酸和熔融碳酸盐燃料电池（molten carbonate fuel cell，MCFC）的碳酸盐那样的电解质泄漏问题。

（2）由于电解质是固体高分子膜，因此容易控制两极间的压差及加压操作。

（3）反应温度低：可在常温下启动，改质器的结构比较紧凑，启动时间短。

（4）可使用塑料等廉价的材料制备电池材料。

（5）阻力低，可以获得高输出的功率密度，可实现小型化和轻量化，携带方便。

（6）可以使用含二氧化碳的燃料及空气。

9.5.1 全氟磺酸膜

1. 结构及特点

目前，得到广泛应用的质子交换膜是全氟磺酸型质子交换膜（PFSA），其聚四氟乙烯主链结构具有非常好的化学稳定性，保证了燃料电池的稳定性和使用寿命。杜邦公司生产的 Nafion 系列膜是现阶段研究最广泛的全氟磺酸型质子交换膜，除此以外，其他公司也开发了类似的产品，如 Dow 膜、Aciplex®系列膜、Flemion®系列膜和 BAM 膜等。

PFSA 结构分为两个部分：一部分是结构稳定的疏水性氟碳主链形成的疏水相，另一部分是支链上的亲水性磺酸基团构成的亲水相。质子传导时，磺酸基团解离出 H^+，H^+与水形成水合质子，水合质子能够迅速通过通道。H^+离开后，磺酸根吸引附近的 H^+填补空位，继续形成水合质子的传递。全氟磺酸离子聚合物电解质由于其结构中存在电负性较大的氟原子，氟原子可以产生强大的场效应和负诱导效应，从而使电解质膜的酸性加强，可以提高膜的质子传导能力及电导率，在高湿条件下质子电导率达到 $0.1S \cdot cm^{-1}$。同时，氟原子对碳原子形成有效屏蔽，可以避免 C—C 骨架被电化学氧化，因而全氟磺酸离子聚合物电解质在电化学环境中具有较高的稳定性和化学稳定性，保障了膜的使用寿命。

2. 应用案例

PFSA 的 SEM 表征：韩国科学技术院纳米中心 S. Q. Choi 等[12]报道了一种超薄 PFSA

薄膜，通过在空气/水的界面上排列分子，形成排列均匀的离子通道。研究者主要通过将PFSA膜沉积在具有50nm孔径的多孔聚碳酸酯支架（PC50）上实现样品的制备。以沉积的PFSA层数命名样品如PCNB6代表沉积六层。图9.17分别展示了初始PC50，以及沉积不同层数PFSA的SEM图。随着沉积PFSA层数的增多，PC50的孔洞逐渐减少，当沉积层数达到14层时，孔洞几乎消失。

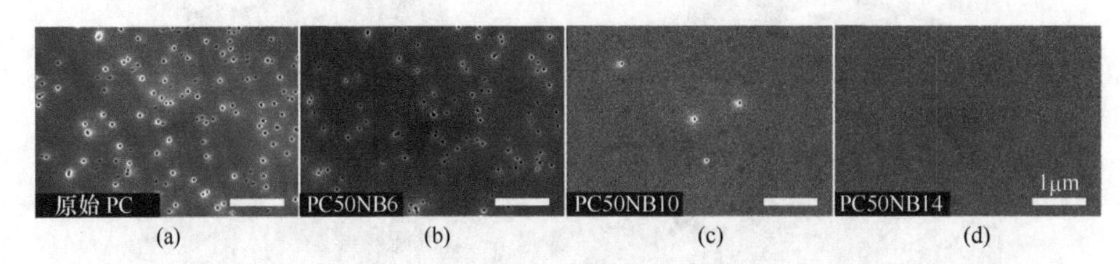

图9.17 不同PFSA沉积层数的SEM图[12]

9.5.2 部分氟化质子交换膜

1. 结构及特点

全氟磺酸膜存在溶胀、价格昂贵（约700美元$\cdot m^{-2}$）、工作温度低（低于100℃）、甲醇渗透率高、对CO的毒性耐受性差等问题，近年来，非全氟化质子交换膜和非氟质子交换膜引起了广泛的关注。非全氟化质子交换膜主要有两类：一类是含氟接枝磺酸质子交换膜；另一类是聚三氟苯乙烯磺酸型质子交换膜。

聚三氟苯乙烯磺酸型质子交换膜的制备可以采用含氟或偏氟材料为基体，用等离子辐射法接枝磺化单体到基体，或在聚合物基体上嫁接功能官能团，再由取代反应引入磺酸基团。制备这类膜的关键是控制适当的接枝率和磺化度，这对膜的吸水率、离子交换当量和离子导电性都有较大的影响。目前，聚偏氟乙烯接枝聚苯乙烯磺酸（PVDF-*g*-PSSA）膜是最主要的代表，其室温离子电导率可达$0.1S\cdot cm^{-1}$，离子交换当量可达$2meq\cdot g^{-1}$。

2. 应用案例

部分氟化质子交换膜的AFM表征：弗吉尼亚理工大学的J. E. McGratha等[13]制备了含磺酸盐基团的部分氟化疏水亲水性多嵌段质子交换膜。采用AFM对制备的部分氟化交换膜进行表征。图9.18（a）为交换膜的AFM相位图，可以看出表面颜色较为一致，这说明表面较为平整，从其高度图[图9.18（b）]也可以直观看出，交换膜表面起伏较小。

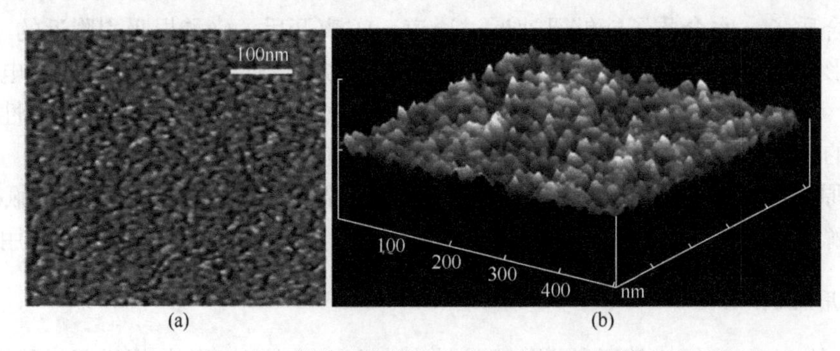

图9.18 部分氟化质子交换膜的AFM图[13]

9.5.3　无氟化质子交换膜

1. 结构及特点

与全氟磺酸膜相比，无氟化质子交换膜具有很多优点，如价格低廉、容易降解、使用温度较高、适用范围广、保水能力强等。因此，无氟化质子交换膜一直以来是研究的热点。无氟化质子交换膜主要是以磺化聚合物为主，其按主链又可分为脂肪族和芳香族两类。相比脂肪族磺化聚合物，芳香族具有更好的机械性能和热力学性能，并且成膜性能更加优异，因而是近十几年来质子交换膜研究领域的关注重点，主要包括磺化聚芳醚砜、磺化聚芳醚酮、磺化聚苯并咪唑（PBI）和磺化聚酰亚胺（SPI）。

磺化聚芳醚砜的主链除了含有芳香族苯环外，还有砜基及醚键。磺化聚芳醚砜的热、化学稳定性和机械性能都很突出，可以通过对其官能团进行修饰和改性，如磺化（分先磺化和后磺化两种）处理，得到有望代替 Nafion 膜的质子交换膜。

磺化聚芳醚酮与磺化聚芳醚砜有一定的相似性，热、化学稳定性和机械性能都很突出，并且可以对其官能团进行修饰和改性。通过在聚醚醚酮（PEK）分子链当中引入磺酸基官能团制备磺化聚醚醚酮（SPEK），可以使其在保持原有特点的基础上，具有更好的传导质子的特性。但是，这类膜有一个很大的缺陷就是溶胀度一般很大，而且随着相对湿度的降低，吸水率急剧下降，导致电导率大幅降低，影响其性能。

聚苯并咪唑是一种主链较为规整的苯并咪唑重复单元，具有较高的耐热、阻燃、力学性能、抗氧化性能，相对较低的气体渗透性和甲醇渗透性等特点。苯并咪唑基团在高温、干态条件下依然具有一定的传导质子能力，因此 PBI 成为质子交换膜关注的焦点。但是 PBI 主链的刚性结构及分子间的氢键作用使其难以加工成型。

磺化聚酰亚胺具有优异的热稳定性、力学性能、尺寸稳定性和较低的气体渗透性（比 Nafion 膜低一个数量级）等优点，是一种优异的高分子膜材料。SPI 一直被看作是未来替代 Nafion 膜的最佳材料。SPI 的制备常采用磺化二胺与二元酸酐进行缩聚反应，根据其主链亚胺环原子个数，可分为五元环聚酰亚胺和六元环聚酰亚胺。

2. 应用案例

磺化聚芳醚酮砜及其复合膜的物相及结构表征：为了降低燃料电池的成本，美国宾夕法尼亚大学的 K. I. Winey 等[14]通过精确控制链的微观结构得到了具有高质子传导性、理想有序、高度结晶的聚合物，并将其用作质子交换膜。沿线型聚乙烯规律性放置磺酸基团，合成了具有高质子传导性的水合层的聚合物（p21SA，磺化聚乙烯薄膜）。与传统的全氟磺酸质子交换膜相比，不仅有效降低了膜的成本，还为质子或其他离子导电合成膜的设计提供了新的思路。对比样品 Nafion117 和制备的 p21SA 的电导率和相对湿度的关系。如图 9.19（a）所示，在相对湿度高于 60%时，二者电导率相当，但是在较低的相对湿度情况下，Nafion117 的电导率更高，这是由于与 Nafion 中的氟烷基磺酸相比，p21SA 中烷基磺酸的酸度较低。水合数 λ 定义为每个磺酸基团的水分子数量，在低湿度下，p21SA 和 Nafion117 相当，Nafion 在高湿度下具有较大的 λ[图 9.19（b）]。按体积计算，p21SA 和 Nafion 在高湿度下的吸水量非常相似。

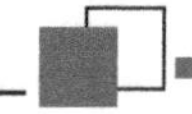

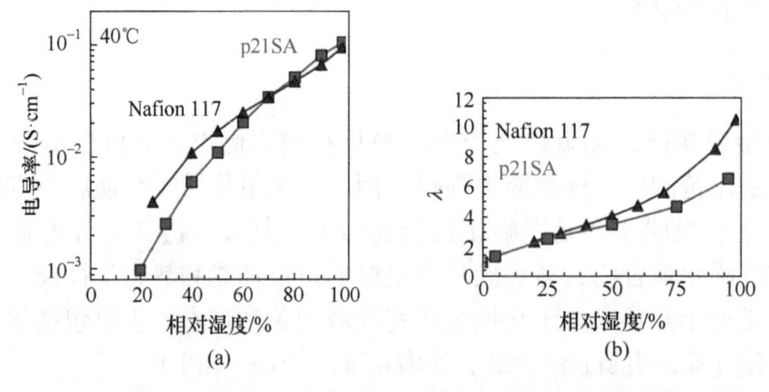

图 9.19 p21SA 和 Nafion 117 电导率、吸水量与相对湿度的关系[14]

9.6 熔融碳酸盐燃料电池

熔融碳酸盐燃料电池作为一种高温燃料电池（运行温度高达 650℃），具有发电效率高且零排放的优势。但较高的运行温度使电解质碳酸盐挥发，金属双极板的耐蚀性能下降，电池工作电压下降，而且阴极在电解质下的溶解导致与阳极形成短路，限制了其发展应用。电池两极反应描述如下，工作示意图如图 9.20 所示。

阳极反应：$$H_2 + CO_3^{2-} \longrightarrow H_2O + CO_2 + 2e^-$$

阴极反应：$$CO_2 + 0.5O_2 + 2e^- \longrightarrow CO_3^{2-}$$

为了尽可能地实现 MCFC 从化学能到电能的理想转换，有三个因素量化了燃料电池内界面处发生的过程。其中反应动力学和界面润湿性这两个因素均存在“活动”的接口，即固-液界面和固-液-气界面，燃料电池反应在此发生。第三个因素腐蚀现象严重限制了 MCFC 的使用寿命。尽管人们希望最大限度地减少腐蚀，但它仍然会持续发生。它几乎发生在任何地方，如金属集流体和熔融碳酸盐之间的界面或 MCFC 的氧化镍阴极。对这三个过程的理解对于优化性能和耐久性至关重要，都需要实验确定。

图 9.20 MCFC 工作示意图

9.6.1　熔融碳酸盐体系阴极材料

1. 结构及特点

自 MCFC 诞生起，阴极材料的种类几乎没有发生显著变化，普遍以氧化镍（NiO）为主，它可以在多孔 Ni 氧化升温的过程中获得。随着人们的研究不断深入，发现 NiO 电极在 MCFC 运行的过程中会逐渐溶解，溶解产生的 Ni^{2+}会扩散进入电解质隔膜中，Ni^{2+}会不断沉积到隔膜上逐渐形成枝晶，降低了燃料电池的性能，甚至会造成电池短路。针对这个问题，研究人员正在研发修饰阴极材料、使用电解质添加剂等解决方法。

2. 应用案例

$LiNiO_2$层包覆的阴极物相及电化学表征：韩国生产技术研究院的 J. S. Cheol 等[15]制备了 $LiNiO_2$层包覆的阴极。图 9.21（a）、（c）呈现了镍纳米颗粒前体以及制备得到的 $LiNiO_2$ SEM 图。将 Ni 粉末和 $LiNO_3$ 按照 1∶1 的比例混合，在 550～700℃的条件下加热可得 $LiNiO_2$ 粉末。由图 9.21（b）XRD 分析可知，伴随着煅烧温度的不断升高，杂质如 Li_2O 和 NiO 逐渐消失，最终获得纯相 $LiNiO_2$。经过包覆的电极在所有温度下都展现出比较高的电位[图 9.21（d）]，提升了电池性能。

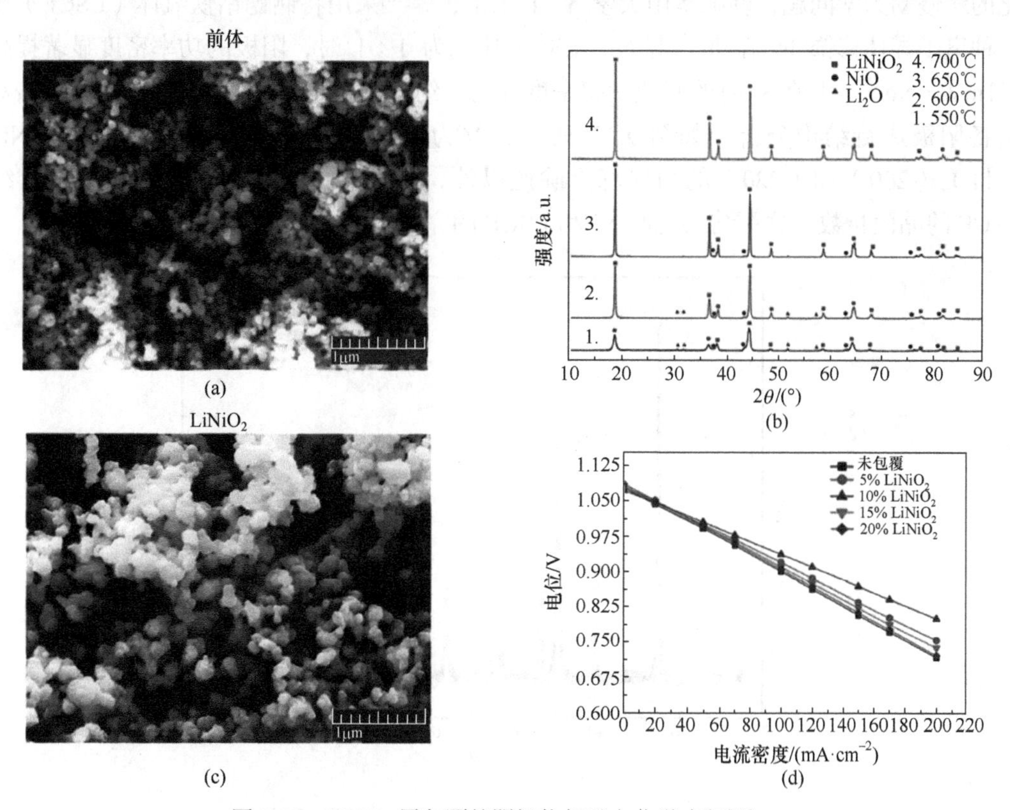

图 9.21　$LiNiO_2$层包覆的阴极物相及电化学表征[15]

9.6.2 镍基合金阳极材料

1. 结构及特点

早期 MCFC 曾采用 Pt、Ag 等贵金属作阳极材料。为了降低电池的成本，经过不断深入研究，后来改用导电性和催化性优良的镍（Ni）制作。但是 Ni 非常容易产生机械形变从而影响电池的密封性，造成电池的稳定性下降。为了改善这种现象，目前新式的 MCFC 阳极一般采用 Ni 基合金材料如 Ni-Al、Ni-Cr 合金。使用这些阳极材料可以提高阳极的抗蠕变和耐烧结性能。然而，Cr 与电解液的锂化反应是限制 Cr 作为添加剂在 MCFC 阳极中应用的因素。在 MCFC 阳极上，供应反应气体的集流器的孔洞接触点及其周围通常会发生严重变形。这些区域主要负责气体的分布，也是氧化过程中最敏感的部分。这些区域缺陷的存在会导致阳极的蠕变变形，并在长期运行中降低电池性能。因此，开发抗蠕变、抗烧结、抗裂纹的阳极材料是提高 MCFC 耐久性的关键。

2. 应用案例

LSCF 修饰的 Ni 基阳极精修 XRD 表征：为了解决熔融碳酸盐燃料电池中固体燃料氧化的缓慢动力学问题，韩国釜山大学 Y. T. Kima 等[16]采用将镧锶钴铁氧体（LSCF）作为一种离子导体修饰 Ni 阳极。当 Ni：LSCF 比例为 1：1 时，阳极的功率密度显著提高至 111mW · cm^{-2}，比纯 Ni 时的峰值功率密度提高了约 2 倍。研究者采用 XRD 精修图谱对所制备阳极进行结构分析。如图 9.22 所示，2θ为 44.6°、52.0°和 76.6°分别对应 Ni 的（111）、（200）和（220）的衍射峰。除此以外，其他的衍射峰分别对应具有立方结构 LSCF 的晶面指数。这一结果说明 Ni 和 LSCF 的完美复合。

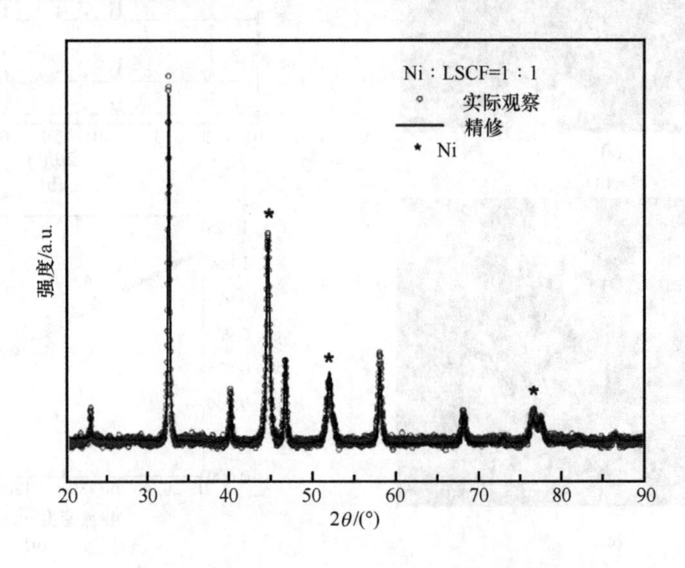

图 9.22 Ni：LSCF=1：1 的 XRD 精修图[16]

习　题

一、选择题

1. 适合作为阳极催化剂的材料不包括（　　）。

A. 过渡金属　B. 钙钛矿结构氧化物　C. AB 型钛系合金　D. Ni 基金属陶瓷

2. 储氢在一定的温度或压力下，能快速、大量地吸氢，生成合金氢化物。随后合金氢化物又能在（　　）条件下发生分解，将储存的氢气放出。

A. 加热或减压　B. 加热或加压　C. 降温或减压　D. 降温或加压

3. 优良的碳载体需要具备的条件，以下不正确的是（　　）。

A. 有较大的活性比表面积，能均匀负载 Pt 等催化剂

B. 有合适的孔径大小、孔径分布，为电极三相反应提供高活性反应界面

C. 热稳定性、电化学稳定性、力学性能良好

D. 有较高的电阻抗

4. 全氟磺酸型质子交换膜的结构分为两部分：一部分是结构稳定疏水性（　　）形成的疏水相，另一部分是支链上的亲水性（　　）构成的亲水相。

A. 脂肪烃主链，芳香基团　B. 氟碳主链，磺酸基团

C. 磺酸基团，氟碳主链　D. 脂肪烃主链，磺化基团

5. 提高 MCFC 耐久性的关键为开发（　　）的阳极材料。

A. 抗蠕变、抗烧结、抗裂纹　B. 耐低温、抗氧化、抗裂纹

C. 抗蠕变、抗氧化、零应变　D. 抗烧结、耐高温、零应变

二、填空题

1. 燃料电池是一种将燃料和_______中的_______转化为_______的电化学装置。燃料电池本身不储存活性物质，只作为_______的元器件，需要不断供给燃料和氧化剂就能持续使用。

2. 第一代燃料电池：_______，第二代燃料电池：_______，第三代燃料电池：_______，第四代燃料电池：_______，第五代燃料电池：_______。

3. 电解质是 SOFC 的核心部件，起到_______和_______的作用。电解质材料按照导电离子的不同，可以分为_______和_______。

4. 目前，氢气的储存方式主要有三种：①_______；②_______；③_______。其中固体储氢具有_______、使用安全、运输便利等优势，是一种具有广阔市场应用前景的储氢技术。

5. PAFC 以______为电解质，以多孔碳负载______的催化剂为电极，_______为阴极氧化物，_______为主的富氢气体为阳极燃料，电化学反应在离子、碳颗粒、气相的三相_______上进行反应。

6. 质子交换膜是_______的优良导体，_______（能/不能）传导电子，它既作为_______提供氢离子的通道，又作为_______隔离两极反应气体。

7. NiO 电极在 MCFC 运行的过程中会逐渐_______，溶解所产生的 Ni^{2+}会扩散进入电解质隔膜中，Ni^{2+}会不断沉积到隔膜上逐渐形成_______，这样会降低燃料电池的性能，

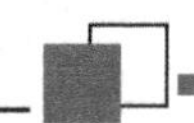

甚至造成电池短路。降低 MCFC 的_______可以大大提升电池的工作稳定性。

三、简答题

1. SOFC 阳极需要具备哪些特征？
2. 简述 AFC 的结构组成。
3. 简述 Pt-Ru 合金催化甲醇的两种机理猜想。
4. PEMFC 具有哪些特点？
5. 写出熔融碳酸盐燃料电池的两极反应方程式。
6. 将金属 Ni 分散于导电陶瓷材料中，制备成金属陶瓷电极的原理是什么？

参考文献

[1] Zhang Y, Chen B, Guan D Q, et al. Thermal-expansion offset for high-performance fuel cell cathodes[J]. Nature, 2021, 591(7849): 246-251.

[2] Wang Y, Wu C R, Du Q, et al. Morphology and performance evolution of anode microstructure in solid oxide fuel cell: A model-based quantitative analysis[J]. Applications in Energy and Combustion Science, 2021, 5: 100016.

[3] Zhu T, Troiani H E, Mogni L V, et al. Ni-substituted Sr(Ti, Fe)O_3 SOFC anodes: Achieving high performance via metal alloy nanoparticle exsolution[J]. Joule, 2018, 2(3): 478-496.

[4] Yu F Y, Xiao J, Zhang Y P, et al. New insights into carbon deposition mechanism of nickel/yttrium-stabilized zirconia cermet from methane by in situ investigation[J]. Applied Energy, 2019, 256: 113910.

[5] Duan C C, Tong J H, Shang M, et al. Readily processed protonic ceramic fuel cells with high performance at low temperatures [J]. Science, 2015, 349(6254): 1321-1326.

[6] Masciandaro S, Torrell M, Leone P, et al. Three-dimensional printed yttria-stabilized zirconia self-supported electrolytes for solid oxide fuel cell applications [J]. Journal of the European Ceramic Society, 2019, 39(1): 9-16.

[7] Zhu W, Ren L, Lu C, et al. Nanoconfined and *in situ* catalyzed MgH_2 self-assembled on 3D Ti_3C_2 mxene folded nanosheets with enhanced hydrogen sorption performances[J]. ACS Nano, 2021, 15(11): 18494-18504.

[8] Najiba S, Chen J. High-pressure study of lithium amidoborane using Raman spectroscopy and insight into dihydrogen bonding absence[J]. Proceedings of the National Academy of Sciences, 2012, 109(47): 19140-19144.

[9] Kumar T R, Kumar G G, Manthiram A. Biomass-derived 3D carbon aerogel with carbon shell-confined binary metallic nanoparticles in CNTs as an efficient electrocatalyst for microfluidic direct ethylene glycol fuel cells [J]. Advanced Energy Materials, 2019, 9(16): 1803238.

[10] Wang Q M, Chen S G, Li P, et al. Surface Ru enriched structurally ordered intermetallic PtFe@PtRuFe core-shell nanostructure boosts methanol oxidation reaction catalysis [J]. Applied Catalysis B: Environmental, 2019, 252: 120-127.

[11] Tian X L, Zhao X, Su Y Q, et al. Engineering bunched Pt-Ni alloy nanocages for efficient oxygen reduction in practical fuel cells[J]. Science, 2019, 366(6467): 850-856.

[12] Kim J Q, So S, Kim H T, et al. Highly ordered ultrathin perfluorinated sulfonic acid ionomer membranes for vanadium redox flow battery [J]. ACS Energy Letters, 2020, 6(1): 184-192.

[13] Li Y X, Roy A, Badami A S, et al. Synthesis and characterization of partially fluorinated hydrophobic-hydrophilic multiblock copolymers containing sulfonate groups for proton exchange membrane [J]. Journal

of Power Sources, 2007, 172(1): 30-38.

[14] Trigg E B, Gaines T W, Marechal M, et al. Self-assembled highly ordered acid layers in precisely sulfonated polyethylene produce efficient proton transport [J]. Nature Materials, 2018, 17(8): 725-731.

[15] Song S A, Kim H T, Kim K, et al. Effect of $LiNiO_2$-coated cathode on cell performance in molten carbonate fuel cells[J]. International Journal of Hydrogen Energy, 2019, 44(23): 12085-12093.

[16] Lee E K, Park S A, Jung H W, et al. Performance enhancement of molten carbonate-based direct carbon fuel cell(MC-DCFC) via adding mixed ionic-electronic conductors into Ni anode catalyst layer[J]. Journal of Power Sources, 2018, 386: 28-33.

第10章 太阳电池材料与表征

10.1 太阳电池发展概述

太阳电池起源于 1839 年，法国科学家 A. Becquerel 在一次实验中将金属电极放入电解液时，发现物质进入液体介质后会产生微小电流，这是人类首次发现光生伏特效应，简称光伏效应或光电效应。1877 年，科学家 W. G. Adams 和 R. E. Day 研究了光在硒中的行为效应，并在《英国皇家学会学报》上发表了相关论文。基于这一研究，美国科学家 C. Fritts 于 1883 年通过在金箔上镀硒创造出第一块硒太阳电池。虽然这块消磨了半个世纪的太阳电池仅有 1%的效率，但人类的光伏产业正是从这个 1%开始的。1904 年，德国物理学家发现了 Cu/Cu_2O 的光敏特性。次年，德国物理学家 A. Einstein 在《物理年鉴》上发表论文《关于光的产生和转化的一个推理性观点》，文中解释了光电效应原理，引发了多个学科行业内的广泛讨论，而他本人也在 16 年后因此获得了诺贝尔物理学奖。1916 年，波兰科学家 J. Czochralski 在一次偶然的机会中找到了用毛细管提拉单晶金属的方法，并将该工艺公开发表；提拉法后来广泛用于提拉单晶硅。1930 年及之后的几年间，人们对太阳电池的研究进展主要集中在 Cu/Cu_2O 电池上。1932 年迎来了一次新体系变革，科学家发现了硫化镉（CdS）中的光电效应，制成了第一个硫化镉太阳电池。1954 年美国无线电公司普林斯顿研究室报道了硫化镉的光伏现象，这一半导体材料至今仍在光电领域广泛使用。同年 5 月，美国贝尔实验室开发出单晶硅太阳电池，这是世界上第一个有实际应用价值的太阳电池，此时其效率已达 4.5%，几个月后，他们将这一数字提升到 6%。1954 年是人类太阳能史上重要的一页，这是光伏发电技术投入商用的开端，太阳能正式写入了人类能源史，也是在这一年，国际太阳能学会在美国亚利桑那州成立，是世界上可再生能源领域最早的非营利性会员组织，截至目前已有 100 多个会员国。1955 年，美国西电股份有限公司开始出售硅光伏技术商业专利，美国霍夫曼电子公司也开始售卖 2%效率的商业太阳电池器件，经过连年的技术革新，霍夫曼电子的单晶硅太阳电池在五年内效率达到 14%。1958 年，美国发射人造卫星“先锋一号”，这是美国继“探险者 1 号”以后发射的第二颗人造卫星，该卫星搭载 $100cm^2$、0.1W 的太阳电池为其供电，这是太阳电池在太空领域的首次应用。值得一提的是，之后中国的“东方红二号”“东方红三号”“东方红四号”卫星均使用太阳电池。1960 年，光伏发电实现并网运行，从此，太阳能发电开始进入人们的日常生活，在此后的十几年间，美国、日本、法国等国家纷纷开始了“光伏计划”，越来越多的光伏阵列和光伏电站出现在世界各地。1975 年，科学家 W. E. Spear 利用辉光放电法制备出非晶硅薄膜；在此工作的基础上，1976 年，美国无线电公司普林斯顿研究室的 D. E. Carlson 和 C. R. Wronski 利用氢化非晶硅制备出世界上第一个非晶硅太阳电

池。1980年，美国大西洋里奇菲尔德公司年产光伏电池达到1MW。1984年，非晶硅太阳电池器件商品化，并在日后迅速占领市场，成为太阳电池市场的主流。1991年，瑞士学者研制的纳米TiO_2燃料敏化太阳电池效率达到7%。1998年，多晶硅太阳电池产量首次超过单晶硅太阳电池。1999年，美国国家可再生能源实验室的M. A. Contreras等报道铜铟硒太阳电池效率达到18.8%。进入21世纪后，光伏产业已成为资本市场的重要赛道，连续五年的年均增长率超过50%。2004年，多国政府推出政策大力发展光伏产业，全球光伏市场快速扩张，随之而来的是激烈的市场竞争。中国光伏产业凭借高产能和低人力成本，在诞生之初的十年时间里，多家企业赴美上市，成为光伏赛道的领跑员，太阳电池发展时间轴如图10.1所示。

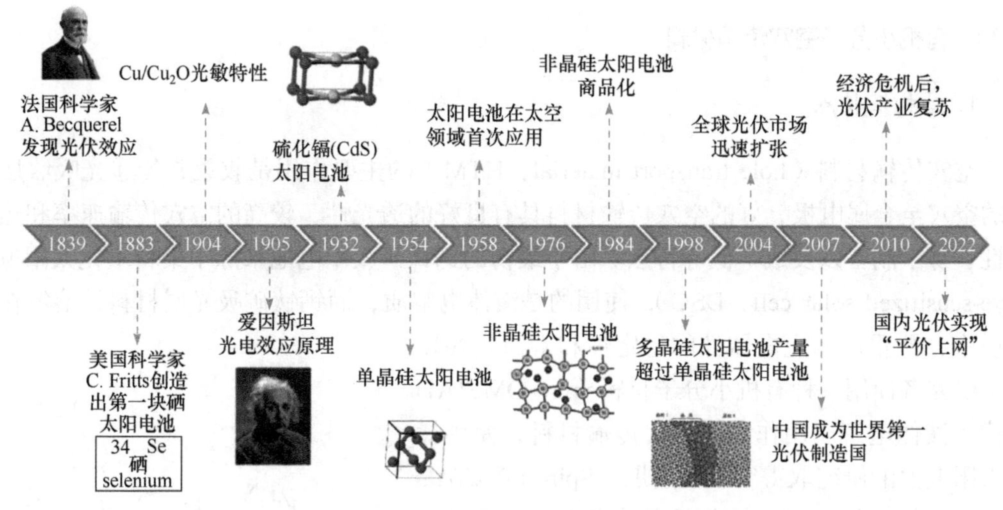

图10.1　太阳电池发展时间轴

2007年，中国太阳电池产量约占世界总产量的1/3，成为世界第一大光伏制造国。2010年起，全球经济危机压抑的需求逐渐释放，全球光伏产业出现新一轮景气期。2022年起，中国光伏实现“平价上网”，完全脱离政府补贴，这意味着中国光伏发电的自身竞争力将真正超过火电等传统能源发电方式。目前，中国在世界太阳电池板供应链中处于绝对优势，是当之无愧的“第一光伏大国”。

10.2　钙钛矿太阳电池

钙钛矿太阳电池（perovskite solar cell，PSC）作为新一代太阳电池中研究较多的一种类型，从2009年首次合成后发展到现在不过十余年，但其转换效率已超过20%。钙钛矿太阳电池符合未来太阳电池具有高效率、低成本的要求，具有非常广阔的发展前景，被国际著名期刊*Science*评为2013年的十大科学突破之一。

钙钛矿结构太阳电池主要分为平面异质结构和介观结构两种，都是由透明导电玻璃层、电子传输层（electronic transport layer，ETL）、吸收层（钙钛矿结构ABX_3物质）、空穴传输层（hole transport layer，HTL）、金属电极层等构成[1]。此类电池吸收层被太阳辐照

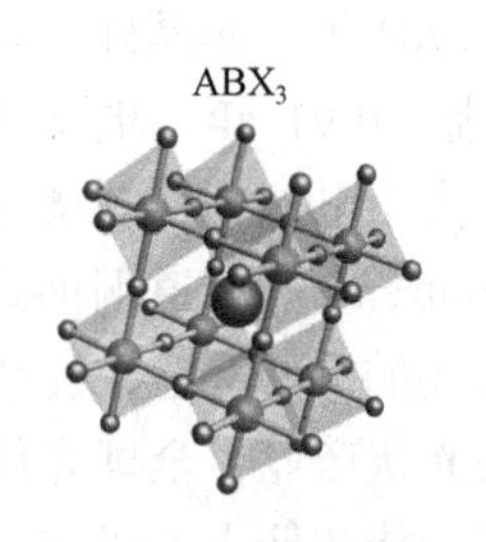

图 10.2 钙钛矿结构[1]

时，光子能量被钙钛矿结构 ABX_3 物质吸收，形成“电子-空穴对”。因电场力的作用，电子通过电子传输层流入阴极，空穴经空穴传输层流入阳极，外接电路后产生电流，如图 10.2 所示。

钙钛矿材料因与 $CaTiO_3$ 具有相似的分子构型而得名，具体到太阳电池领域的钙钛矿材料通常是指有机-无机杂化钙钛矿金属卤化物 ABX_3 材料，由小尺寸的有机阳离子如 $CH_3NH_3^+$（MA）、$CH_2(NH_2)_2$（FA）等，过渡金属二价离子如 Pb^{2+}等，与卤素离子 X（如 Cl^-、Br^-、I^-）等组成。这种材料制备工艺简单，成本较低，通常配制的溶液在常温下旋涂与加热即可获得均匀的结晶钙钛矿薄膜。

10.2.1 有机小分子空穴传输材料

1. 结构及特点

空穴传输材料（hole transport material，HTM）的主要作用是收集并传递光吸收层产生的空穴至金属电极，好的空穴传输材料具有良好的透光性、较高的空穴传输速率和热稳定性、易于制备以及成本低等特点。由于最初的钙钛矿太阳电池来源于染料敏化太阳电池（dye-sensitized solar cell，DSC），使用的是液体电解质，而钙钛矿吸光层材料易溶解在电解质中，严重影响光电器件的稳定性和寿命。2012 年，研究者使用一种有机小分子材料 Spiro-OMeTAD 取代了液体电解质用作固体空穴传输材料，使钙钛矿太阳电池的研究取得突破性进展。Spiro-OMeTAD 是一种高导电性、稳定的非晶小分子空穴传输层，分子式如图 10.3 所示。它初次使用时效率为 9.7%。除了经典的具有螺旋状三苯胺结构的 Spiro-OMeTAD 外，研究中的有机小分子空穴传输材料还包括线形和星形结构的三苯胺类以及具有噻吩结构的有机小分子空穴传输材料。

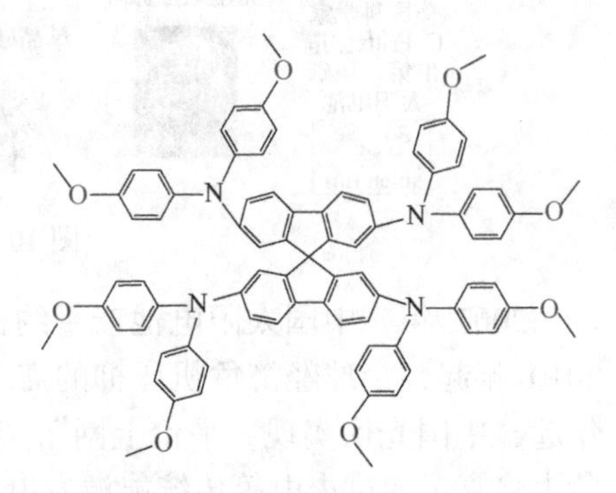

图 10.3 Spiro-OMeTAD 分子式

2. 应用案例

空穴传输材料 Spiro-OMeTAD 在太阳电池中的应用：高效钙钛矿太阳电池通常采用基于三苯胺的空穴传输层如 Spiro-OMeTAD，其可控掺杂对实现高导电性和高器件性能至关重要。阿卜杜拉国王科技大学 D. W. Stefaan 等[2]引入了路易斯酸三（五氟苯基）硼烷（TPFB）作为掺杂剂，显著提高了三苯胺基空穴传输层的电导率并降低了其表面电势。图 10.4（a）为 TPFB、未掺杂的 Spiro-OMeTAD 和 TPFB 掺杂的 Sipro-OMeTAD 在氯苯中的溶液照片；图 10.4（b）为旋涂 Spiro-OMeTAD 薄膜的吸收曲线。

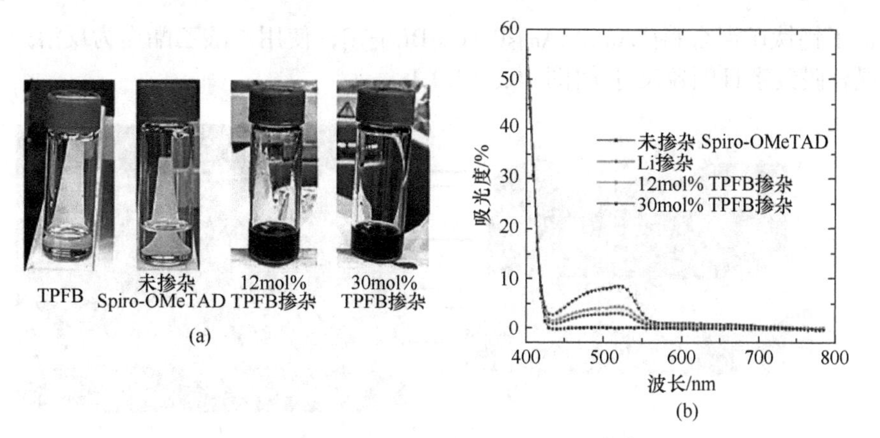

图 10.4 钙钛矿器件结构和掺杂钙钛矿薄膜表征[2]

10.2.2 聚合物空穴传输材料

1. 结构及特点

除了有机小分子被用在钙钛矿太阳电池的空穴传输材料上，具有 P 型半导体性能的聚合物分子也被应用于空穴传输材料中。较早用作钙钛矿太阳电池的空穴材料为聚-[双(4-苯基)(2,4,6-三甲基苯基)胺]（PTAA），PTAA 是一种三苯胺结构的聚合物，其 HOMO 能级为–5.14V，分子式如图 10.5 所示，目前使用 PTAA 为空穴传输层的钙钛矿太阳电池实验室效率已经超过 20%。另一种常用的空穴传输材料的聚合物材料是聚(3,4-亚乙基二氧噻吩)：聚苯乙烯磺酸盐（PEDOT：PSS），该类空穴传输材料机械强度好、透光率和稳定性能较高。目前该类型的空穴传输材料制备的钙钛矿太阳电池最高转换效率已经达到 18.1%。还有一种常用的聚合物空穴传输材料是聚(3-己基噻吩)（P3HT），是一种含有噻吩类结构的空穴传输材料，但由于这种材料的空穴导电性较差，一般需要通过添加石墨烯、碳纳米管等掺杂后使用。

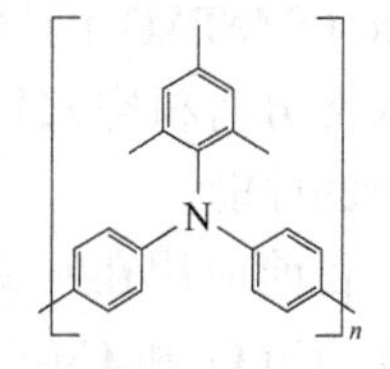

图 10.5 PTAA 分子式

2. 应用案例

P3HT 作为高效稳定混合钙钛矿太阳电池空穴传输层的研究：P3HT 是有机太阳电池中的电子给体材料，是理想的 P 型半导体，空穴传输能力良好，也可作为空穴传输层材料应用于有机无机杂化钙钛矿太阳电池。目前无机-有机混合钙钛矿太阳电池（PSC）的稳定性不佳一直是其商业化发展的主要障碍，$FAPbI_3/MAPbBr_3$ 混合钙钛矿显示出比传统 $MAPbI_3$ 高得多的稳定性。因此，通过将混合的钙钛矿与 P3HT 结合，为解决 PSC 的稳定性问题开辟道路。武汉理工大学黄福志教授团队[3]制备了一种具有原始 P3HT 和 $FAPbI_3/MAPbBr_3$ 混合钙钛矿的介孔结构器件，并使用扫描电子显微镜、X 射线衍射等手段对材料进行了表征。实验使用乙酸乙酯作为抗溶剂代替有毒的氯苯，形成具有大晶体的更致密的钙钛矿膜。电子传输层由致密的 TiO_2（c-TiO_2）层和中孔 TiO_2（m-TiO_2）层组成，m-TiO_2 和钙钛矿之间的开孔和丰富的界面可以很好地保护钙钛矿薄膜。通常，PSC 呈 FTO/紧凑 TiO_2/m-TiO_2/钙钛矿/P3HT/Au 的构型，如图 10.6（a）所示。采用改进的反溶剂

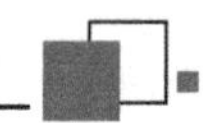

工艺制备了钙钛矿混合料[$FA_{0.85}MA_{0.15}Pb(I_{0.85}Br_{0.15})_3$]，使用乙酸乙酯作为反溶剂，制备的钙钛矿混合膜致密且颗粒尺寸大[图 10.6（b）]。

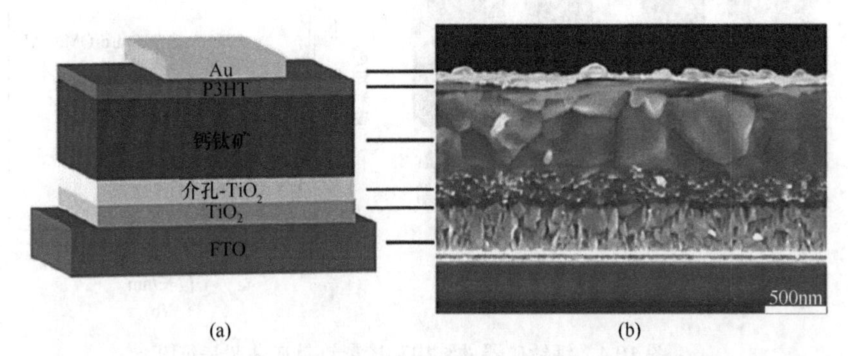

图 10.6 （a）钙钛矿电池结构示意图及横截面 SEM 图；（b）制备的混合钙钛矿的 SEM 图

10.2.3 无机空穴传输材料

1. 结构及特点

具有 P 型半导体性能的无机金属化合物作为空穴传输材料，具有带隙宽、导电性好、空穴迁移率较高、合成简单、成本较低等优良性能，是最有可能替代传统空穴传输层 Spiro-OMeTAD 的材料。与有机材料相比，无机半导体材料最大的优点是稳定性较好，因为大部分有机空穴传输材料存在碳-碳不饱和键，在阳光照射下极易发生分解，从而降低材料的性能。

目前应用在钙钛矿太阳电池空穴传输层中的无机半导体材料主要有 CuI、CuSCN、NiO、Cu_xO 和 Cu_xS 等，这种无机半导体空穴传输材料组成的太阳电池本质上是一种固体染料敏化太阳电池，其中 CuI 是最早应用于钙钛矿太阳电池空穴传输层的无机材料，尽管其最初效率很低，仅有 6%的转换效率，但经过制备工艺优化及改性等手段后可以提高其光电转换效率。近年来一些新型多功能空穴传输材料也相继被合成和利用，如以石墨烯和碳纳米管为代表的碳基材料、N 型半导体材料 MoO_x 及以 $CuInSe_2$ 为代表的量子点材料等。

2. 应用案例

CuI 作为钙钛矿太阳电池空穴传输材料的研究：CuI 是透光性良好的宽带隙（3.1eV）半导体材料，价带能级约为−5.1eV，其作为空穴传输材料可以与绝大多数光活性材料的 HOMO 能级匹配。碘离子的存在使得 CuI 在光照条件下发生降解，在空气中与氧气发生反应易生成 CuO，使得 CuI 比其他无机半导体材料的稳定性差，但仍优于有机空穴传输材料制备的器件的稳定性。斯里兰卡贾夫纳大学的学者 R. Punniamoorthy 等[4]采用 CuI 作为空穴传输材料制备高效钙钛矿太阳电池，通过一种简单的压制方法，在钙钛矿层和铂接触层之间掺入 CuI 粉末层。图 10.7 为 CuI 粉末的 XRD 谱图，CuI 粉末在 25.43°、29.45°、42.15°、49.88°、67.34°和 77.09°处出现的衍射峰分别对应于(111)、(200)、(220)、(311)、(331)和(422)平面，这些与 γ-CuI（JCPDS.No 06-0246）的结构非常吻合。25.4°处的高信号峰表明 γ-CuI 的取向为(111)方向。在 XRD 谱图中还观察到一些其他峰，这可能来源于 CuI 在空气中与水分和杂质反应产生的产物。

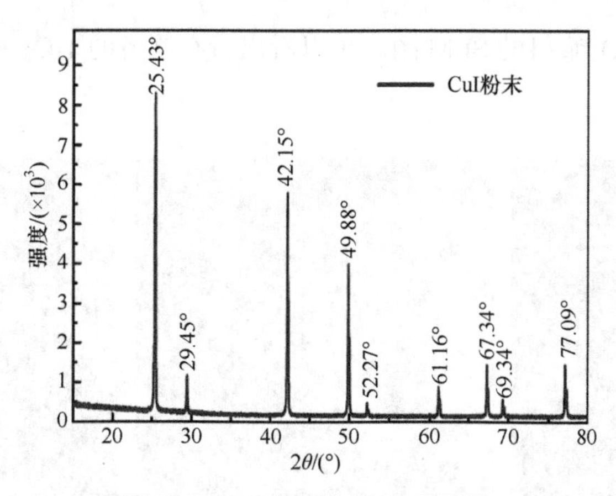

图 10.7 CuI 粉末的 XRD 谱图[4]

10.2.4 金属氧化物电子传输层材料

1. 结构及特点

电子传输材料（electronic transport material，ETM）和空穴传输材料一样，承担着传输载流子的功能，前者传输电子，后者传输空穴。一般用作电子传输层的材料为电子亲和能较高的 N 型半导体，其作用是与钙钛矿层形成良好的电子选择性接触，并且能级匹配度好。此外，作为电子传输材料，还需要具有电子迁移率高、阻挡空穴与电子复合及稳定性能好等特点。

常见钙钛矿太阳电池的电子传输材料有金属氧化物型和有机小分子型。金属氧化物电子传输材料主要利用传统的无机氧化物N型半导体进行电子提取与传输。使用率最高的一类金属氧化物是 TiO_2，其中锐钛矿型 TiO_2 在实际中应用最多，晶体结构如图 10.8 所示。虽然 TiO_2 的光电性能较好，但仍存在一些问题，如电子迁移率低、紫外线照射后会产生氧空位严重降低光电流等。电子输运层，尤其是无机半导体输运层，能在敏化剂材料吸收光后促进电荷分离后的电子向阴极移动，同时降低电子向阴极转移的势能势垒，阻止了空穴传输，使钙钛矿吸收层与电极材料之间的能量排列更好。

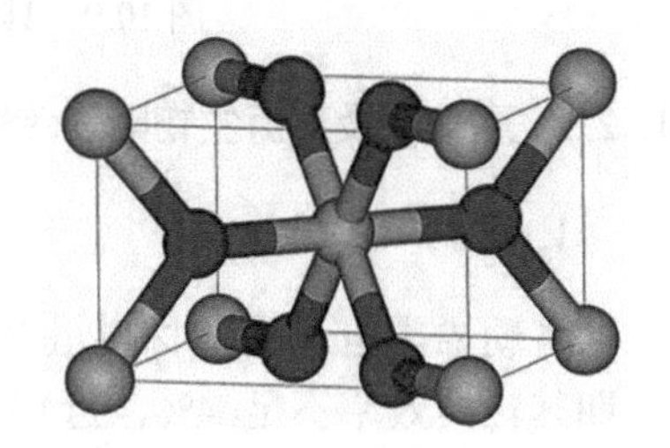

图 10.8 锐钛矿型 TiO_2 晶体结构

2. 应用案例

可调孔结构 TiO_2 在全环境空气处理的钙钛矿太阳电池中的应用研究：介孔钙钛矿太阳电池中钙钛矿层的结晶和成核由电子传输层的成核位置决定。TiO_2 薄膜作为一种有效的电子传输层材料，其孔隙率的优化对改善电池性能起重要作用。台湾交通大学 D. E. Wei-Guang 等[5]在水热条件下合成了形态均匀和大小可控的无毒碳球，用作可调节多孔 TiO_2 膜的模板。使用扫描电子显微镜对材料微观结构进行表征。此外，还研究了在湿度高于50%的环境中，TiO_2 的孔隙率改性对大晶粒钙钛矿薄膜形成的影响。图 10.9 展示了使用不同

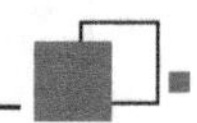

含量的碳球制成的 TiO_2 浆料的 SEM 图。可以看出所有制备的 TiO_2 纳米粒子的平均直径在 15～20nm 范围内。

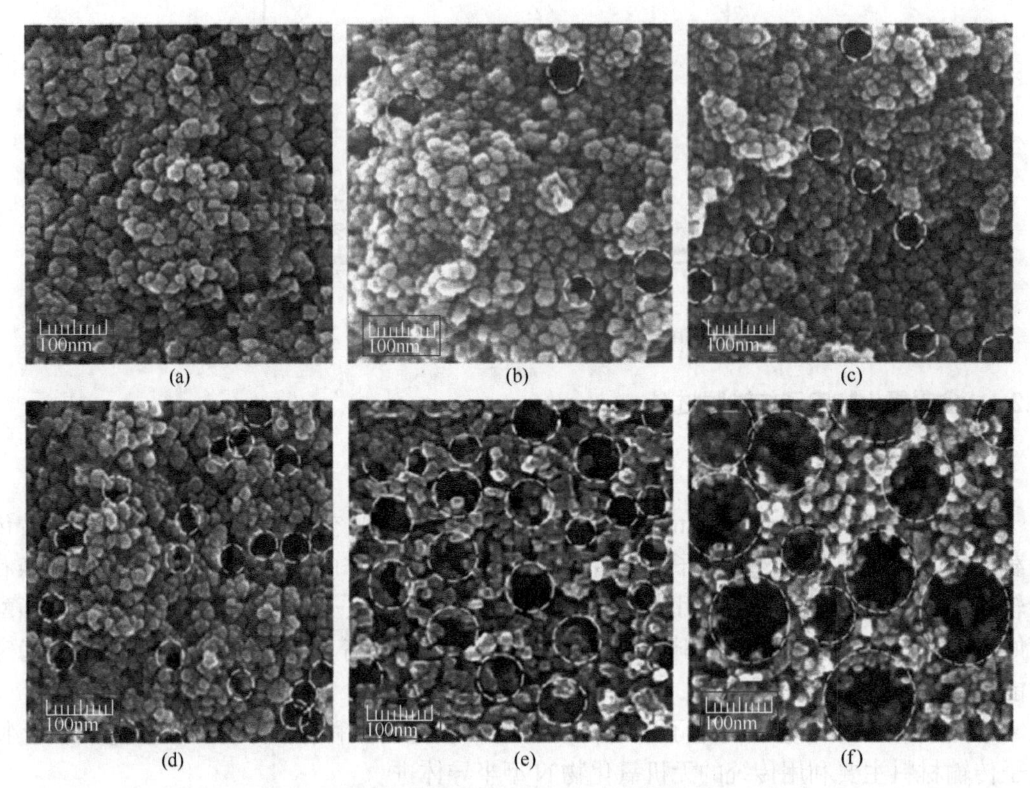

图 10.9　具有不同质量比碳球的 TiO_2 膜的 SEM 图[5]

10.2.5　富勒烯及其衍生物电子传输层材料

1. 结构及特点

富勒烯类电子受体材料最初应用于有机太阳电池中，2013 年引入钙钛矿太阳电池的初期其转换效率不足 4%，近年来随着某些新体系的富勒烯衍生物材料的合成，并经过各种修饰改性和制备方法的优化后，富勒烯类电子传输材料制备的钙钛矿电池转换效率已经接近 20%，富勒烯类材料可以在低温的溶剂中制备，且可以制备出低成本的柔性电池器件。

富勒烯及其衍生物拥有较高的电子迁移率，得益于其特殊的 π 键电子结构，常见的如 C_{60}、$PC_{61}BM$、$PC_{71}BM$ 等均有与钙钛矿层较好的匹配能级和较高的电子迁移率，其分子结构如图 10.10 所示。富勒烯类材料可以明显降低钙钛矿太阳电池的迟滞效应。

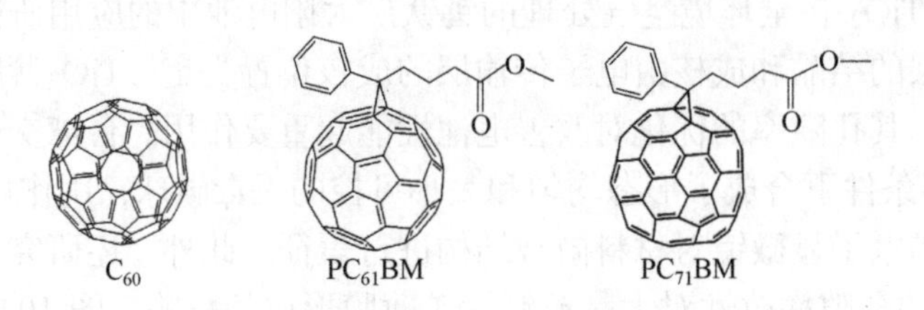

图 10.10　C_{60}、$PC_{61}BM$、$PC_{71}BM$ 分子结构式

在 p-i-n 构型的 PSC 中，富勒烯及其衍生物如 PC_xBM（x=61 或 71），由于其优越的载流子萃取能力、低温溶液处理和优异的溶解性，被广泛用作 ETM。富勒烯 C_{60}、C_{70} 及其衍生物已被广泛应用于提高器件效率、改善开路电压和填充因子，同时减少光电流滞后。此外，富勒烯衍生物如 DMAPA-C_{60} 作为界面层加入 PSC，可通过增强电荷传输和最小化复合损失改善 PSC 的响应。

2. 应用案例

双重作用的 $PC_{61}BM$ 助力高性能碳基钙钛矿太阳电池：碳基无 HTM 钙钛矿太阳电池由于其低成本和高稳定性受到广泛关注，但是低效率和毒性是阻碍其商业发展的主要因素。北京科技大学齐俊杰团队[6]首次基于 TiO_2 与 $PC_{61}BM$ 结合作为电子传输层制备了高效的碳基平面钙钛矿太阳电池。$PC_{61}BM$ 可以钝化钙钛矿膜层与 TiO_2 膜层之间的界面，同时还具有添加剂的作用，可以提高钙钛矿的晶体质量。将紧密的 TiO_2 纳米晶体膜和 $PC_{61}BM$ 层按照顺序旋涂在 FTO 上作为电子传输材料，以加速电荷提取并降低电子空穴的可能性重组。然后将钙钛矿前体溶液旋涂在 $PC_{61}BM$ 层的上表面，形成均匀而致密的钙钛矿膜。图 10.11（a）显示了使用 $PC_{61}BM$ 代替 m-TiO_2 的无碳 HTM（FTOc-$TiO_2PC_{61}BM$ 钙钛矿/碳）的 PSC 电池结构。将紧密的 TiO_2 纳米晶体膜和 $PC_{61}BM$ 层按照顺序旋涂在 FTO 上作为电子传输材料，以加速电荷提取并降低电子空穴的可能性重组。然后将钙钛矿前体溶液旋涂在 $PC_{61}BM$ 层的上表面，形成均匀而致密的钙钛矿膜。图 10.11（b）是 PSC 设备每一层的能级，c-TiO_2 层的导带（conduction band，CB）与 $PC_{61}BM$ 层的 LUMO 之间几乎没有电势差。碳电极的价带（valence band，VB）与钙钛矿的 VB 相匹配，这可以使开路电压（V_{OC}）的损耗达到最小。图 10.11（c）和（d）是具有 FTOc-$TiO_2PC_{61}BM$ 钙钛矿/碳结构的 PSC 的横截面形貌 SEM 图。钙钛矿（400nm）沉积在 c-$TiO_2PC_{61}BM$（70nm），碳电极的厚度经测量为约 15μm，可以有效地防止钙钛矿层透湿。

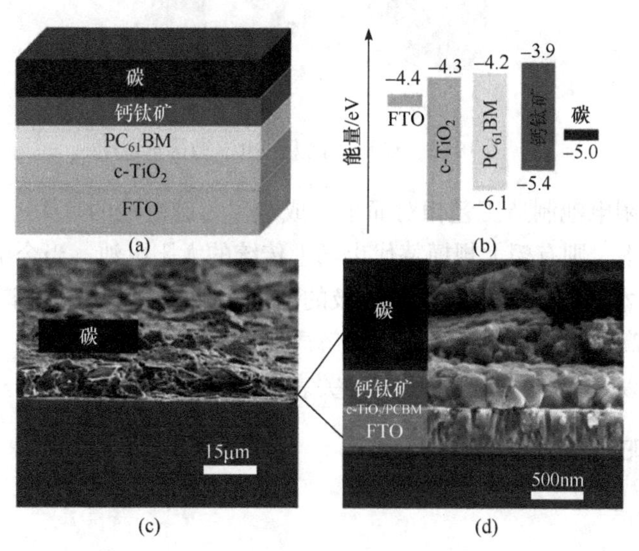

图 10.11 （a）具有 FTOc-$TiO_2PC_{61}BM$ 钙钛矿/碳结构的碳基钙钛矿太阳电池；（b）每层的相应能带；（c）、（d）碳基 PSC 的横截面 SEM 图[6]

10.3 染料敏化太阳电池

当今的商业化太阳电池虽已大规模应用于太阳能发电市场，但由于成本高、效率低及寿命短等因素难以保证长久发展，除了传统的硅基太阳电池外，科学家也在大力探索具备新型结构和材料的太阳电池。染料敏化太阳电池（DSC）作为一种研究较多的新体系光伏电池，其研究历史源于 20 世纪 60 年代，德国的科学家发现吸附在半导体上的染料受光后会产生电流，此后一直到 1991 年，瑞士科学家才成功制备出具有实用性价值的染料敏化太阳电池，为后来染料敏化太阳电池的进一步研究打下基础。

染料敏化太阳电池（图 10.12）主要由三大核心部分构成，分别是含染料的光阳极、电解质和对电极。其中染料分子是吸收光能的主要部分，承担转换光能的作用，当染料分子吸收光子后，引起光电子跃迁，随后电子注入半导体电极的导带中，进一步被集流体收集进入外电路，失去了电子的染料分子处于氧化态，这时位于电解质中的氧化还原电对中的还原剂部分将染料分子还原至未吸光前的状态，还原剂本身被氧化，随后扩散至对电极与来自外电路中的电子结合也得以复原，由此完成了完整的光电转换回路，这就是染料敏化太阳电池的基本原理。

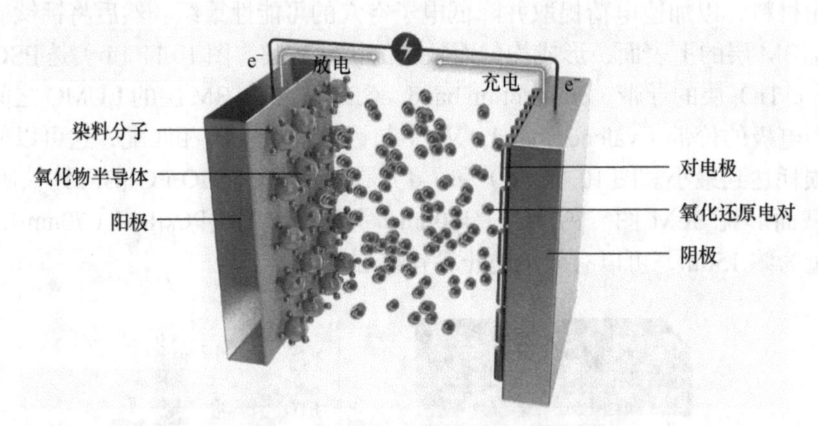

图 10.12 染料敏化太阳电池结构示意图

染料敏化太阳电池制造工艺相对简单，成本仅为硅电池的 1/10～1/5，若能大幅度提高其光电转换效率，则有望大规模替代市场上传统的太阳电池，当今染料敏化太阳电池需要攻克的主要技术还有：光阳极和对电极的低温柔性制备技术、宽谱吸收染料的设计开发、液体电解质高效封装技术及全固体电解质的研发等。本节将基于染料敏化太阳电池的光阳极薄膜材料以及常用的几类染料对相关表征技术的应用进行介绍。

10.3.1 氧化物光阳极薄膜材料

1. 结构及特点

光阳极薄膜由敏化了吸光染料分子的半导体膜和导电玻璃组成，作为染料分子的载体，同时起到吸收并传递光生电子的功能。为了提升光阳极的性能，要求半导体薄膜具备大的比表面积及合适的禁带宽度和与敏化分子匹配的能级结构，从而保证较大的染料负载量和电子传输效率。目前使用最为广泛的光阳极薄膜材料是 TiO_2 纳米晶薄膜材料，其禁带宽度为 3.2eV，处于紫外光吸收区，因此需要搭载具有较好吸光能力的染料来敏化其光吸收效率。早期的染料敏化电池光阳极薄膜采用致密层 TiO_2，但由于其比表面积较低，光捕获效率不高，因此逐渐被具有多孔结构的纳米晶薄膜替代。制备 TiO_2 纳米晶薄膜的方法有很多种，使用最多的还是刮涂制膜技术，其优点是所得薄膜比表面积大、平整度好、光电效率高，不足是制备过程复杂、成本较高。

2. 应用案例

溶剂热合成法制备 TiO_2 纳米晶及其在 DSC 中的应用研究：光阳极材料的性能在很大程度上取决于 TiO_2 的形态、尺寸、结晶度、比表面积和孔隙率。到目前为止，最常见的 TiO_2 合成过程是基于烷氧基钛的水解。快速水解过程生成的 TiO_2 颗粒是无定形的，需要进一步的结晶过程。传统水解难以控制反应速率，导致形成颗粒不均匀。在 DSC 中，不同形态纳米结构的 TiO_2 用作光阳极对光伏性能的影响很大，TiO_2 纳米颗粒的表面积很大，可高度吸附染料分子。制备具有特定形貌的 TiO_2，具备高比表面积、快速电子传输性能和有效光收集能力的光阳极对于优异的 DSC 性能的提升非常关键。中国台湾中央大学李文仁等[7]制备了不同形态的 TiO_2 纳米晶体，如图 10.13 所示，分别使用乙醇、1-丙醇、异丙醇、正丁醇、叔丁醇和苯甲醇通过基于醇的溶剂热法制备。利用透射电子显微镜对材料的形貌、尺寸和结晶度进行表征。其中，分散良好的棒状一维 TiO_2（TIPA3）光阳极基电池由于其最高的染料负载量和优异的集光能力而显示出最佳的功率转换效率，并具有快速的电子传输速率，能有效抑制电荷重组。

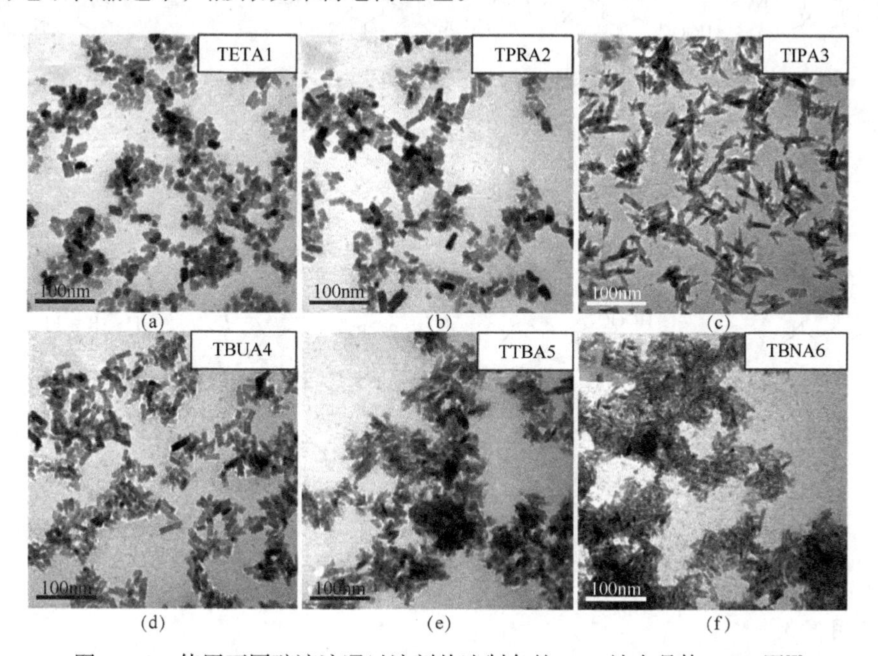

图 10.13 使用不同醇溶液通过溶剂热法制备的 TiO_2 纳米晶体 TEM 图[7]

10.3.2 钌多吡啶配合物染料

1. 结构及特点

当前研究中的染料敏化剂有两大类，分别是金属有机染料和非金属有机染料，其中金属有机染料在研究中也被称为无机染料，主要是金属有机配合物，如钌基多吡啶配合物、卟啉类配合物、酞菁类配合物等。在无机染料中，使用最多的是钌多吡啶配合物类材料，该类材料光激发性能好、稳定性高，在各类染料敏化剂中保持最高的光电转换效率，已经超过 10%。不足的是，钌多吡啶配合物含有贵金属钌，成本昂贵且具有污染性，此外，还需要通过改性和设计复杂的分子结构拓宽光谱响应范围，因此其他的金属有机配合物染料分子也在研究中，如卟啉类和酞菁类。

在天然、有机和无机敏化剂中，钌多吡啶配合物由于其高稳定性、优良的氧化还原性能、较宽的光谱响应范围及相比于无金属敏化剂较高的光伏效率被深入研究。目前，性能最好的是由钌染料组装的器件，其最高的效率已经达到 11.0%～11.3%。钌元素在地壳中含量较低，具有重金属毒性。钌配合染料敏化剂由于具有成本低、分子剪裁容易及摩尔吸光系数高等优点，钌配合染料敏化剂的分子工程是提高 DSC 效率的重要途径，包括结构修饰以获得更好的光捕获响应，修饰锚定，以及辅助配体提高电子注入效率。具体来说，磷酸盐、羧酸多吡啶和多核联吡啶是钌染料的不同形式，如图 10.14 所示。

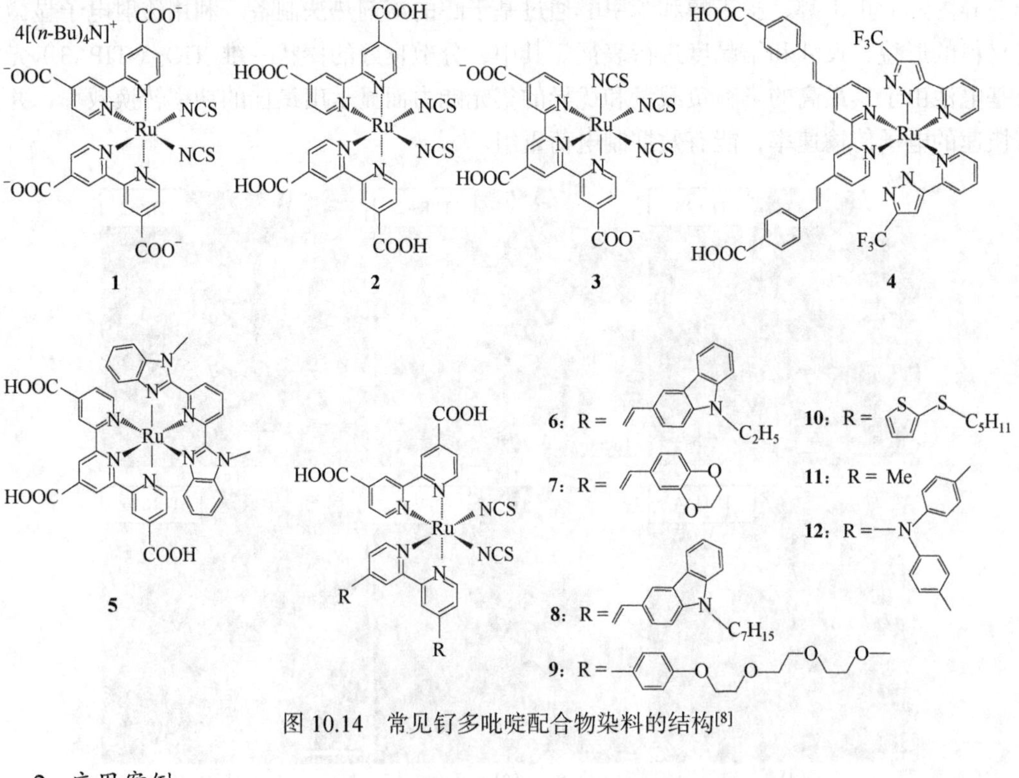

图 10.14　常见钌多吡啶配合物染料的结构[8]

2. 应用案例

通过钌（Ⅱ）基 N749 染料与 RK1 的共敏化作用提升 DSC 性能：共敏化可以克服单

个敏化剂窄光谱范围带来的限制，组装的 DSC 的吸收光谱范围更宽，可提高太阳电池的效率。沙特阿拉伯法赫德国王石油与矿业大学的学者 K. Harrabi 等[9]通过共敏化方法增强 DSC 的光伏性能，并研究有机共敏化剂的浓度对所制造 DSC 整体效率的影响机理。使用基于钌（Ⅱ）的染料 N749 和有机敏化剂 RK1 的共敏化方法制备 DSC 的总体效率为 8.15%。采用电流密度-电压（j-V）等方法对太阳电池进行了评估测试。图 10.15 为共敏化太阳电池的j-V图。高于 RK1 的最佳浓度时，由于有机染料的带隙升高，RK1 的可用电子数量减少，电流密度有所降低。填充因子和开路电压也先增加，到染料的最佳浓度后下降。由于有机染料的吸收系数较大，吸收率较高，钌基染料的带隙较小导致电流较高，因此通过共敏化作用可以提升 DSC 的性能。共敏化 DSC 的性能在很大程度上取决于共敏化剂的浓度。

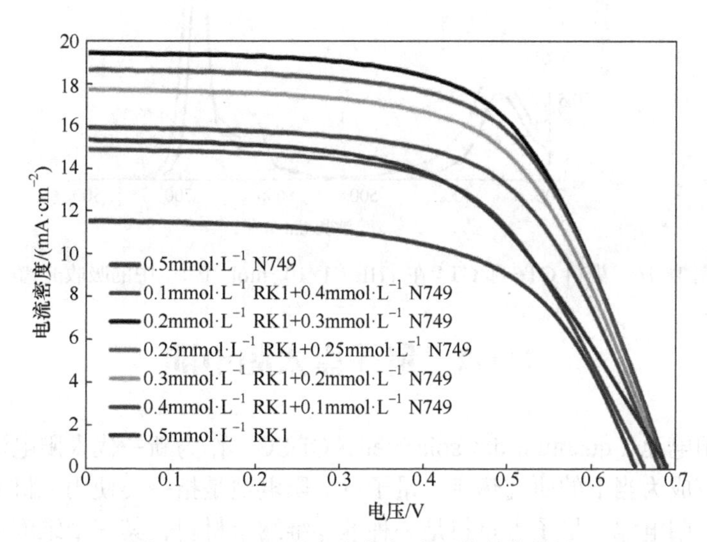

图 10.15 DSC 的电流密度-电压特性曲线[9]

10.3.3 非金属有机染料

1. 结构及特点

卟啉类配合物在自然的光合作用中发挥了很大的作用，实际应用中效果也很好，酞菁类在可见光区有很强的吸收，其化学、光学及热稳定性能良好，具备较好的应用前景。对于纯有机类染料敏化剂，具有可见光吸收能力更强、结构易于设计、环境相容性好、易于合成和低成本的优点。非金属有机染料有天然和人工之分，天然有机敏化剂可从植物中提取，如叶绿素、花青素等，人工合成的有机染料敏化剂有香豆素、吲哚类等，有机类染料虽然品种多样，性能较好，但目前在转换效率上与钌多吡啶配合物类染料相比还有较大差距。原因是单一的有机染料只能吸收特定波长的可见光，要想提高光电转换效率，需要多种染料敏化剂的协同敏化作用。因此，未来设计多种敏化剂协同敏化的太阳电池是优化电池效率的一个重要发展方向。

2. 应用案例

新型不对称锌（Ⅱ）酞菁对染料敏化太阳电池光伏性能的影响研究：土耳其酞菁化

学专家 A. G. Gürek 等[10]合成了两种新型不对称酞菁化合物，分别为已基硫烷基（GT4）和叔丁基硫烷基（GT6），使用吸收光谱对其结构进行表征。图 10.16 显示了溶解在四氢呋喃中的染料的吸收光谱。酞菁染料在 300～400nm 处出现一个 Soret 带（B 带），在 650～750nm 处出现一个 Q 带。与 GT6 相比，GT4 表现出轻微的红移和摩尔吸光系数的增强，有利于提高光收集效率。

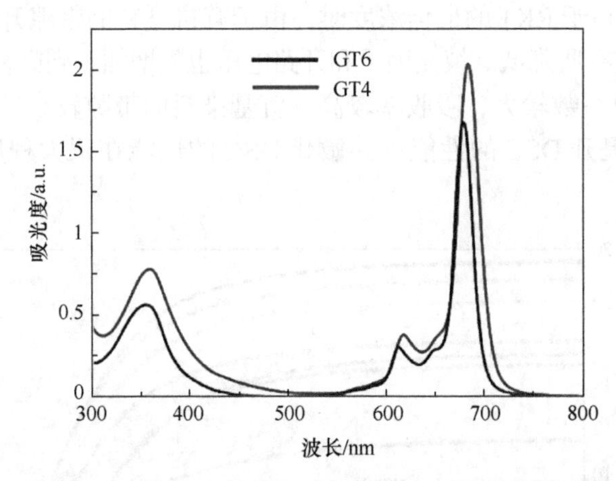

图 10.16 染料 GT6 和 GT4 在 THF（$1\times10^{-5}mol\cdot L^{-1}$）中的吸收光谱[10]

10.4 量子点太阳电池

量子点太阳电池（quantum dot solar cell，QDSC）作为新一代太阳电池，其理论光电效率可达44%，成为当下的研究热点。量子点太阳电池是指一类使用无机半导体量子点作为吸光材料的太阳电池，量子点材料是一种准零维纳米材料，其三个维度尺寸均小于半导体激子的德布罗意波长。由于量子尺寸效应，量子点材料具有一些块体材料不具备的独特性质。简单来说，量子尺寸效应是指当材料的 3D 尺度中至少有一个等于或小于电子的德布罗意波长或激子的玻尔半径时，半导体纳米材料中电子的限制力能量增强，导致量子能级分裂和带隙增加，以及纳米材料的光学、电学、声学和磁学性质与块体材料相比发生显著变化。Kubo 给出一个著名的公式，描述了能级间距和粒子半径之间的关系：

$$\delta=\frac{4}{3}\frac{E_F}{N}\propto V^{-1}$$

式中，δ 为能级间距；E_F 为费米能级；N 为纳米粒子中自由电子的总数；V 为纳米粒子的体积。根据该方程，由无数原子组成的金属和半导体块状材料（N 趋于无穷大）在费米能级附近提供准连续的电子能级。对于原子数有限的纳米材料，一定的能级间距 δ 值表示能级分裂，形成最高占据分子轨道和最低未占分子轨道。假设纳米粒子是球形的，能级间距会随着半径的减小而增加，从而导致光吸收的蓝移。

量子点材料作为太阳电池吸光层的优点有：①吸光范围可通过控制量子点的尺寸调节，可实现从红外光到紫外光范围的吸收；②易于合成，成本低廉且稳定性好；③吸光系数很高，可以将吸光层制作得很薄，进一步降低材料成本；④能级更易与电子给体及受体材料能级匹配；⑤量子点材料可以通过吸收高能光子实现多激子效应，即单个光子引起多个电子-空穴对的激发。

量子点太阳电池按照结构类型不同包括肖特基量子点太阳电池、耗尽异质结太阳电池、量子点敏化太阳电池等。各类量子点太阳电池尽管结构和构造不尽相同，但均使用量子点材料作为吸光物质，其基本原理大同小异，即通过量子点吸收光子后激发电子-空穴对，再通过电子及空穴传输层实现二者的分离。

10.4.1　窄带隙二元量子点

1. 结构及特点

窄带隙半导体的禁带宽度较小，可以吸收光的波长范围更广，因此可以充分利用太阳光，提高转换效率，如图 10.17 所示[11]。窄带隙量子点材料可通过量子点尺寸的调节在大范围内改变，可实现近红外光的吸收转化，从而弥补其他太阳电池在红外光区吸收的缺失，进一步增大太阳能光电转换的极限效率。窄带隙量子点因其强激子限制效应、带隙连续可调、溶液可控合成等优点成为一种有前途的光伏材料。

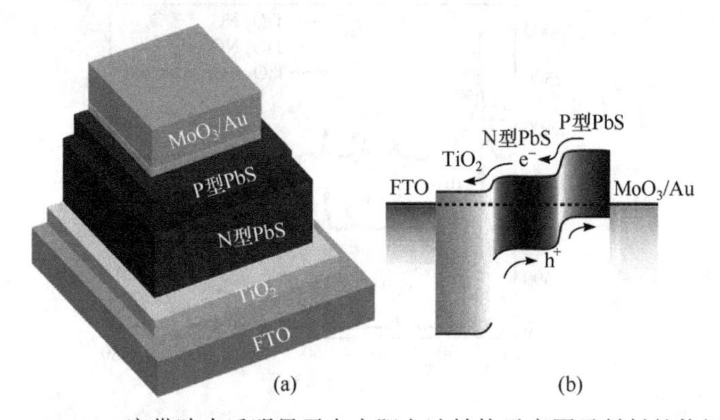

图 10.17　PbS 窄带隙半透明量子点太阳电池结构示意图及材料的能级[11]

二元量子点材料的带隙可通过量子点尺寸的调节在大范围内改变，可实现近红外光的吸收转化，从而弥补其他太阳电池在红外光区吸收的缺失，进一步增大太阳能光电转换的极限效率。常见的二元量子点有 CdS 量子点、CdSe 量子点、CdTe 量子点、PbS 量子点和 PbSe 量子点以及 InP、InAs 量子点等，在科研实践中，具有窄带隙的二元量子点多应用于量子点敏化太阳电池中用作敏化剂，克服了传统无机和有机染料敏化剂吸收范围窄的不足，提高吸光率的同时降低了制造成本，是未来染料敏化太阳电池的重要发展方向之一。

二元量子点光敏剂可直接原位生长在氧化物光阳极材料上，并且界面能级结构匹配度较好，有利于电子注入半导体导带。量子点太阳电池理论极限效率高，成本低，合成方法简单多样，但量子点材料尺寸小，比表面积大，表面缺陷态多；量子点在光阳极上的负载量偏低；光生载流子注入效率较低，存在严重复合，以及传统体系的量子点电池开路电压较低等，只有解决这些问题，量子点太阳电池才有望实现商业化应用。

2. 应用案例

CdSe 纳米晶层改善 CdS-CdSe 量子点敏化太阳电池性能：与不同半导体量子点的共敏化作用可以扩展 QDSC 的光吸收区域。CdS 半导体纳米晶体是最早用于 QDSC 光敏化的量子点材料，只吸收低于 500nm 波长的太阳光。CdSe 量子点的带隙能量较小，且与 CdS 的电子/空穴能带边缘一致，因而可以成功与 CdS 进行共敏化作用。伊朗阿拉克大学 F. A. Farahani 等[12]制造了具有高功率转换效率的简易 CdS 和 CdSe QD 敏化太阳电池。利用 XRD 进行表征。TiO_2 NC 层、TiO_2 NC/CdS 和 TiO_2 NC/CdS/CdSe 光阳极的 XRD 谱图如图 10.18 所示，TiO_2 NC 的 XRD 谱图出现一系列明显特征峰，分别对应于 TiO_2 锐钛矿相的(101)、(004)、(200)、(105)、(211)、(204)、(116)、(220)和(215)晶面。TiO_2 NC/CdS 光电阳极的 XRD 谱图中可以观察到一些位于 26°和 44°的额外峰，对应于 CdS 立方相的(111)和(220)晶面，表明 CdS 敏化层在 TiO_2 NC 基材表面上发生过度沉积。TiO_2 NC/CdS/CdSe 谱图中可以观察到一些与 TiO_2 和 CdS QD 子层有关的衍射峰。约 25°处的第一个强峰变宽，42°附近出现一个额外的峰，对应于 CdSe 晶体中的(110)晶面。

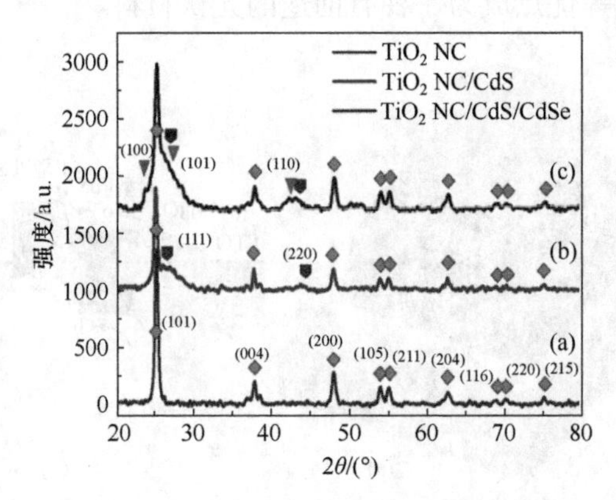

图 10.18　(a) TiO_2 NC、(b) TiO_2 NC/CdS、(c) TiO_2 NC/CdS/CdSe 的 XRD 谱图[12]

10.4.2 多元合金量子点

1. 结构及特点

由于二元量子点吸光范围有限，其难以通过降低量子点的尺寸拓宽吸收范围。因为量子点过小会降低材料的稳定性，导致应用受到限制，若量子点的粒径太大，则会削弱量子点的限域效应，降低光电效率。为了更好地调控吸光范围，进一步提高量子点太阳电池的效率，多元合金量子点被开发出来，如三元量子点和四元量子点。多元合金量子点可以通过调控材料的组分和结构改变自身禁带宽度，从而改变量子点吸光性能，大部分合金量子点材料基于ⅠB 族和ⅡB 族金属元素包括 Cu、Zn、Cd，以及 In、Sn、Te 等主族元素组成，如 $CuInSe_2$、$CuInTe_2$ 等，根据元素组成及比例进行合成，可制备多种多元合金量子点，这些量子点材料的带隙可控，电子激发及转移率高，重要的是，多元合金量子点可以完全不使用重金属 Pb、Cd，从而制备出绿色环保的量子点材料，这对于规模化制备太阳电池是一个极大的优势。

2. 应用案例

$Cu_2AgInSe_4$ 敏化的多孔 TiO_2 纳米纤维作为量子点敏化太阳电池光电阳极：电纺多孔 TiO_2 纳米纤维（P-TiO_2 NF）具有较高的比表面积，被证实可最大限度地吸收量子点。印度本地治里大学 S. Angaiah 等[13]利用 FESEM 表征手段分别研究了 $Cu_2AgInSe_4$ 量子点和 $Cu_2AgInSe_4$ 量子点敏化的电纺 P-TiO_2 NF 的结构。QDSC 由 Cu_2S 对电极、$Cu_2AgInSe_4$ QD P-TiO_2 NF 光电阳极和多硫化物氧化还原对电解质构成。通过 FESEM 分析观察电纺 TiO_2 NF 和 P-TiO_2 NF 的表面形态，如图 10.19 所示，与电纺 TiO_2 NF 相比，电纺 P-TiO_2 NF 具有相对较高的比表面积和较大的孔体积。这表明溶剂声波处理在增加表面积和孔形成中起至关重要的作用，并且有助于吸收更多的量子点。

(a)

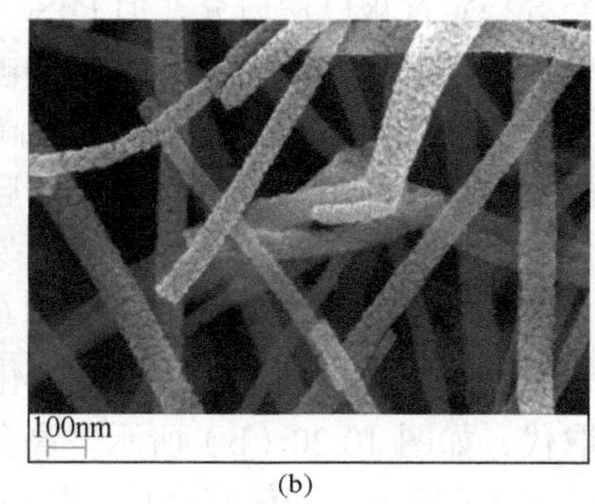

(b)

图 10.19　电纺 TiO_2 NF 在孔形成前（a）后（b）的 FESEM 图[13]

10.4.3　胶体量子点

1. 结构及特点

胶体量子点（CQD）半导体材料是一种性能优异，兼有大面积、低成本溶剂法制备技术的纳米半导体材料，这种量子点材料可以通过控制胶体粒子表面的形貌及结构调控量子点的物理化学性质，尤其是将太阳电池吸收光谱拓展到红外光区域，提高了对太阳光的利用率。近年来，胶体量子点在发光器件、生物器件及光伏器件等领域得到广泛的研究与应用。胶体量子点具有量子限域效应，并且随尺寸的降低，其能级分立程度和带隙宽度随之增大。表面配体对于维持量子点的稳定性和量子点的光电性质极其重要，通过表面配体的选择及掺杂，胶体量子点的吸光性能和载流子迁移效率可以得到显著提高，目前合成胶体量子点主要利用廉价的湿化学法，在溶剂中制备量子点速度更快，沉积更均匀，是未来规模化制备胶体量子点器件的主要发展方向。常见的胶体量子点有硅量子点，锗量子点，Ⅱ-Ⅵ族、Ⅲ-Ⅴ族、Ⅳ-Ⅵ族的化合物半导体量子点（如 CdSe 量子点），以及多元合金量子点等。

CQD 提供了一种基于低成本材料和工艺的高效率光伏发电方法，通过量子尺寸效应的光谱可调性有助于吸收太阳光谱中的特定波长。CQD 材料合成、储存和溶液处理简单，容易加工。CQD 是在溶液中合成并加工的半导体纳米粒子，它们的薄膜加工通常在室温或接近室温的条件下进行，这些材料具有很强的光吸收能力，因为它们具有直接的禁带能力。

CQD 的带隙调谐能力可以优化光谱位置，从而实现高效的可见和红外采集，确保了

它较高的太阳能转换效率。CQD 的带隙在合成时很容易调整，只需改变纳米粒子的物理尺寸。这种特性可使用单一的材料系统制造多结太阳电池；光伏器件由许多不同的带隙材料组成，每一种材料都优化到在有限的光谱带内的能量高效转换，而单结太阳电池在 1 倍太阳光强时的最终太阳能转换效率为 31%，最佳串联电池提供了 42%的效率渐近线；三结太阳电池的转换效率是 49%。

2. 应用案例

PbSe 胶体量子点太阳电池的研究：CQD 作为一种特殊的纳米材料广泛应用于发光二极管、光电探测器和光伏器件中。其中硫族元素与铅的化合物（PbE，E = S、Se）尺寸和形状可调，带隙（E_g）灵活可变，被认为是太阳电池中极好的活性吸收剂。PbS CQD 由于其出色的空气稳定性被广泛研究，但 PbSe CQD 在空气中稳定性很差，且成膜过程中生成大量缺陷，严重阻碍了 PbSe CQD 在太阳电池中的进一步发展。武汉理工大学陈超等[14]尝试结合阳离子交换和溶液相配体交换构建高性能的 PbSe CQD 太阳电池。首先通过原位 Cl^-和 Cd^{2+}钝化合成高质量的 PbSe CQD，然后通过溶液配体交换的 PbSe CQD 经过一步旋涂法制备致密膜。通过紫外-可见分光光度法表征对含 PbI_2 的 PbSe CQD 溶液进行检测，如图 10.20（a）所示，二者在相似的峰位置（900nm）均表现出吸收，并且在溶液相配体交换后，PbSe CQD 吸收没有观察到明显变化。红外吸收光谱证实配体交换后，OA^-被 PbI_3^-/I^-配体取代，如图 10.20（b）所示。高分辨率 XPS 表征进一步证实了这些结果，如图 10.20（c）、（d）所示，配体交换后，C 1s 峰的强度减小，而 I 3d 峰的强度增大，表明大多数羟基（—OH）和羧基（—COO）被 PbI_3^-/I^-配体取代。

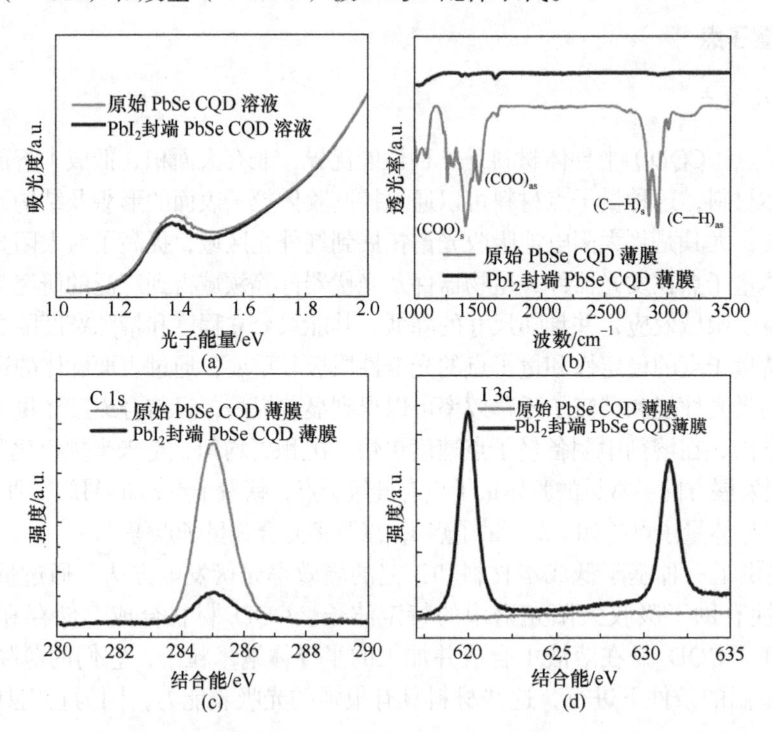

图 10.20 配体交换前后 CQD 溶液的（a）紫外-可见吸收光谱、（b）傅里叶变换红外光谱、（c）C 1s XPS 谱图、（d）I 3d XPS 谱图[14]

10.5 薄膜太阳电池

10.5.1 多晶硅

1. 结构及特点

晶体硅太阳电池有几十年的历史，目前的光伏产业主要依赖于多晶硅，多晶硅材料成本低廉，尽管现在碲化镉、铜铟镓硒等新体系正逐渐占领前沿市场，但仍无法取代多晶硅电池的地位。

从 20 世纪 70 年代开始，人们研发出多种制备多晶硅（poly-Si）薄膜太阳电池的方法，如金属诱导晶体（metal induced crystal，MIC）法、固相晶化（solid phase crystallization，SPC）法、化学气相沉积法、液相外延（liquid phase epitaxy，LPE）法、等离子喷涂法（plasma spraying method，PSM）、区熔再结晶（zone-melting-recrystallization，ZMR）法和激光晶化法等。目前，非晶硅薄膜电池的前沿研究主要集中在光电转换效率的提高、大面积生产试验、低温制备三个方面。

多晶硅薄膜是由具有许多不同晶面取向、大小不等的小晶粒构成的。多晶硅薄膜在一定的条件下生长时，有一种主要的生长方向，称为择优取向。多晶硅薄膜的性能受择优取向影响很大，择优取向可以使光致载流子在穿过太阳电池时不碰到晶界，这一点可能在很大程度上减少光致载流子的复合。晶粒间界存在势垒，控制多晶硅薄膜的载流子和薄膜的电导。在光照作用下，晶粒内产生附加载流子，在晶粒间界处的光生附加载流子通过界面陷阱发生复合。界面电荷受这一过程影响，晶粒间界的势垒高度降低，导致受晶粒间界控制的多子电流增大，于是形成光电导。

同样，多晶硅薄膜的光电导率与光照强度、吸收系数、薄膜厚度、陷阱的俘获界面、晶粒大小和晶粒间密度有关。多晶硅的电导率与晶粒的大小成正比，电导率随晶粒尺寸的增加而增加。光生载流子浓度随光照强度和吸收系数的增加而增大，使光电导增大。由于入射光的强度随距离表面的高度增大而衰减，势垒的降低作用减弱，因此薄膜厚度的增加能使光电导率减弱。捕获截面和陷阱密度超高，势垒的高度也会随之增加，使电导率降低。

2. 应用案例

太阳电池多晶硅/硅氧钝化触点中的硅氧层破裂：隧穿氧化层钝化接触太阳电池（tunnel oxide passivated contact solar cell，TOPCon）是基于多晶硅/硅氧化物（poly-Si/SiO_x）的新型结构，可利用超薄 SiO_x 和掺杂多晶硅的钝化结构实现低复合载流子选择性接触。其中 SiO_x 层针孔是在高温（>1000℃）热过程中形成的，难以控制和重复。特别是在制备背面单侧纹理 poly-Si/SiO_x 晶片的过程中，诱导针孔位置和密度对工艺参数的变化非常敏感，因此在工业过程中难以实现。美国国家可再生能源实验室及美国科罗拉多矿业大学的学者 P. Stradins 和 S. Agarwal 等[15]在碱织构纹理的基础上以规则的倒金字塔形和 V 形槽结构为模型制作触点，研究了表面形貌在热 SiO_x 裂解过程中对晶体硅的影响。研究表明，可以利用织构形态实现对 poly-Si/SiO_x 钝化触点针孔的精确调控。该实验首

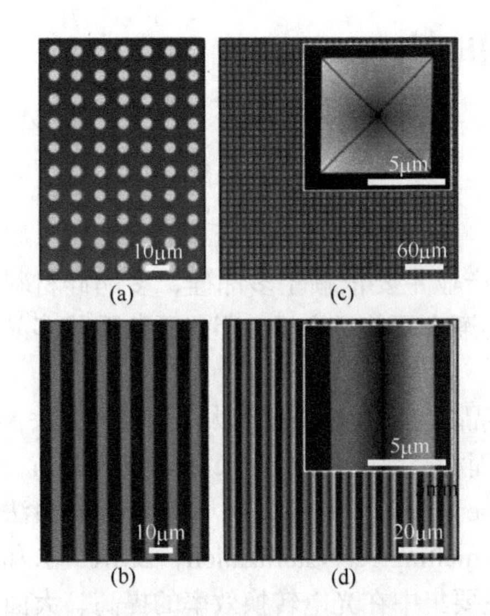

10.21 刻蚀前后 SiN_x 图样纹理的光学显微图像及 SEM 图[15]

先通过等离子体增强化学气相沉积（plasma enhanced chemical vapor deposition，PECVD）的方法在晶片两侧沉积 SiN_x，并通过光刻技术进行规则表面纹理的合成。图案由直径或宽度为 5μm 的圆或条纹组成，中心间隔为 10μm。用光学显微镜可以观察其纹样。分别对图 10.21（a）和（b）中的 SiN_x 进行湿法蚀刻，在平面 SEM 图中呈现无连接的倒金字塔形[图 10.21（c）]和 V 形槽形[图 10.21（d）]。

10.5.2 非晶硅

1. 结构及特点

1976 年，美国无线电公司普林斯顿研究室的 D. E. Carlson 和 C. R. Wronski 利用氢化非晶硅制备出世界上第一个非晶硅太阳电池。随后在 20 世纪 80 年代，基于转换效率和稳定性的突破，非晶硅太阳电池组件成为太阳电池市场的主流。2005 年前后，一些太阳电池制造商将薄膜晶体管液晶显示器的产业设备和工艺引入非晶硅太阳电池的生产工艺中，成功研制出集成型非晶硅薄膜太阳电池组件，将转换效率进一步提高到 75%～80%，非晶硅薄膜太阳电池迅速占领非晶硅太阳电池市场。

与多晶硅相比，非晶硅结构的典型特点是短程有序，是一种无规则的共价网络结构。制备非晶硅薄膜需要进行掺杂，然后制备成非晶硅薄膜太阳电池。在制备非晶硅薄膜时需要通过掺入杂质，从而得到 P 型或 N 型非晶硅半导体，以形成构成 p-i-n 太阳电池的结构。P 型或 N 型非晶硅薄膜不仅能为太阳电池提供内部电场，输送光生载流子，还能在电池与电极之间或电池之间提供一个良好的接触。

由于非晶硅材料是一种共价无规则网络结构，结构排列没有周期性，非晶硅材料的光电特性不同于晶体硅材料。非晶体半导体的导电方式由温度决定，在不同的温度范围内，电子通过不同的通道传输，从而形成不同的导电方式：主要有较高温度下的扩展态电导、较低温度下的带尾定域态电导、低温下定域态的近程跳跃电导及极低温度下的变程跳跃电导。另外，在太阳光谱的可见光谱范围内，一般非晶硅材料比晶体硅材料的本征吸收系数更高，可以达到 $10^{-5}cm^{-1}$，较大的本征吸收系数使得太阳电池在厚度不到 1μm 时就能充分吸收太阳光能。这个厚度还不到单晶硅太阳电池厚度的 1/1000，可以显著节约半导体硅材料。

2. 应用案例

纳米二聚体超表面用于超薄氢化非晶硅太阳电池：氢化非晶硅（a-Si：H）太阳电池通过纳米结构调控，在保证低成本的原有优势下，可以获得更好的性能，更具竞争力。西班牙阿尔卡拉大学 Ó. Esteban 等利用由高折射率 GaP 材料制成的纳米二聚体结构复合

a-Si：H 超薄太阳电池背面电极，将短路电流提高 27.5%。通过 COMSOL 软件模拟生成该新结构的几何排列和几何参数化 3D 视图（图 10.22）。

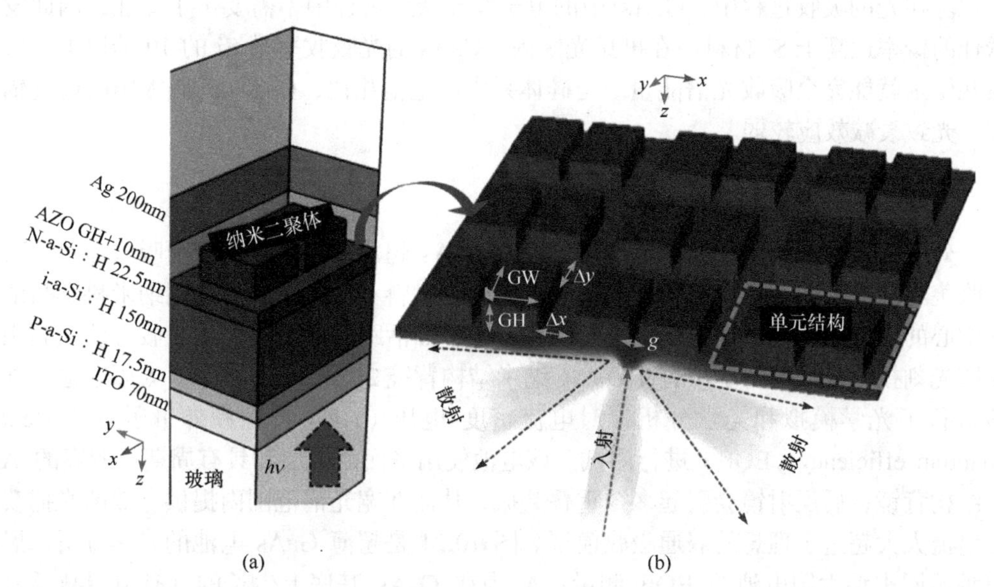

图 10.22　由 COMSOL 软件生成的电池几何排列与纳米二聚体超表面的几何参数化[16]
AZO GH：aluminum-doped ZnO 高度

10.5.3　砷化镓

1. 结构及特点

砷化镓（GaAs）是一种重要的半导体材料。自 20 世纪 50 年代起，科学家们开始开发单晶 GaAs 的生长技术，于 60 年代逐渐开始商用，其在早期多应用于集成电路、二极管和光敏元件等光电器件，20 世纪后期实现广泛民用化。1998 年，德国夫朗霍夫太阳能系统研究所制得的 GaAs 太阳电池转换效率为 24.2%，创下了欧洲纪录。砷化镓薄膜太阳电池的研发成功得益于日渐成熟的薄膜剥离技术。通过剥离技术将 GaAs 太阳电池薄膜化，即可得到高效率、轻质量的 GaAs 薄膜太阳电池。2012 年，美国阿尔塔设备公司发明了新型薄膜生产技术，可以剥离出极薄的 GaAs 薄膜层，所匹配的电池厚度仅为 1μm，极大地降低了光伏系统的成本，效率达到 23.5%，为光伏“后补贴时代”提供了发展方案。

GaAs 为Ⅲ-Ⅴ族化合物，是由元素周期表中Ⅲ族元素与Ⅴ族元素形成的化合物，闪锌矿型晶格结构如图 10.23 所示，其能隙为 1.4eV，正好为高吸收率太阳光的值，是很理想的电池材料。但 GaAs 材料价格不菲，这在很大程度上限制了 GaAs 电池及薄膜电池的普及。

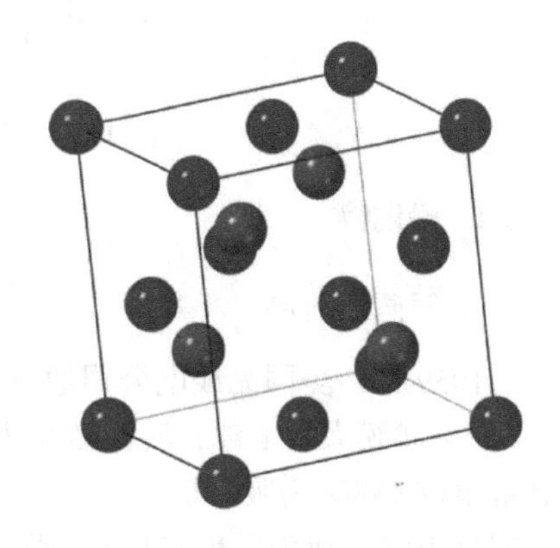

图 10.23　砷化镓闪锌矿型晶格结构

另外，以 GaAs 为代表的Ⅲ-Ⅴ族化合物半导体太阳电池具有一些突出的优点。它们的光电转换效率在

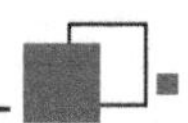

各类太阳电池中是最高的，同时 GaAs 成本较单晶硅电池低，易于大规模生产。Si 的电子跃迁只能是间接跃迁，因此 Si 是间接带隙材料。动量的改变通过声子参与（晶格震动）实现。在光的吸收过程中，GaAs 中的电子在光跃迁过程中不需要声子参加，因此发生光跃迁的概率远高于 Si 材料。在可见光区内，GaAs 的光吸收率是 Si 的 10 倍以上，通常只需几微米就能完全吸收光谱能量。与硅体系太阳电池相比，GaAs 薄膜太阳电池抗辐射性好，光致衰减效应较弱。

2. 应用案例

效率为 19.9%的基于银纳米结构背镜的 GaAs 超薄太阳电池：减薄吸收器对电荷载流子收集和开路电压都有有利的影响，还可以节省材料和加工时间。法国纳米科学与纳米技术中心的 Stéphane Collin 等[17]提出了一种基于平面活跃层中的多谐振吸收方法，利用纳米压印光刻技术设计制备了带有 TiO_2/Ag 纳米结构背镜 205nm 厚的 GaAs 太阳电池。并对电池进行了光学模拟和光学分析，对电流密度-电压（j-V）特性和外量子效率（external quantum efficiency，EQE）进行测试。该电池使用平面活性层和具有周期性图案的 Ag 纳米结构背镜，后反射镜会引起多个重叠共振，从而在宽光谱范围内提供有效的光捕获。短路电流大大超过了理想的双通吸收模型。图 10.24 是超薄 GaAs 电池的光学分析，展示了三种不同类型太阳电池的 EQE 测量：A 为在 GaAs 基底上生长的具有单层减反射涂层（anti reflective coating，ARC）的电池，B 具有平面 Ag 背镜和双层减反射涂层（double layer anti reflection coating，DLARC），C 具有纳米结构 Ag 背镜和 DLARC。

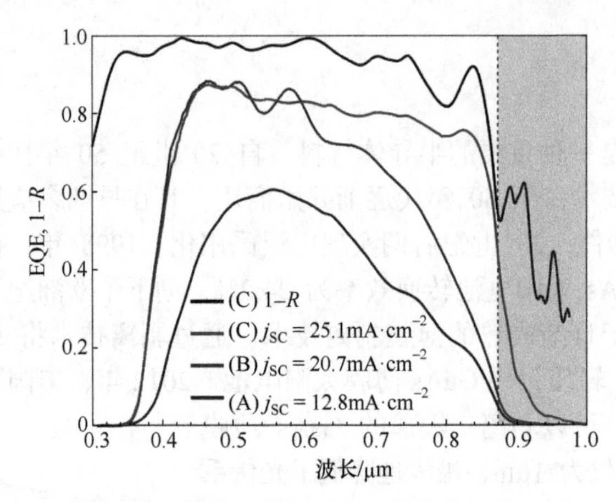

图 10.24 超薄砷化镓太阳电池的光学分析[17]

10.5.4 碲化镉

1. 结构及特点

1959 年，美国无线电公司通过在 CdTe 单晶上镀 In 合金，制备出世界上第一个碲化镉（CdTe）薄膜太阳电池，转换效率为 2.1%。1982 年，柯达（Kodak）实验室用化学沉积法制备出以 CdTe 为吸收层、以 CdS 为窗口层的 P-CdTe/N-CdS 异质结薄膜太阳电池，其效率超过 10%，成为后来 CdTe 薄膜太阳电池沿用的原型。1993 年，日本松下电池公司研发了同体系的 CdTe 薄膜太阳电池，小面积电池最高转换效率为 16%，获得当时 CdTe 薄膜太阳电池的最高纪录。

我国 CdTe 薄膜电池的研究工作开始于 20 世纪 80 年代初。最早，北京市太阳能研究所采用电沉积（electrodeposition，ED）技术制备 CdTe 薄膜太阳电池，效率达到5.8%。直至 90 年代后期，四川大学太阳能材料与器件研究所在冯良桓教授的带领下重新在我国开展 CdTe 薄膜太阳电池的研究，并取得重大成就，使该项研究进入世界先进行列。

CdTe 薄膜太阳电池是太阳电池中最容易制造的，是发展较快的一种光伏器件，因而商品化进程也是各类薄膜太阳电池中的翘楚。国际上许多国家的 CdTe 薄膜太阳电池已由实验室研究阶段迈入规模化工业生产。目前，美国高尔登光学（Golden Photo）公司 CdTe 薄膜太阳电池的生产能力为 2MW。在近 20 年的研究中，国内外各研究小组的努力都集中在改善 CdTe 结构，使更多的光穿透器件的透明导电触点和硫化镉层，以实现高效率。

碲化镉是Ⅱ-Ⅳ族化合物半导体材料，具有立方闪锌矿和六方纤锌矿两种晶体结构。

标准的 CdTe 薄膜太阳电池是在玻璃或其他柔性基底上依次沉积多层薄膜制成的，由五层结构组成：①玻璃基底；②TCO 层：透明导电氧化层，可以透光和导电；③CdS 窗口层：N 型半导体；④CdTe 吸收层：电池主体吸光层，P 型半导体，与 N 型 CdS 窗口层形成 P-N 结构成整个电池最核心的部分；⑤背接触层和背电极：为了降低 CdTe 和金属电极的接触势垒，引出电流，使金属电极与 CdTe 形成欧姆接触。

2. *应用案例*

利用Ⅴ族氯化物对 CdSeTe 进行Ⅴ族非原位掺杂：CdTe 太阳电池技术是太阳能工业中成本最低的发电方法之一，得益于快速的 CdTe 吸收体沉积、$CdCl_2$ 处理和 Cu 掺杂。但是，Cu 掺杂存在光电压低、不稳定等问题，其解决方法通常是在 CdTe 中掺杂Ⅴ族元素。虽然高温原位Ⅴ族掺杂的 CdSeTe 电池效率已超过 20%，但仍面临沉积后掺杂活化、载流子寿命短、活化比低等问题。美国托莱多大学严彦发等[18]利用Ⅴ族氯化物 $AsCl_3$ 对 CdSeTe 薄膜在低温下进行Ⅴ族非原位掺杂，利用二维飞行时间二次离子质谱（2D-TOF-SIMS）、XPS 等分析测试方法对材料进行表征。为了表征多晶 CdSeTe 薄膜中 As 的分布，利用 Cl 在晶界的偏析，使用 Cl 的 2D-TOF-SIMS 映射示踪晶界，如图 10.25（a）所示。砷离子的 2D-TOF-SIMS 映射图[图 10.25（b）]反映了砷离子在 CdSeTe 晶界上积累，与 Cu 的非原位扩散行为相似。由于离子质谱映射无法分析 As 在晶粒内部的分布，因此利用二维动态 SIMS 深度表征[图 10.25（c）]。还利用 XPS 分析了刻蚀前后砷离子的化学状态[图 10.25（d）]。

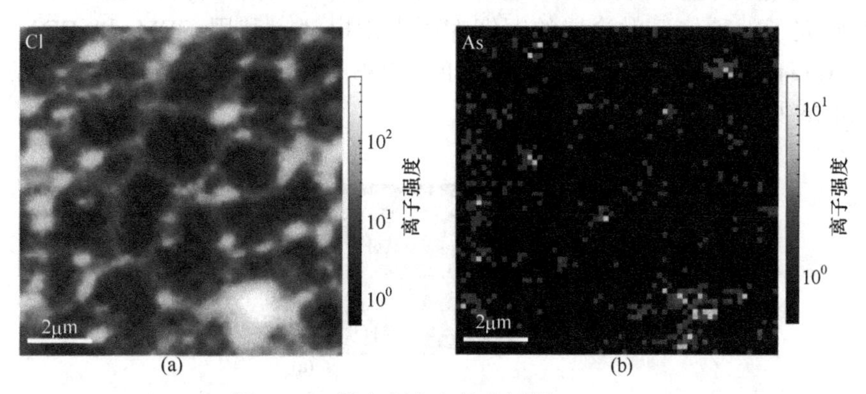

图 10.25 掺杂剂分布的表征[18]

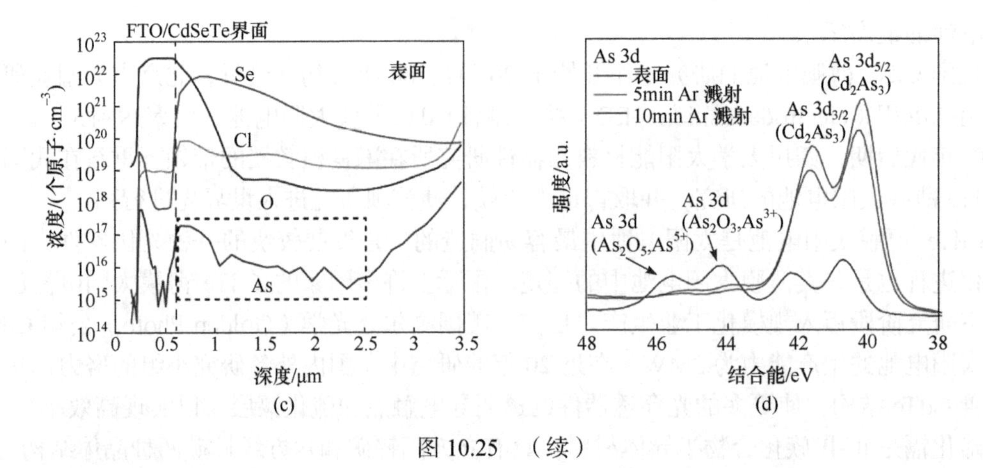

图 10.25 （续）

10.5.5 铜铟镓硒

1. 结构及特点

铜铟镓硒（CIGS）薄膜是Ⅰ-Ⅲ-Ⅵ2 类四元化合物半导体，具有黄铜矿晶体结构，其中 Ga 部分替代 CIS 晶体中的 In，所以具有可调的带隙宽度。该类材料通常是铜铟硒和铜铟镓硒的固溶体。

CIGS 的禁带宽度随 Ga 含量的不同，可以在 1.04eV（$CuInSe_2$）～ 1.68eV（$CuGaSe_2$）之间连续调整，被认为是实现高效率光电转换器件最具前景的电池体系之一，这一特性可以使之与太阳光谱更匹配，获得更高的转换效率。CIGS 薄膜太阳电池是一种以 CIGS 为吸收层的高效率薄膜太阳电池，其典型的结构为：玻璃/Mo/CIGS/CdS/ ZnO/ZAO/MgF_2。其中玻璃基底上的第一层为 Mo 背电极，CIGS 为光吸收层，CdS 是缓冲层，然后是窗口层高阻的本征 ZnO 和低阻的掺铝氧化锌，最上面为减反射膜 MgF_2 和 Ni-Al 电极。实验室制备的 CIGS 薄膜太阳电池转换效率已达 22.9%，接近晶硅类电池最高的转换效率。

2. 应用案例

高效 CIGS 薄膜太阳电池性能衰减的微观来源：基于多晶吸收层的薄膜太阳电池已经达到 23%～25%的高转换效率，但为阐明获得更高效率所需要克服的限制因素，有必要研究薄膜太阳电池衰减机制的微观起源。德国亥姆霍兹柏林材料与能源中心的 D. Abou-Ras[19]研究了一种抗反射涂层的铜铟镓硒太阳电池，利用 SEM 和 EDX 分析结构为 ZnO：Al/(Zn, Mg)O/CdS/CIGS/Mo/玻璃的 CIGS 薄膜电池的元素分布，相应的元素分布如图 10.26 所示。

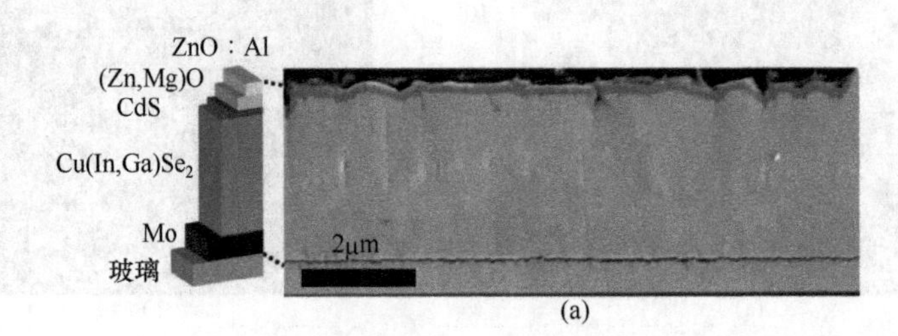

图 10.26 ZnO：Al/(Zn, Mg)O/CdS/CIGS/Mo/玻璃 SEM 图及 EDX 谱图[19]

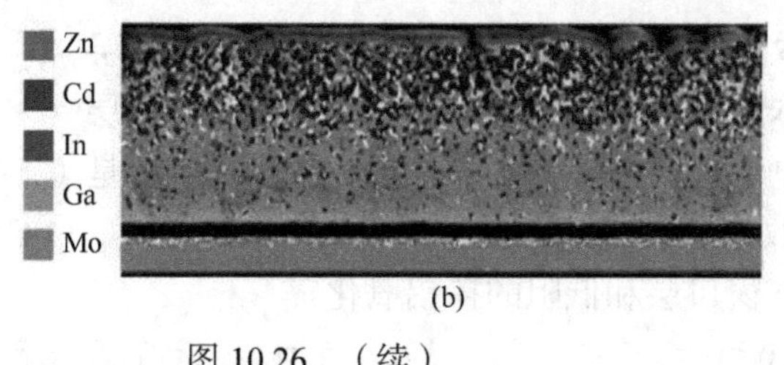

(b)

图 10.26　（续）

习　题

一、选择题

1. 太阳能来源于太阳内部的（　　）。

A. 热核反应　　B. 物理反应
C. 原子核裂变反应　　D. 化学反应

2. 太阳电池组件的功率与辐照度基本呈（　　）。

A. 指数关系　　B. 反比关系
C. 开口向下的抛物线关系　　D. 正比关系

3. 空穴传输材料的主要作用是收集并传递_______产生的_______至_______。下列选项对应填空正确的是（　　）。

A. 光吸收层，空穴，金属电极　　B. 电子传输层，电子，金属电极
C. 光阳极薄膜，光电子，阴极　　D. 空穴传输层，空穴，阴极

4. 以下哪项不属于无机染料敏化剂？（　　）

A. 钌多吡啶配合物类　　B. 卟啉类配合物类
C. 吲哚类　　D. 酞菁类配合物类

5. 钙钛矿量子点是指尺寸小于 100nm 且存在量子限域效应的钙钛矿纳米晶体，下列哪一项不属于钙钛矿量子点的光电性能？（　　）

A. 消光系数高　　B. 发射光谱宽且可调节
C. 光致发光性能良好　　D. 电致发光性能良好

6. 下列说法错误的是（　　）。

A. 多晶硅薄膜的光电导率与光照强度、吸收系数、薄膜厚度和晶粒间密度有关
B. 多晶硅的电导率与晶粒的大小成反比
C. 捕获截面和陷阱密度增加，势垒的高度也会随之增加，使电导率降低
D. 光生载流子浓度随光照强度和吸收系数的增加而增大，使光电导增大

7. 在可见光区内，GaAs 的光吸收率是 Si 的（　　）以上，通常只需（　　）就能完全吸收光谱能量。

A. 2 倍，几微米　　B. 5 倍，几纳米
C. 10 倍，几微米　　D. 3 倍，几毫米

8. 碲化镉电池中形成 P-N 结的分别是（　　）。

A. N 型半导体 CdS 窗口层；P 型半导体 CdTe 吸收层
B. N 型半导体 CdTe 吸收层；P 型半导体 CdS 窗口层

C. N 型半导体 CdTe 窗口层；P 型半导体 CdCl 吸收层

D. N 型半导体 CdCl 吸收层；P 型半导体 CdTe 窗口层

9. 铜铟镓硒电池玻璃基底上从第一层至最顶层依次是（　　）。

①CIGS 光吸收层；②Mo 背电极；③MgF_2 减反射膜；④CdS 缓冲层；⑤Ni-Al 电极；⑥高阻的本征 ZnO 窗口层和低阻的掺铝氧化锌

A. ②③①④⑥⑤　　B. ②④①⑥③⑤

C. ②①④⑥③⑤　　D. ②④①③⑥⑤

二、填空题

1. 太阳能光伏发电技术是利用_______，使得太阳辐射能通过_______直接转变为_______的一种技术。太阳能发电分为_______和_______。

2. 钙钛矿电池吸收层被太阳辐照时，光子能量被钙钛矿结构_______物质吸收，形成_______，因_______的作用，电子通过电子传输层流入_______，空穴经空穴传输层流入_______，外接电路后，产生电流。

3. 太阳电池的基本特性有：_______、_______、_______。

4. SnO_2 电子传输层材料具有_______，室温下稳定，具有理想的_______和_______。SnO_2 的这些特性归因于其独特的_______和缺陷化学性质。

5. 与有机材料相比，无机半导体材料最大的优点是_______较好，因为大部分有机空穴传输材料存在_______，在阳光照射下极易发生_______，从而降低了材料的性能。

6. _______也是一种提高染料敏化电池效率的方法，该方法制备的 DSC_______含有两种或两种以上具有_______特性的不同染料。

7. 光阳极薄膜由敏化的_______的半导体膜和_______组成，作为_______的载体，同时起到_______的作用。

8. 量子尺寸效应是指当材料至少有一个维度的尺寸小于或等于电子的_______或激子的玻尔半径时，半导体纳米材料的能量_______，导致量子_______和_______，以及纳米材料的_______、电学、声学和磁学性质与块体材料相比发生显著变化。

9. 多晶硅薄膜在一定条件下生长时，有一种主要的生长方向，称为_______。多晶硅薄膜的性能受择优取向影响很大，择优取向可以使_______在穿过太阳电池时不碰到_______，这一点可能在很大程度上减少光致载流子的_______。

10. 目前，非晶硅薄膜电池的前沿研究主要集中在：_______、大面积生产试验、_______三个方面。

11. 与多晶硅相比，非晶硅的结构呈_______，是一种_______的_______结构。

12. 非晶体半导体的导电方式由_______决定，在不同的温度范围内，电子通过不同的通道传输，形成不同的导电方式：主要有较高温度下的_______、较低温度下的_______、低温下的_______，以及极低温度下的_______。

13. 在光的吸收过程中，GaAs 中的电子在_______过程中不需要声子参加，因此发生光跃迁的概率_______Si 材料。

14. CdTe 是_______族化合物半导体材料，具有_______和_______两种晶体结构。碲化镉属于简单的二元化合物，易生成_______（单/多）相材料。

15. CIGS 薄膜太阳电池是一种以 CIGS 为吸收层的高效率薄膜太阳电池，其典型的结构为：______________。

16. CIGS 材料通常是_______和铜铟镓硒的固溶体，其中 Ga 部分替代 CIS 晶体中的_______，因此其禁带宽度随_______的不同，可以在_______～_______之间连续调整。

三、简答题

1. 半导体太阳光伏电池工作分为哪几个步骤?

2. 太阳电池按电池结构和电池材料不同分别可以分为哪几类?

3. 有机小分子空穴传输材料、聚合物空穴传输材料及无机空穴传输材料三种空穴传输材料各自有什么优点?

4. 简述染料敏化太阳电池的组成及基本工作原理。

5. 量子点太阳电池有哪些优点?

6. 与传统太阳电池相比，薄膜太阳电池有什么优势?

7. 砷化镓薄膜太阳电池有哪些优点?

8. 简述碲化镉薄膜太阳电池的结构。

9. 如何改善晶界间的应变和悬键等物理缺陷对铜铟镓硒薄膜太阳电池的影响?

10. 铜铟镓硒太阳电池有哪些优点?

参 考 文 献

[1] Rodriguez O A, Roca L V, Belmonte G G. Perovskite solar cells: A brief introduction and some remarks[J]. Revista Cubana de Fisica, 2017, 34(1): 58-68.

[2] Liu J, Liu W Z, Aydin E, et al. Lewis-acid doping of triphenylamine-based hole transport materials improves the performance and stability of perovskite solar cells[J]. ACS Applied Materials & Interfaces, 2020, 12(21): 23874-23884.

[3] Zhou P, Bu T L, Shi S W, et al. Efficient and stable mixed perovskite solar cells using P3HT as hole transporting layer[J]. Journal of Materials Chemistry C, 2018, 6: 5733-5737.

[4] Uthayaraj S, Karunarathne D, Kumara G, et al. Powder pressed cuprous iodide(CuI) as a hole transporting material for perovskite solar cells[J]. Materials, 2019, 12(13): 2037.

[5] Seyed-Talebi S M, Kazeminezhad I, Shahbazi S, et al. Efficiency and stability enhancement of fully ambient air processed perovskite solar cells using TiO_2 paste with tunable pore structure[J]. Advanced Materials Interfaces, 2020, 7(3): 1900939.

[6] Fan W L, Wei Z, Zhang Z Y, et al. High-performance carbon-based perovskite solar cells through the dual role of $PC_{61}BM$[J]. Inorganic Chemistry Frontiers, 2019, 6: 2767-2775.

[7] Kathirvel S, Sireesha P, Su C, et al. Morphological control of TiO_2 nanocrystals by solvothermal synthesis for dye-sensitized solar cell applications[J]. Applied Surface Science, 2020, 519: 146082.

[8] Cole J M, Pepe G, Al Bahri O K, et al. Cosensitization in dye-sensitized solar cells[J]. Chemical Review, 2019, 119(12): 7279-7327.

[9] Younas M, Harrabi K. Performance enhancement of dye-sensitized solar cells via co-sensitization of ruthenium(Ⅱ) based N749 dye and organic sensitizer RK1[J]. Solar Energy, 2020, 203: 260-266.

[10] Gülenay T, Emre G, Ilkay S, et al. Effect of new asymmetrical Zn(ii) phthalocyanines on the photovoltaic performance of a dye-sensitized solar cell[J]. New Journal of Chemistry, 2019, 43: 14390-14401.

[11] Sukharevska N, Bederak D, Dirin D, et al. Improved reproducibility of PbS colloidal quantum dots solar cells

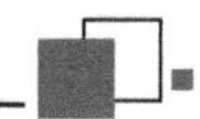

using atomic layer-deposited TiO_2[J]. Energy Technology, 2020, 8(1): 1900887.

[12] Marandi M, Torabi N, Farahani F A. Facile fabrication of well-performing CdS/CdSe quantum dot sensitized solar cells through a fast and effective formation of the CdSe nanocrystalline layer[J]. Solar Energy, 2020, 207: 32-39.

[13] Kottayi R, Panneerselvam P, Murugadoss V, et al. $Cu_2AgInSe_4$ QDs sensitized electrospun porous TiO_2 nanofibers as an efficient photoanode for quantum dot sensitized solar cells[J]. Solar Energy, 2020, 199: 317-325.

[14] Ahmad W, He J, Liu Z, et al. Lead selenide (PbSe) colloidal quantum dot solar cells with >10% efficiency[J]. Advanced Materials, 2019, 31(33): 1900593.

[15] Lima-Salles C, Guthrey H L, Kale A S, et al. Understanding SiO_x layer breakup in poly-Si/SiO_x passivating contacts for Si solar cells using precisely engineered surface textures[J]. ACS Applied Energy Materials, 2022, 5(3): 3043-3051.

[16] Elshorbagy M H, Sánchez P A, Cuadrado A, et al. Resonant nano-dimer metasurface for ultra-thin a-Si：H solar cells[J]. Scientific Reports, 2021, 11(1): 7179.

[17] Chen H, Cattoni A, Lépinau R D, et al. A 19.9%-efficient ultrathin solar cell based on a 205-nm-thick GaAs absorber and a silver nanostructured back mirror[J]. Nature Energy, 2019, 4(9): 761-767.

[18] Li D, Yao C, Vijayaraghavan S N, et al. Low-temperature and effective ex situ group Ⅴ doping for efficient polycrystalline CdSeTe solar cells[J]. Nature Energy, 2021, 6(7): 715-722.

[19] Krause M, Nikolaeva A, Maiberg M, et al. Microscopic origins of performance losses in highly efficient Cu(In, Ga)Se_2 thin-film solar cells[J]. Nature Communications, 2020, 11(1): 4189.

缩 略 语

1. 表征技术

AFM	原子力显微镜
ARC	加速量热法
cryo-EM	冷冻电子显微镜
CV	循环伏安法
DSC	差示扫描量热法
EELS	电子能量损失谱
EIS	电化学阻抗谱
IR	红外光谱
MS	质谱
ND	中子衍射
NDP	中子深度剖析
NMR	核磁共振
Raman spectroscopy	拉曼光谱
SEI	固体电解质界面
SEM	扫描电子显微镜
STXM	扫描透射 X 射线显微镜
synchrotron X-ray	同步辐射 X 射线
TEM	透射电子显微镜
TXM	透射式 X 射线显微镜
XAS	X 射线吸收光谱
XPS	X 射线光电子能谱
XRD	X 射线衍射

2. 新能源器件

AFC	碱性燃料电池
CIGS 薄膜	铜铟镓硒薄膜
DSC	染料敏化太阳电池
KIB	钾离子电池
LIB	锂离子电池
LMB	锂金属电池
MCFC	熔融碳酸盐燃料电池
PAFC	磷酸型燃料电池
PEMFC	质子交换膜燃料电池
PSC	钙钛矿太阳电池
QDSC	量子点太阳电池

SOFC	固体氧化物燃料电池

3. 新能源材料

CMK	介孔碳
DEC	碳酸二乙酯
DMC	碳酸二甲酯
DMSO	二甲基亚砜
EA	乙酸乙酯
EC	碳酸乙烯酯
EMC	碳酸甲乙酯
G	石墨烯
LCO	钴酸锂
LFP	磷酸铁锂
LiBOB	二草酸硼酸锂
LiDFOB	二氟草酸硼酸锂
LiFSI	双氟磺酰亚胺锂
LiTFSI	双三氟甲基磺酰亚胺锂
LMO	锰酸锂
LNO	镍酸锂
LTO	钛酸锂
MA	乙酸甲酯
MAG	块状人造石墨
MCMB	中碳微珠
MF	甲酸甲酯
MOF	金属有机骨架
MP	丙酸甲酯
MWCNT	多壁碳纳米管
NCM	镍钴锰三元正极材料
PAN（SPAN）	聚丙烯腈（硫化聚丙烯腈）
PC	碳酸丙烯酯
PE	聚乙烯
PEC	聚碳酸乙烯酯
PEGDME	聚乙二醇二甲醚
PEO	聚环氧乙烯
PET	聚对苯二甲酸乙二醇酯
PI	聚酰亚胺
PMMA	聚甲基丙烯酸甲酯
PP	聚丙烯
PVDF	聚偏氟乙烯
PVDF-HFP	聚偏氟乙烯-六氟丙烯共聚物
THF	四氢呋喃